工业和信息化普通高等教育“十三五”规划教材立项项目

21世纪高等学校计算机规划教材

21st Century University Planned Textbooks of Computer Science

Visual Basic语言程序设计教程

Visual Basic Programming Language

吴昊 周美玲 主编

熊李艳 雷莉霞 副主编

人民邮电出版社

北京

图书在版编目（CIP）数据

Visual Basic语言程序设计教程 / 吴昊，周美玲主编. -- 北京 : 人民邮电出版社，2018.4（2024.7重印）
21世纪高等学校计算机规划教材
ISBN 978-7-115-47516-9

Ⅰ. ①V… Ⅱ. ①吴… ②周… Ⅲ. ①BASIC语言－程序设计－高等学校－教材 Ⅳ. ①TP312.8

中国版本图书馆CIP数据核字(2018)第047654号

内 容 提 要

本书从程序设计概念出发，循序渐进地讲解了 Visual Basic 编程的基本理论和程序设计方法，主要包括 Visual Basic 的程序设计概念、基础知识、算法、程序控制三大结构、常用控件、数组、过程、文件、数据库基础等知识。本书有配套的实践教材，既帮助学生巩固了所学的知识，又扩展了思路，能进一步加强学生自学能力的培养。

本书可作为高校非计算机专业学生的计算机程序设计课程的教材，也可作为成人教育、职业技术教育、工程技术人员及自学者的程序设计课程的教材，并可作为计算机等级考试的辅导用书。

◆ 主　　编　吴　昊　周美玲
副 主 编　熊李艳　雷莉霞
责任编辑　张　斌
责任印制　沈　蓉　彭志环

◆ 人民邮电出版社出版发行　　北京市丰台区成寿寺路 11 号
邮编　100164　　电子邮件　315@ptpress.com.cn
网址　http://www.ptpress.com.cn
北京天宇星印刷厂印刷

◆ 开本：787×1092　1/16
印张：19.5　　　　2018 年 4 月第 1 版
字数：498 千字　　　　2024 年 7 月北京第 6 次印刷

定价：52.00 元

读者服务热线：(010)81055256　印装质量热线：(010)81055316
反盗版热线：(010)81055315

前 言

计算机科学与技术学科的迅速发展推动着大学计算机教育相关的课程体系、课程内容和教学方法不断更新。为了贯彻落实《教育部关于进一步深化本科教学改革 全面提高教学质量的若干意见》精神，深入研讨和推广计算机课程的教改新成果，我们在多年从事相关教学工作及与其他高校合作的基础上编写了本书和配套的《Visual Basic 语言程序设计实验教程》，目的是希望进一步推动计算机教育改革、全面提升计算机教学质量，改进计算机教学课程体系，推动精品课程教学实践与建设。

本书理论教学与实践教学相结合，图文并茂，内容实用，层次分明，讲解清晰，针对高校学生的特点，采用案例教学方式，强调学生动手能力的培养。通过实际案例，促进学生对基础知识、基本技能的掌握。与本书配套的实践教程有用于拓展知识、提高创造能力的练习题和实验，既帮助学生巩固了所学知识，又扩展了学生的思路，使学生掌握 Visual Basic 程序设计语言的基本知识和 Visual Basic 程序设计的方法。

参与编写本书的作者长期从事非计算机专业的程序设计教学和教学研究工作，有较深的理论研究基础和丰富的教学改革实践经验，对计算机课程教学、课程体系进行了深入的探索，对计算机课程建设进行了一定广度和深度的研究。本书由吴昊、周美玲担任主编，编写分工为：周美玲负责第 1、5、7 章，雷莉霞负责第 2、3、11 章，熊李艳负责第 4、9、12 章，吴昊负责第 6、8、10 章及本书最终的统稿。在编写大纲及书稿编写过程中，我们得到了华东交通大学信息工程学院领导的关心和支持，计算机基础教研室张恒、范萍、丁振凡、刘媛媛、甘岚、杜玲玲、张月园、李明翠等同仁为本书编写的最终完成付出了很多劳动，提供了很多帮助，在此向他们一并表示由衷的感谢。

根据“立体化”教材体系的要求，除配套教材外，本书还提供电子教案、习题答案等相关教学资源，读者可登录人邮教育社区（www.ryjiaoyu.com）下载。

由于编者水平有限，编写时间仓促，书中难免有欠妥之处，恳请广大读者提出宝贵意见。

编　者

2017 年 12 月

目录

01 第1章　引言

Visual Basic 是一种面向对象的可视化的程序设计语言。本章将向大家介绍程序与程序设计语言的概念、Visual Basic 简介与集成开发环境、建立简单的 Visual Basic 应用程序的过程、面向对象程序设计语言的基本概念以及 Visual Basic 中最主要的操作界面——窗体的操作。

1.1　程序与程序设计语言

1. 程序

程序即计算机程序，是指为了得到某种结果而可以由计算机等具有信息处理能力的装置执行的代码化指令序列或者可以被自动转换成代码化指令序列的符号化指令序列或者符号化语句序列。

同一计算机程序的源程序和目标程序视为同一作品。

2. 程序设计

程序设计过程通常包括分析、设计、编码、测试、排错等不同阶段，但通常简单地理解为程序设计是用某种程序设计语言（也称为计算机语言）来编写计算机程序的过程。

用某种程序设计语言编写的代码称为源程序，也称为源代码。源代码是不能直接被计算机执行的，要通过编译程序编译或解释程序解释成目标程序（二进制代码），再通过连接程序连接成可执行程序后才能执行。

3. 程序设计语言

程序设计语言是用于编写计算机程序的语言。语言的基础是一组记号和一组规则。根据规则由记号构成的记号串的总体就是语言。在程序设计语言中，这些记号串就是程序。

程序设计语言包含三个方面，即语法、语义和语用。语法表示程序的结构或形式，即表示构成程序的各个记号之间的组合规则，但不涉及这些记号的特定含义，也不涉及使用者；语义表示程序的含义，即表示按照各种方法所表示的各个记号的特定含义，但也不涉及使用者；语用表示程序与使用的关系。

程序设计语言种类很多，但一般来说，各种语言的基本成分不外乎以下 4 种。

① 数据成分，用以描述程序中所涉及的数据。

② 运算成分，用以描述程序中所包含的运算。

③ 控制成分，用以表达程序中的控制结构。

④ 传输成分，用以表达程序中数据的传输。

4. **程序设计语言的分类**

自 20 世纪 60 年代以来，世界上公布的程序设计语言已有上千种之多，但是只有很小一部分得到了广泛的应用。从发展历程来看，程序设计语言可以分为 3 类。

（1）机器语言

机器语言是计算机诞生和发展初期使用的语言，由二进制 0、1 代码指令构成，不同的 CPU 具有不同的指令系统。机器语言是从属于硬件设备的，不同的计算机设备有不同的机器语言。直到如今，机器语言仍然是计算机硬件所能“理解”的唯一语言。机器语言编写的程序是可以直接运行的。

在计算机发展初期，人们就是直接使用机器语言来编写程序的，那是一项相当复杂和烦琐的工作。

机器语言程序难编写、难修改、难维护，需要用户直接对存储空间进行分配，编程效率极低。这种语言已经被渐渐淘汰了。

（2）汇编语言

汇编语言开始于 20 世纪 50 年代初期。为了克服机器语言的缺点，人们将机器指令中表示操作的代码用英文助记符来表示，如用 ADD 表示加法、MOV 表示数据传递等。

汇编语言指令是机器指令的符号化，与机器指令存在着直接的对应关系，所以汇编语言同样存在着难学难用、容易出错、维护困难等缺点。但是汇编语言也有自己的优点：可直接访问系统接口，汇编程序翻译成机器语言程序的效率高。从软件工程角度来看，只有在高级语言不能满足设计要求，或不具备支持某种特定功能的技术性能（如特殊的输入/输出）时，汇编语言才被使用。

采用汇编语言编写的程序（源程序），必须经过汇编程序（一种语言处理程序）汇编成计算机能够直接识别的机器语言后，才能被计算机执行。

机器语言和汇编语言都属于面向机器的低级语言。

（3）高级语言

从最初与计算机交流的痛苦经历中，人们意识到，应该设计一种这样的语言：它接近于数学语言或自然语言，同时又不依赖于计算机硬件，编写出的程序能在所有计算机上通用。经过努力，1954 年，第一个完全脱离机器硬件的高级语言——FORTRAN 语言问世了。经过 60 多年的发展，有几百种高级语言出现，具有重要意义的有几十种，影响较大、使用较普遍的有十几种。

高级语言是面向用户的，基本上独立于计算机种类和结构的语言。其最大的优点是：形式上接近于算术语言和自然语言，概念上接近于人们通常使用的概念。高级语言的一个命令可以代替几条、几十条甚至几百条汇编语言的指令。因此，高级语言易学易用，通用性强，应用广泛。

高级语言与计算机的硬件结构及指令系统无关，它有更强的表达能力，可方便地表示数据的运算和程序的控制结构，能更好地描述各种算法，而且容易学习掌握。

用高级语言编写的程序称为高级语言源程序，也不能在计算机中直接执行，必须经过编译或解释程序翻译成机器语言后才能执行。虽然程序翻译占去了一些计算机时间，在一定程度上影响了计算机的使用效率，但是实践证明，高级语言是有效地使用计算机与计算机执行效率之间的一个很好的折中手段。

高级语言并不是特指的某一种具体的语言，而是包括很多种编程语言，如流行的 Java、C、C++、

C#、Visual Basic、Python、Lisp、Prolog、FoxPro 等，这些语言的语法、命令格式都各不相同。

高级语言的发展也经历了从早期语言到结构化程序设计语言、面向对象程序设计语言的过程。

高级语言编写程序的编写效率虽然比汇编语言高，但随着计算机硬件技术的日益发展，人们对大型、复杂的软件需求量剧增，而同时因缺乏科学规范、系统规划与测试，程序含有过多错误而无法使用，甚至带来巨大损失。20 世纪 60 年代中后期，“软件危机”的爆发使人们认识到大型程序的编制不同于小程序。解决“软件危机”一方面需要对程序设计方法、程序的正确性和软件的可靠性等问题进行深入研究，另一方面需要对软件的编制、测试、维护和管理方法进行深入研究。结构化程序设计是一种程序设计的原则和方法。它讨论了如何避免使用 GOTO 语句；如何将大规模、复杂的流程图转换成一种标准的形式，使得它们能够用几种标准的控制结构（顺序、分支和循环）通过重复和嵌套来表示。1970 年，第一个结构化程序设计语言 Pascal 语言问世。

到了 20 世纪 70 年代末期，随着计算机应用领域的不断扩大，人们对软件技术的要求越来越高，结构化程序设计语言和结构化程序设计方法又无法满足用户需求的变化，其缺点也日益显露出来，例如代码的可重用性差、可维护性差、稳定性差、难以实现。

结构化程序设计方法与语言是面向过程的，存在较多的缺点，同时程序的执行是流水线式的，在一个模块被执行完成前，不能干别的事，也无法动态地改变程序的执行方向。这和人们日常认识、处理事物的方式不一致。人们认为客观世界是由各种各样的对象（或称实体、事物）组成的，每个对象都有自己的内部状态和运动规律，不同对象间的相互联系和相互作用构成了各种不同的系统，进而构成整个客观世界。为了使计算机更易于模拟现实世界，1967 年挪威计算中心开发出了 Simula 67 语言，它提供了比子程序更高一级的抽象和封装，引入了数据抽象和类的概念，被认为是第一个面向对象程序设计语言。它对后来出现的面向对象语言（如 Visual Basic、C++、Java、C#等）产生了深远的影响。

1.2 Visual Basic 简介

1.2.1 Visual Basic 的发展

Basic 语言诞生于 1964 年，全称为“Beginners All-Purpose Symbolic Instruction Code”，含义为“初学者通用符号指令代码”。它简单易学，一直被大多数初学者作为首选入门的程序设计语言。随着计算机技术的发展，各种 Basic 语言版本应运而生。1976 年前后开发出 DOS 环境下的 GW-Basic，20 世纪 80 年代中期又出现了多种结构化 Basic 语言，如 True Basic、Quick Basic、Turbo Basic、QBasic 等。

1988 年，美国微软（Microsoft）公司推出了 Windows 操作系统，以其友好的图形用户界面（GUI）、简单易学的操作方式和卓越的性能，赢得了广大计算机用户的喜爱，因此，开发在 Windows 环境下的应用程序成为 20 世纪 90 年代软件开发的主流。起初人们在开发 Windows 应用程序时遇到了很大困难，因为要编写 Windows 环境下运行的程序，必须建立相应的窗口、菜单、对话框等各种“控件”，程序的编制很复杂。

1991 年 4 月，Microsoft 公司推出的 Visual Basic 1.0 使这种情况有了根本的改观。时任 Microsoft 公司董事长的比尔·盖茨说，Visual Basic 是“用 Basic 语言开发 Windows 应用程序最强有力的工具”。

Visual 的含义是“可视化的”，指的是开发图形用户界面的方法，它与其他编程软件不同的是不需要编写大量代码去描述界面元素的外观和位置，只要把预先建立好的对象拖放到屏幕上相应的位置即可。Visual Basic 采用的“可视化编程”是面向对象编程技术的简化版，它引入了面向对象和事件驱动的程序设计的新机制，把过程化和结构化编程结合在一起，其解决问题的方式更符合人们的思维习惯，为开发 Windows 应用程序提供了强有力的开发环境和工具。

随着 Windows 操作平台的不断成熟，Visual Basic 的版本也不断升级。自 Visual Basic 1.0 之后，Microsoft 公司又相继推出 Visual Basic 2.0、Visual Basic 3.0、Visual Basic 4.0，这些版本主要应用于 Windows 3.X 环境中 16 位应用程序的开发。1997 年，Microsoft 公司发布了 Visual Basic 5.0，它是一个 32 位应用程序开发工具，可以运行在 Windows 9.X 或 Windows NT 环境中。

随着版本的提高，Visual Basic 的功能也越来越强。自从 5.0 版之后，Visual Basic 推出了中文版，与前几个版本相比，其功能有了很大提升。

1998 年，Microsoft 公司推出了 Visual Basic 6.0。

Visual Basic 6.0 有学习版、专业版和企业版三种版本，以满足不同的开发需要。学习版适用于普通学习者及大多数使用 Visual Basic 开发一般 Windows 应用程序的人员；专业版适用于计算机专业开发人员，包括学习版的全部内容功能以及 Internet 控件开发工具之类的高级特性；企业版除包含专业版全部的内容外，还有自动化构件管理器等工具，使得专业编程人员能够开发功能强大的分布式应用程序。

2002 年 2 月，Microsoft 公司推出了 Visual Basic .NET 2002。

2010 年 4 月，Microsoft 公司推出了 Visual Studio 2010。

2014 年 11 月，Microsoft 公司推出了 Visual Studio 2015。

本书使用的是 Visual Basic 6.0 中文企业版。在后面的讲解中将 Visual Basic 简称为 VB。

1.2.2 Visual Basic 的特点

Visual Basic 是在原有的 Basic 语言的基础上发展而来的，它具有 Basic 语言简单易用的特点，同时增加了面向对象和可视化程序设计语言的特点。Visual Basic 的特点主要有以下几点。

1. 面向对象的可视化编程

VB 采用面向对象程序设计方法（OOP），把程序和数据“封装”起来作为一个对象。所谓“对象”，就是指可操作的实体，如窗体、窗体中的标签、文本框、命令按钮等，面向对象编程就是指程序员可根据界面设计要求直接在界面上设计出窗口、菜单、按钮等类型对象并为每个对象设置相应的属性。VB 系统将自动产生界面设计代码，编程人员只需编写实现程序功能的那部分程序代码，从而大大提高程序设计的效率。

2. 事件驱动的编程机制

VB 通过事件来执行对象的操作，通常由用户操作引发某个事件来驱动完成某种功能。例如，命令按钮是一个对象，当用户单击该按钮时，将产生（或触发）一个“单击”（Click）事件，而在发生该事件时，系统将自动执行一段相应的程序（称为“事件过程”），以实现指定的操作或达到运算、处理的目的。

在 VB 中，编程人员只需针对这些事件编写相应的处理代码（即事件过程），这样的代码一般较短，所以程序既易于编写，又易于维护。

3. 结构化的程序设计

VB 是在结构化的程序设计语言 Basic 语言的基础上发展起来的，加上面向对象的设计方法，因此是更出色的结构化程序设计语言。在事件过程的编写中，要遵循结构化程序设计的原则。

4. 友好的集成开发环境

VB 提供了易学易用的应用程序集成开发环境。在该集成开发环境中，编程人员可以设计用户界面、编写代码和调试程序，甚至可以把应用程序编译生成可执行文件，脱离 VB 环境直接在 Windows 环境下运行。

5. 具有强大的功能

VB 可以对多种数据库系统进行数据访问，支持对象的链接与嵌入(OLE)、动态数据交换(DDE)、动态链接库（DLL）及 Active 等技术，它能够充分利用 Windows 资源，开发出集文字、声音、图像、动画、Web 等对象为一体的应用程序。

1.2.3 Visual Basic 的启动和退出

1. VB 6.0 的启动

VB 6.0 的启动和其他 Windows 应用程序类似，常用的方法如下。

① 通过依次单击“开始”→“所有程序”→“Microsoft Visual Basic 6.0 中文版”目录→“Microsoft Visual Basic 6.0 中文版”启动。

② 双击桌面上的 Visual Basic 6.0 应用程序图标也可以启动 VB 6.0。

启动 VB 6.0 之后，将出现图 1.1 所示的“新建工程”对话框。

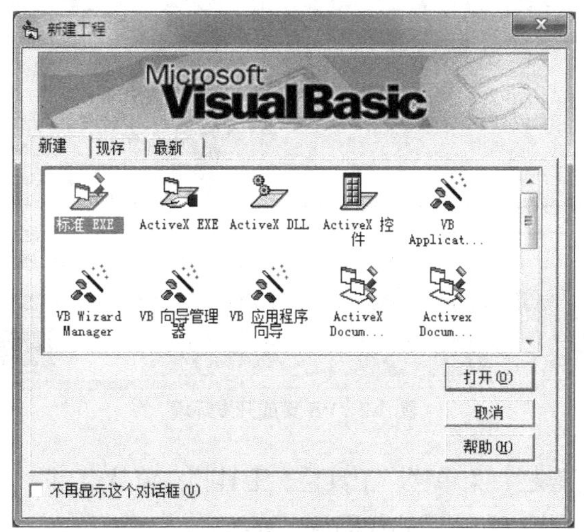

图 1.1 “新建工程”对话框

在图 1.1 所示的对话框中，包含以下 3 个选项卡。

“新建”：用来建立新的工程。其列表框中有多种选择，可供用户建立不同类型的程序。

“现存”：选择和打开现有的工程。其操作和 Windows 中选择并打开文件的操作类似。

“最新”：该选项卡的列表框中会按时间顺序列出最近使用过的工程。

图 1.1 所示的对话框显示出可以在 VB 6.0 中使用的工程类型，主要有以下几种。

① 标准 EXE：建立标准 Windows 下的可执行文件，它是“新建”选项卡中最基本的类型，也是默认类型。

② ActiveX EXE：这种程序只能在专业版和企业版中建立，用于建立进程外的对象的链接与嵌入服务器应用程序项目类型。这种程序也可以包装成可执行 EXE 文件。

③ ActiveX DLL：与 ActiveX EXE 程序一样，只是不能包装成 EXE 文件，只能包装成动态链接库。

④ ActiveX 控件：用于开发用户自定义的 ActiveX 控件，只能在专业版和企业版中建立。

2. VB 6.0 的退出

如果要退出 VB，可以单击 VB 主窗口右上角的关闭按钮，也可以选择“文件”菜单下面的“退出”命令。退出时，VB 会自动判断用户是否修改了工程的内容。若修改了，会询问用户是否保存文件或直接退出。

1.3 Visual Basic 的集成开发环境

启动 VB，选择默认的新建“标准 EXE”选项后，可以看到图 1.2 所示的界面，这个界面就是 VB 的集成开发环境。

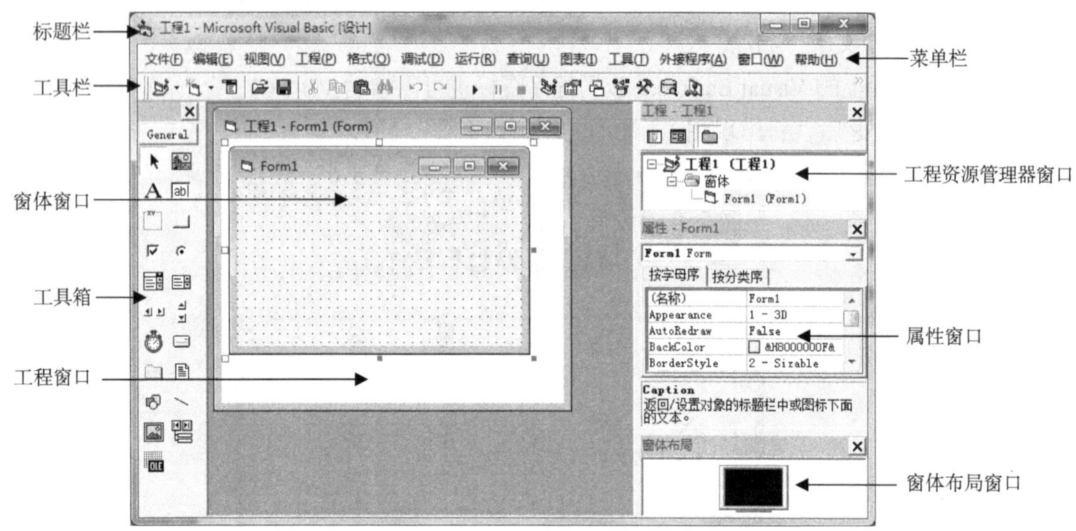

图 1.2 VB 集成开发环境

VB 集成开发环境由标题栏、菜单栏、工具栏、工具箱、窗体窗口、工程窗口、工程资源管理器窗口、属性窗口、窗体布局窗口和隐藏的代码窗口等组成。

1. 标题栏

VB 标题栏和其他 Windows 应用程序一样，由控制菜单框、标题、最小化、最大化、关闭按钮组成。不同的是，在 VB 的标题栏中同时会显示 VB 的工作模式，如“设计”。VB 新建的第一个工程默认为“工程 1”，图 1.2 所示的界面中标题栏显示内容为“工程 1-Microsoft Visual Basic[设计]”。

VB 有三种工作模式，分别如下。

① 设计模式：在这种模式下，用户可进行界面设计和代码的编制，以完成应用程序的开发。

② 运行模式：当用户启动运行程序时，进入运行模式。此模式下不可对代码进行编辑，也不能设计界面。

③ 中断模式：主要用于调试程序，当程序出错运行中断单击“调试”按钮时，进入中断模式。此模式下可以对代码进行编辑，按F5键或单击“继续”按钮，程序继续运行；单击“结束”按钮程序停止运行。此模式下，会弹出“立即”窗口，在窗口内可输入简短的命令，并立即执行。

进入不同的工作模式，标题栏显示的内容会有所不同。

2. 菜单栏

VB的菜单栏包括13个下拉菜单，其中包含了程序设计过程中所需的命令。

① 文件：用于新建、打开、添加、移除、保存、显示最近的工程以及生成可执行文件，保存窗体，打印和退出VB系统。

② 编辑：用于对源代码的编辑、查找，显示一些常用的信息等。

③ 视图：用于集成开发环境中各窗口的关闭和打开。

④ 工程：用于对工程中各窗体、模块、控件等的添加以及显示工程的属性。

⑤ 格式：用于窗体、控件的格式设计，如对齐、间距等。

⑥ 调试：用于程序的调试、查错。用户可对代码设置断点，逐步排查错误。

⑦ 运行：用于程序的启动、中断和结束等。

⑧ 查询：用于设计SQL查询。

⑨ 图表：用于建立数据库中的表，在设计数据库应用程序时编辑数据库的命令。

⑩ 工具：用于集成开发环境的设置及原有工具的扩展。

⑪ 外接程序：用于为工程增加或删除外接程序。

⑫ 窗口：用于屏幕窗口的层叠、平铺等布局以及列出所有已打开的文档。

⑬ 帮助：安装MSDN后，帮助用户系统地学习和掌握VB的使用方法及程序设计方法。

3. 工具栏

工具栏是常用命令的快捷方式，使用工具栏可以在编程环境下提供对常用命令的快速访问。单击工具栏上的按钮，系统会执行该按钮所代表的操作。VB 6.0通常提供编辑、标准、窗体编辑器、调试和自定义工具栏。利用自定义工具栏，用户可定制自己所需的工具栏。通常系统默认的是图1.3所示的标准工具栏。

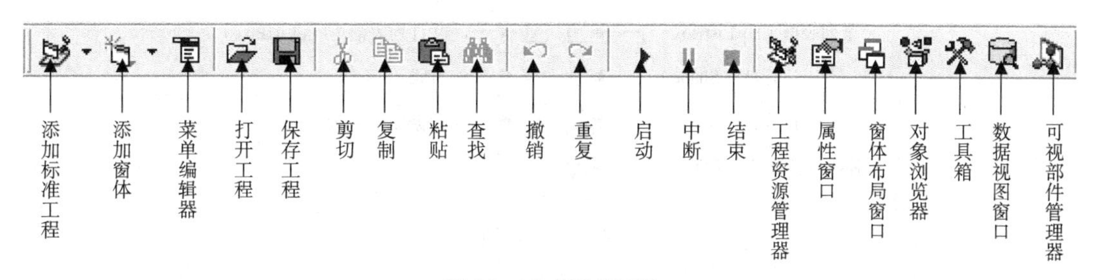

图1.3 VB标准工具栏

要显示或隐藏工具栏，可以选择“视图”菜单的“工具栏”命令或在主窗口的工具栏上单击鼠标右键，从弹出的快捷菜单上显示的工具栏名称进行选择。

4. 窗体窗口

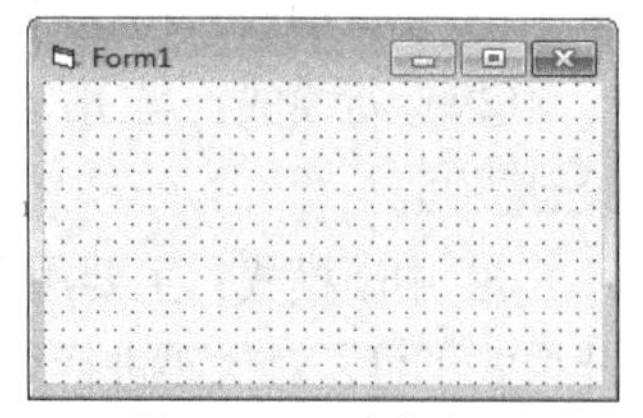

图 1.4 VB 窗体窗口

窗体窗口也称为“窗体设计器”，位于主窗口的中间部分。窗体窗口如图 1.4 所示。

窗体是 VB 应用程序的主要构成部分，是应用程序的载体。用户可以在窗体中添加控件，通过窗体上的控件交互可控制应用程序的运行，得到想要的结果。窗体窗口具有普通窗口的一切功能，如可被移动、改变大小、缩小成图标及单独关闭等。每个窗体窗口必须有唯一的窗体名，新建窗体默认窗体名为 Form1、Form2……。

在设计模式下，窗体是可见的，窗体上的网格点用来帮助用户对添加的控件进行准确定位，它的间距也可以通过“工具”菜单下的“选项”命令进行设置。运行模式下，这些网格点是不显示的。

一个 VB 应用程序至少要有一个窗体窗口。实际应用中，一个 VB 应用程序通常有多个窗体，运行时哪个窗体出现，可通过窗体的属性来设定。

除了一般窗体外，VB 还有一种多文档窗体 MDI（Multiple Document Interface），它可以包含子窗体，每个子窗体都是独立的，但每个子窗体只能在父窗体内进行移动。

5. 工具箱

工具箱位于主窗口的左侧，用户也可以拖动工具箱的顶部到任意位置。工具箱中的每一个按钮就是一个控件制作工具，对应着一个控件。工具箱中的工具分为两类：一类是标准控件或内部控件，另一类是 ActiveX 控件。ActiveX 控件需要另外加载，默认情况下工具箱上显示的是标准控件。工具箱上有 20 个标准控件，其含义如图 1.5 所示。

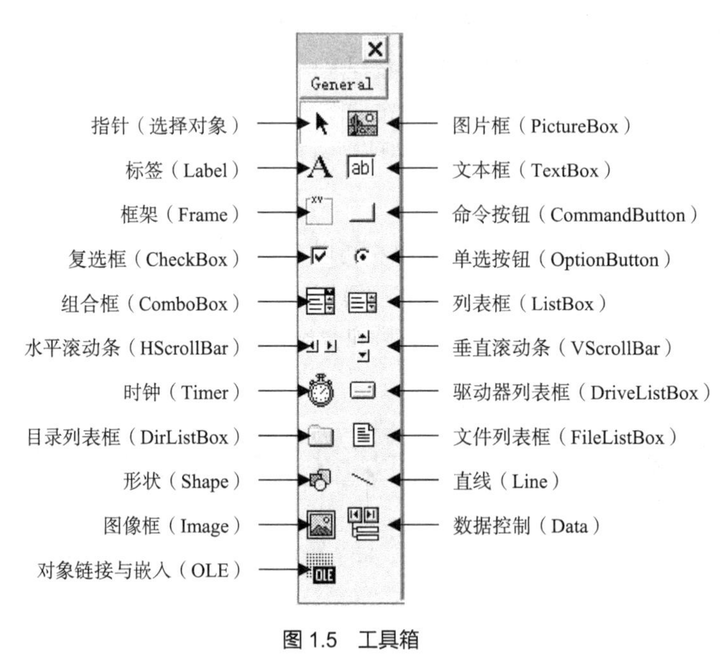

图 1.5 工具箱

指针不是标准控件，只是是否选择对象的标志。若没有控件被选中，指针是凹下去的，如图 1.5 所示，若有控件被选中，指针和其他控件一样是平的。

工具箱上的控件是 VB 应用程序进行界面设计的工具。若把窗体窗口比作盖房子的地基，则工具箱上的控件就像在地基上建房的砖块、木头。

工具箱上的控件可以根据需要添加和删除，其操作如下。

① 在工具箱空白处单击鼠标右键，在弹出的快捷菜单中选择“部件”命令。

② 在随后弹出的“部件”对话框中有三个选项卡，分别是“控件”“设计器”和“可插入对象”。选择需要的类别，在其列表框中选中要添加的控件，单击“确定”按钮即可将其添加到工具箱上。删除的操作过程是类似的，只要将添加的控件在列表框中取消选定就可以了。

注意：只能对添加的控件进行删除，对图 1.5 所示的标准控件不能删除。

6. 工程资源管理器

工程资源管理器窗口用来对工程和工程中包含的对象进行管理，其界面如图 1.6 所示。

一个 VB 应用程序通常对应一个工程，工程中可以添加窗体和模块，图 1.6 所示的界面中工程 1 中包含 2 个窗体（Form1 和 Form2）、2 个标准模块（Module1 和 Module2）和 1 个类模块（Class1）。

工程和其包含的对象都对应着不同类型的文件，一个 VB 工程可以包含 7 种类型的文件。

（1）工程文件

工程文件的扩展名为.vbp。当一个应用程序包括两个及以上的工程时，就构成了一个工程组，工程组文件的扩展名为.vbg。用户可以通过“文件”菜单下的“添加工程”命令来添加工程。

工程文件保存的是它所包含的其他对象的名称和位置等信息，保存文件时通常要先保存其他类型的文件，最后保存工程文件。例如要保存图 1.6 所示的工程 1，应在工程资源管理器中分别选中 Form1、Form2、Module1、Module2 和 Class1，“文件”菜单下将分别出现“保存 Form1”“保存 Form2”“保存 Module1”之类的命令，选择对应的命令保存上述 5 个文件，最后保存工程文件。工程文件中将记录工程 1 中包含的上述 5 个文件的名称和位置信息，下次打开时只要双击打开工程文件，系统会根据工程文件中记录的其他 5 个文件的名称和位置信息将其打开，通常是将其他文件和工程文件保存在同一文件夹下。当然，顺利打开其他 5 个文件的前提是依据工程文件中记录的名称和位置信息能找到相应文件。若在最后保存工程后，人为地在 Windows 环境中将 5 个文件在硬盘中进行删除或移动，再通过工程来打开是会出错的。若确实需要删除工程中其中的某个文件如 Module2，正确的操作方法是在工程资源管理器窗口选中 Module2，右键单击，在弹出的快捷菜单中选择“移除 Module2”命令，最后再次保存工程文件以更新其中包含的对象的名称和位置等信息。

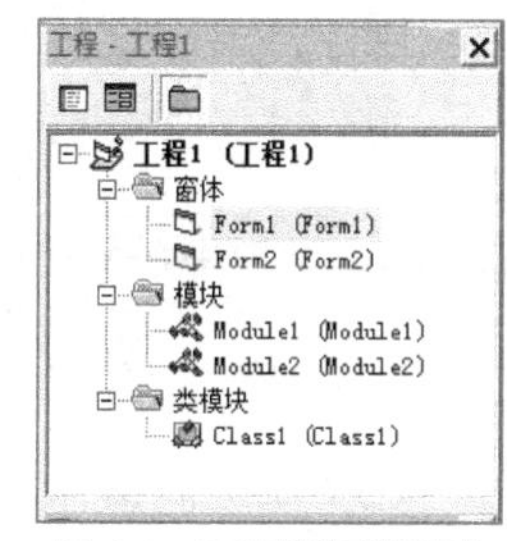

图 1.6　工程资源管理器

保存工程时还会出现一个工程附属文件.vbw。

工程中所有的内容制作完成之后，用户可以单击“文件”菜单下的“生成工程 1.exe”命令，将工程 1 制作成.exe 文件，生成的工程 1.exe 就可以和其他的 Windows 应用程序一样运行，在没有安装 VB 软件的计算机上也可以运行。

（2）窗体文件

窗体文件的扩展名为.frm，该文件包含窗体及控件的属性设置、窗体级的变量及外部过程的声明、事件过程及用户自定义过程。每一个窗体都有一个窗体文件。一个应用程序至少应该包含 1 个窗体，最多可达 255 个。窗体也称为窗体模块。

用户可以在工程中添加新建窗体，也可以将已有的窗体添加进来。添加窗体的操作方法是单击“工程”菜单的“添加窗体”命令，将弹出图 1.7 所示的“添加窗体”对话框。对话框有 2 个选项卡，分别是“新建”和“现存”。通过“新建”选项卡可以为工程增加新窗体，每个新窗体都有一个窗体名，默认为 Form2、Form3……，窗体名可以通过窗体的属性窗口进行设置，在同一个工程中不允许有两个同名的窗体存在。通过“现存”选项卡可以将已经做好的窗体添加进来，但若待添加的窗体名和工程中已有的窗体名重名，则添加将失败，可以先将工程中已有的重名窗体在属性窗口中另外设置一个窗体名，将待添加的窗体添加进来后再统一调整窗体名。

窗体名和窗体保存的文件名可以不一样，要区别窗体名和窗体文件名。窗体名是该窗体在属性窗口设置的名称，窗体文件名是该窗体保存到硬盘上的文件名称。在图 1.8 所示的工程资源管理器中可以看到，3 个窗体的窗体名分别为 Form1、Form2 和 Form3，而 3 个窗体的窗体文件名分别为 main.frm（主窗体）、sy1_1.frm（实验 1 第 1 题）和 sy1_2.frm（实验 1 第 2 题）。同样地，工程名和工程文件名也是不一样的，图 1.8 中工程名和工程文件名分别为工程 1 和 sy1.vbp。

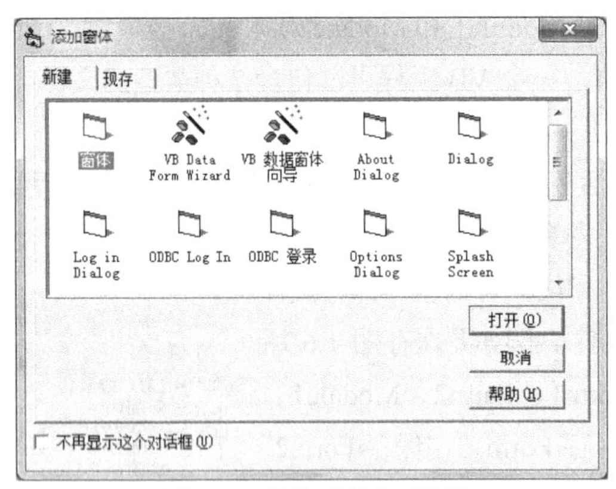

图 1.7 “添加窗体”对话框

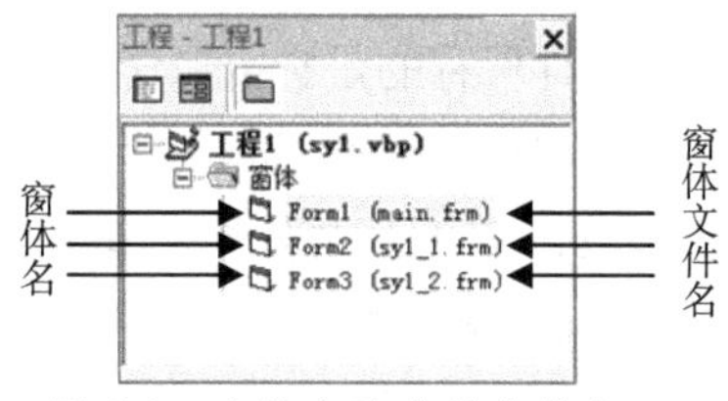

图 1.8 窗体名和窗体文件名

（3）二进制窗体文件

二进制窗体文件的扩展名为.frx。当窗体或控件含有二进制属性（图片、图标等），保存窗体文件时，系统会自动产生同名的二进制窗体文件。若图 1.8 中的窗体 Form2 中加载了图片，保存 sy1_1.frm 时系统会自动产生一个二进制窗体文件 sy1_1.frx。若在 Windows 下将二进制窗体文件 sy1_1.frx 删除，窗体文件 sy1_1.frm 也能打开，但加载的图片就没有了。

（4）标准模块文件

标准模块文件的扩展名为.bas。该文件包含模块级的变量和外部过程的声明，用户自定义的可供本工程内各窗体调用的过程。对每个工程来说，该文件是可选的。

添加标准模块的方法是通过“工程”菜单下的“添加模块”命令。图 1.6 中就添加了 2 个标准模块 Module1 和 Module2。

（5）类模块文件

类模块文件的扩展名为.cls。类模块用于创建含有属性和方法的用户自己的对象。该文件也是可选的。

添加类模块的方法是通过“工程”菜单下的“添加类模块”命令。图 1.6 中就添加了 1 个类模块 Class1。

（6）资源文件

资源文件的扩展名为.res。资源文件包含不必重新编辑代码就可以使用的位图、字符串和其他数据。该文件可选。

（7）ActiveX 控件文件

ActiveX 控件文件的扩展名为.ocx。该文件可以添加到工具箱中，并和其他标准控件一样在窗体中使用。ActiveX 控件文件可以使用系统提供的，也可以使用第三方开发的。

7. **属性窗口**

每个窗体和控件都有各自的特征，如大小、位置、颜色、标题等，这些属性即是窗体和控件的属性。属性主要在属性窗口中进行设置和修改，属性窗口如图 1.9 所示。

在图 1.9 的对象组合框中，可以单击右侧的小三角形选择对象，对象可以选择窗体或窗体上的控件。图 1.9 选择的是窗体 Form1，对应的属性窗口标题的内容为“属性-Form1”。选择的对象类型不同，下面显示的属性名列表也不同。同一类型的对象，属性列表相同。属性可以选择“按字母序”或“按分类序”排列。属性名列表分为左右两列，左列是属性名，右列是属性值（即属性的内容）。选定某对象的某个属性后，可以对右侧的属性值进行修改。属性名不同，属性值的修改方法也不同，有的可以删除原有属性后直接修改，有的通过组合框的方式进行选择修改，还有一些属性值中会出现带省略号的按钮，单击后会打开一个对话框，在对话框中进行选择修改。最下方是属性含义说明，对属性的意义进行简要的说明。图 1.9 显示的是对窗体对象 Form1 选中其 Caption 属性准备修改，Caption 的含义是“返回/设置对象的标题栏中或图标下面的文本”。

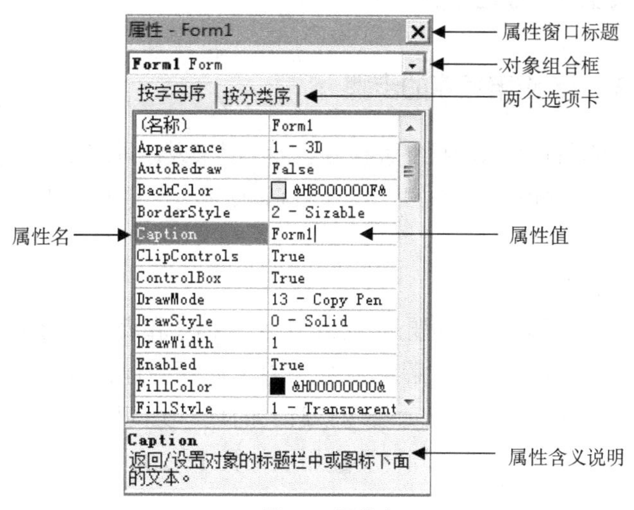

图 1.9 属性窗口

8. **代码窗口**

代码窗口通常是隐藏的，若单击“视图”菜单的“代码窗口”命令或对着某个对象双击，都会出现图 1.10 所示的代码窗口。代码窗口是用户输入代码的地方，通用过程和事件代码过程都将在代码窗口进行编辑和修改，程序进行调试时也在代码窗口进行。从图 1.10 可以看到，代码窗口由标题、对象下拉列表框、过程下拉列表框、代码编辑区域和查看方式按钮等构成。代码窗口标题将显示代码所属的工程名和窗体名，单击对象下拉列表框右侧的三角形可以选择对象（可以选择窗体或窗体上包含的其他控件），单击过程下拉列表框右侧的三角形可以选择过程名（不同类型的对象所能选择的过程名不同，这是由 VB 系统设定好的，用户不能修改），下面大部分空白区域是代码编辑区。左下角有两个按钮可以选择代码查看方式，分别对应“过程查看”和“全模块查看”方式，“过程查看”

方式只显示一个事件过程，“全模块查看”方式会显示窗体或标准模块的所有事件过程。

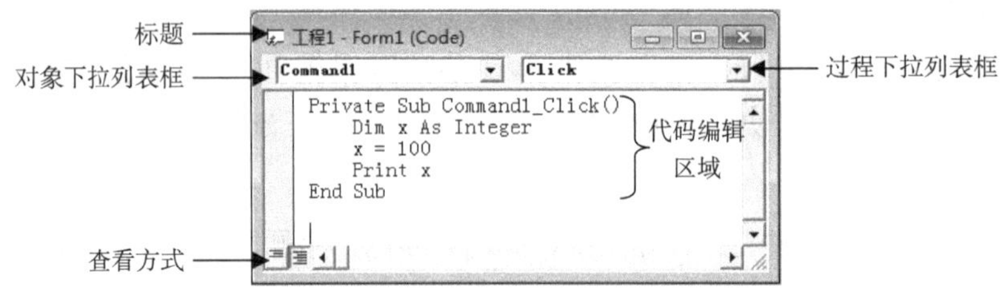

图 1.10　代码窗口

在图 1.10 所示的代码窗口中，显示出窗体 Form1 中命令按钮控件对象 Command1 的 Click 事件的事件过程代码，事件过程由 5 行组成。

VB 集成开发环境中的工具栏、窗体窗口、工具箱、工程资源管理器窗口、属性窗口、代码窗口都可以关闭。若要将其显示出来，可以单击“视图”菜单的“工具栏”“对象窗口”“工具箱”“工程资源管理器”“属性窗口”和“代码窗口”等命令。工具栏可以拖动其左侧的空白处到任意位置将其浮动显示，然后可以单击“关闭”按钮将其关闭。

1.4　建立简单的应用程序

1.4.1　设计 Visual Basic 应用程序的步骤

Visual Basic 是可视化的面向对象的程序设计方法，一般来说，只需编写一些简短的代码即可满足程序的需要，但不管复杂程序还是简单程序，Visual Basic 都有一定的设计步骤。Visual Basic 程序设计的一般步骤如下。

（1）分析问题，设计算法

分析问题的关键是搞清楚要解决的问题是什么，怎么来描述和表达要解决的问题。算法是求解问题的方法和步骤。设计算法是指设计求解某一类问题的一系列方法和步骤。对于一些复杂程序，这一步几乎是程序设计的关键。设计算法时要考虑解决的是一类问题，而不是一个问题。例如要计算 1～100 的累加和，为此设计的算法同样要适用于计算 1～200、1～300 的累加和这样同一类的问题。

（2）设计应用程序界面

在 Visual Basic 中，一个应用程序通常对应着一个工程。工程中通常由窗体模块、标准模块和类模块组成。对于一些相对较简单的应用程序，工程中大部分包含一个或多个窗体模块。这些窗体中的一部分用作用户界面的设计，另一部分用来执行具体的操作。例如，在一个教务管理系统中，一部分窗体用来设计用户登录界面、功能选择界面等用户界面，另一部分窗体用来实现成绩录入、成绩查询、班级名单查询等具体的功能。设计应用程序界面时要考虑好需要几个窗体，每个窗体的功能。

确定好应用程序的窗体个数和功能后，再根据程序执行后每个窗体上预计显示的形式和功能来确定窗体上要放置哪些控件对象、各控件的排列和布局、对控件进行操作发生哪些事件、控件间的关系等。例如在程序执行后要在窗体上即时输入一些数据，这就需要在窗体上放置一个能接受数据输入的文本框控件 TextBox。要在程序运行时提醒用户即时输入的数据的意义和范围，这就需要在窗体上的文本框控件 TextBox 旁放置一个显示静态提示文本的标签控件 Label。不同的控件对象有不同的功能，在后续的章节会具体讲解。

（3）设置对象属性

为建立的窗体和控件等对象设置适当的属性。属性用来表示对象的特征，如对象的名称、外观、颜色、大小和位置等。在设计时可以使用这些属性的默认值，也可以根据需要进行修改。修改属性的方法有两种：通过属性窗口修改和通过代码窗口编写代码来设置。

（4）编写程序代码

设计完界面后要根据对窗体和控件对象预设的功能，在代码窗口中添加代码来实现其功能。例如，窗体上放置了一个命令按钮 Command1，上面显示“计算”，说明对这个按钮预定的功能是进行计算。若没有对这个命令按钮编写进行计算的程序代码，即使上面显示“计算”，那也是不会计算的。那进行计算的程序代码应该编写在代码窗口的什么位置呢？对上面显示着“计算”的命令按钮 Command1，一般用户通常是希望通过单击这个按钮来得到计算结果。Visual Basic 语言一个显著的特点是事件驱动的编程机制。用户单击“计算”命令按钮 Command1 时，将触发命令按钮的单击 Click 事件，因此，进行计算的程序代码应该编写在命令按钮 Command1 的单击 Click 事件中。另一方面，在命令按钮 Command1 的单击 Click 事件中编写了完美的能实现计算功能的程序代码后，若用户始终不去单击“计算”按钮，那么实现计算功能的程序代码永远都不会运行，这一段程序相当于白编写了。事件驱动的编程机制一方面要求程序员根据程序运行时预计进行的操作（动作）而在其对应的事件中编写实现其功能的程序代码，另一方面要求运行时用户的操作（动作）能激发已编写好的能实现某功能的程序代码的事件。

（5）保存程序文件

在调试运行程序前，最好先保存程序文件，以免调试运行出错导致程序没有保存却意外出错关闭。保存程序文件时要先分别保存窗体文件、标准模块文件和类模块文件等，最后保存工程文件，通常将一个程序的相关文件保存在同一个文件夹里。

（6）调试运行程序

通过“运行”菜单的“启动”命令或工具栏上的“启动”按钮 ▶ 可以运行程序。当程序运行出错时，Visual Basic 系统会中断程序的运行并弹出错误提示信息对话框，用户可以单击错误提示对话框中的“调试”按钮进行错误修改，修改完成后再单击“运行”菜单的“继续”命令继续运行程序。用户也可以主动通过“调试”菜单进行“逐语句”“逐过程”的错误排查和修改。只有当程序没有任何错误时，才能顺利运行程序。

调试运行完成后，要再次将正确的程序保存一遍。

（7）生成可执行文件

为了使程序可以脱离 Visual Basic 环境运行，可以通过“文件”菜单的“生成...Exe”（“...”是工程名）命令生成可执行文件，此后便可以在没有安装 Visual Basic 软件的计算机上运行该程序。

这一步是可选的，通常对于较大的应用程序会执行这一步，在教学的初级阶段通常不会进行这一步。

1.4.2 建立简单的应用程序

【例 1.1】设计一个程序，要求运行时在窗体上输入被乘数和乘数，单击“计算”按钮后计算并显示出乘积，单击“清除”按钮后清除输入和计算的内容，单击“退出”按钮后退出程序的运行。

设计此程序的步骤如下。

（1）分析问题，设计算法

这个程序要解决的问题非常简单明了，整个处理过程在题目中已经明确地说明了，因此不需要进行算法设计。

（2）设计应用程序界面

根据题意分析，此应用程序只需一个工程和一个窗体即可，在窗体上要放置用来输入被乘数和乘数、显示计算结果的三个文本框 TextBox 控件，用来提示三个文本框中显示内容的三个标签 Label 控件，以及跟“计算”“清除”“退出”按钮对应的三个命令按钮 CommandButton 控件。

操作方法如下。

① 启动 Visual Basic 6.0，在“新建工程”对话框中选择默认的新建“标准 EXE”选项后，单击“打开”按钮即新建了一个工程（工程 1）和一个窗体（Form1）。

② 在工具箱上单击选中文本框 TextBox 控件，再到窗体 Form1 上适当的位置按住鼠标左键不放，拖动画出文本框 Text1。用同样的方法，在窗体 Form1 的适当位置上画出文本框 Text2、Text3，标签 Label1、Label2、Label3，命令按钮 Command1、Command2 和 Command3。将上述 9 个控件按一定的顺序排列好。制作的效果如图 1.11 所示。

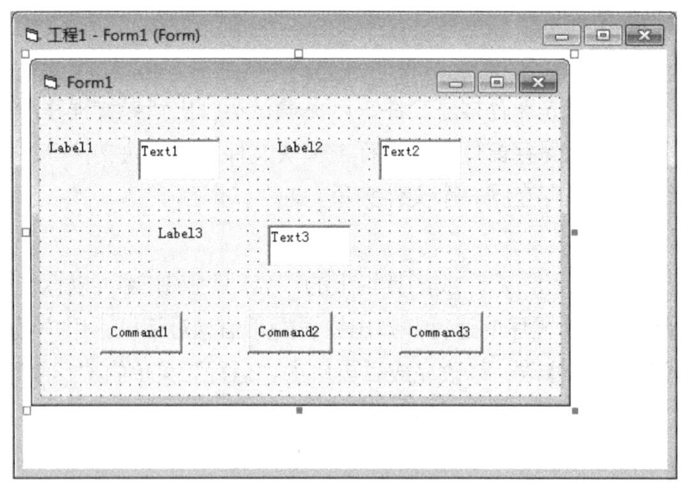

图 1.11 设计应用程序界面

（3）设置对象属性

在属性窗口设置窗体和其他控件的标题、显示内容等属性，操作方法是先选中某个控件，再在属性窗口左侧选中要修改的属性名，然后在属性窗口右侧修改对应的属性值。设置窗体的属性时，单击窗体上没有控件的空白处选中窗体。设置属性之后的效果如图 1.12 所示。

若得到图 1.12 所示的效果，要设置的属性如表 1.1 所示。

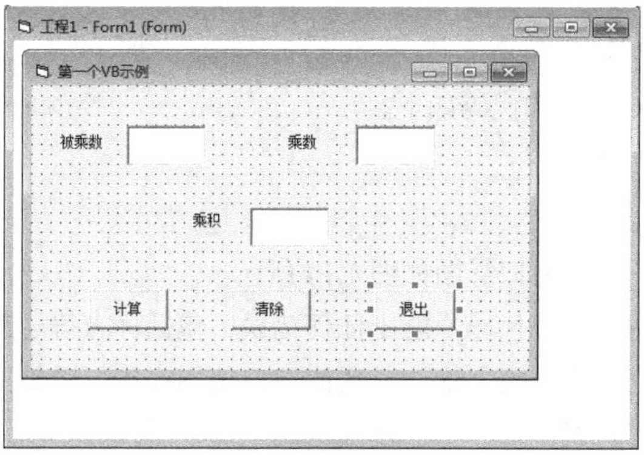

图 1.12 设置对象属性

表 1.1 例 1.1 对象属性的设置

控件名	属性名	属性值
Form1	Caption	第一个 VB 示例
Text1	Text	空（即删除所有内容）
Text2	Text	空
Text3	Text	空
Label1	Caption	被乘数
Label2	Caption	乘数
Label3	Caption	乘积
Command1	Caption	计算
Command2	Caption	清除
Command3	Caption	退出

（4）编写程序代码

根据题意，单击“计算”按钮计算并显示乘积，单击“清除”按钮清除输入和输出的内容，单击“退出”按钮退出程序的运行，命令按钮的单击操作对应着 Click 事件。由 Visual Basic 事件驱动的编程机制可得出，应该分别在三个命令按钮 Command1、Command2 和 Command3 的 Click 事件中编写实现计算、清除和退出的程序代码。

编写程序代码需要在代码窗口中进行。双击命令按钮 Command1，系统将打开代码窗口，并自动出现 Command1 的 Click 事件过程的框架 Command1_Click()，用户只需要在光标的位置输入事件代码即可，图 1.13 所示为新建框架工程窗口。

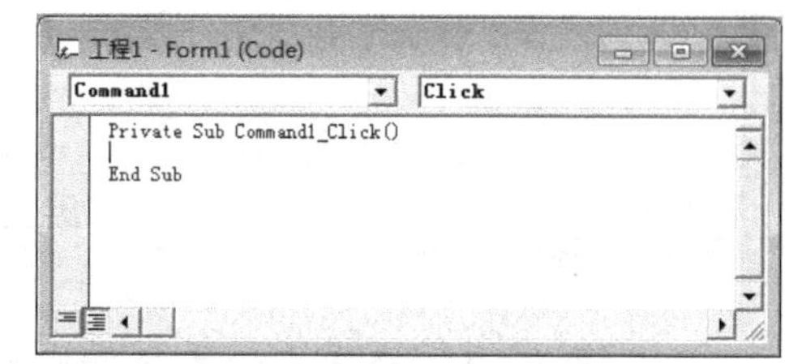

图 1.13 Command1_Click( )事件过程框架

事件过程 Command1_Click()的代码如下。

```
Private Sub Command1_Click()
    Text3.Text = Text1.Text * Text2.Text
End Sub
```

用同样的方法可以编写 Command2 和 Command3 的 Click 事件代码，事件过程 Command2_Click()的代码如下。

```
Private Sub Command2_Click()
    Text1.Text = ""
    Text2.Text = ""
    Text3.Text = ""
```

```
    Text1.SetFocus
End Sub
```

事件过程 Command3_Click()的代码如下。

```
Private Sub Command3_Click()
    End
End Sub
```

程序代码编写完毕后，代码窗口界面如图 1.14 所示。

编写代码的时候要注意，输入代码不能出任何错误，包括标点符号都不能出错，否则是运行不了的。标点符号基本上要在英文状态下输入。代码窗口使用完毕可以单击右上角的“关闭”按钮将其关闭，以免影响主界面的查看。

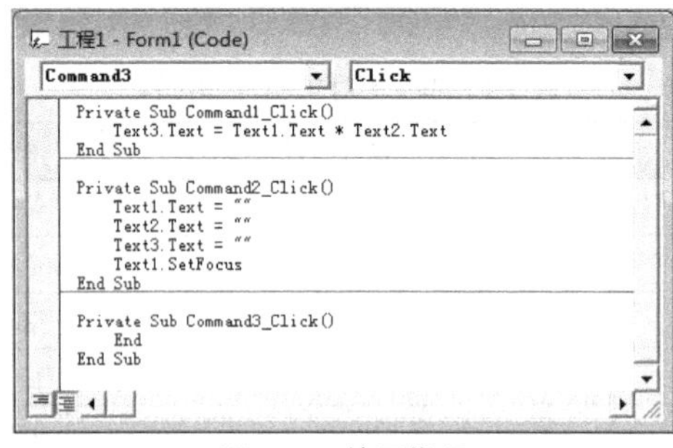

图 1.14　编写代码

（5）保存程序文件

本例中需要保存两个程序文件：窗体文件和工程文件。第一次保存程序文件可以单击工具栏上的“保存工程”按钮或选择“文件”菜单下的“保存工程”命令，由于是第一次保存工程，系统会自动先弹出“文件另存为”对话框保存窗体，后弹出“工程另存为”对话框保存工程。“文件另存为”对话框如图 1.15 所示，默认的保存位置为 Visual Basic 6.0 的安装路径 VB98，保存时要将保存位置更改为自己需要的文件夹，将文件名修改成自己需要的文件名（如 lt1_1.frm）后单击“保存”按钮。保存完窗体后会自动弹出图 1.16 所示的“工程另存为”对话框，将文件名（如 lt1_1.vbp）修改好后单击“保存”按钮。

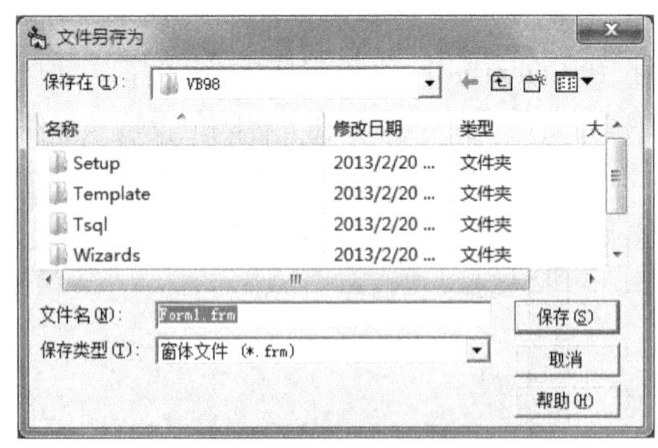

图 1.15　“文件另存为”对话框

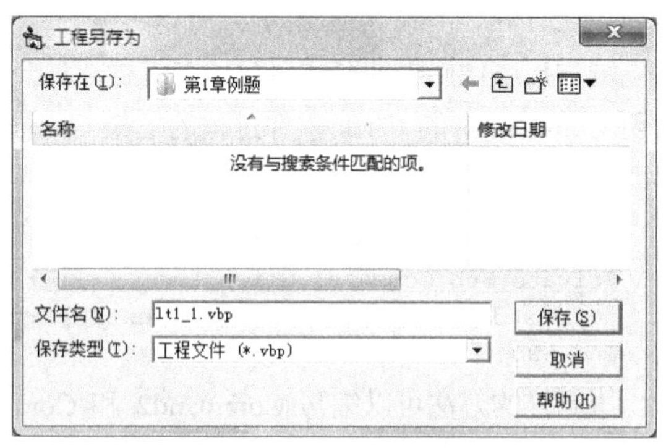

图 1.16　“工程另存为”对话框

保存之后的文件夹里的程序文件如图 1.17 所示，共有 4 个文件，其中“lt1_1.frm”为窗体文件，“lt1_1.vbp”为工程文件，“lt1_1.vbw”为工程附属文件。“MSSCCPRJ.SCC”是微软 SourceSafe 的配置文件，用于团体开发，对一般用户没用，可以将其删除。

保存程序文件之后，若将该程序关闭，再次打开时双击图 1.17 所示的工程文件“lt1_1.vbp”即可打开该程序。

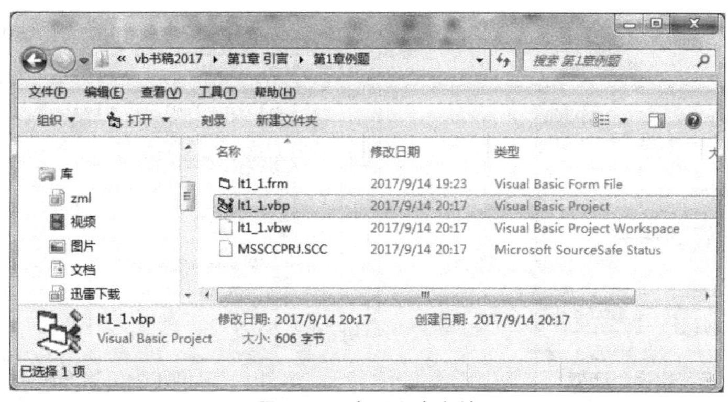

图 1.17　应用程序文件

除了使用“保存工程”命令自动保存程序外，也可以主动先选择“文件”菜单下的“保存 Form1”或“Form1 另存为”命令保存窗体，后选择“保存工程”或“工程另存为”命令保存工程，也将分别弹出“文件另存为”对话框和“工程另存为”对话框。

（6）调试运行程序

通过“运行”菜单的“启动”命令或工具栏上的“启动”按钮 ▶ 可以运行程序。程序运行初始界面如图 1.18 所示。程序启动运行后，窗体和窗体上的控件处于等待事件发生的状态，等待用户去单击“计算”“清除”或“退出”按钮。当然，按照常理，进行计算前要先输入被乘数和乘数。

若输入的被乘数为 4，输入的乘数为 6，单击“计算”按钮后程序运行界面如图 1.19 所示。若单击“清除”按钮，运行界面又变成图 1.18 所示的初始状态。单击“退出”按钮，将结束程序的运行，回到图 1.12 所示的程序设计状态。

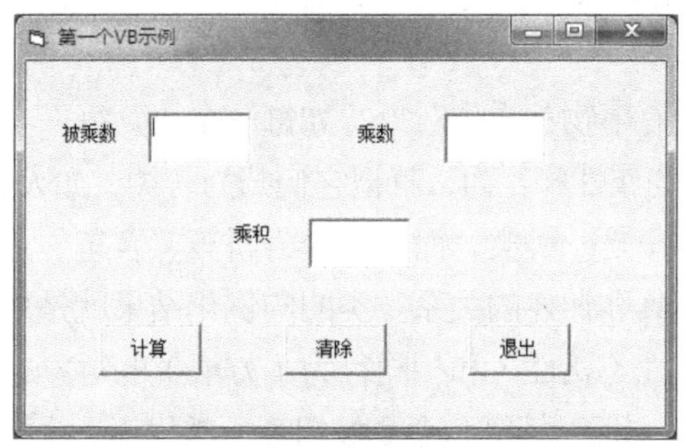

图 1.18　例 1.1 程序运行初始界面

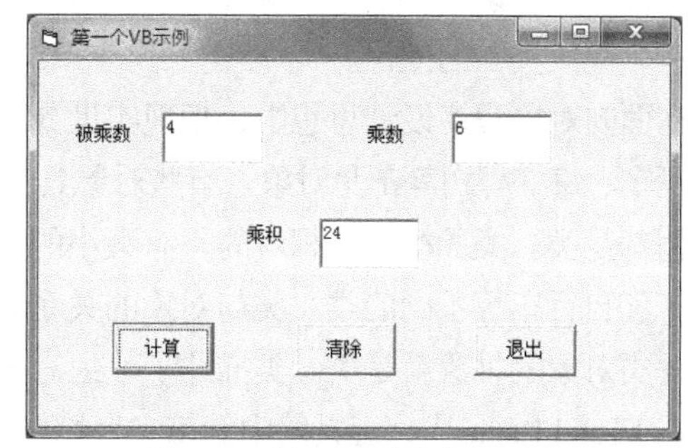

图 1.19　例 1.1 程序运行界面

若不小心将事件过程 Command1_Click()的程序代码最后一个单词“Text”的最后一个字母“t”删除，删除字母“t”后的事件过程如下。

```
Private Sub Command1_Click()
   Text3.Text = Text1.Text * Text2.Tex
End Sub
```

运行程序时同样输入被乘数为 4，乘数为 6，单击“计算”按钮后，程序将不能顺利运行，系统将弹出图 1.20 所示的编译错误提示框。根据错误类型的不同，系统弹出的错误提示对话框的内容和按钮也不相同。单击图 1.20 所示的“确定”按钮，代码窗口将以亮黄色显示系统自动判断的出错位置，如图 1.21 所示。系统提示的出错位置只能供用户参考，不能完全依赖它。用户对错误内容进行修改之后，可以单击 ▶ 按钮继续运行程序。

图 1.20　运行错误对话框

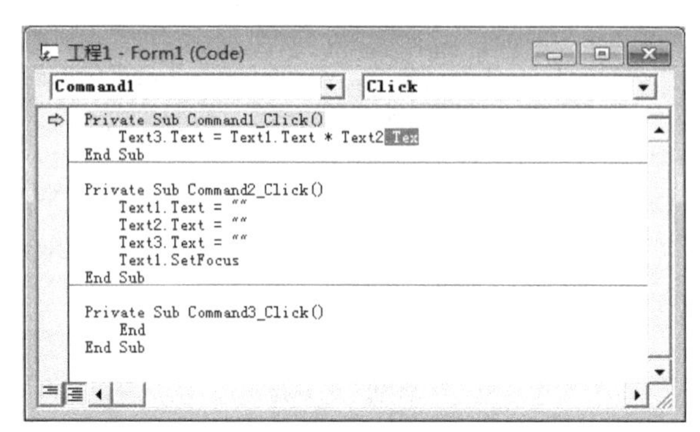

图 1.21　错误调试

若初始程序有错误，调试正确后要再次保存程序文件。

1.5　面向对象的程序设计语言

Visual Basic 采用面向对象程序设计方法，程序的核心是对象。对象到底是什么？对对象有哪些操作呢？

1.5.1　对象和类

在 Visual Basic 中，对象是一组程序代码和数据的集合，可以作为一个基本运行实体来处理。对象可以是应用程序的一部分，如例 1.1 中涉及的窗体、标签、文本框和命令按钮都是对象。整个应用程序也是一个对象。实际上，“对象”是一个很广泛的概念，要理解程序设计中“对象”的概念，还必须有一些“类”的知识。

在面向对象程序设计思想中，把现实世界中的所有事物都看作对象，如每一个人、每一本书、每一辆车、每一棵树等都是对象。有些对象具有相同的属性和行为，就把它们归为一类，如人、书、车、树都是类。类的概念是相对的，有大小的，例如车是一种类，而车又分为轿车、客车、火车、特种车和自行车等不同的类。类与对象的关系就如模具和铸件的关系。类的实例化结果就是对象，而对一类对象的抽象就是类。类描述了一组有相同特性（属性）和相同行为（方法）的对象。

在 Visual Basic 中，工具箱中的每一个控件，如文本框、标签和命令按钮等，都代表一个类。当将这些控件添加到窗体上时就创建了相应的对象。如例 1.1 中根据工具箱上的标签类创建了 3 个对象（Label1、Label2 和 Label3），根据文本框类创建了 3 个对象（Text1、Text2 和 Text3），根据命令按钮类创建了 3 个对象（Command1、Command2 和 Command3），还有窗体 Form1 也是一个对象。同一类的控件具有由类定义的公共特征和功能（即对象的属性、事件和方法），对对象的操作基本上是对其属性、事件和方法的操作。

Visual Basic 编程可以说是用对象组装程序，大多数工作是在跟对象打交道。用户可以轻松地创建和使用对象，而不必关心对象的内部运作。Visual Basic 将用户从烦琐的底层程序设计中解脱出来，这正是 Visual Basic 易学易用的原因。

1.5.2 对象的属性、事件和方法

对象具有属性、事件和方法三要素。建立一个对象后，其操作通过与该对象有关的属性、事件和方法来实现。

1. 属性

每个对象都有其特征，称之为对象的属性（Property）。属性用来描述对象的名称、大小、位置、颜色和字体等特征。这些特征有的是可见的，有的是不可见的。例如，一辆汽车的品牌、颜色、车牌号等都是可见的，而其价格、生产日期等就是不可见但却客观存在的。描述一个对象的特征，要使用属性的参数。对于汽车的描述，“品牌”“颜色”“车牌号”等称为属性名，而跟属性名对应的“大众”“黑色”“赣 A00001”等就是属性的值。

Visual Basic 中的不同类型的控件，有不同的属性，如例 1.1 中涉及的窗体 Form 有名称（Name）、标题（Caption）、高度（Height）、宽度（Width）、前景色（ForeColor）、背景色（BackColor）、字体（Font）等属性，文本框 TextBox 有名称（Name）、文本（Text）、是否可用（Enabled）、是否可见（Visible）、字体（Font）等属性。

在 Visual Basic 中，同一类型的控件对象，具有一组相同的属性，但属性值可以各不相同。如例 1.1 中三个标签具有的属性是一样的，但其名称（Name）属性的属性值分别为 Label1、Label2 和 Label3，其标题（Caption）属性的属性值分别为“被乘数”“乘数”和“乘积”。三个命令按钮也具有相同的属性，但其名称（Name）属性值分别为 Command1、Command2 和 Command3，其标题（Caption）属性值分别为“计算”“清除”和“退出”。

用户可以通过改变对象的属性值来改变对象的特征。设置对象属性的方法有以下两种。

① 在属性窗口中直接设置对象的属性。

这种方法通常是在程序设计阶段用来设定属性的初始值。

在例 1.1 中，表 1.1 中显示的属性就采用这种方法来设置控件的初始属性。

② 通过程序代码设置对象的属性。

在程序代码中通过赋值语句可以在程序运行阶段根据需要不断改变对象的属性值，其格式为：

```
[对象名. ]属性名=属性值
```

其功能是将赋值号（“=”为赋值符号）右边的属性值赋给左边的属性。中括号括起来的内容有时可以省略。若对象名是当前的窗体，则对象名可以省略。除了当前窗体外，其他窗体或控件的属性名前必须加上对象名。若当前窗体为 Form1，则下面两行程序的功能是一样的。

```
Caption = "Welcome!"
Form1.Caption = "Welcome!"
```

在例 1.1 中，“清除”按钮 Click 事件中的代码如下。

```
Text1.Text = ""
Text2.Text = ""
Text3.Text = ""
```

通过将 3 个文本框的 Text 属性设置为空字符串（""表示空字符串，没有内容）的赋值语句来实现对 3 个文本框的内容进行清除的目的。

“计算”按钮 Click 事件中的代码：

```
Text3.Text = Text1.Text * Text2.Text
```

通过将赋值号（即“=”）右边的乘积赋给文本框 Text3 的 Text 属性的方式来实现在文本框 Text3 中显示乘积的目的。

若要在程序运行中将命令按钮 Command1 的 Caption 更改成“继续”，可以在代码中编写如下代码。

```
Command1.Caption = "继续"
```

对同一个属性进行多次设置时，最终的属性值以最后一次设置的为准。例如，若“计算”按钮的程序如下。

```
Private Sub Command1_Click()
    Text3.Text = 1 + 2
    Text3.Text = 3 + 4
End Sub
```

程序运行后，文本框 Text3 中显示的计算结果为 7。

在 Visual Basic 中，有些属性使用上述两种方法都可以进行设置，但有些属性在属性窗口中根本不显示，只能通过代码来设置。还有一些属性只能在属性窗口中进行设置，在程序运行时只能读取该属性而不能修改，这种属性叫只读属性。在程序运行时既能读取又能修改的属性称为读写属性。在例 1.1 中，各控件的名称（Name）属性就是只读属性，表 1.1 中列出的属性都是读写属性。

2. 事件

（1）事件的定义

事件（Event）是由 VB 系统根据不同类型的对象预先设置好的、能够被对象识别或响应的动作或操作。

在现实世界中，地铁铃响了、红灯亮了、竞赛时发令员的枪响了等都是人能够识别并做出相应反应的事件。在 VB 中，鼠标单击（Click）或鼠标双击（DblClick）就是窗体和其他控件对象能识别的最常见的动作，也是最常见的事件。

对象的事件是固定的，是 VB 预设的，用户不能建立新的事件。不同的对象能识别的事件也不一定相同，如窗体能识别加载事件（Load），但其他控件则不可能识别该事件。

每个类型的对象能识别的事件，在设计阶段可以从代码窗口中该对象的过程下拉列表框中看到。图 1.22 所示的是命令按钮对象能够识别和响应的事件。

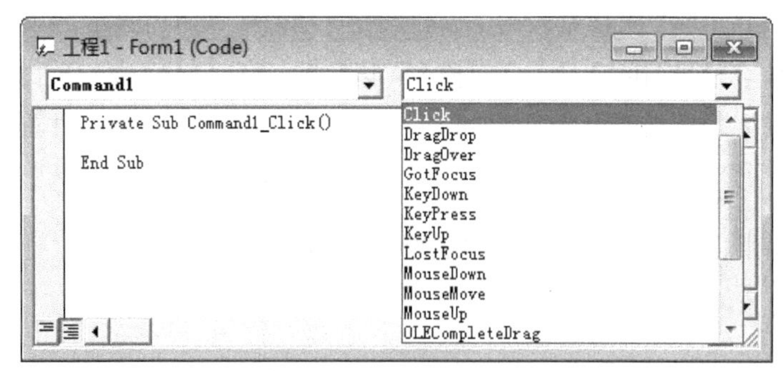

图 1.22 命令按钮对象能够识别和响应的事件

（2）事件过程

当对象的事件被用户触发（如用鼠标单击该对象会触发其 Click 事件）或被系统触发（如窗体加载时触发 Load 事件）时，该对象就会对该事件做出响应，做出何种响应由该事件的事件过程（Event

Procedure）中编写的程序代码决定。若该事件的事件过程中没有编写程序代码，即使该事件被触发了，对象也不会对该事件做出任何响应。

事件过程的一般格式如下：

```
Private Sub 对象名_事件名([参数列表])
    事件过程代码
End Sub
```

用中括号括起来的内容可以省略。有的事件过程有参数，大部分没有参数。

如在例 1.1 中，“计算”按钮 Command1 的单击（Click）事件过程为：

```
Private Sub Command1_Click()
    Text3.Text = Text1.Text * Text2.Text
End Sub
```

该事件过程一共 3 行，第 1 行和第 3 行合起来是事件过程的框架，事件代码只有第 2 行。该事件的对象名是 Command1，事件名是 Click，事件过程名为 Command1_Click。需要注意的是，窗体是个例外，不管窗体名是什么（假如窗体名为 abc），窗体事件过程名中的对象名只能是 Form，即窗体 abc 的单击事件的事件过程名为 Form_Click，而不是 abc_Click。

事件是对象能响应的一个动作，该动作触发后能完成什么功能，由用户编写的“事件过程”决定。VB 程序设计主要是编写相关的事件过程的程序代码。

通常一个对象能识别多个事件，每个事件都可以通过一个对应的事件过程来响应。在 VB 程序设计时，并不需要编写所有事件的事件过程，而只需要有目的地编写需要的事件过程。

（3）事件驱动的编程机制

面向对象的程序设计把程序代码分别编写到不同的控件中，由各控件的事件来触发程序的执行。因此，程序的执行顺序完全取决于事件的触发顺序，这与传统的面向过程的应用程序的执行顺序不同。面向过程的程序是由程序员设计好一个大的程序从头执行到尾，程序的执行顺序完全由程序员预先设定好，用户无法改变程序的执行流程。由此可见，面向对象的程序设计具有较大的灵活性，简化了程序的设计过程，也减少了代码的行数，同时增加了程序运行的灵活性。

Visual Basic 6.0 程序的执行步骤如下。

① 启动应用程序，装载和显示窗体。

② 窗体（或窗体上的控件）等待事件的发生。

③ 事件发生时，执行对应的事件过程。

④ 重复执行步骤②和③。

⑤ 直到遇到“End”结束语句结束程序的运行或按“结束”按钮强行停止程序的运行。

整个 Visual Basic 应用程序就是由这些彼此独立的事件过程组成的。事件过程代码是否执行以及执行顺序取决于用户的操作。若未触发任何事件，应用程序就处于等待状态。

3. 方法

方法（Method）是指对象能够执行的动作。

在现实世界中，可以对一个人发出“走”的指令，而不需要告诉这个人要先迈左腿，再迈右腿向前跨，因为人具备“走”的能力，能够执行“走”的动作。

在 Visual Basic 中，一些对象具备一些方法，编写程序代码时可以直接调用对象的方法来完成一定的功能，而不需要操心它是如何实现这个功能的。方法是对象本身包含的函数或过程，用于完成某种特定的功能。

我们可以对人发出“走”的指令，却不能对鱼发出这个指令，因为鱼不具备“走”的能力，鱼只能“游”。在 Visual Basic 中，哪类对象具有哪些方法是由 VB 系统预先设定好的，不是由用户决定的。编写程序代码时，不能因为某个方法好用就到处使用，方法是隶属于对象的，方法和对象是捆绑在一起的。

方法只能在程序代码中调用，其调用格式为：

```
[对象名.]方法名 [(参数列表)]
```

有的方法要提供参数，有的不需要。大部分方法要标明对象名，有的可以省略对象名。

方法的调用举例如下。

```
Form1.Cls              ' 清除窗体 Form1 上的内容
Form1.Print 100        ' 在窗体 Form1 上显示 100
Print 200              ' 在当前窗体上显示 200
Form2.Show             ' 显示窗体 Form2
Form3.Hide             ' 隐藏窗体 Form3
```

下面的程序运行是会出错的：

```
Text1.Print 100
```

窗体对象具备 Cls（清屏）、Print（显示或打印）、Show（显示窗体）和 Hide（隐藏窗体）等方法，而文本框控件不具备 Print（显示）方法，就不能使用 Print 方法来实现在文本框中显示内容的功能。在文本框中显示“100”的正确方法是修改其 Text 属性，程序如下：

```
Text1.Text = 100
```

1.6 窗体

窗体（Form）是 VB 应用程序的基本组成部分，也是 VB 应用程序的基本平台。窗体本身也是一个对象，它有自己的属性、事件和方法。

窗体又是其他控件对象的容器，几乎所有的控件都放置在窗体上。容器类对象是指能够包含或容纳其他对象的对象。除了窗体外，框架（Frame）和图片框（PictureBox）也是容器类对象，称为容器类控件。

程序运行时，每个窗体对应着应用程序的一个窗口。对于一个简单的应用程序，通常设计一个窗体就足够了，但对于一个复杂的程序，也许需要设计十几个或更多的窗体。

1.6.1 窗体的基本属性

窗体的属性决定着窗体的外观和行为。新建一个窗体或其他控件对象时，VB 系统会为该窗体或控件设置默认属性。

虽然不同类型的对象，其属性各不相同，但不同类型的对象往往也有很多相同的属性。只要属性名相同，其意义也基本相同。某种对象有哪些属性，在属性窗口中可以看到。下面先介绍常用对象的基本属性，基本属性列表如表 1.2 所示。

表 1.2 常用对象的基本属性

属 性 名	属性含义
Name	对象的名称
Caption	对象的标题
Left，Top	对象左上角的坐标
Width，Height	对象的宽度和高度
Font	对象内文字的字体
Enabled	对象是否有效
Visible	对象是否可见
BorderStyle	对象边界的类型
TabIndex	对象在父窗体中的定位顺序
ForeColor	对象的前景色，即字体的颜色
BackColor	对象的背景颜色
ToolTipText	鼠标在对象上时显示的提示文字
Index	对象在控件数组中的序号

下面介绍窗体对象的基本属性。

1. Name（名称）

Name 属性是窗体的名称，在属性窗口中显示的属性名是中文“名称”，在程序代码中要引用窗体的名称时，用的是英文“Name”。

窗体的 Name 属性默认的是 Form1、Form2……。最好给窗体一个有意义的名称，如“frmmain”表示“主窗体”。该属性在属性窗口中可以修改，但要保证一个工程中不出现 Name 属性值相同的窗体。在编写程序代码时，该属性是只读的，不能修改（即不能出现在赋值号左边），但可以引用。

```
Print Form1.Name
```

上面这行程序的运行结果是在当前窗体上显示窗体 Form1 的名称“Form1”。

2. Caption（标题）

Caption 属性用来指定窗体的标题，该属性是读写属性。窗体使用的标题默认为 Form1、Form2……。通常将窗体的 Caption 属性设置为窗体的功能说明。例如将一个窗体的功能设计为成绩录入，则可将其 Caption 属性设置为“成绩录入”。

3. AutoRedraw（自动重画）

AutoRedraw 用来控制屏幕图像的重建。若该属性设置为 True（默认值），当该窗体被其他窗体覆盖后又返回该窗体时，VB 系统将自动刷新或重画该窗体上的所有图形；若该属性设置为 False，则必须通过事件过程来进行重画这一操作。

4. Enabled（是否可用）

Enabled 用来决定窗体是否有效，即窗体是否能响应用户事件，默认值为 True。若将该属性设置为 False，则运行时该窗体及窗体上的控件都不能响应用户的操作，移动、最小化、最大化、关闭、单击等所有的操作都不能响应。

5. Visible（是否可见）

Visible 用来设置窗体是否可见，默认值为 True。若将该属性设置为 False，则运行时该窗体自动隐藏。

6. BorderStyle（边框类型）

BorderStyle 用来设置窗体的边框类型，默认值为 2。该属性共有 6 个属性值可供选择，其属性值和含义分别如下。

0—None，无，没有边框或与边框相关的元素。

1—Fixed Single，固定单边框，包含控制菜单框和标题栏，也可包含“最大化”按钮和“最小化”按钮。若要出现“最大化”和“最小化”按钮，需将 MaxButton 和 MinButton 属性设置为 True。

2—Sizeable，默认值，可调整的边框。

3—Fixed Dialog，固定对话框，包含控制菜单框和标题栏，不能包含“最大化”和“最小化”按钮。即使将 MaxButton 和 MinButton 属性设置为 True，也不会出现“最大化”和“最小化”按钮。

4—Fixed ToolWindow，固定工具窗口，不能改变尺寸，不包含控制菜单框，显示关闭并用缩小的字体显示标题栏。

5—Sizeable ToolWindow，可变尺寸工具窗口，可改变大小，不包含控制菜单框，显示关闭按钮并用缩小的字体显示标题栏。当 MaxButton 属性设置为 True 时，双击标题栏可最大化窗体。

7. BackColor（背景色）和 ForeColor（前景色）

BackColor 和 ForeColor 用来设置和返回窗体的背景颜色和前景颜色。前景色即窗体上显示的字体的颜色。

8. ControlBox（控制框）

ControlBox 用来设置是否在窗体的左上角显示控制菜单框，默认为 True。若将其设置为 False，则不显示控制菜单框，也不显示“最小化”“最大化”和“关闭”按钮。

9. Font（字体）

Font 用来设置窗体上输出字符的字体。该属性是一个复杂的属性，在属性窗口设置时会弹出图 1.23 所示的“字体”对话框。

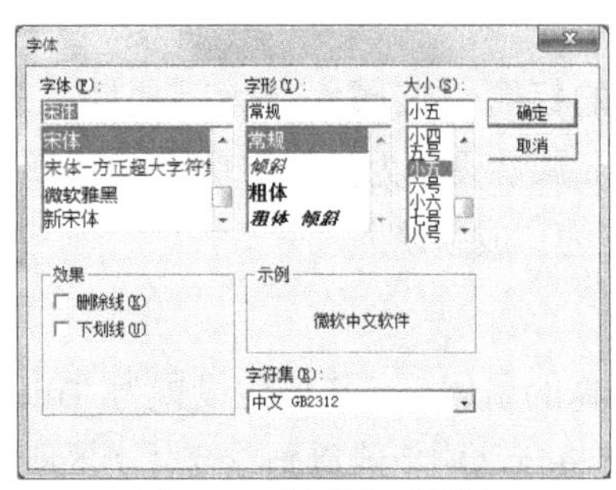

图 1.23 “字体”对话框

在程序代码中设置“字体”属性时，要将“字体”对话框中的设置分解为下列属性。

（1）FontName（字体名称）。

用来设置在窗体上输出的文本的字体类型，设置的字体名称只能是当前计算机中已有的字体，否则会出错。

（2）FontSize（字体大小）。

用来返回或设置窗体上显示字符的字体大小，单位为磅。FontSize 的最大值为 2160 磅，默认为 9 磅。

（3）FontBold（是否加粗）。

（4）FontItalic（是否倾斜）。

（5）FontUnderline（是否加下划线）。

（6）FontStrikethru（是否加删除线）。

第（3）~（6）个属性的默认值均为 False，意思是不加粗、不倾斜、不加下划线、不加删除线。用户可以根据需要将其设置为 True。

【例 1.2】编程实现单击“显示”按钮时，以 30 磅字体大小、倾斜、加下划线的楷体在窗体上显示“大家好!”，窗体的标题显示“字体设置”。运行界面如图 1.24 所示。

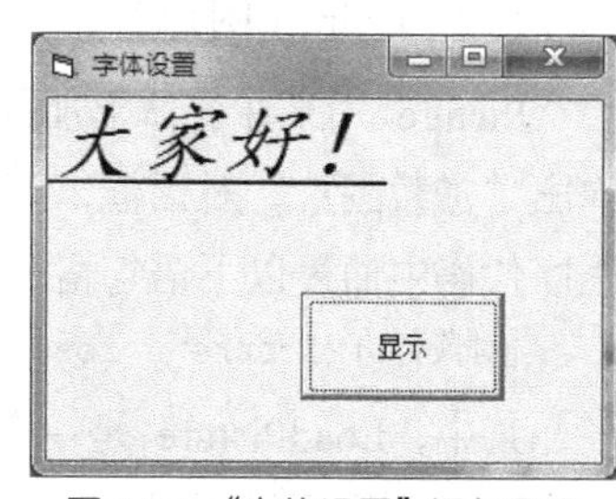

图 1.24　“字体设置”运行界面

这道题目比较简单，建立应用程序的其他步骤和例 1.1 类似，下面是“显示”命令按钮 Command1 的 Click 事件过程代码。

```
Private Sub Command1_Click()
    Form1.FontName = "楷体"
    Form1.FontSize = 30
    Form1.FontItalic = True
    Form1.FontUnderline = True
    Form1.Print "大家好! "
End Sub
```

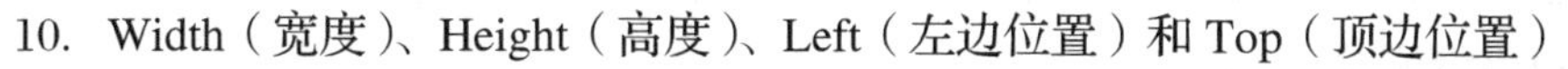

10. Width（宽度）、Height（高度）、Left（左边位置）和 Top（顶边位置）

Width 和 Height 属性决定了窗体的初始宽度和高度。Left 和 Top 属性分别指定对象的左上角顶点在容器中的横向和纵向坐标。对于窗体而言，其容器为屏幕，因此窗体的 Left 和 Top 属性决定了窗体左上角顶点到屏幕左边和顶部的距离。

在 VB 使用的坐标系统中，默认的坐标原点（0,0）在窗体的左上角，向右的方向为 *X* 轴的正方向，向下的方向为 *Y* 轴的正方向。坐标系统的每个轴都有刻度，其度量单位由容器的 ScaleMode 属性指定，默认单位为缇（Twip，1 厘米=567 缇，1 英寸=1440 缇）。所有控件的移动、调整大小和图形绘制语句，一般都使用缇为单位。

若在窗体上放置控件，则窗体为控件的容器。例如在窗体 Form1 上放置命令按钮 Command1，则 Command1 的 Left 属性是指其左上角顶点距离窗体左边界的距离，Top 属性是其左上角顶点距离窗体上边界的距离，Command1 的（Left,Top）即其左上角顶点在 VB 使用的坐标系统中的坐标。命令按钮 Command1 的 Width、Height、Left 和 Top 属性的含义如图 1.25 所示。

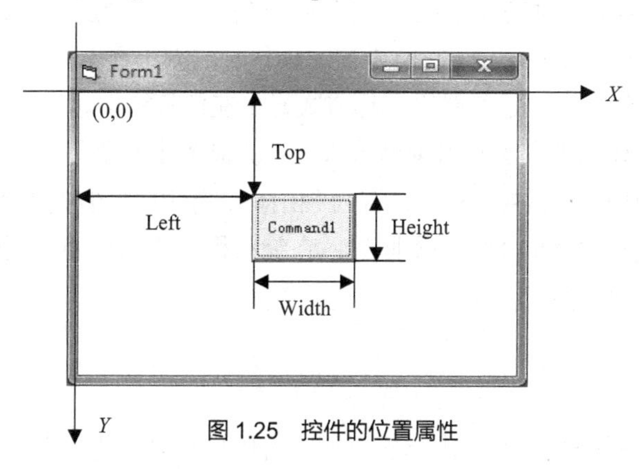

图 1.25　控件的位置属性

从图 1.25 可以看出，只要在窗体上能看到左上角顶点的控件，其 Left 和 Top 的属性值都不小于 0。

VB 提供了位置属性 CurrentX 和 CurrentY，分别表示窗体当前输出位置的横坐标和纵坐标，其初始默认值均为 0。随着在窗体上不断输出字符，CurrentX 和 CurrentY 的值会不断变化。用户也可以设置这两个属性后再在窗体上输出字符，输出的字符的位置由设定的 CurrentX 和 CurrentY 属性值决定。

11. Picture（图片）

Picture 用来在窗体上加载要显示的图片。在属性窗口中单击该属性行右侧带省略号的按钮，将弹出“加载图片”对话框，可以从中选择一个合适的图形文件将其加载到窗体上。该属性也可以在程序代码中通过以下语句格式来设置。

```
[对象名.]Picture = LoadPicture("文件名")
```

其中，LoadPicture 是一个加载函数，当要加载的图片文件和当前窗体文件不在同一个文件夹里时，“文件名”要包含图片文件的路径。

12. Icon（图标）

Icon 指定在窗体最小化时显示的图标。

13. MaxButton（**最大化按钮**）、MinButton（**最小化按钮**）

MaxButton 指定是否在窗体右上角显示最大化、最小化按钮，属性值为 True 或 False。

14. ScaleMode（**度量单位**）

设置对象坐标的度量单位。该属性共有 8 个属性值供选择，其属性值和含义分别如下。

0—User，用户自定义模式。

1—Twip，缇，系统默认设置。

2—Point，磅。

3—Pixel，像素。

4—Character，字符。

5—Inch，英寸。

6—Millimeter，毫米。

7—Centimeter，厘米。

15. WindowState（**窗口状态**）

WindowState 设置窗体运行时的显示状态。其属性值有 3 个，分别如下。

0—Normal，正常状态，默认值，运行时以窗口设计时的大小显示。

1—Minimized，最小化状态，运行时以图标方式显示在任务栏上。

2—Maximized，最大化状态，运行时窗体最大化，充满整个屏幕。

在上述对属性设置的程序代码中，有的设置为“楷体”，有的属性值设置为 30，有的设置为 True，可见对不同的属性，它的属性值的类型是不同的，在编写程序代码时要特别注意。有关数据类型的内容将在第 2 章中进行详细讲解。

1.6.2 窗体的事件

窗体作为对象，能够对一些操作做出响应，因此窗体具有自己的事件。窗体事件过程的一般格式为：

```
Private Sub Form_事件名([参数列表])
    事件过程代码
End Sub
```

不管窗体名是什么，窗体事件过程名中的对象名只能是 Form，而在过程内对窗体进行引用时才会用到窗体名称（如 Form1）。

事件分为系统事件和用户事件两种。系统事件由系统自动触发，如窗体的 Load 事件；用户事件由用户的操作触发，如鼠标的单击 Click 事件、双击 DblClick 事件等。

不同的对象可能发生的事件各不相同，有的对象能触发的事件较多，有的对象能触发的事件少。例如，时钟对象只能发生一个事件——Timer 事件。VB 控件的常用事件如表 1.3 所示。

表 1.3　控件的常用事件

事 件 名	说　明	事 件 名	说　明
Click	单击事件	KeyDown	键盘按键按下事件
DblClick	双击事件	KeyUp	键盘按键松开事件
Load	窗体加载事件	KeyPress	按下可显示字符键事件
Unload	窗体卸载事件	MouseDown	鼠标按键按下事件
Resize	控件大小改变事件	MouseUp	鼠标按键松开事件
Change	控件内容改变事件	MouseMove	鼠标移动事件

下面介绍窗体对象的一些常用事件。

1. Click 事件

当用户单击窗体上不包含控件的空白处时，触发该事件，VB 系统将调用窗体的单击事件过程 Form_Click。若用户单击的是窗体内的控件，触发的是被单击控件的 Click 事件。

Click 事件发生的过程还将伴随着 MouseDown 和 MouseUp 事件的发生。若在代码窗口编写如下程序代码。

```
Private Sub Form_Click()
    Print "Click"
End Sub
Private Sub Form_MouseDown(Button As Integer, Shift As Integer, X As Single, Y As Single)
    Print "MouseDown"
End Sub
Private Sub Form_MouseUp(Button As Integer, Shift As Integer, X As Single, Y As Single)
    Print "MouseUp"
End Sub
```

程序运行时，单击窗体，运行界面如图 1.26 所示。

从图 1.26 所示的运行结果可以看出，在窗体上单击时，先触发窗体的 MouseDown 事件，接着触发 MouseUp 事件，最后触发 Click 事件。当然，这 3 个事件几乎是同时触发的。

2. DblClick 事件

和 Click 事件类似，只不过触发的动作是双击。当用户双击窗体的空白处时，触发该事件。

DblClick 事件的发生还将伴随发生 MouseDown、MouseUp 和 Click 事件。若在上面 Click 事件的程序代码中增加下面的 DblClick 事件过程，运行时双击窗体，运行界面如图 1.27 所示。

```
Private Sub Form_DblClick()
```

```
    Print "DblClick"
End Sub
```

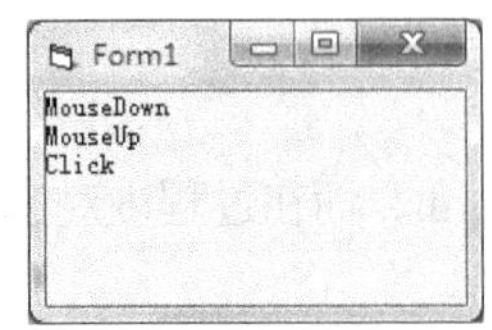

图 1.26　窗体的 Click 事件

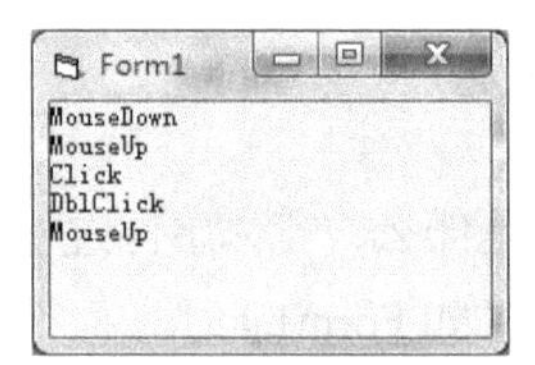

图 1.27　窗体的 DblClick 事件

3. Load 事件

加载（也称装载）窗体时触发 Load 事件。加载窗体是将窗体及其上面的控件加载到内存中，并初始化所有的控件。这一事件由系统触发，而不是由用户的操作触发。

当一个工程有多个窗体时，要指定一个为启动窗体，其操作方法是在工程资源管理器窗口选中工程（如工程 1），单击鼠标右键，在弹出的快捷菜单中选择工程的属性（如工程 1 属性）命令，之后在弹出的图 1.28 所示的“工程属性”对话框中设置“启动对象”为某个窗体（如 Form1）。若这个工程只有一个窗体，则 VB 系统默认该窗体为工程的启动窗体，不需要进行设置。

启动应用程序时，系统会自动加载和显示“启动窗体”，在此期间会先后触发 Load、Activate 等事件。在启动窗体显示之前触发 Load 事件。对于未被加载的窗体，可以使用 Load 语句加载该窗体。

窗体的 Load 事件通常是应用程序中第一个被执行的过程，常用来进行初始化处理。但要注意的是，Load 事件是在窗体显示之前被执行的，因此，在该过程中执行的 Print 及绘图等方法将不起作用（即在窗体上看不到这些方法执行的结果）。要使 Load 事件中 Print 及绘图方法输出的内容可见，可以采取两种方法：一种是事先将窗体的 AutoRedraw 属性设置为 True，另一种是在 Print 方法前先调用窗体的 Show 方法。

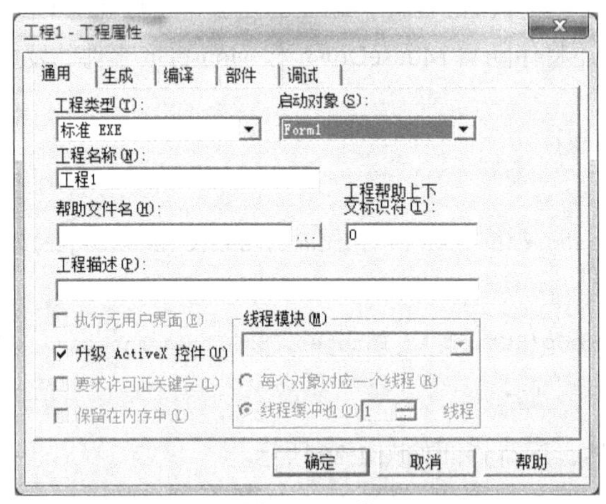

图 1.28　“工程属性”对话框

若希望应用程序启动运行后，窗体的标题改变为“Hello!”，窗体上显示“World!”，可编写如下的 Load 事件。

```
Private Sub Form_Load()
    Form1.Caption = "Hello!"
    Print "World!"
End Sub
```

默认情况下，上述程序启动运行后，只能修改窗体的标题为“Hello!”，而不能在窗体上显示“World!”。若在设计阶段将窗体的 AutoRedraw 属性设置为 True 再运行程序，就能得到希望的结果。用户也可以在 Print 方法调用前增加 Show 方法的调用语句，增加 Show 方法调用语句之后的事件过程如下。

```
Private Sub Form_Load()
    Form1.Caption = "Hello!"
    Form1.Show
    Print "World!"
End Sub
```

4. Unload 事件

当窗体卸载时触发 Unload 事件。Unload 事件有一个参数。程序运行时，单击窗体右上角的“关闭”按钮时也会触发该事件。利用 Unload 事件可在关闭窗体或结束应用程序时做一些必要的善后处理工作。

通常在一个工程中包含多个窗体时会使用 Unload 事件。例如，工程 1 有两个窗体 Form1 和 Form2，在 Form1 的 Unload 事件中编写下面的程序代码，则程序运行时单击“关闭”按钮关闭窗体 Form1 时，其 Unload 事件触发，执行其 Form_Unload 事件过程，事件过程的第一条语句的功能是装载窗体 Form2，第二条语句的功能是显示窗体 Form2。简单地说，关闭窗体 Form1 时将窗体 Form2 调出来显示，从而得到一种“此起彼伏”的效果。

```
Private Sub Form_Unload(Cancel As Integer)
    Load Form2                  ' 装载窗体 Form2
    Form2.Show                  ' 显示 Form2
End Sub
```

5. Activate（活动）、Deactivate（非活动）事件

当窗体变成活动窗体时，触发 Activate 事件，当窗体从活动窗体变成非活动窗体时触发 Deactivate 事件。任何时候，只有一个窗体是活动窗体。通过操作可以把窗体变为活动窗体，如单击窗体或在程序中执行 Show 方法等。

6. Paint（绘画）事件

重新绘制一个窗体时触发 Paint 事件。当首次显示、移动、放大、缩小窗体或一个覆盖该窗体的对象移动后使该窗体暴露出来，都会触发 Paint 事件。

该事件触发的前提是窗体的 AutoRedraw 属性为 False。

1.6.3 窗体的方法

方法是对象具有的行为，方法能实现特定的功能，可以直接使用而不需要编写程序代码。方法是如何实现其功能的，我们并不知道，也就是说方法的实现是封闭的。实际上，每个方法都对应着某个函数或过程，只不过这个函数或过程的程序代码是由 VB 系统编写的，隐藏在内部。

方法是隶属于对象的，方法的调用格式为：

```
[对象名.]方法名 [(参数列表)]
```

下面介绍窗体对象的一些常用方法。

1. Print 方法

该方法用于在窗体上输出文本。这里只简单介绍 Print 方法的功能，详细的使用方法将在第 3 章

介绍。

该方法在前面的举例中已经使用多次，如例 1.2 中在窗体上显示“大家好!”的代码如下。

```
Form1.Print "大家好! "
```

2. Cls 方法

Cls 方法的功能是清除窗体或图片框在运行时产生的图形和文本。

3. Show 方法

该方法用来显示窗体。如：

```
Form2.Show
```

运行该语句时，若窗体 Form2 没有装载，VB 将自动装载窗体 Form2 后再将其显示出来。

显示窗体也可以通过修改窗体的 Visible 属性来实现。跟上面显示 Form2 的方法等效的修改属性的语句如下：

```
Form2.Visible = True
```

4. Hide 方法

该方法用来隐藏窗体对象，但不能使其卸载。如：

```
Form1.Hide
```

与上面等效的语句如下：

```
Form1.Visible =False
```

5. Move 方法

该方法用来移动窗体或控件，该方法适用的对象较多。其语法格式为：

```
对象名.Move Left[, Top][, Width][, Height]
```

该方法有 4 个参数，其中参数 Left 不能省略，其他的参数可以根据需要选择。该方法将 4 个参数的值按顺序分别赋给对象的 Left、Top、Width 和 Height 属性，赋值时只按照在参数中的位置来定位。省略参数时，只能省略后面的参数。若需要第 3 个参数，则第 2 个参数不能省略。Move 方法的调用举例如下。

```
Form1.Move Form1.Left + 300          ' 将窗体沿水平方向右移 300 缇
Form1.Move Form1.Top + 100           ' 将窗体的 Left 属性值改变为其 Top 属性值加 100
Form1.Move Form1.Left, Form1.Top, Form1.Width + 500  ' 将窗体的宽度加 500
```

上述 Move 方法调用语句和下面的修改属性的语句等效。

```
Form1.Left = Form1.Left + 300
Form1.Left = Form1.Top + 100
Form1.Width = Form1.Width + 500
```

1.6.4 焦点和 Tab 键序

1. 焦点

一个应用程序可以有多个窗体，每个窗体上又可以有很多对象，但用户任何时候只能对一个对象进行操作，则称当前被操作的对象获得了焦点（Focus）。焦点是对象接收鼠标或键盘输入的能力。当对象具有焦点时，才能接收用户的输入。

不同的对象具有焦点的特征不一样，例如文本框控件获得焦点时，光标会在文本框内闪烁，此时用户可以向文本框输入信息。若命令按钮获得焦点，命令按钮上会出现虚线框，此时按回车键相当于单击了该按钮。窗体也可以得到焦点，但窗体获得焦点的优先级最低。若窗体上有任何一个能获得焦点的控件，那窗体永远也得不到焦点。窗体获得焦点的唯一可能是窗体上没有能获得焦点的控件。

窗体和大多数控件都可以得到焦点，但任何时候焦点只能有一个。改变焦点将触发焦点事件。当对象得到或失去焦点时，将分别触发 GotFocus（得到焦点）和 LostFocus（失去焦点）事件。

要将焦点赋给对象，有以下 4 种方法。

① 用鼠标选定对象。

② 用快捷键选定对象。

③ 按 Tab 键或 Shift+Tab 组合键在当前窗体的各对象之间切换焦点。

④ 在程序代码中用 SetFocus 方法来设置焦点。例如：

```
Text1.SetFocus     ' 把焦点设置在文本框 Text1 上
```

要注意，只有当对象的 Enabled 和 Visible 属性都为 True 时，该对象才能接收焦点。

并非所有的控件都具有接收焦点的能力，框架 Frame、标签 Label、菜单 Menu、线条 Line、图像框 Image 和时钟 Timer 等控件均不能接收焦点。

2. Tab 键序

Tab 键序是指用户按下 Tab 键时，焦点在控件之间移动的顺序。当向窗体中设置控件时，系统会自动按顺序为每个控件指定一个 Tab 键序。Tab 键序也反映在控件的 TabIndex 属性中，其属性值依次为 0、1、2……。通过改变控件的 TabIndex 属性值，可以改变焦点移动的默认顺序。

【例 1.3】编写一个程序测试标签、文本框、命令按钮和窗体对象是否得到或失去焦点。程序的运行界面如图 1.29 所示。要求程序运行过程中不能用鼠标操作，只能用 Tab 键和回车键操作。

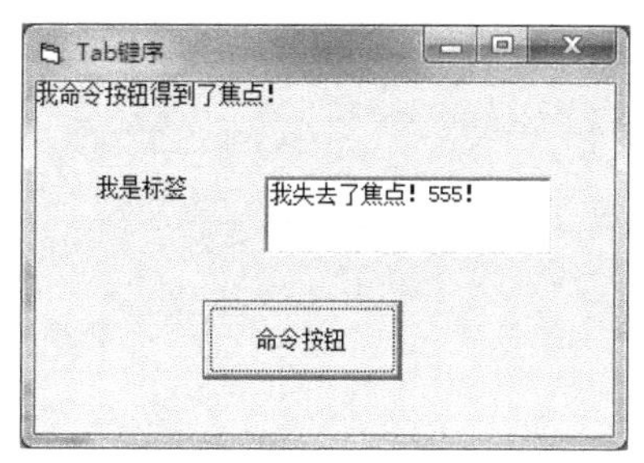

图 1.29 “Tab 键序”测试

```
Private Sub Form_Load()          ' 将焦点初始化在 Text1 里
    Form1.Show
    Text1.SetFocus
End Sub
Private Sub Text1_GotFocus()     ' 文本框 Text1 的 GotFocus 事件
    Text1.Text = "我得到焦点了！哈哈！"
End Sub
Private Sub Text1_LostFocus()    ' 文本框 Text1 的 LostFocus 事件
    Text1.Text = "我失去了焦点！555！"
End Sub
Private Sub Command1_Click()
    Form1.Print "我命令按钮得到了焦点！"
End Sub
```

运行程序时，用 Tab 键不断切换，观察标签 Label1、文本框 Text1、命令按钮 Command1 和窗体 Form1 是否能得到焦点。不使用鼠标，试试用键盘如何对程序进行操作。

在图 1.29 所示的界面中不断按 Tab 键，会发现焦点始终在文本框和命令按钮之间切换，说明标签和窗体不能得到焦点。标签不具备接收焦点的能力；窗体虽然能接收焦点，但只在其上面没有其他能接收焦点的控件的前提下才能接收焦点。图 1.29 显示的结果是焦点从 Text1 转到 Command1 中后按回车键得到的。

02 第2章 Visual Basic语言基础

通过上一章的学习，读者可以了解到，要建立一个简单的 Visual Basic 应用程序是比较容易的。但是要编写稍微复杂的程序，就会用到各种不同类型的数据、常量、变量以及由这些数据和运算符组成的各种表达式，这些内容是程序设计语言的重要基础。这正是本章要介绍的主要内容。

2.1 语言基础

一个 Visual Basic 应用程序是由一条条语句组成的，语句是由表达式、单词等通过一定的规则组成的，而表达式和单词又是由一些字符组成的。字符、词汇、表达式、语句等称为程序设计语言的“语法单位”，语法单位形成的规则称为“语法规则”。

2.1.1 Visual Basic 的字符集

字符是构成程序设计语言的最小语法单位。每一种语言都有自己的字符集。Visual Basic 的字符集包含字母、数字和专用字符。

（1）字母：大写英文字母 A ~ Z，小写英文字母 a ~ z。

（2）数字：0、1、2、3、4、5、6、7、8、9。

（3）专用字符：共 27 个，如表 2.1 所示。

表 2.1 Visual Basic 中的专用字符

符　号	说　明	符　号	说　明
%	百分号（整型数据类型说明符）	=	等于号（关系运算符、赋值号）
&	和号（长整型数据类型说明符）	(	左圆括号
!	感叹号（单精度数据类型说明符）	)	右圆括号
#	磅号（双精度数据类型说明符）	'	单引号（半角）
$	美元号（字符串数据类型说明符）	"	双引号（半角）
@	AT 号（货币数据类型说明符）	,	逗号（半角）
+	加号	;	分号（半角）
–	减号	:	冒号（半角）
*	星号（乘号）	.	实心句号（小数点）
/	斜杠（除号）	?	问号
\	反斜杠（整除号）	_	下划线（续行号）
^	上箭头（乘方号）		空格符
>	大于号	<CR>	回车键
<	小于号		

2.1.2　Visual Basic 的词汇集

“单词”是程序设计语言中具有独立意义的最基本结构，它是由字符组成的。在程序设计语言中，单词一般包括运算符、界符、关键字、标识符、各类型常数等。有关运算符和各类型常数的内容将在本章后面的小节中介绍。

1. 运算符和界符

运算符用来表示数据间的各种运算。

界符也称间隔符，它们决定了单词之间的分隔。

例如：

print 12 '该语句有 3 个单词："print" "12"和作为界符的空格符。

print 2*3 '该语句有 5 个单词："print" "2" "*" "3"和作为界符的空格符。

其中，“2*3”中两个常数之间没有空格，运算符“*”也起了界符的作用。为了书写好看，添加上空格也没有错。

需要注意的是，在“代码”窗口输入语句“print 2*3”按回车键之后，VB 系统会自动在“*”号左右两边各加上一个空格符。

2. 关键字

关键字又称保留字，是 VB 系统定义的有特定意义的词汇，是 VB 语言的组成部分。在 VB 6.0 中，当用户在编辑窗口中输入关键字时，系统会自动识别，并将其首字母自动改为大写。

关键字一般表示系统的内部函数、过程、运算符、常量等。例如：If、Else、Print、As、And、Static 等。

3. 标识符

程序设计时，经常需要给一些对象命名，以便通过名字访问这些对象，这些用户自己定义的名字称为标识符，如常量、变量、函数、控件、窗体、模块和过程等。VB 中标识符命名时应遵循以下规则。

（1）变量名必须以字母 A～Z（或 a～z）或汉字开头，由英文字母、数字、下划线符号组成，长度不超过 255 个字符。

（2）Visual Basic 的保留字不能作为变量名。

（3）变量名不区分大小写。如 ABC、abc、aBc 都认为是一个相同的变量名。为了便于区分，一般变量名首字母用大写字母，其余用小写字母表示，而符号常量全部用大写字母表示。

为了增加程序的可读性，尽量做到见名知意，如姓名可以定义为 name。

合法标识符举例如下：

```
ab  a3  a_2  if2  姓名
```

非法标识符举例如下：

```
2a  _a  a+f  if
```

2.1.3　编码规则与约定

1. 在 VB 代码中，字母不区分大小写

（1）VB 对用户程序代码中关键字的首字母总被转换成大写字母，其余字母一律转换为小写字母，

提高了程序的可读性。

（2）对于用户自定义的变量名、过程名、函数名，VB 以第一次定义的为准，以后输入的自动转换成首次的形式。

2. 语句书写自由

（1）VB 在同一行上可以书写一条语句或多条语句。如果多条语句写在一行上，语句间用冒号":"隔开。

例如：

```
Form1.width = 300 : Form1.caption = "您好" : Temp = Form1.width
```

为了方便阅读，最好一行写一条语句。

（2）一条语句如果在一行内写不下，VB 允许将单行语句分若干行书写，在行后加入续行符（一个空格后面跟一个下划线"_"）将长语句分成多行。

例如：

```
Addresses = "华东交通大学" & _
            "信息工程学院" & _
            "计算机基础教学部"
```

原则上，续行符应加在运算符的前后，续行符不应将变量名和属性名分隔在两行上。

（3）一行最多允许编写 1024 个字符。

3. 除汉字外，各字符通常要在英文半角状态下输入

在代码窗口输入代码时，除了双引号内和单引号后的字符外，其余符号（包括双引号、单引号、分号、冒号等）都是构成语言成分的字符，要在英文半角状态下输入。

例如：

```
print  "变量 a 的结果为:"; 2*3     '计算变量结果
```

除了双引号内和单引号后的字符外，其余符号（包括双引号、单引号、分号、冒号等）都要在英文半角状态下输入。

4. 注释语句

注释是对程序的说明。一个好的程序员应该有良好的注释习惯，方便以后的其他人或自己读懂程序。

注释语句是不运行的，在代码窗口中，呈绿色字体显示。

注释语句有以下两种方式。

（1）以 Rem 开始的注释。

若整行都是注释，可以用 Rem 注释，但是 Rem 不能接在语句的后面。

例如：

```
Rem 欢迎学习 VB 程序
print "你好！"
```

（2）以西文状态的单引号'开始的注释。

单引号和 Rem 一样可以用在一行的开头作为一整行注释，也可以用在语句的后面。

例如：

```
Text1.Text= "您好！"      '在文本框中显示"您好！"
```

当需要将一条或多条连续的语句作为注释时，可以在“编辑”工具栏中选择“设置注释块”，取消注释块时选择“解除注释块”。

要注意的是，注释可以和语句在同一行并写在语句的后面，也可单独占据一行。但不能在同一行上将注释接在续行符之后。

5. 使用缩进反映代码的逻辑关系和嵌套关系

在编写代码时，对过程、条件结构及循环结构的书写最好要缩进。使用缩进，代码的嵌套关系、层次关系和逻辑关系将变得清晰，使代码的可读性好。

例如：

```
If a > b Then
   Print a
Else
   Print b
End If
```

6. 保留行号和标号

VB 源程序也接受行号与标号，但行号与标号不是必需的，通常情况下不需要。标号是以字母开始并以冒号结束的字符串。

例如：

```
If a>0 then
   GoTo  temp
Else
   print  "合格"
End If
temp:
print "不合格"
```

其中，temp 是标号。需要注意的是，上面程序若 a 小于等于 0，运行结果是两行：“合格”和“不合格”；若 a 大于 0，显示的结果是“不合格”。

标号一般用在跳转语句 GoTo 语句中。对于结构化程序设计方法，应尽量避免使用跳转语句。

2.2 数据类型

数据是计算机处理的对象，有型与值之分，型是数据的分类，值是数据的具体表示。现实生活中常常会遇到不同类型的数据，在 VB 程序设计语言中使用不同的表示形式来记录这些数据，即数据类型。

Visual Basic 提供了系统定义的数据类型，即基本数据类型，并允许用户根据需要定义自己的数据类型。

VB 提供的基本数据类型有数值型、字符型、日期型、逻辑型、变体型和对象型，如表 2.2 所示。

表 2.2 VB 标准数据类型

数据类型	关 键 字	类 型 符	前 缀	占字节数	范 围
字节型	Byte	无	byt	1	0 ~ 255
逻辑型	Boolean	无	bln	2	True 与 False
整型	Integer	%	int	2	–32768 ~ 32767
长整型	Long	&	lng	4	–2147483648 ~ 2147483647

续表

数据类型	关键字	类型符	前缀	占字节数	范围
单精度型	Single	!	sng	4	负数：–3.402823E38 ~ –1.401298E–45 正数：1.401298E–45 ~ 3.402823E38
双精度型	Double	#	dbl	8	负数：–1.79769313486232D308 ~ –4.94065645841247D–324 正数：4.94065645841247D–324 ~ 1.79769313486232D308
货币型	Currency	@	cur	8	–922337203685477.5808 ~ 922337203685477.5907
日期型	Date(time)	无	dtm	8	01,01,100 ~ 12,31,9999
字符型	String	$	str	与字符串长度有关	0 ~ 65535 个字符
对象型	Object	无	obj	4	任何对象引用
变体型	Variant	无	vnt	根据分配确定	

1. 数值型

Visual Basic 中用于保存数值的数据类型有 6 种：整型（Integer）、长整型（Long）、单精度型（Single）、双精度型（Double）、字节型（Byte）和货币型（Currency）。

（1）整型和长整型。

用于保存整数，可以是正整数、负整数或者 0。

整型数用两个字节存储，表示数的范围为：–32768 ~ +32767。

长整型数用 4 个字节存储，表示数的范围为：–2147483648 ~ +2147483647。

例如：123、–123、+123、123%均表示整数，而 123.0 就不是整数。

123&、1234567&均表示长整数。123,456 则是非法数。

整型和长整型有三种表示形式：十进制、八进制和十六进制。

十进制整数由数字 0 ~ 9 和正负号构成。

八进制由数字 0 ~ 7 构成，以&O 或&开头，可带正负号。例如：&12、&O23、–&O43。

十六进制由数字 0 ~ 9、A ~ F（或 a ~ f）构成，以&H（或&h）开头，可带正负号。例如：&H12a、&h23、–&h4a3 等。

（2）单精度型。

单精度型（Single）用来表示带有小数部分的实数，以 4 个字节存储。单精度浮点数最多有 7 位有效数字。

单精度浮点数有多种表示形式：± n.n（小数形式）、± n!（整数加单精度类型符）、± nE ± m（指数形式）、± n.nE、± m（指数形式）。

例如：

123.45、0.12345E+3、123.45！都是同值的单精度数。

如果某个数的有效数字位数超过 7 位，当把它赋给一个单精度变量时，超出的部分会自动四舍五入。

例如：把 213456.2567 赋给单精度变量 aa，在内存中 aa 的值为 213456.3。

（3）双精度型。

双精度型（Double）也用来表示带有小数部分的实数，在计算机中占用 8 个字节存储。

用科学记数法表示：±aD±c 或±ad±c。

例如：314.159265358979D–2 表示 3.14159265358979。

双精度浮点数最多可有 15 位有效数字。如果某个数的有效数字位数超过 15 位，当把它赋给一个单精度变量时，超出的部分会自动四舍五入。

（4）字节型。

字节型（Byte）用来存储二进制数，在计算机中占用 1 个字节。取值范围是 0～255 的无符号类型，不能表示负数。

（5）货币型。

货币型（Currency）是一种专门为处理货币而设计的数据类型，保留小数点右边 4 位和小数点左边 15 位。在计算机中占用 8 个字节。

如果变量已定义为货币型，且赋值的小数点后超过 4 位，那么超过的部分自动四舍五入。

例如，将 3.12125 赋给货币型变量 aa，在内存中 aa 的实际值是 3.1213。

2. **字符型**

字符型数据是指一切可打印的字符和字符串，它是用双引号括起来的一串字符。一个西文字符占一个字节，一个汉字或全角字符占两个字节。

例如："Visual Basic""中国天津""123.456"。

VB 中的字符串有两种：变长字符串和定长字符串。变长字符串的最大长度为 $2^{31}-1$ 个字符，定长字符串的最大长度为 65535 个字符 。

注意：空字符串用""表示，而" "则表示有一个空格的字符串。另外，在字符串中必须用两个连续的双引号来表示字符串有一个双引号。如字符串：abc"计算机"abc，在 VB 中表示为"abc""计算机""abc"。

3. **日期型**

日期型数据按 64 位浮点数值存储，表示的日期从公元 100 年 1 月 1 日～9999 年 12 月 31 日，时间范围为 0:00:00～23:59:59。

任何在字面上可以被认作日期的文本都可以赋值给日期变量，且日期文字必须用符号"#"括起来，如#January 15,2017#，#1985-10-1 9:45:00 PM# 都是合法的日期型数据。

除上述表示之外，还可以用数字序列表示日期。

用数字序列表示时，整数部分代表日期；负数代表 1899 年 12 月 30 日之前的日期和时间，比这个日期前 *n* 天，就用–*n* 表示，比这个日期后 *n* 天，就用 *n* 表示；小数部分代表时间，0 为午夜，0.5 为中午 12 点，以此推算。

【例 2.1】日期型数据运算举例。

```
Private Sub Command1_Click()
  Dim s As Date, s1 As Date
  s = -1.5
  s1 = 1.75
  Print s
  Print s1
End Sub
```

单击窗体运行后，窗体上显示两行结果：

```
1899-12-29 12:00:00
1899-12-31 18:00:00
```

4. 逻辑型

逻辑型数据只有两个值：真（True）和假（False），用 2 字节二进制数存储，经常用来表示逻辑判断的结果。

当把数值型数据转换为逻辑型数据时，0 会转换为 False，其他非 0 值转换为 True。反之，当把逻辑型数据转换为数值型时，False 转换为 0，True 转换为–1。

5. 对象型

用来保存对象引用的数据类型，在计算机中占用 4 个字节，作为对象的引用，该 32 位地址可以引用应用程序中的对象。

利用 Set 语句，可以为声明为 Object 的变量赋值为某个对象的引用。

例如：

```
Set Temp = Form1
```

6. 变体（Variant）数据类型

Variant 数据类型又称为万用数据类型，它是一种特殊的，可以表示所有系统定义类型的数据类型。变体数据类型对数据的处理可以根据上下文的变化而变化，除了定长的 String 数据及用户自定义的数据类型之外，可以处理任何类型的数据而不必进行数据类型的转换，如上所述的数值型、日期型、对象型、字符型的数据类型。Variant 数据类型是 VB 对所有未定义的变量的缺省数据类型的定义。通过 VarType 函数可以检测 Variant 型变量中保存的具体的数据类型。

例如：

```
Dim SomeValue As Variant        '定义 SomeValue 为变体型变量
SomeValue = "10"                'SomeValue 是字符串"10"
SomeValue = SomeValue - 5       '现在 SomeValue 是数值型 5
SomeValue = "a" & SomeValue     '现在 SomeValue 是字符串"a5"
```

在计算机中变体型数据占用空间较大，一般在用户无法确定运算结果类型时使用。在应用程序中应尽量少用变体型数据。

2.3 常量与变量

前一节介绍了 Visual Basic 的基本数据类型，在程序设计中，这些不同类型的数据既可以常量的形式出现，也可以变量的形式出现。常量是那些在程序运行过程中，其值不发生改变的量；而变量在程序运行过程中，其值是可以改变的。

2.3.1 常量

VB 中的常量有 3 种：普通常量、符号常量和系统常量。

1. 普通常量

VB 中的普通常量有 4 种：字符串常量、数值型常量、布尔型常量和日期型常量。

（1）字符串常量

在 Visual Basic 中字符串常量是用双引号括起来的一串字符。例如："ABC" "123"等。

【说明】

① 字符串的字符可以是西文字符、汉字、标点符号等。

② ""表示空字符串，而" "表示一个空格的字符串。

③ 若字符串中有双引号，例如 AB"12，则用连续的两个双引号表示，即"AB""12"。

（2）数值型常量

① 整型、长整型、字节型常量。

它有三种形式：十进制、八进制、十六进制。

十进制整型数：由若干个十进制数字（0～9）组成，可以带正负号，如 123、–30 等。

八进制整型数：由若干个八进制数字（0～7）组成，前面冠以前缀&O（大写字母 O，而不是数字 0），例如&O67。

十六进制数：由若干个十六进制数字（0～9 及 a～f 或 A～F）组成，前面冠以前缀&H，例如&H7a2。

可以在整型常量后面加类型符“%”或“&”，来指明该常量是整型常量还是长整型常量；如果不加类型符，VB 系统会根据数值大小自动识别，将选择需要内存容量最小的表示方法。

② 浮点型常量，分为单精度浮点型常量和双精度型常量。

日常记法：包括正负号、0～9、小数点。如果整数部分或小数部分为 0，则可以省略这一部分，但要保留小数点，例如：3.1415、–21.7、54.、–.87。

指数记法：用 mEn 来表示 $m \times 10^n$，其中，m 是一个整型常量或浮点型常量，n 必须是整型常量，m 和 n 均不能省略。例如：1.23E4 表示 1.23×10^4。“E”可以写成小写“e”。如果是双精度常量，则需要用“D”或“d”来代替“E”。

可以在浮点型常量后面加类型符“!”或“#”，来指明该常量是单精度浮点型常量还是双精度浮点型常量；如果不加类型符，VB 系统会根据数值大小自动识别，将选择需要内存容量最小的表示方法。

（3）布尔型常量

也称逻辑型常量，只有两个值，即 True 和 False。

注意：它们没有定界符。“True”和“False”不是布尔型常量，而是字符型常量。

（4）日期型常量

使用“#”作为定界符。只要用两个“#”将可以被认作日期和时间的字符串括起来，都可以作为日期常量。

例如：#1949-10-1#,#2017-9-1 10:00:00 AM#。

2. 符号常量

符号常量就是用标识符来表示一个常量。例如，把 3.14 定义为 pi，在程序代码中，可以在使用圆周率的地方用 pi 代替。

【例 2.2】符号常量应用举例。

```
Private Sub cmdCalcu_Click()
  Const Pi=3.1415
  Dim r As Double,S As Double
  r=Text1.text
  s=Pi*r*r
  Print s
End Sub
```

使用符号常量的好处主要在于，当要修改该常量时，只需要修改定义该常量的一个语句即可。

定义符号常量的格式：

```
Const 符号常量名[As 类型]=表达式
```

【说明】

符号常量名的命名规则与标识符相同。[As 类型]用以说明常量的数据类型。

例如:

```
Const MAX As Integer=100,MIN=MAX-99
Private Const TODAY As Date=#2017-7-1#
Const PI#=3.1415926
```

在使用符号常量时,应该注意以下几点。

(1)在声明符号常量时,可以在常量名后加上类型说明符。

例如:

```
Const PI&=3.1415926
Const PI#=3.1415926
```

前者声明为长整型常量,需要 4 字节;后者声明为双精度常量,需要 8 字节。如果不使用类型说明符,则根据表达式的求值结果确定常量类型,字符串表达式总是产生字符串常数,对于数值表达式,则按最简单(即占字节数最少)的类型来表示这个常数。例如,如果表达式的值为整数,则该常数作为整型常量处理。

(2)当在程序中引用符号常量时,通常省略类型说明符。常量的类型取决于 Const 语句中表达式的类型。

(3)类型说明符不是符号常量的一部分。

(4)一行中可以定义多个符号常量,但各常量之间要用逗号隔开。

(5)如果符号常量只在过程或某个窗体模块中使用,则在定义时可以加上关键字 Private(可省略);如果要在多个模块中使用,则必须在标准模块中定义,并且要加上关键字 Public。

(6)常量一旦声明,在其后的程序代码中只能引用,而不能改变常量值。

3. 系统常量

Visual Basic 提供了应用程序和控件的系统定义常数,它们存于系统的对象库中。在程序中,使用系统常量可以使程序变得易于阅读和编写。同时 Visual Basic 系统常量的值在更高版本中可能发生改变,系统常量的使用也可以使程序保持兼容。

例如,窗口状态 WindowsState 的属性可以取 0、1、2 这 3 个值,对应正常、最小化、最大化 3 种不同状态。在程序中使用语句 Form1. WindowsState=vbMaxMized 将窗口最大化,显然要比使用语句 Form1. WindowsState=2 易于阅读和理解。

2.3.2 变量

变量实际上代表一些临时的内存单元,这些内存单元中可以存放数据,其内容随着程序的运行而变化。程序中可以通过变量名来引用内存单元中的变量值。

使用变量前,一般要先声明变量名及其数据类型。在 VB 中,变量声明方式分为显式声明和隐式声明。

1. 显式声明

显式声明指使用变量前用声明语句声明变量。

格式:

```
Dim 变量名 [As 数据类型]
```

【说明】

（1）关键字 Dim 还可以是 Static、Private、Public，它们的区别是声明的变量的作用范围不同。

（2）变量名需符合标识符的命名规则。

（3）变量名的尾部可以加上类型符，用来标识不同的数据类型。用类型符定义变量，在使用时可以省略类型符。例如，用 Dim a$定义了一个字符串变量，则引用这个变量时既可以写成 a$，也可以写成 a。

（4）数据类型决定了该变量所占内存空间的大小，若未指定数据类型且变量名末尾也没有类型说明符，则默认为变体型。

（5）在定义语句里可以定义多个变量。

例如：

```
Dim a,b As String,c As Long
```

该语句定义了 3 个变量，a、b 是字符串型变量，c 是长整型变量。

（6）用 Dim 可以定义变长字符串变量，也可以定义定长字符串变量。

定义定长字符串变量的格式为：

```
Dim 变量名 As String *正整数
```

例如：

```
Dim stu As String *4
```

这里，变量 stu 是长度为 4 的定长字符串。如果实际赋值给变量的字符串长度小于 4 个字符，则不足的部分用空格补充；反之，如果超出 4 个字符，则超出的部分被忽略。

（7）所定义的变量根据不同的数据类型有不同的默认初值。数值型变量默认初值为 0，字符串型变量默认初值为空串，布尔型变量默认的初值为 False。

2. 隐式声明

VB 允许使用未经声明语句声明的变量，这种方式成为隐式声明。隐式声明的变量默认为变体型。

【例 2.3】变量的隐式申明。

```
Private Sub Form_Click()
  x=100
  Print x
End sub
```

单击窗体运行后，将在窗体上显示 100。运行该程序时，系统会自动创建一个变量 x，使用变量时，可以认为它是隐式声明的。虽然这种方法很方便，变量不用定义就可以使用，但是如果把变量写错了，容易导致程序运行错误难以查找。假如把第二条语句 Print x 写成 Print y，则当程序运行时，窗体上预想将显示的是数值 100，但实际上什么也不会显示。因为此时系统将自动创建变量 y 并初始化为空值。所以用 Print 语句打印空值是看不到结果的。

对于初学者，为了调试程序方便，对所有使用的变量最好进行显式声明，也可以通过在通用声明段加语句“Option Explicit”来强制所有变量都必须显式声明。强制变量声明后，所有的变量必须显式声明后才能使用。若不显式声明，运行时将产生“变量未定义”的错误。

【例 2.4】Option Explicit 的用法。

```
Option Explicit
Private Sub Form_Click()
  y=100
  Print y
End Sub
```

运行程序时，将产生“变量未定义的”错误提示。

常量和变量的声明通常放在程序的开头。VB 系统运行到定义变量的语句时，会根据数据类型的不同给变量分配不同的内存单元，并对变量进行初始化。数值型变量全部初始化为 0，日期型初始化为#12-30-1899#，字符型初始化为空串，逻辑型初始化为 False，Variant 类型初始化为空值 NULL。

【例 2.5】变量的初始化。

下面程序的运行结果如图 2.1 所示。

```
Private Sub Form_Click()
    Dim a%, b&, c!, d#, e As Byte, f As Currency
    Dim g As Date
    Dim h$
    Dim i As Boolean
    Dim j
    Print a; b; c; d; e; f
    Print g
    Print h
    Print i
    Print j + 1
End Sub
```

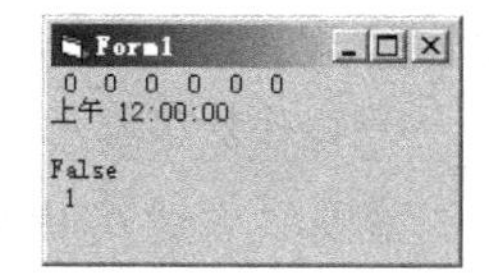

图 2.1　例 2.5 的运行结果

第二行显示的结果意思是 1899 年 12 月 30 日凌晨 0 点，而不是中午 12 点。最后一行的结果是 1，由于 j 是变体型，初始化值为空值，空值是打印不出来的，空值和数值 1 相加时系统自动转换成 0 参加运算。

2.4　运算符与表达式

运算是对数据进行加工处理的过程，描述各种不同运算的符号称为运算符，而参与运算的数据就称为操作数，可以是常量、变量、函数、属性等。由运算符和对应的操作数所构成的一个有意义的式子就称为表达式。表达式是构成程序代码的最基本要素，用于完成程序中所需的大量运算。

需要两个操作数的运算符，称为双目运算符；只需要一个操作数的运算符，称为单目运算符。VB 中的运算符和表达式包括：算术运算符与算术表达式、关系运算符与关系表达式、逻辑运算符与逻辑表达式、字符串运算符与字符串表达式、日期运算符与日期表达式。

2.4.1　算术运算符与算术表达式

1. 算术运算符

算术运算符用于数学计算，VB 有 8 个算术运算符（其中减号运算符和取负运算符形式相同），在这 8 个算术运算符中，只有取负“–”是单目运算符，其他均为双目运算符。表 2.3 按照优先级别的高低列出了算术运算符。

表 2.3　算术运算符

运算符	名　称	优先级	示　例	结　果
^	乘方	1	3^2	9
–	负号	2	–2	–2
*	乘	3	2*5	10

续表

运算符	名称	优先级	示例	结果
/	除	3	20/3	6.67
\	整除	4	4\5	0
Mod	取模	5	5 Mod 4	1
+	加	6	2+3	5
–	减	6	4.5–2.4	2.1

【说明】

（1）除法与整除的区别：除法运算符（/）执行标准除法操作，其结果为浮点数。例如，表达式 5/2 的结果为 2.5，与数学中的除法一样。整除运算符（\）执行整除运算，结果取商值，为整型值，因此，表达式 5\2 的值为 2。

当操作数带有小数时，首先被四舍五入为整数，然后进行整除运算。

例如，表达式 18.62\5.43 四舍五入后，相当于 19\5，结果为 3。

但是要注意下面两种情况。

```
Print 20\2.5,20\3.5,20\4.5,20\5.5        '结果分别为 10、5、5、3
Print 20\2.51,20\3.51,20\4.51,20\5.51    '结果分别为 6、5、4、3
```

之所以会出现上面的情况，是因为在进行整除运算时，如果除数的小数部分正好是“.5”时，四舍五入时若整数部分是偶数，则舍去小数部分；整数部分是奇数，则整数部分加 1 后再进行整除运算。第二行语句的运行结果是正常的四舍五入的结果。

（2）取模运算符 Mod：用来求余数，其结果为第一个操作数整除第二个操作数所得的余数，结果符号取第一个操作数的符号。

例如，表达式 9 Mod 4 和 9 Mod–4 的结果均为 1，而–9 Mod 4 的结果为–1。

当操作数带有小数时，首先被四舍五入为整数，然后进行取模运算。

取模运算常用来判断一个数能否被另一个数整除。如果 x Mod y 为 0，则说明变量 x 可以被变量 y 整除。

（3）整除和取模两个运算符经常用来拆分整数。

例如，整数 123 的百位、十位、个位上的数字分别为：123\100、(123 Mod 100)\10、123 Mod 10。

2. 算术表达式

算术表达式又称为数值表达式，是用算术运算符把数值型常量、变量、函数连接起来的式子。表达式的运算结果是一个数值型数据。

（1）书写 VB 表达式时，应注意与数学中表达式写法的区别。VB 表达式不能省略乘法运算符。

例如，数学表达式 b^2-4ac 写成 VB 表达式应为 b^2–4*a*c。

（2）VB 表达式中所有的括号一律使用圆括号，并且括号左右必须配对。

例如，数学表达式 $2[x/(a+b)-c]$写成 VB 表达式应为 2*(x/(a+b)–c)。

（3）一个表达式中各运算符的运算次序由优先级决定，优先级高的先算，低的后算，优先级相同的按从左到右的顺序运算。圆括号可以改变优先级顺序，即圆括号的优先级最高。如果表达式中含有圆括号，则先计算圆括号里表达式的值；有多层圆括号，先计算内层圆括号。

（4）在算术运算中，当操作数具有不同的精度时，运算结果采用精度高的数据类型。精度的高低排列如下。

```
Integer<Long<Single<Double<Currency
```

如 Integer 和 Long 数据进行运算时，结果为 Long 型。但也有例外，当 Long 型数据与 Single 数据运算时，结果为 Double 型数据。

（5）乘方运算结果通常为 Double 类型。

（6）逻辑型参加算术运算，True 转换成−1，False 转换成 0。

例如：

```
Print True+4,False+4        '运算结果为 3, 4
```

3. 算术表达式的书写规则

（1）运算符不能相邻。例如，$a+-b$ 是错误的。

（2）乘号不能省略。例如，$x \times y$ 应写成 x*y。

（3）括号必须成对出现，均使用圆括号。

（4）表达式从左到右在同一基准上书写，无高低、大小，不能出现上下标。

（5）要注意各种运算符的优先级，为保持运算顺序，在写 VB 表达式时需要适当添加圆括号，若用到库函数必须按库函数的要求书写。

例如：

$\frac{b-\sqrt{b^2-4ac}}{2a}$ 应该写成(b-sqr(b*b-4*a*c))/(2*a)。

2.4.2 关系运算符与关系表达式

1. 关系运算符

关系运算符也称比较运算符，用来对两个表达式的值进行比较，比较的结果是一个逻辑值，即真（True）或假（False）。

VB 提供的主要关系运算符如表 2.4 所示。

表 2.4　关系运算符

运算符	含义	举例	结果
=	等于	"ABCD" = "AB"	False
>	大于	"ABCD" > "ABD"	False
>=	大于等于	"abcd" >= "ABCD"	True
<	小于	4<3	False
<=	小于等于	2<=2	True
<>	不等于	"23" <> "3"	True
Like	字符串匹配	"abcdef" Like "*cd??"	True
Is	对象引用比较		

关系运算符的比较规则如下。

（1）两个操作数都是数值型时，比较它们的数值大小。

（2）字符串数据按其 ASCII 码值比较大小。在比较两个字符串时，首先比较两个字符串的第一个字符，其中 ASCII 码值比较大的字符所在字符串大。如果第一个字符相同，则比较第 2 个，以此类推，直到比较出结果为止。

例如：

```
"abcde"<"abda"      '结果为 False
"A">"a"             '结果为 False，因为"a"的 ASCII 码为 97，"A"的 ASCII 码为 65
"1"<"2"             '结果为 True，字符 2 的 ASCII 码比字符 1 的大
"101"<"11"          '结果为 True，因为比较的是数字字符
"101">11            '结果为 True，先将"101"转换成数值 101，然后比较
```

一般来说，空串（NULL）<空格字符<数字字符<大写字母<小写字母。

（3）两个操作数是日期型时，是将日期看成“yyyymmdd”的 8 位数，再按数值比较大小。

例如：

```
#10/25/2017# > #10/24/2017#    '结果为 True
```

（4）关系运算符的优先级相同。

2. 关系表达式

关系表达式是用关系运算符和圆括号，将各种表达式、常量、变量、函数、对象属性等连接成的一个有意义的运算式子。关系表达式的结果是一个逻辑型的值，即 True 或 False。

需注意以下几点。

（1）关系运算符当左右操作数的类型不相同时，VB 会进行转换，若转换不成功，则显示“类型不匹配”的错误。

例如：

```
12="12"       '结果为 True，先将"12"转换为 12，然后比较
1<False       '结果为 False，先将 False 转换为 0，然后比较
False<"a"     '转换不成功，出现“类型不匹配”错误
```

（2）若一边为非数字字符串，另一边为数值型或日期型，则会产生“类型不匹配”错误；若一边为数字字符串，另一边为数值型或日期型，则系统会将数字字符串、逻辑型、日期型数据转换成数值再进行比较，日期型数据转换成日期的数值表示形式。

例如：

```
12>"a"                 '转换不成功，出现“类型不匹配”错误
"100">#12/30/1900#     '结果为 False，相当于 100>365
```

（3）若两个操作数为日期型，则后面的日期比前面的大。若一边是日期型，另一边是数值型或逻辑型，则系统将日期型和逻辑型转换成数值型后再进行比较。

例如：

```
#12/20/2016# > #11/20/2016#    '结果为 True
True>#12/31/1899#              '结果为 False,相当于-1>1
```

（4）如果两个操作数为逻辑型，则 False 大于 True。

（5）汉字字符大于西文字符。汉字之间按区位码比较。

（6）“Like”运算符与通配符 “?”“*”“#”、[字符列表]、[! 字符列表]结合使用，在数据库的 SQL 语句中用于模糊查询。

各通配符说明如下。

“?”表示任何单一字符。

“*” 表示任意个数的字符。

“#” 表示任何一个数字（0~9）。

[字符列表]表示字符列表中的任何单一字符。

[! 字符列表]表示不在字符列表中的任何单一字符。

例如：

```
姓名 Like "*张*"          '查找姓名变量中包含“张”字的人
姓名 Like [!张]           '查找姓名变量中不包含“张”字的人
"abcd" Like "ab?? "       '结果为 True
```

（7）避免浮点型数据进行相等比较。

2.4.3 逻辑运算符与逻辑表达式

1. 逻辑运算符

逻辑运算符的作用是将操作数进行逻辑运算，结果是逻辑值 True 或 False。在逻辑运算符中，除 Not 为单目运算符外，其他都为双目运算符。

VB 中的逻辑运算符如表 2.5 所示。

表 2.5 逻辑运算符

运算符	含义	优先级	说明	实例	结果
Not	非	1	当操作数为假时，结果为真；当操作数为真时，结果为假	Not F Not T	T F
And	与	2	两个操作数都为真时，结果为真	T And T F And F T And F F And T	T F F F
Or	或	3	两个操作数之一为真时，结果为真	T Or T、F Or F T Or F、F Or T	T、F T、T
Xor	异或	3	两个操作数为一真一假时，结果为真	T Xor F F Xor T	T T
Eqv	等价	4	两个操作数相同时，结果为真	T Eqv T F Eqv F	T T
Imp	蕴含	5	第一个操作数为真，第二个操作数为假时，结果为假，其余结果为真	T Imp F F Imp F T Imp T F Imp T	F T T T

【说明】

（1）逻辑运算符的优先级不同，Not（非）最高，但它低于关系运算符，Imp（蕴含）最低。

（2）逻辑运算符中最常用的是 Not、And、Or。

2. 逻辑表达式

逻辑表达式是用逻辑运算符和圆括号，将关系表达式、逻辑型常量、变量、函数等连接成的一个有意义的运算式子。

逻辑表达式的结果是一个逻辑型的值，即 True 或 False。

例如：某单位选拔年轻干部，条件为：年龄小于等于 35 岁，职称为高级工程师，政治面目为中共党员。其表示为：

```
年龄<=35  And  职称="高级工程师"  And  政治面目="中共党员"
```

若表示为：

```
年龄<=35  Or  职称=" 高级工程师"  Or  政治面目="中共党员"
```

则表示三个条件只要有一个成立即可。

注意以下 3 点。

（1）当操作数都为整型值时，即进行“按位逻辑运算”，结果也是一个整型值。按位逻辑运算先把操作数用二进制补码形式表示，然后把二进制位 1 当作 True，把二进制位 0 当作 False，按位进行逻辑运算。

例如：12 And 7 表示对 1100（12）与 0111（7）进行逐位与操作。

```
0 0 0 0 1 1 0 0
0 0 0 0 0 1 1 1    （And）
-----------------------
0 0 0 0 0 1 0 0
```

表达式的值为 4。

（2）逻辑型和数值型数据进行逻辑运算时，将逻辑值 True 转换为–1，False 转换成 0 的原则进行按位逻辑运算。

（3）数学上判断某变量 x 是否在区间 $[a,b]$ 时，表示为 $a \leqslant x \leqslant b$，但在 VB 中不能写成：a<=x<=b，而应该写成：a<=x And x<=b。

2.4.4 字符串运算符与字符串表达式

1. 字符串运算符

VB 提供了两个字符串运算符：“&”和“+”。它们用于将两个字符串首尾连接起来形成一个新的字符串。

（1）“+”：两个操作数均为字符串时，做字符串连接运算；若均为数值型，则进行算术加运算；若一个为数字字符，另一个为数值型，则自动将数字字符转换为数值，然后进行算术加运算；若一个为非数字字符型，另一个为数值型，则出错。

（2）“&”：连接符两边的操作数不管是字符串还是其他数据类型，进行操作前，系统先将操作数转换成字符型，然后再连接。

注意：因为符号“&”同时还是长整型的类型符，所以在使用时要格外注意，“&”在用作运算符时，操作数与运算符“&”之间应加一个空格，否则会出错。

例如：

```
"abc"+"123"         '结果为"abc123"
"abc"+123           '出错，提示“类型不匹配”
"abc"& 123          '结果为"abc123"
"123"+123           '结果为"246"
123+123             '结果为"246"
123 & 123           '结果为"123123"
```

2. 字符串表达式

字符串表达式是用字符串运算符和圆括号，将一些常量、变量、函数等连接成的一个有意义的运算式子。字符串表达式的结果是一个字符串。

【例 2.6】下面程序中操作数包含变量、属性等，是用变量和属性的值参与运算的，运行结果在注释中。

```
Private Sub Form_Click()
  Dim a As Date
  a=#3/1/2017#
  Print a & 2              '结果为字符串"2017-3-12"
  Print Form1.Enabled &1   '结果为字符串"True 1"
End Sub
```

变量和属性参与运算时，要注意以下两点。

（1）用变量和属性的值参与运算，而不是变量名或属性名。所以上面第一个的结果不是“a2”，第二个的结果不是“Form1.Enabled1”。

（2）变量和属性都是有数据类型的，故参加运算时要注意是否符合运算符需要的类型，避免产生“类型不匹配”的错误。

另外，“&”和“+”两个运算符在作为字符串连接时优先级相同。若“+”作为加法运算，则优先级高于“&”。

例如：

```
100 & 200 +"300"            '先进行加法运算，结果为"100500"
100 & "200" +"300"          '优先级相同，结果为"100200300"
"100" +"200" & 300          '优先级相同，结果为"100200300"
```

2.4.5 日期型表达式

日期型数据是一种特殊的数值型数据，只能有下面 3 种情况。

（1）两个日期型数据可以相减，结果是一个数值型整数，表示两个日期相差的天数。

（2）一个日期型数据与一个数值型数据可作加法运算，结果是一个日期型数据。

（3）一个日期型数据与一个数值型数据可作减法运算，结果是一个日期型数据。

例如：

```
#12/12/1900#-#12/10/1900#       '结果为 2
#12/12/1900#+2                  '结果为#12/14/1900#
#12/12/1900#-2                  '结果为#12/10/1900#
```

前面介绍过日期型数据中后面的日期比前面的大，所以#12/12/1900#+2 的结果就是#12/14/1900#。对于日期型数据加一个数值或减一个数值，都是在日期型数据的日上作加减，而不是月或年。

另外，由于前面介绍日期型数据还可以用数值表示，所以在做运算时还要考虑数值型的情况。

例如：

```
m=#12/29/1899#     '相当于 m=-1，因为它是#12/30/1899#的前一天
s=#12/31/1899#     '相当于 s=1，因为它是#12/30/1899#的后一天
a=m+2              '若 a 为整型变量，则 a 的值为 1；若 a 为日期型变量，则 a 的值为#12/31/1899#
print  s*2         '输出结果为 2
print  m*s         '输出结果为-1
```

也就是说，对于日期型数据，既可以参与日期运算，也可以看作是数值参与算术运算。

2.4.6 运算符的优先级

一个表达式可能含有多种运算符，VB 系统规定了各种运算符的优先级，优先级高的先运算，低的后运算，相同的按从左到右的次序运算。

如果表达式中含有圆括号，则先计算圆括号内的表达式。

各种运算符优先级由高到低的排列次序如下。

函数运算>算术运算符>字符运算符>关系运算符>逻辑运算符

VB 中各类运算符优先级如表 2.6 所示。

表 2.6 各类运算符优先级

优先顺序	运算符类型	运 算 符
1	算术运算符	^指数运算
2		–取负数
3		*、/乘法和除法
4		\整除运算
5		Mod 求模（余）运算
6		+、–加法和减法
7	字符串运算符	+、&字符串连接
8	关系运算符	=、<>、>、<、>=、<=
9	逻辑运算符	Not
10		And
11		Or、Xor
12		Eqv
13		Imp

在书写综合表达式时，应该注意以下几点。

（1）乘号不能省略，也不能用小数点代替。

（2）不允许两个运算符直接相连，应该用括号隔开。

（3）VB 中使用的括号全部是圆括号，不能使用方括号或大括号。

例如，用一个逻辑表达式表示满足闰年的条件，闰年的条件是：① 能被 4 整除，但不能被 100 整除的年份都是闰年；② 能被 400 整除的年份是闰年。

用 year 表示一个年份，则有以下判断条件。

```
year Mod 4=0 And year Mod 100<>0 Or year Mod 400=0
```

现在用上式判断 2000 年是否是闰年。令 year=2000，首先计算算术表达式 2000 Mod 4、2000 Mod 100 和 2000 Mod 400，把求得的结果代入上式即为 0=0 And 0<>0 Or 0=0，根据优先级，再算关系运算 0=0、0<>0 和 0=0，把结果代入后即为 True And False Or True，最后算逻辑运算，先算 True And False 结果为 False，再代入后算 False Or True，结果为 True。所以最终表达式的结果为 True，代表 2000 年是闰年。

在实际编程中，为了清晰可读，可将表达式加上圆括号。

上式也可写成：

```
(year Mod 4=0) And (year Mod 100<>0) Or( year Mod 400=0)
```

2.5 常用内部函数

VB 提供了大量的内部函数（或称标准函数、库函数）供用户使用。系统已经编写好这些函数的程序代码，用户无需编程，直接调用函数即可完成相应的功能。

函数调用格式：

```
<函数名>([参数 1][,参数 2]……)
```

【说明】

（1）通过函数名调用函数，函数名须满足标识符的命名规则。

（2）参数就是数学中函数的自变量，每个参数都有固定的数据类型。

（3）函数的运算结果称为“返回值”，每个函数返回值的数据类型也是固定的，函数返回值可以出现在相应的表达式中，可以直接输出，也可以赋值给某个变量。

例如：

```
Dim a As Integer
a=Sqr(9)
Print a;Abs(-3)   '输出结果为: 3  3
```

内部函数按功能分为：数学函数、字符串函数、转换函数、日期时间函数、格式输出函数、其他函数等。

2.5.1 数学函数

数学函数用于各种常见的数学运算，常见的数学函数如表 2.7 所示。

表 2.7　数学函数

函数名	说明	举例	结果
Abs(N)	取绝对值	Abs(–2.5)	2.5
Exp(N)	以 e 为底的指数函数，即 e^n	Exp(2)	7.389
Log(N)	以 e 为底的自然对数，即 $\ln(n)$	Log(1)	0
RND [(N)]	产生随机数	RND	0 ~ 1 的数
Sin(N)	正弦函数	Sin(0)	0
Cos(N)	余弦函数	Cos(1)	.540
Tan(N)	正切函数	Tan(1)	1.557
Sgn(N)	符号函数	Sgn(–2)	–1
Sqr(N)	平方根函数	Sqr(16)	4
Int(N)	返回不大于给定数的最大整数	Int(–2.5)	–3
Fix(N)	返回数的整数部分（去尾）	Fix(–4.3)	–4
Round(x,n)	将 *x* 四舍五入，保留 *n* 位小数，*n* 默认为 0	Round(2.46,1)	2.5

【说明】

（1）取整函数 Int(N)是求出不大于 N 的最大数。例如，Int(2.5)值为 2，Int(–2.5)值为–3。

（2）判断一个整数 Y 能否被另一个整数 X 整除。如果 Int(Y/X)=Y/X，则整除。

（3）四舍五入规则：小于 5 时舍，大于 5 时入，等于 5 时的舍入情况取决于前一位数字，若前一位数字为偶数时舍，为奇数时入。例如，Round(2.25,1)的值为 2.2，Round(2.35,1)的值为 2.4。

（4）Rnd[(N)]函数返回一个大于或等于 0 且小于 1 的随机数。

VB 是通过随机数生成器生成随机数的，让随机数生成器生成一个随机数，要为它提供一个“种子”。在同一个“种子”下，Rnd 函数生成的随机数是相同的。

可选参数 N 是 Single 类型的数值表达式，N 的值决定了 Rnd 生成随机数的方式。

N<0：每次都使用 N 作为随机数的种子，得到的结果相同。

N>0：默认值。以上一个随机数作为种子，产生下一个随机数。

N=0：产生与最近生成的随机数相同的数。

Rnd 函数生成的随机数范围很小，可以对它进行一些变换得到某个指定范围内的随机数。

假定 A、B 为两个整数，且 A<B，若要产生[A,B]之间的随机数或随机整数，可以使用下面的公式。

```
(B-A)*Rnd+A              '产生 A 到 B 之间的随机数，包含 A 但不包含 B
Int((B-A)*Rnd+A)         '产生 A 到 B 之间的随机整数，包含 A 但不包含 B
```

若要产生[A,B]之间的随机数或随机整数，可以使用下面的公式。

```
(B-A+1)*Rnd+A            '产生 A 到 B 之间的随机数，包含 A 也包含 B
Int((B-A+1)*Rnd+A)       '产生 A 到 B 之间的随机整数，包含 A 也包含 B
```

例如：

```
Int(101*Rnd)             '产生[0,100]的随机整数
20*Rnd+1                 '产生[1,21)的随机数
```

使用 Randomize 语句，即随机数发生器初始化语句，可以产生不同的随机数，否则程序每次运行将产生相同的随机数。

Randomize 语句格式如下。

```
Randomize [数值表达式]
```

常用语句：Randomize Timer

用 Timer 函数的值作为种子。Timer 返回的是自午夜零点到现在所经过的秒数。

2.5.2 字符串函数

字符串函数用于字符串处理。

1. 字符串编码

VB 中的字符串长度是以字（习惯称字符）为单位的，也就是每个西文字符和每个汉字都作为一个字，占两个字节。这与传统的概念有所不同，原因是编码方式不同。

Windows 系统对字符采用 DBCS 编码（Double Byte Character Set），用来处理使用象形文字字符的东亚语言。DBCS 编码实际上是一套单字节与双字节的混合编码，即西文与 ASCII 编码是单字节，中文以两个字节编码。

在 VB 中，采用的是 Unicode 编码（国际标准化组织 ISO 字符标准）来存储和操作字符串。Unicode 编码全部用两个字节表示一个字符。为了保持对 ASCII 码的兼容性，保留 ASCII 码，仅将其每个码的字节数由一个变成两个，增加的字节以 0 填充。前面在介绍关系运算时，强调“汉字字符大于西文字符”，就是这个道理。

为了不同软件系统的需要，VB 提供了 StrConv()函数来转换 Unicode 与 DBCS 两种编码方式。例如，Len()函数是求字符串的字符数，LenB()函数求字符串的字节数。

下面的程序可让大家明白 Unicode 编码与 DBCS 编码的区别。

【例 2.7】下面程序的运行结果如图 2.2 所示。

```
Private Sub Form_Click()
  Dim s1$, s2$, s3$
  s1 = "欢迎学习 Visual Basic"
  Print "s1:len("; s1; ")="; Len(s1)
  Print "s1:lenb("; s1; ")="; LenB(s1)
  Print
  s2 = StrConv(s1, vbFromUnicode)
  Print "转换成 DBCS 码之后："
  Print "s2:lenb("; s2; ")="; LenB(s2)
  Print
  s3 = StrConv(s2, vbUnicode)
  Print "转换成 Unicode 码之后："
  Print "s3:lenb("; s3; ")="; LenB(s3)
End Sub
```

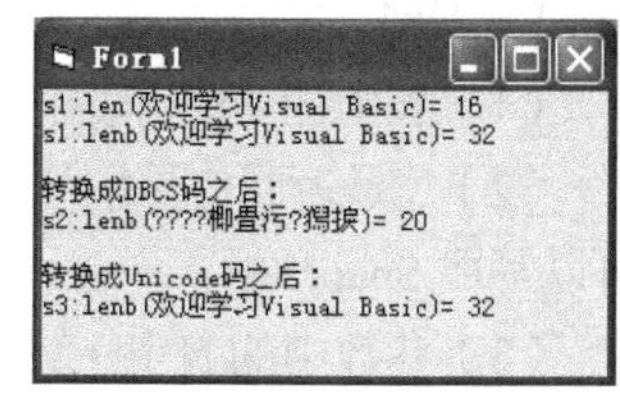

图 2.2　Unicode 与 DBCS 编码转换

从运行结果可以看出，VB 系统以 Unicode 编码处理字符串，通过 StrConv()函数转换成 DBCS 编码后，在 VB 系统下显示的是乱码。

2. 字符串函数

VB 中的字符串函数如表 2.8 所示。

表 2.8　字符串函数

函 数 名	说　明	举　例	结　果
Ltrim(C)	返回删除字符串左端空格后的字符串	LTrim$("□□□MyName")	"MyName"
Rtrim(C)	返回删除字符串右端空格后的字符串	RTrim$("MyName□□□")	"MyName"
Trim(C)	返回删除字符串前导和尾随空格后的字符串	Trim$("□□□MyName□□□")	"MyName"
Left (C,N)	返回从字符串左边开始的指定数目的字符	Left("MyName",2)	"My"
Right (C,N)	返回从字符串右端开始的指定数目的字符	Right("MyName",4)	"Name"
Mid (C,N1[,N2])	返回从字符串指定位置开始的指定数目的字符	Mid("MyName",2,3)	"yNa"
Len(C)	返回字符串的长度	Len("MyName=王青")	9
LenB(C)	返回字符串所占字节数	LenB("MyName=王青")	6
Instr([N1,]C1,C2[,M])	返回字符串在给定的字符串中出现的开始位置	InStr(7,"ASDFDFDFSDSF", "DF")	7
InstrRev(C1,C2[,N1][,M])	与 Instr 函数不同的是从字符串的尾部开始查找	InStrRev("ASDFDFDFSDSF", "DF", 7)	5
Replace(C,C1,C2[,N1][,N2][,M])	在 C 字符串中从 1 或 N1 开始将 C2 替换 C1（有 N2，替换 N2 次）	Replace("ASDFDFDFSDSF", "DF", "*", 2)	S***SDSF
Join(A[,D])	将数组 A 各元素按 D（或空格）分隔符连接为字符串变量	A=Array("ABC","DEF","GH") Join(A, "/")	ABC/DEF/GH

续表

函数名	说明	举例	结果
Space(N)	返回由指定数目空格字符组成的字符串	Space(5)	"□□□□□"
Split(C[,D])	与 Join 函数作用相反，将字符串 C 按分隔符 D（或空格）分隔成字符数组	A= Split("ABC*DEF*GH", "*")	A(0)= "ABC" A(1)= "DEF" A(2)="GH"
String(N,C)	返回包含一个字符重复指定次数的字符串	String(2, "ABCD")	"AA"
StrReverse(C)	将字符串反序排列	StrReverse("ABCD")	"DCBA"
Lcase(C)	返回以小写字母组成的字符串	LCase("ABCabc")	"abcabc"
Ucase(C)	返回以大写字母组成的字符串	LCase("ABCabc")	"ABCABC"

【说明】

（1）表中用“□”代表一个空格。

（2）凡是返回值是字符串的函数，均可在函数名后面加上“$”符号，功能不变。例如，Space(N)可以写成 Space$(N)。

（3）参数中的 N 和 C 要注意先后顺序，N 表示数值型数据，C 表示字符型数据。

（4）函数的参数中的 M，用来表示是否要区分大小写。M=0，区分；M=1，不区分。省略 M 为区分大小写。

（5）还有一个函数较特殊，和字符串有关，即 IsNumeric（参数）。

功能：判断参数是否是一个数值。当参数是数值型或数字字符串时，返回 True，否则返回 False。例如：

```
IsNumeric(18)          '值为 True
IsNumeric("57")        '值为 True
IsNumeric("23b")       '值为 False
```

2.5.3 转换函数

转换函数用于类型或者形式的转换，常用的转换函数如表 2.9 所示。

表 2.9 转换函数

函数名	说明	举例	结果
Asc(C)	返回 C 中第一个字符的 ASCII 码	Asc("BD")	66
Chr(N)	把 N 的值转换为 ASCII 字符	Chr(66)	"B"
CInt(N)	四舍五入取整	Cint(8.6)	9
Hex[$] (N)	十进制转十六进制	Hex(10)	A
Oct [$] (N)	十进制转八进制	Oct $(10)	12
Lcase$(C)	C 中所有字符转为小写	Lcase$("DEF")	"def"
Ucase$(C)	C 中所有字符转为大写	Ucase$("def")	DEF
Val(C)	把字符串 C 转换为数值	Val("12.34")	12.34
Str(N)	将 N 的值转换为字符串，若 N 为正数，则转换后的字符串前边带一个前导空格	Str$(23.34)	"23.34"(长度为 6)
CStr(N)	把 N 的值转换为字符串，若 N 为正数，则转换后的字符串前边不带前导空格	CStr(23.34)	"23.34"(长度为 5)

【说明】

（1）用 Chr 函数可以得到不可显示的控制字符。例如，Chr(13)表示回车符，Chr(13) +Chr(10)表示回车换行符。

（2）Val 函数可以把包含数值信息的字符串转换为数值。从左到右转换，直到遇到不能转换的字符为止。Val 函数认为有效的组成数值的字符有：0～9，正负号，小数点和组成浮点型常量的 4 个字符 E、e、D、d。转换时忽略空格。

例如，Val("–123AB")的结果为–123，Val(".123AB")的结果为.123，Val("a123AB")的结果为 0。

2.5.4 日期和时间函数

日期和时间函数用于显示日期和时间，常用的日期和时间函数如表 2.10 所示。

表 2.10 日期和时间函数

函数名	说明	举例	结果
Now	返回系统日期和时间(yy-mm-dd hh:mm:ss)	Now	2001-12-18 16:19:10
Date[$][()]	返回当前日期(yy-mm-dd)	Date$()	2001-12-18
DateSerial(年,月,日)	返回一个日期形式	DateSerial(1,2,3)	2001-2-3
DateValue(C)	返回一个日期形式	DateValue("1,2,3")	2001-2-3
Day(C|N)	返回月中第几天(1～31)	Day("2002-3-5")	5
WeekDay(C|N)	返回是星期几(1～7)	WeekDay("2002-3-5")	3(星期二)
WeekDayName(C|N)	返回星期代号（1～7）转换为星期名称，星期日为 1	WeekDayName(3)	星期二
Month(C|N)	返回一年中的某月(1～12)	Month("2002-3-5")	3
Monthname(N)	返回月份名	Monthname(12)	十二月
Year(C|N)	返回年份(yyyy)	Year("2002-3-5")	2002
Hour(C|N)	返回小时(0～23)	Hour(Now)	16(由系统决定)
Minute(C|N)	返回分钟(0～!59)	Minute(Now)	31(由系统决定)
Second(C|N)	返回秒(0～59)	Second(Now)	42(由系统决定)
Timer[$][()]	返回从午夜算起已过的秒数	Timer	59623.44(由系统决定)
Time[$][()]	返回当前时间（hh:mm:ss）	Time	16:35:35(由系统决定)
TimeSerial(时,分,秒)	返回一个时间形式	TimeSerial (1,2,3)	1:02:03
TimeValue(C)	返回一个时间形式	TimeValue("1:2:3")	1:02:03

【说明】

（1）日期函数的参数“C|N”表示可以是数值型表达式，也可以是字符串表达式，其中，“N”表示相对于 1899 年 12 月 30 日前后的天数。

（2）除了上述日期函数外，还有两个函数，参数较复杂，下面单独介绍。

① DateAdd()增减日期函数形式如下：

```
DateAdd(增减形式，增减量，要增减的日期变量)
```

作用：对要增减的日期变量按日期形式做增减。日期的增减形式如表 2.11 所示。

表 2.11 日期的增减形式

日期形式	yyyy	q	m	y	d	w	ww	h	n	s
含义	年	季	月	一年的天数	日	一周的日数	星期	时	分	秒

例如：

假设 Date()函数返回值为#2017-9-14#，则

```
DateAdd("ww",1,Date)
```

表示在 Date()函数返回值的基础上加上一周，所以函数的结果是：#2017-9-21#。

② DateDiff()函数求两个日期的间隔形式如下：

```
DateDiff(要间隔的日期形式,日期1,日期2)
```

作用：按要间隔的日期形式求两个日期相差的时间。要间隔的日期形式见上表。两个日期的差是用日期 2 减去日期 1。

例如：要计算 2016 年 1 月 1 日出生的小宝宝到今天已出生多少天？表达式为：

```
DateDiff("d",#2016-1-1#,Date)
```

2.5.5 格式输出函数

格式：

```
Format(表达式[,格式字符串])
```

功能：用于控制输出数据的格式。

【说明】

（1）函数名 Format 后面可以加上“$”符号，功能不变。该函数返回值类型为字符串型。

（2）<表达式>是指要格式化的数值、日期或字符串型表达式。

（3）<格式字符串>指定表达式的值的输出格式，格式字符串要加双引号。格式字符有 3 类：数值型格式、日期型格式和字符型格式。

1. 数值型格式化

数值格式化是将数值表达式按“格式字符串”所指定的格式输出。数值格式化对应的格式字符串如表 2.12 所示。

表 2.12　常用的数值型格式字符

符　号	说　明	举　例	结　果
#	数字占位符，显示一位数字或什么都不显示，如果表达式在格式字符串中#的位置上有数字存在，那么就显示出来，否则，该位置什么都不显示	Format(123.45,"####.### ")	"123.45"
0	数字占位符。显示一位数字或是零。如果表达式在格式字符串中 0 的位置上有一位数字存在，那么就显示出来，否则就以 0 显示	Format(123.45, "0000.000")	"0123.450"
.	小数点占位符	Format(123, "00.00")	"123.00"
,	千分位符号占位符	Format(1234.5, "#,###.##")	"1,234.5"
%	百分比符号占位符，表达式乘以 100，而百分比字符（%）会插入格式字符串中出现的位置上	Format(0.123, "###.#%")	"12.3%"
$	在数字前强加$	Format(1234, "$000")	"$1234"
+	在数字前强加+	Format(–123, "+000")	"–+123"
-	在数字前强加–	Format(–123, "–000")	"–+123"
E+	用指数表示	Format(–1234, "0.00E+0")	"1.23E+3"
E-	用指数表示	Format(–0.1234, "0.00E-0")	"–1.23E–1"

2. 日期和时间格式化

日期和时间格式化是将日期表达式的值或数值表达式的值以日期、时间的序数值按“格式字符串”指定的格式输出。对应的格式字符如表 2.13 所示。

表 2.13 常用的日期和时间格式字符

符 号	作 用	符 号	作 用
d	显示日期（1～31），个位前不加 0	dd	显示日期（01～31），个位前加 0
ddd	显示星期缩写（Sun～Sat）	dddd	显示星期全名（Sunday～Saturday）
ddddd	显示完整日期（yy/mm/dd）	dddddd	显示完整长日期(yyyy 年 m 月 d 日)
w	星期为数字（1～7，1 是星期日）	ww	一年中的星期数(1～53)
m	显示月份（1～12），个位前不加 0	mm	显示月份（01～12），个位前加 0
mmm	显示月份缩写（Jan～Dec）	mmmm	月份全名（January～December）
y	显示一年中的天（1～366）	yy	两位数显示年份（00～99）
yyyy	四位数显示年份（0100～9999）	q	季度数（1～4）
h	显示小时（0～23），个位前不加 0	hh	显示小时（0～23），个位前加 0
m	在 h 后显示分（0～59），个位前不加 0	mm	在 h 后显示分（0～59），个位前加 0
s	显示秒（0～9），个位前不加 0	ss	显示秒（00～59），个位前加 0
tttt	显示完整时间（小时、分和秒）默认格式为 hh:mm:ss	AM/PM Am/pm	12 小时的时钟，中午前 AM 或 am，中午后 PM 或 pm
A/P,a/p	12 小时的时钟，中午前 A 或 a，中午后 P 或 p		

【说明】

（1）时间分钟的格式说明符 m、mm 与月份的说明符相同，区分的方法是：跟在 h、hh 后的为分钟，否则为月份。

（2）非格式说明符 “–” “、” “/” “:” 等按原样显示。

【例 2.8】

```
Private Sub Command1_Click()
  Print Format(#9/16/2016#, "m/d/yy")
  Print Format(#9/16/2016#, "mmmm-yy")
  Print Format(#9/16/2016#, "h-m-s AM/PM")
  Print Format(#9/16/2016#, "hh:mm:ss A/P")
  Print Format(#9/16/2016#, "dddd,mmmmm,dd,yyyy")
  Print Format(#9/16/2016#, "yyyy 年 m 月 dd  hh:mm")
End Sub
```

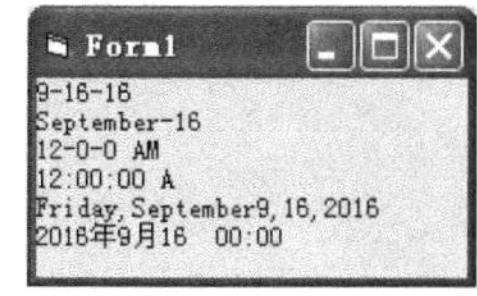

图 2.3 例 2.8 运行结果

运行结果如图 2.3 所示。

3. 字符串格式化

字符串格式化是将字符串按指定的格式进行大小写显示等。字符串格式符如表 2.14 所示。

表 2.14 字符串格式符

字 符	说 明	实 例	结 果
@	字符占位符。显示字符或是空白。如果字符串在格式字符串中@的位置有字符存在，那么就显示出来，否则就在那个位置上显示空格。除非有惊叹号字符(!)在格式字符串中，否则字符占位符将由右到左被填充	Format("ABCD","@@@@@@")	" ABCD"
&	字符占位符。显示字符或什么都不显示，如果字符串在格式字符串中&的位置有字符存在，那么就显示出来，否则就在那个位置上什么都不显示。除非有惊叹号字符（！）在格式字符串中，否则字符占位符将由右到左被填充	Format("ABCD", "&&&&&&")	"ABCD"

续表

字　符	说　明	实　例	结　果
<	强制小写。将所有字符以小写格式显示	Format("ABCD", "<&&&&&&")	" abcd"
>	强制大写。将所有字符以大写格式显示	Format("abcd", ">&&&&&&")	" ABCD"
!	强制由左至右填充字符占位符。缺省值由右至左填充字符占位符	Format("ABCD", "!&&&&&&")	"ABCD "

2.5.6　其他函数

VB 中不但提供了可调用的内部函数，还可以通过函数调用其他的应用程序。这是通过 Shell() 函数来实现的。

格式如下。

```
Shell(命令字符串[,窗口类型])
```

【说明】

（1）命令字符串：表示执行的应用程序名，包括其路径，它必须是可执行文件。

（2）窗口类型：表示执行应用程序的窗口大小，可以是 0~4、6 的整型数值。一般取 1，代表正常窗口状态。默认值为 2，表示窗口会以一个具有焦点的图标来显示。

函数成功调用的返回值为一个任务表示 ID，它是运行程序的唯一标识，用于程序调试时判断执行的应用程序是否正确。

【例 2.9】利用 Shell()函数，在窗体单击时依次运行 Windows 的计算器和画图软件，程序如下。

```
Private Sub Command1_Click()
  j = Shell("C:\WINDOWS\system32\calc.exe", 1)
  i = Shell("C:\WINDOWS\system32\mspaint.exe", 1)
End Sub
```

运行界面如图 2.4 和图 2.5 所示。

图 2.4　计算器界面

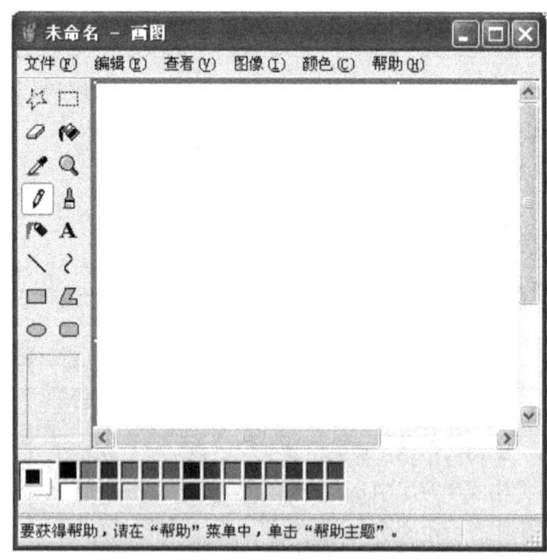

图 2.5　画图界面

03 第3章　Visual Basic 程序初步

Visual Basic 是面向对象的程序设计语言，采用的是面向对象的程序设计方法，在 Visual Basic 的程序设计中，具体到每个对象的事件过程或模块中的每个通用过程，还是要采用结构化的程序设计方法，所以 Visual Basic 也是结构化的程序设计语言，每个过程的程序控制结构由顺序结构、选择结构和循环结构组成。

本章主要介绍结构化程序设计、顺序结构以及控件的概念。

3.1　结构化程序设计

结构化程序设计的概念最早是由荷兰科学家艾·迪科斯彻（E.W.Dijikstra）在 1965 年提出的，是软件发展的一个重要的里程碑。它的主要观点是采用自顶向下、逐步求精及模块化的程序设计方法；使用三种基本控制结构构造程序，任何程序都可由顺序、选择、循环三种基本控制结构构造。结构化程序设计主要强调的是程序的易读性。

3.1.1　采用的设计方法

1. 自顶向下

程序设计时，应先考虑总体，后考虑细节；先考虑全局目标，后考虑局部目标。不要一开始就过多追求众多的细节，先从最上层总目标开始设计，逐步使问题具体化。

2. 逐步细化

对复杂问题，应设计一些子目标作为过渡，逐步细化。

3. 模块化

一个复杂问题肯定是由若干稍简单的问题构成的。模块化是把程序要解决的总目标分解为子目标，再进一步分解为具体的小目标，把每一个小目标称为一个模块。

4. 限制使用 GOTO 语句

结构化程序设计方法的起源来自对 GOTO 语句的认识和争论。肯定的结论是，在块和进程的非正常出口处往往需要用 GOTO 语句，使用 GOTO 语句会使程序执行效率较高；在合成程序目标时，GOTO 语句往往是有用的，如返回语句用 GOTO。否定的结论是，GOTO 语句是有害的，是造成程序混乱的祸根，程序的质量与 GOTO 语句的数量成反比，应该在所有高级程序设计语言中取消 GOTO 语句。取消 GOTO

语句后，程序易于理解，易于排错，容易维护及进行正确性证明。作为争论的结论，1974 年克努特（Knuth）发表了令人信服的总结，并证实了以下 3 点。

（1）GOTO 语句确实有害，应当尽量避免。

（2）完全避免使用 GOTO 语句也并非是个明智的方法，有些地方使用 GOTO 语句，会使程序流程更清楚、效率更高。

（3）争论的焦点不应该放在是否取消 GOTO 语句上，而应该放在用什么样的程序结构上。其中最关键的是，应在以提高程序清晰性为目标的结构化方法中限制使用 GOTO 语句。

5. 结构化编码

所谓编码，就是把已经设计好的算法用计算机语言表示，即根据已经细化的算法正确写出计算机程序。结构化的语言（如 Pascal、C、QBASIC 等）都有与三种基本结构对应的语句。

3.1.2 基本结构

1. 顺序结构

顺序结构表示程序中的各操作是按照它们出现的先后顺序执行的。

2. 选择结构

选择结构表示程序的处理步骤出现了分支，它需要根据某一特定的条件选择其中的一个分支执行。选择结构有单分支选择、双分支选择和多分支选择三种形式。

3. 循环结构

循环结构表示程序反复执行某个或某些操作，直到某条件为假（或为真）时才可终止循环。在循环结构中最主要的是：什么情况下执行循环？哪些操作需要循环执行？循环结构的基本形式有两种：当型循环和直到型循环。

3.1.3 特点

结构化程序中的任意基本结构都具有唯一入口和唯一出口，并且程序不会出现死循环，在程序的静态形式与动态执行流程之间具有良好的对应关系。

1. 优点

由于模块相互独立，因此在设计其中一个模块时，不会受到其他模块的牵连，因而可将原来较为复杂的问题化简为一系列简单模块的设计。模块的独立性还为扩充已有的系统、建立新系统带来了不少的方便，因为可以充分利用现有的模块作积木式的扩展。

按照结构化程序设计的观点，任何算法功能都可以通过由程序模块组成的三种基本程序结构的组合：顺序结构、选择结构和循环结构来实现。

结构化程序设计的基本思想是采用“自顶向下，逐步求精”的程序设计方法和“单入口单出口”的控制结构。“自顶向下、逐步求精”的程序设计方法从问题本身开始，经过逐步细化，将解决问题的步骤分解为由基本程序结构模块组成的结构化程序框图；“单入口单出口”的思想认为一个复杂的程序，如果它仅是由顺序、选择和循环三种基本程序结构通过组合、嵌套构成的，那么这个新构造的程序一定是一个单入口单出口的程序。据此就很容易编写出结构良好、易于调试的程序来。

所以，总体来说，结构化程序设计的优点如下。

① 整体思路清楚，目标明确。

② 设计工作中阶段性非常强，有利于系统开发的总体管理和控制。

③ 在系统分析时可以诊断出原系统中存在的问题和结构上的缺陷。

2. 缺点

① 用户要求难以在系统分析阶段准确定义，致使系统在交付使用时产生许多问题。

② 用系统开发每个阶段的成果来进行控制，不能适应事物变化的要求。

③ 系统的开发周期长。

3.2 顺序结构

顺序结构是当程序中没有控制流程转向的语句（如分支语句、循环语句、跳转语句等）时，语句被执行的顺序严格遵守书写先后顺序的程序结构，如图 3.1 所示。

整个程序按书写顺序依次执行，先执行 A，再执行 B，即自上而下依次运行。

顺序结构是程序的三种基本结构中最常见、最简单的一种，一般由赋值语句、输出数据语句和输入数据语句组成。

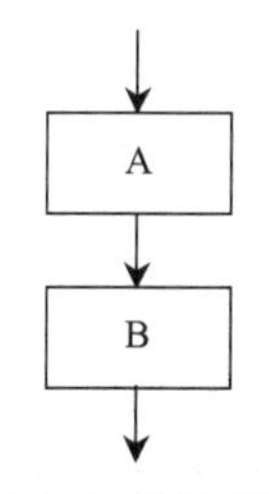

图 3.1　顺序结构

3.2.1 赋值语句

赋值语句是程序中最基本的语句，赋值语句可将指定的值赋给某个变量或对象的属性。它是最简单的顺序结构，其使用语法如下：

```
[Let] <变量名>=<表达式>
```

或

```
[<对象名>].<属性名>=<表达式>
```

功能：计算右边表达式的值，并把结果赋给左边的变量或对象属性。

【说明】

① 关键字 Let 是可选的，但通常都省略该关键字。

② <变量名>或<属性名>的名称应遵循 VB 标识符的命名约定。

③ <表达式>可以是常量、变量、表达式及对象的属性。

④ <对象名>可以省略，默认为当前窗体。

⑤ “=” 称之为赋值号。赋值语句具有计算和赋值的双重功能，它首先计算 “=” 右边的表达式，然后把结果赋值给 “=” 左侧的变量。

这里所说的将值赋给变量，实际上是将值送到变量的存储单元中。在程序中，每使用一个变量，VB 系统都会自动为该变量分配存储单元。变量的值就是对应存储单元中存放的数据值。

在使用赋值语句时要注意以下几点。

（1）赋值号与数学中的等号意义不同。

例如，语句 s=s+1 表示将变量 s 的值加上 1 后，其结果再赋给变量 s。而在数学中，该等式是不成立的。

（2）变量出现在赋值号左边和右边的意义是不同的，即赋值号的左边必须是变量或对象的属性，而且只能是变量或对象的属性。

例如，s+1=s，在 VB 中是错误的赋值，因为赋值号左边是表达式。

（3）一般而言，变量应该先赋值再使用，如果没赋值直接使用的话，系统会默认数值型变量的值为 0，字符串变量的值为空串""。

（4）赋值号两边的数据类型必须保持一致，即同时为数值型或字符型。当不一致时，VB 系统会强制将表达式的值转换为左边变量的数据类型。

（5）在一条赋值语句中，不能同时给多个变量赋值。

例如 ：要对 x、y、z 三个变量赋初值 1，如写成 x=y=z=1。Visual Basic 在编译时，只有 x 后面的“=”号是赋值号，右边的两个“=”作为关系运算符处理，那么，该赋值语句相当于 x=（y=z=1），右边括号里是个关系表达式，由于 x、y、z 的变量未赋值前是默认值 0，先进行 y=z 比较，结果为 True(−1) ；接着 True=1 比较结果为 False(0)；最后将 False 赋值给 x，因此最后三个变量中的值仍为 0。正确书写应分别用 3 个赋值语句完成。

【例 3.1】交换两个变量 x、y 的值。

```
Private Sub Form_Click()
  Dim x As Integer, y As Integer, t As Integer
  x = 2
  y = 3
  Print "交换前的值：x="; x; "y="; y
  t = x
  x = y
  y = t
  Print "交换后的值：x="; x; "y="; y
End Sub
```

程序运行结果如图 3.2 所示。

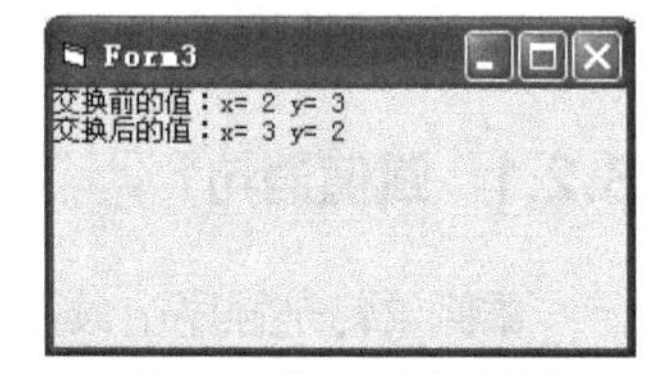

图 3.2　例 3.1 运行结果

3.2.2　数据的输入和输出

1. Print 方法

Print 方法用于在窗体、图片框、打印机等对象中显示或打印输出文本。

格式如下：

```
[ <对象名>.]Print[<表达式列表>][;|,]
```

【说明】

（1）<对象名>可以是窗体、立即窗口（Debug）、图片框、打印机（Printer）等对象。如果省略<对象名>，则在当前窗体上输出。

例如：

```
Print "welcome to VB"                ' 省略对象名，直接把字符串输出到当前窗体
Picture1.Print "welcome to VB"       ' 在图片框 Picture1 中显示字符串
Debug.Print "welcome to VB "         ' 在立即窗体中输出字符串
```

（2）<表达式列表>是一个或多个表达式，它们可以是算术表达式、字符串表达式、关系表达式和逻辑表达式，Print 方法具有计算和输出的双重功能，对于表达式，先计算后输出，输出时，数值型数据前面有一个符号位（如果是正号，不会显示出来），后面还要留一个空格位；对于字符串表达式，一般会原样输出，前后无空格。

【例 3.2】Print 方法中表达式的输出应用。

```
Private Sub Form_Click()
  a = 3
  b = 4
  c = 5
  Print "a+b="; a + b
  Print "123456"
  Print a > b
  Print c = a + b
End Sub
```

图 3.3　不同类型数据的输出

程序运行结果如图 3.3 所示。

（3）当输出多个表达式或字符串时，各表达式之间用分隔符（逗号或分号）隔开。当各表达式之间用逗号分隔时，将按照标准格式输出数据项，所谓标准格式，即以 14 个字符位置为单位把一个输出行分成若干区段，每个区段输出一个表达式的值。当各表达式之间用分号分隔时，将按照紧凑格式输出数据。所谓紧凑格式，即后一项紧跟着前一项输出。

【例 3.3】Print 方法中逗号和分号的应用。

```
Private Sub Form_Click()
  a = 3
  b = 4
  Print "123456789012345678901234567890"    '作为字符输出的位置参照
  Print a, b, "hello"
  Print
  Print "1234567890123456789"
  Print a; b; "hello"
End Sub
```

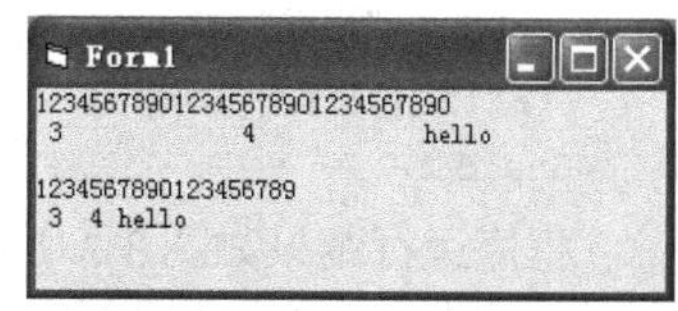

图 3.4　不同分隔符的输出

程序运行结果如图 3.4 所示。

（4）如果在 Print 方法的末尾不加逗号或分号，则每执行一次 Print 方法都要自动换行，也就是说，执行随后的 Print 方法时，会在新的一行上输出数据；如果在 Print 方法的末尾加上分号或逗号，则当执行到其后的 Print 方法时，将在当前行继续输出数据。

【例 3.4】Print 方法中逗号的应用。

```
Private Sub Form_Click()
  a = 3
  b = 4
  Print a, b, "hello",
  Print a; b; "hello"
End Sub
```

程序运行结果如图 3.5 所示。

图 3.5　在 Print 语句末尾使用分隔符

（5）如果 Print 方法省略[<表达式表>]，则输出一个空行或者取消前面一条 Print 方法末尾的逗号或分号。

【例 3.5】Print 方法输出空行。

```
Private Sub Form_Click()
  a = 3
  b = 4
```

```
  Print a, b, "hello",
  Print
  Print a; b; "hello"
End Sub
```

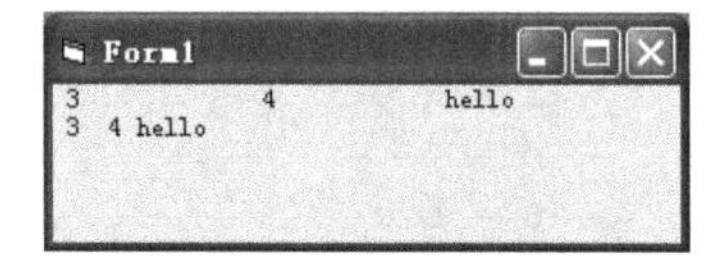

图 3.6　空 Print 语句

程序运行结果如图 3.6 所示。

VB 中提供了几个与 Print 方法配合使用的函数，用来控制文本的输出格式。

（1）Spc()函数

格式：

```
Spc(n)
```

功能：从当前位置跳过 n 个空格后再输出表达式的值，n 为整数。

【说明】

Spc 函数与 Space 函数的区别：Space 函数返回值是字符串类型，Space 函数和输出项之间可以用分号分隔，也可用字符串连接运算符进行连接；而 Spc 函数和输出项之间只能用分号分隔。

【例 3.6】Spc 函数在 Print 中的用法。

```
Private Sub Form_Click()
  Print "中国"; Spc(2); "南昌"
  Print "中国"; Space(2); "南昌"
  Print "中国" + Space (2) + "南昌"
  Print "中国" & Space (2) & "南昌"
End Sub
```

图 3.7　例 3.6 运行结果

程序运行结果如图 3.7 所示。

但下面的语句是错误的：

```
Print "中国"+ Spc(2)+ "南昌"
```

（2）Tab 函数

格式：

```
Tab(n)
```

功能：从第 n 列开始输出表达式的值，n 为整数。

【说明】

Tab(n)与表达式之间必须用分号分隔。

【例 3.7】Tab 函数在 Print 中的用法。

```
Private Sub Form_Click()
  Print "姓名"; Tab(8); "年龄"; Tab(16); "性别";
  Print Tab(24); "班级"
  Print "张三"; Tab(8); 18; Tab(16); "男"; Tab(24); "1 班"
  Print "李四"; Tab(8); 19; Tab(16); "男"; Tab(24); "2 班"
End Sub
```

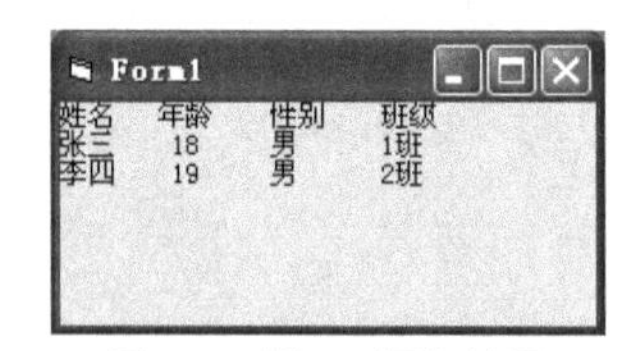

图 3.8　例 3.7 运行结果

程序的运行结果如图 3.8 所示。

Spc 函数与 Tab 函数的区别：Tab 函数是从第 1 列开始计数；而 Spc 函数是从前一项结束位置开始计数，表示两个输出项之间的间隔。

2. 特殊打印格式

（1）打印机对象

Visual Basic 提供的打印机对象（Printer）允许用户使用安装在 Windows 中的打印机。使用打印机对象的 Print 方法可以把以往输出到屏幕的内容输出到打印机，而利用 PrintPicture 方法可用来打印图形。

① 打印机对象的常用属性。

FontCount：打印机可用的字体总数。

FontName：字体名称。其值是字符串表达式，指定所用的字体名，如 Printer. FontName =“宋体”。

FontSize：字体大小。属性值为数值表达式，以磅为单位指定所用字体大小。

PrintQuality：打印质量。设置或返回打印机的分辨率，是整型数（–4 ~ –1 对应分辨率从高到低）。

② 打印机对象的常用方法。

Print：打印，向打印机输出文本或数据。

Pset、Line、Circle：分别为画点、画线、画圆。

PaintPicture：打印图形。

EndDoc：文档结束，用于终止发送给 Printer 对象的打印操作，将文档释放到打印设备或后台打印程序。如果在运行此方法后立即调用，则不会打印额外的空白页。

NewPage：用以结束 Printer 对象中的当前页并进到下一页。

KillDoc：删除文档，立即终止当前的打印。

（2）打印 Visual Basic 代码

打印前先要设置好打印机。选择“文件”/“打印设置”命令，会出现一个“打印设置”对话框，用户可以选择打印机的名称以及打印机纸的大小。

在工程窗口内选择要打印哪个窗体或模块中的代码，接着选择“文件”/“打印”命令，出现“打印”对话框。

在“范围”选项区域中选择“当前模块”单选按钮，在打印内容选项区域中选中“代码”复选框。打印质量分高、中、低和草稿 4 种，选择好后单击“确定”按钮即可打印。

（3）打印 Visual Basic 窗体

选择“文件”/“打印”命令，不仅可以打印代码，也可打印窗体。只要在对话框的“打印内容”选项区域中选中“窗体图像”复选框即可。

此外，使用窗体 PrintForm 方法也可以打印窗体中的文本及图像，其语法为：

```
[ 窗体名 .]PrintForm
```

其中，窗体名为要打印的窗体。

注意：当窗体中包含用绘图方法绘制的图形时，只有把窗体 AutoRedraw 属性设为 True，图形才被打印。

3. Cls 方法

格式：

```
[ <对象名>.] Cls
```

功能：用以清除 Form 或 PictureBox 中由 Print 方法和图形方法在运行时所生成的文本或图形。

【说明】

<对象名>可以是窗体（Form）或图片框（PictureBox），如果省略<对象名>，则清除当前窗体上由 Print 方法和图形方法在运行时所生成的文本或图形。

例如：

```
Picture1.Cls        '清除图片框 Picture1 上的文本或图形
Cls                 '清除当前窗体上的文本或图形
```

注意：

（1）如果 AutoRedraw=False，则 Cls 方法不能清除在 AutoRedraw 为 True 时所产生的图形和打印的信息。

（2）清除后，当前坐标回到对象的左上角。

（3）当窗体的背景是用 Picture 属性装入的图形时，不能用 Cls 方法清除，只能通过 LoadPicture 方法清除。

4. InputBox 函数

格式：

```
InputBox(提示信息[,标题][,默认值][,x 坐标][,y 坐标])
```

功能：屏幕显示一个输入框，等待用户输入信息后，将输入信息作为字符串返回。

【说明】

（1）提示信息：是必不可少的，作为对话框消息出现的字符串表达式。它的最大长度大约是 1024 个字符，由所用字符的宽度决定。如果“提示信息”包含多个行，则可在各行之间用回车符(Chr(13))、换行符 (Chr(10)) 或回车换行符的组合 (Chr(13)&Chr(10))或系统常量 vbCrLf 来实现换行。

（2）标题：可选。显示对话框标题栏中的字符串表达式。如果省略 title，则把应用程序名放入标题栏中。

（3）默认值：可选。显示文本框中的字符串表达式，在没有其他输入时作为默认值。如果省略，则文本框为空。

（4）x 坐标：可选。数值表达式，成对出现，指定对话框的左边与屏幕左边的水平距离。如果省略，则对话框会在水平方向居中。

（5）y 坐标：可选。数值表达式，成对出现，指定对话框的上边与屏幕上边的距离。如果省略，则对话框被放置在屏幕垂直方向距下边大约 1/3 的位置。

注意：

（1）各项参数次序必须一一对应，除了“提示信息”一项不能省略外，其余各项均可省略，处于中间的默认部分要用逗号占位符跳过。

（2）执行 InputBox 函数后，产生一个对话框，提示用户输入数据。光标位于对话框底部的输入区内。

（3）InputBox 函数的返回值是一个字符串。如果需要引用输入的值参加运算，需要用相应的转换函数，如 Val() 把 InputBox 函数的返回值转换成数值类型，再参加运算。

（4）每执行一次 InputBox，只能输入一个数据，在实际应用中，如果需要输入多个值，常常与循环语句或数组结合使用。

【例 3.8】编写程序，实现两个数的相加，用 InputBox 函数输入数据，如图 3.9 所示。

图 3.9　InputBox 函数示例

```
Private Sub Form_Click()
  Dim x As Integer, y As Integer
  x=InputBox("请输入 x 的值" + Chr(10) + Chr(13) + "按回车键结束", "InputBox 函数示例")
  y=InputBox("请输入 y 的值" + vbCrLf + "按回车键结束", "InputBox 函数示例")
  Print "x+y=", x + y
End Sub
```

5. MsgBox 函数

格式：

```
MsgBox(提示信息[,按钮类型][,对话框标题])
```

功能：屏幕显示一个消息框，等待用户单击按钮，返回一个整数告诉用户单击了哪个按钮。

【说明】

（1）提示信息：字符串表达式，用于指定显示在对话框中的信息。如果“提示信息”包含多个行，则可在各行之间用回车符(Chr(13))、换行符 (Chr(10)) 或回车换行符的组合 (Chr(13)&Chr(10)) 或系统常量 vbCrLf 来实现换行。

（2）按钮类型：数值型数据，是可选项，用来指定对话框中出现的按钮和图标的种类及默认按钮。可以用按钮值，也可以用系统常量。“按钮类型”的设置值及含义如表 3.1 所示。

表 3.1　MsgBox“按钮类型”的设置值

分　类	按钮值	系统常量	含　义
按钮类型	0	vbOKOnly	只显示“确定”按钮
	1	vbOKCancel	显示“确定”及“取消”按钮
	2	vbAbortRetryIgnore	显示“终止”“重试”及“忽略”按钮
	3	vbYesNoCancel	显示“是”“否”及“取消”按钮
	4	VbYesNo	显示“是”及“否”按钮
	5	vbRetryCancel	显示“重试”及“取消”按钮
图标类型	16	VbCritical	显示停止图标
	32	vbQuestion	显示询问图标
	48	vbExclamation	显示警告图标
	64	vbInformation	显示信息图标
默认按钮	0	vbDefaultButton1	第一个按钮是默认值
	256	vbDefaultButton2	第二个按钮是默认值
	512	VbDefaultButton3	第三个按钮是默认值

（3）对话框标题：字符串表达式，可选，它显示在对话框的标题栏中；如果省略，则在标题栏中显示工程名。

（4）MsgBox 函数的返回值是由用户在消息框中选择的按钮决定的，每个按钮都有对应的返回值，如表 3.2 所示。

表 3.2　MsgBox 函数的返回值

系统常量	返回值	按　钮
vbOK	1	确定
vbCancel	2	取消
vbAbort	3	终止
vbRetry	4	重试
vbIgnore	5	忽略
vbYes	6	是
vbNo	7	否

（5）若不需要返回值，则可以使用 MsgBox 过程。

格式：

```
MsgBox 提示信息[,按钮类型][,对话框标题]
```

【例 3.9】MsgBox 函数带返回值的调用。

```
Private Sub Form_Click()
  Dim x As Integer
  x = MsgBox("是否合格! ", 4 + 32 + 256, "提示")
  If x = 6 Then
  Print "合格! "
  Else
  Print "不合格! "
  End If
End Sub
```

图 3.10　例 3.9 结果

程序运行结果如图 3.10 所示。

此处是 MsgBox 函数的用法，当按下“是”时返回 6，返回值赋给了变量 x，所以 x 等于 6，程序就输出“合格!”。“按钮类型”中的“4+32+256”表示按钮类型显示“是”和“否”，图标类型显示询问图标，第二个按钮是默认值。

如果不希望 MsgBox 返回值，只是显示信息，则可以采用 MsgBox 过程。

【例 3.10】MsgBox 不带返回值的调用。

```
Private Sub Form_Click()
   MsgBox "合格! ", 0+64, "结果"
End Sub
```

图 3.11　例 3.10 结果

程序运行结果如图 3.11 所示。此时不返回值，只显示信息。

3.2.3　常用语句

1. 注释语句 Rem

格式：

```
Rem 注释内容
```

或

```
'注释内容
```

功能：注释语句提高了程序的可读性，可以方便自己或他人理解语句的含义。

【说明】

（1）注释语句是非执行语句，即去掉注释语句不会影响程序的执行结果。

（2）注释语句可单独占一行，也可放在其他语句的后面。如果在其他语句后面使用 Rem 关键字，必须要用冒号与语句隔开。若用引文单引号，则在其他语句后面不必加冒号。

例如：

```
const PI=3.1415926   '符号常量 PI
S=PI*r*r:      Rem 计算圆面积
```

2. 卸载语句 Unload

格式：

```
Unload 对象名
```

功能：从内存卸载某个对象。

例如：

```
Unload me   '卸载当前窗体，当前窗体不再显示
```

3. 暂停语句 Stop

格式：

```
Stop
```

功能：暂停程序的执行。

【说明】

（1）当执行 Stop 语句时，将自动打开“立即”窗口。Stop 语句的主要作用是把解释程序设置为中断（Break）模式，以便对程序进行检查和调试。

（2）一旦 VB 应用程序通过编译并能运行，生成可执行文件之前，应删去代码中的所有 Stop 语句。

4. 结束语句 End

格式：

```
End
```

功能：结束程序的运行或结束一个过程模块。

在执行时，End 语句会重置所有模块级变量和所有模块的静态局部变量。若要保留这些变量的值，改为使用 Stop 语句，则可以在保留这些变量值的基础上恢复执行。

End 语句提供了一种强迫中止程序的方法。VB 程序正常结束应该卸载所有的窗体，只要没有其他程序引用该程序公共类模块创建的对象并无代码执行，程序将立即关闭。

在 Visual Basic 中，还有多种形式的 End 语句，如 End Sub、End Function、End If、End Select、End Type 等，与对应语句配对使用，用于结束一个过程或块。

5. With 语句

格式：

```
With 对象名
语句组
End With
```

功能：当针对某对象执行一系列的语句时，使用 With 语句可以省略对象名。

例如：

```
With text1
.Text = "你好! "
.Locked = True
.MaxLength = 8
End With
```

相当于

```
Text1.Text = "你好! "
Text1.Locked = True
Text1.MaxLength = 8
```

3.3 基本控件

控件同窗体一样，也是 Visual Basic 的对象。因为有了控件，所以才使 Visual Basic 功能强大且使用方便。Visual Basic 中的控件分为 3 类：标准控件（也称内部控件）、ActiveX 控件和可插入对象。

控件以图标的形式在图 3.12 所示的“工具箱”中列出。启动 Visual Basic 后，工具箱内显示的是标准控件。

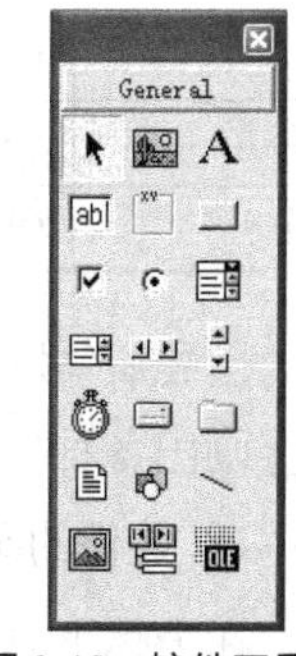

图 3.12　控件工具箱

3.3.1 标准控件

Visual Basic 提供了 20 多个标准控件供用户在设计时使用，标准控件的名称、作用分类如表 3.3 所示。

表 3.3 标准控件

图 标	名 称	作 用
	Pointer（指针）	在选择指针后只能改变窗体中绘制的控件的大小，或移动这些控件
A	Label（标签）	用于显示（输出）文本，但不能输入或编辑文本
abl	TextBox（文本框）	用于输入、输出文本，并可以对文本进行编辑
	PictureBox（图片框）	显示图形或文字。可以装入多种格式图形，接受图形方法的输出，或作为其他控件的容器
	Image（图像框）	在窗体上显示位图、图标或源文件中的图形图像。Image 控件与 PictureBox 相比，它使用的资源要少一些
	CommandButton（命令按钮）	选择它来执行某项命令
	Frame（框架）	对控件进行分组
	OptionButton（单选按钮）	允许显示多个选项，但只能从中选择一项
	CheckBox（复选框）	又称检查框，允许有多个选择，或者不选
	ComboBox（组合框）	为用户提供对列表的选择，可看作文本框和列表框的组合
	ListBox（列表框）	用于显示项的列表，可从这些项中选择一项
	HScrollBar（水平滚动条）	用于表示一定范围内的数值选择。可快速移动很长的列表或大量信息，可在标尺上指示当前位置，或作为速度或数量的指示器
	VScrollBar（垂直滚动条）	同 HScrollBar 控件，唯一不同的是一个是水平的，一个是垂直的
	Timer（计时器）	在指定的时间间隔内产生定时器事件。该控件在运行时不可见
	DriveListBox（驱动器列表框）	显示当前系统中驱动器列表
	DirListBox（目录列表框）	显示当前驱动器上的目录列表
	FileListBox（文件列表框）	显示当前目录中的文件列表
	Shape（形状）	在窗体上绘制矩形、圆角矩形、正方形、圆角正方形、椭圆形或圆形
	Line（直线）	在窗体上画直线
	Data（数据）	用于访问数据库
OLE	OLE（OLE 容器）	用于对象的链接与嵌入

创建窗体以后，在设计用户界面时，用户可以使用工具箱中的各种控件，根据自己的需求在窗体上画出各种控件，并设置界面控件的行为和功能。本节将介绍控件的画法和基本操作。

1. **控件的画法**

在窗体上画一个控件有两种方法。

（1）拖动鼠标在窗体上画一个控件。

以画标签为例，步骤如下。

① 单击工具箱中的标签图标。

② 把鼠标移到窗体上，此时鼠标的光标变为“+”号（“+”号的中心就是控件左上角的位置）。

③ 把“+”号移到窗体的适当位置，拖动鼠标，窗体上画出一个方框，即在窗体上画出一个标签。

（2）双击工具箱中的某个控件图标，就可以在窗体中央画出该控件，控件的大小和位置是固定的。

这两种画法都是每次操作创建一个控件，如果要画多个一样的控件，就必须执行多次操作。为了能单击一次控件图标即可在窗体上画出多个相同类型的控件，可按如下步骤操作。

① 按住 Ctrl 键。

② 单击工具箱中要画的控件图标，然后松开 Ctrl 键。

③ 在窗体上画出控件（一个或多个）。

④ 画完后，单击工具箱中的指针图标（或其他图标）。

2. 控件的基本操作

在窗体上画出控件后，其大小、位置不一定符合要求，此时可以对控件的大小、位置进行修改。

（1）控件的选择。

画完一个控件后，在该控件的边框上显示 8 个黑色小方块，表明该控件是“活动”的。要对控件进行操作，首先选择要操作的控件，即成为活动控件（或当前控件）。刚画完的控件就是活动控件。不活动的控件不能进行任何操作。只要单击一个不活动的控件，就可把这个控件变为活动控件。而单击控件的外部，则把这个控件变为不活动的控件。

如果需要对多个控件进行操作，如移动、删除、设置相同属性等，首先必须选择多个控件，通常有以下两种方法。

① 按住 Shift 键，然后单击每个要选择的控件。

② 把鼠标移到窗体的适当位置（没有控件的地方），然后拖动鼠标，画出一个虚线矩形，该矩形内或边线经过的控件即被选中。

在被选择的多个控件中，有一个控件的周围是实心小方块（其他是空心小方块），这个控件称为“基准控件”。对被选择的控件进行调整大小、对齐等操作时，以“基准控件”为准。

（2）控件的缩放和移动。

当控件处于活动状态时，直接用鼠标拖拉上、下、左、右小方块，即可使控件在相应的方向上放大或缩小；如果拖拉 4 个角上的小方块，则可以使控件在两个方向上同时放大或缩小。

把鼠标指针移到活动控件的内部，按住鼠标左键拖动，则可以把控件拖拉到窗体内的任何位置。

除此之外，还可以通过改变属性列表中的某些属性值来改变控件或窗体的大小、位置。在属性列表中，有 4 种属性与窗体及控件的大小和位置有关，即 Width、Height、Top 和 Left。在属性窗口中单击属性名称，其右侧一列即显示活动控件或窗体与该属性有关的值（一般以 twip 为单位），此时键入新的值，即可改变大小或位置。其位置由 Top 和 Left 确定，大小由 Width 和 Height 确定。

（3）控件的复制和删除。

Visual Basic 允许对画好的控件进行复制，首先选择要复制的控件，执行“复制”命令（编辑菜单中），然后执行“粘贴”命令，屏幕上将显示一个对话框，询问是否要建立控件数组，单击“否”按钮后，就把选择的控件复制到窗体的左上角，再拖动到合适的位置，即完成复制。

要删除一个控件，首先将控件变为活动控件，然后按 Del 键，即可删除该控件。

（4）多个控件的操作。

在窗体的多个控件之间，经常要进行对齐和调整，主要包括以下内容。

① 多个控件的对齐。

② 多个控件的间距调整。

③ 多个控件的统一尺寸。

④ 多个控件的前后顺序。

具体操作时，先选择多个控件，然后使用“格式”菜单的“对齐”“统一尺寸”等选项，或在“视图”菜单的“工具栏”中选择“窗体编辑器（Form Editor）”打开窗体编辑器工具栏，使用其中的工具进行操作。也可以通过属性窗口修改，选择了多个控件以后，在属性窗口只显示它们的共同属性。如果修改其属性值，则被选择的所有控件的属性值都将做相应的改变。

3. 控件的命名和控件值

（1）控件的命名约定。

每一个窗体和控件都有自己的名称，也就是 Name 属性值。在建立窗体或控件时，系统自动给窗体或控件一个名称，如 Label1、Command1 等。如果在窗体上画出几个相同类型的控件，则控件名称中的序号自动增加，如文本框控件 Text1、Text2、Text3 等。同样，在应用程序中增加窗体，窗体名称的序号也自动增加，如 Form1、Form2 和 Form3 等。

使用系统默认的名称，会使程序的可读性比较差。为了能见名知义，提高程序的可读性，最好用具有一定意义的名字作为对象的 Name 属性值，可以从名字上看出对象的类型。一种比较好的命名方式是，用 3 个小写字母作为对象的 Name 属性的前缀。因此，一个控件的命名采取如下的方式。

控件前缀（用于表示控件的类型）+ 控件代表的意义或作用

例如，若 Command1 命令按钮的作用是确定，可命名为“cmdOk”，其中“cmd”是前缀，表明它是一个命令按钮控件，“Ok”表明按钮的意义是确定；再如 cmdWelcome、txtDisply、cmdEnd、frmFirst 等。这种命名方式称为“匈牙利命名法”。

建议使用的部分对象的命名前缀以及只写对象名不写属性名时系统默认的属性如表 3.4 所示。

表 3.4 部分对象的命名前缀及默认属性

对　象	默认属性	前　缀	举　例
Form（窗体）	Caption	frm	frmMain
Label（标签）	Caption	lbl	lblTitle
TextBox（文本框）	Text	txt	txtName
PictureBox（图片框）	Picture	pic	picMove
Image（图像框）	Picture	img	imgDisp
CommandButton（命令按钮）	Value	cmd	cmdOk
Frame（框架）	Value	fra	fraCity
OptionButton（单选按钮）	Value	opt	optItalic
CheckBox（复选框）	Value	chk	chkBold

续表

对　象	默认属性	前　缀	举　例
ComboBox（组合框）	Text	cbo	cboAuthor
ListBox（列表框）	Text	lst	lstBook
HScrollBar（水平滚动条）	Value	hsb	hsbRate
VScrollBar（垂直滚动条）	Value	vsb	vsbNum
Timer（计时器）	Enabled	tmr	tmrfash
DriveListBox（驱动器列表框）	Drive	drv	drvName
DirListBox（目录列表框）	Path	dir	dirSelect
FileListBox（文件列表框）	Filename	fl	flCopy
Line（直线）	Visible	lin	linDraw
Shape（形状）	Shape	shp	shpOval
Data（数据）	Caption	dat	datStudent
DBCombo（数据约束组合框）	Text	dbc	dbcStudent
DBGrid（数据约束网格）	Text	dbg	dbgStudent
DBList（数据约束列表框）	Text	dbl	dblStudent

（2）常用控件的控件值。

一个控件有好多属性，在一般情况下，设置属性值通过“控件.属性”格式设置。

例如：

```
Label1.Caption= "欢迎使用 Visual Basic"
```

把 Label1 的 Caption 属性设置为字符串"欢迎使用 Visual Basic"。

为了方便使用，Visual Basic 规定了其中的一个属性为默认属性。通常把默认属性称为控件值，控件值是一个控件的最重要或最常用的属性。在程序中默认属性可以省略而不书写。即在设置默认属性的属性值时，可以不必写出属性名，如上例的语句可以改为：

```
Label1 ="欢迎使用 Visual Basic"
```

使用控件值可以减少代码，但会降低程序的可读性。因此，给控件属性赋值时，建议仍使用“控件.属性”格式。

3.3.2 命令按钮

命令按钮（CommandButton）通常用于完成某种特定功能，当用户单击命令按钮时就会触发相应的动作。

1. 命令按钮的主要属性

（1）Caption 属性：设置命令按钮上显示的文字。默认值为 Command1。

（2）Default（默认按钮）属性：设置命令按钮是否为默认按钮。程序运行时，不论窗体中哪个控件（命令按钮除外）具有焦点，按回车键都相当于单击默认按钮。True：设为默认按钮；False：不是默认按钮。默认值为 False。

（3）Cancel（取消按钮）属性：设置命令按钮是否为取消按钮。程序运行时，不论窗体中哪个控件具有焦点，按 Esc 键都相当于单击取消按钮。True：设为取消按钮；False：不是取消按钮。默认值为 False。

（4）Style（样式）属性：设置按钮是标准的还是图形的。共两种取值：0-标准的，1-图形的。默认值为 0。

（5）Picture 属性：设定按钮上的图形。只有当 Style 属性为 1 时，Picture 属性才会起作用。默认值为 None。

2. 命令按钮的常用事件

Click 事件：用鼠标左键单击命令按钮时，触发 Click 事件，并执行 Click 事件过程中的代码。命令按钮不支持 DblClick 事件。

3. 选择命令按钮

程序运行时，可以用以下方法来选择命令按钮。

（1）鼠标左键单击命令按钮。

（2）按 Tab 键使焦点落在命令按钮上，然后按空格键或回车键来选择命令按钮。

（3）在程序代码中将命令按钮的 Value 属性设为 True。

（4）从代码中调用命令按钮的 Click 事件。

（5）对于默认按钮，按回车键即可选中。

（6）对于取消按钮，按 Esc 键即可选中。

（7）按组合键 Alt+命令按钮的访问键。

【例 3.11】设计一个程序，可以通过单击命令按钮使窗体放大和缩小。

设计步骤如下。

（1）新建一个窗体，并设计图 3.13 所示的界面。在窗体设计两个命令按钮 Command1 和 Command2。

（2）将命令按钮 Command1 和 Command2 的 Caption 属性分别改为“窗口放大”和“窗口缩小”。

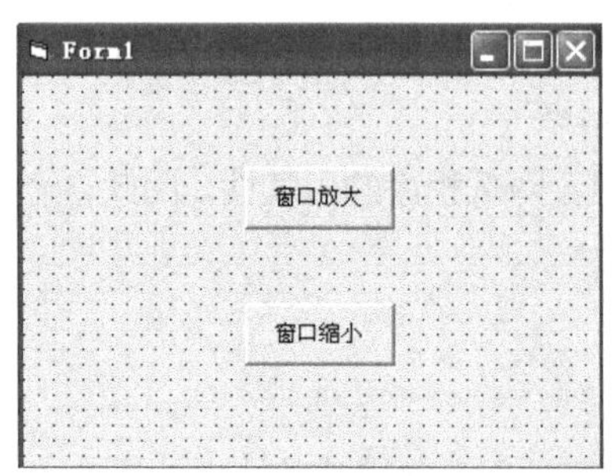

图 3.13　例 3.11 界面设计

（3）在代码窗口中输入如下代码。

```
Private Sub Command1_Click()
  Form1.Left = Form1.Left + 500
  Form1.Top = Form1.Top - 500
  Form1.Width = Form1.Width + 500
  Form1.Height = Form1.Height + 500
End Sub

Private Sub Command2_Click()
  Form1.Left = Form1.Left - 500
  Form1.Top = Form1.Top + 500
  Form1.Width = Form1.Width - 500
```

```
    Form1.Height = Form1.Height - 500
End Sub
```

（4）调试运行。当程序运行时，单击“窗口放大”按钮，触发 Command1 按钮的 Click 事件，响应事件时自动调用 Command1_Click 过程，窗体的长宽自动扩大 500twip，并向右上角移动。

单击“窗口缩小”按钮，触发 Command2 按钮的 Click 事件，响应事件时自动调用 Command2_Click 过程，窗体的长宽自动缩小 500twip，并向左下角移动。

3.3.3　标签

标签是 VB 中最简单的控件，用于显示字符串，通常显示的是文字说明信息，但不能编辑标签控件。Label 控件也是图形控件，可以显示用户不能直接改变的文本。

1. 标签的常用属性

标签的属性很多，下面介绍几个常用的属性。

（1）Name（名称）属性。标签的名称。默认值为 Label1。

（2）Caption（标题）属性。设置标签上显示的文字。默认值为 Label1。

（3）AutoSize（自动调整大小）属性。当取值为 True 时，自动改变控件大小以显示全部内容。取值为 False 时，保持控件大小不变。超出控件区域的内容被裁剪掉。默认值为 False。

（4）Alignment（对齐）属性。设置标签中文本的对齐方式。共三种取值：0—左对齐，1—右对齐，2—居中对齐。默认值为 0。

（5）BackStyle（背景样式）属性。设置标签的背景样式。共两种取值：0—透明，1—不透明。默认值为 1。

（6）BorderStyle（边界样式）属性。设置标签的边框样式。共两种取值：0—无边框，1—单线边框。默认值为 0。

（7）WordWrap 属性。返回或设置一个值，是否要进行水平或垂直展开以适合其 Caption 属性中指定的文本的要求设置，也就是标签的文本在显示时是否有自动换行功能。其中，True 表示具有自动换行功能，False（默认值）表示没有自动换行功能。

2. 标签的常用事件

标签控件可以接受的事件有单击（Click）、双击（DblClick）和改变（Change）。但标签只用于显示文字，一般不需要编写事件过程。

【例 3.12】在窗体上放置 5 个标签，其名称使用默认值，它们的高度与宽度相同，在属性窗口中设它们的属性如表 3.5 所示，运行结果如图 3.14 所示。

表 3.5　控件的属性

控件名	标　题	属性设置
Label1	左对齐	Alignment=0,BorderStyle=1
Label2	水平居中	Alignment=2,BorderStyle=1
Label3	自动	AutoSize=True,BorderStyle=1
Label4	背景白	BackColor=&H00FFFFFF&,BorderStyle=0
Label5	前景红	ForeColor=&H000000FF&,BorderStyle=0,BackColor= &H00C0C0C0&

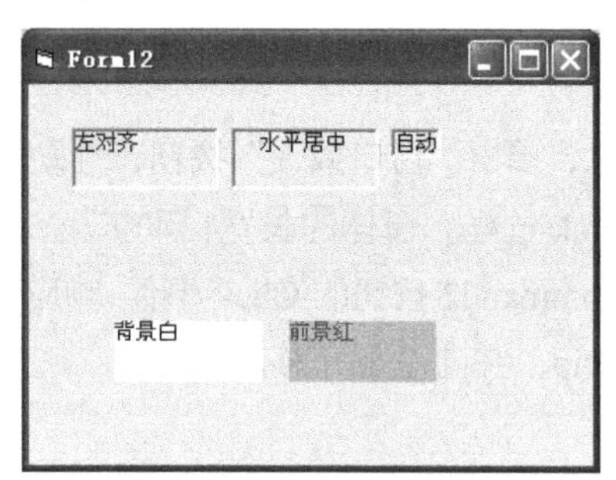

图 3.14　例 3.12 运行结果

3.3.4　文本框

在 Visual Basic 应用程序中，文本框控件（TextBox）有两个作用，一是用于显示用户输入的信息，作为接收用户输入数据的接口；二是在设计或运行时通过控件的 Text 属性赋值，作为信息输出的对象。

1. 文本框的主要属性

（1）Text（文本）属性。

本控件最重要的属性，用来显示文本框中的文本内容，可以在界面设置时指定，也可以在程序中动态修改，程序代码规则：

```
文本框控件名.Text = "欲显示的文本内容"
```

如要在一个名为 TxtFont 的文本框控件中显示“隶书”字样，那么输入代码：

```
TxtFont.Text = "隶书"
```

（2）SelText（选中文本）属性。

本属性返回或设置当前所选文本的字符串，如果没有选中的字符，那么返回值为空字符串即“”。请注意，本属性的结果是个返回值，或为空，或为选中的文本。

（3）SelStart 与 SelLength 属性。

SelStart，选中文本的起始位置，返回的是选中文本的第一个字符的位置。

SelLength，选中文本的长度，返回的是选中文本的字符串个数。

例如：文本框 TxtContent 中有内容如下：

```
"跟我一起学习 VB 神童教程"
```

假设选中“一起学习”4 个字，那么，SelStart 为 3 ，SelLength 为 4。

（4）MaxLength（最大长度）属性。

本属性限制了文本框中可以输入字符个数的最大限度，默认为 0，表示在文本框所能容纳的字符数之内没有限制，文本框所能容纳的字符个数是 64K，如果超过这个范围，则应该用其他控件来代替文本框控件。

（5）MultiLine（多行）属性。

本属性决定了文本框是否可以显示或输入多行文本，当值为 True 时，文本框可以容纳多行文本；当值为 False 时，文本框则只能容纳单行文本。

本属性只能在界面设置时指定，程序运行时不能加以改变。

（6）PasswordChar（密码）属性。

本属性主要用来作为口令功能进行使用。例如，若希望在密码框中显示星号，则可在“属性”窗口中将 PasswordChar 属性指定为“*”。这时，无论用户输入什么字符，文本框中都显示星号。

在 VB 中，PasswordChar 属性的默认符号是星号，但用户也可以指定为其他符号。但请注意，如果文本框控件的 MultiLine（多行）属性为 True，那么文本框控件的 PasswordChar 属性将不起作用。

（7）ScrollBars（滚动条）属性。

本属性可以设置文本框是否有滚动条。值为 0，文本框无滚动条；值为 1，只有横向滚动条；值为 2，只有纵向滚动条；值为 3，文本框的横竖滚动条都具有。

（8）Locked（锁定）属性。

当值为 False 时，文本框中的内容可以编辑；当值为 True 时，文本框中的内容不能编辑，只能查看或进行滚动操作。

2. 文本框控件的事件

除了 Click、DbClick 这些不常用的事件外，与文本框相关的主要事件是 Change、GotFocus、LostFocus 等。

（1）Change 事件。

当用户向文本框中输入新内容，或当程序把文本框控件的 Text 属性设置为新值时，触发 Change 事件。

（2）GotFocus 事件。

本事件又名“获得焦点事件”。所谓获得焦点，其实就是指处于活动状态。在计算机日常操作中，常常用 Alt+Tab 组合键在各个程序中切换，处于活动中的程序获得了焦点，不处于活动的程序则失去了焦点（LostFocus）。

（3）LostFocus 事件。

失去焦点，当按下 Tab 键使光标离开当前文本框或用鼠标选择窗体上的其他对象时触发该事件。

（4）KeyPress 事件。

当进行文本输入时，每一次键盘输入都将使文本框接收一个 ASCII 码字符，发生一次 KeyPress 事件，因此，通过该事件对某些特殊键（如 Enter、Esc 键）进行处理十分有效。

（5）SetFocus 方法。

文本框常用的方法是 SetFocus，使用该方法可将光标移动到指定的文本框中，使之获得焦点。当使用多个文本框时，用该方法可把光标移动到所需要的文本框中。

使用格式为：

```
对象.SetFocus
```

【例 3.13】用 Change 事件改变文本框的 Text 属性。

在窗体上建立 3 个文本框和 1 个命令按钮，其 Name 属性为系统给定的默认值。编写如下事件过程。

```
Private Sub Command1_Click()
   Text1.Text = "Visual Basic 6.0"
End Sub
Private Sub Text1_Change()
   Text2.Text = LCase(Text1.Text)
   Text3.Text = UCase(Text1.Text)
End Sub
```

程序运行后，单击命令按钮，在第一个文本框中显示的是由 Command1_Click()事件过程设定的内容，执行该事件后，将引发一个文本框的 Change 事件，执行 Text1_Change()事件过程，从而在第二、第三个文本框中分别显示第一个文本框内容的小写字母和大写字母。运行结果如图 3.15 所示。

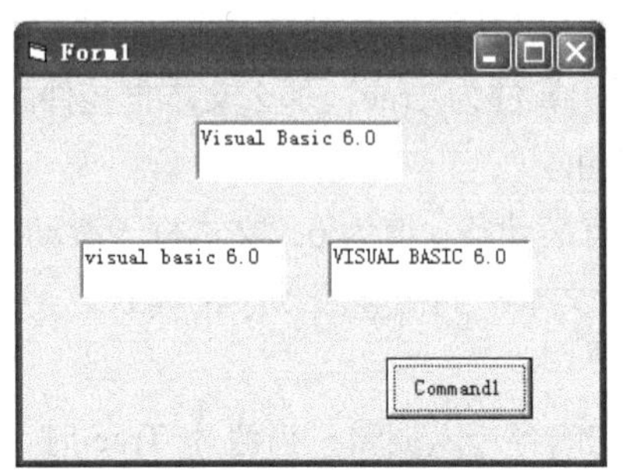

图 3.15　例 3.13 运行结果

【例 3.14】要求输入姓名、年龄和性别，编程控制年龄不能为负数。运行界面如图 3.16 所示。

分析：当用户输入的年龄为负数时，焦点不允许离开，直到输入正确的年龄为止。

界面设计：在窗体上创建 3 个标签和 3 个文本框。在属性窗口设置控件的属性，如表 3.6 所示。

图 3.16　例 3.14 运行结果

表 3.6　控件属性

	控 件 名	属 性 名	属 性 值
标签控件	Label1	Caption	姓名：
	Label2	Caption	年龄：
	Label3	Caption	性别：
文本框控件	txtName	Text	""（空）
	txtAge	Text	""（空）
	txtSex	Text	""（空）

程序代码：

```
Private Sub txtAge_LostFocus()
  If Val(textAge.Text) < 0 Then
  txtAge.SetFocus
  End If
End Sub
```

【例 3.15】设计一个简单的模拟登录程序，假设密码为“123”。程序运行时，用户在文本框中输入密码，单击“确定”按钮，若密码正确，则在标签控件中显示“密码正确!”，否则显示“密码错误!”。当用户单击“清除”按钮时，清除文本框和标签中的内容。程序运行界面如图 3.17 所示。

界面设计：在窗体上添加 1 个文本框控件、1 个标签控件和 3 个命令按钮控件。在属性窗口设置控件的属性，如表 3.7 所示。

表 3.7 控件属性

	控件名	属性名	属性值
文本框控件	Text1	Caption	姓名：
	Text1	PasswordChar	*
命令按钮	Command1	Caption	确定
	Command2	Caption	清除
	Command3	Caption	退出&Q

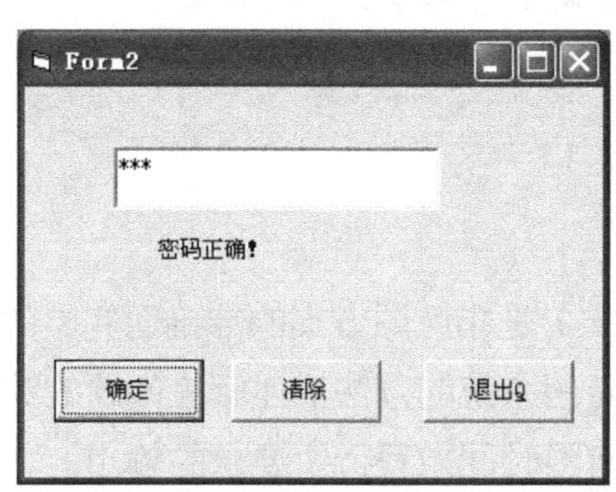

图 3.17 例 3.15 运行结果

程序代码：

```
Private Sub Command1_Click()
  If Text1.Text = "123" Then
  Label1.Caption = "密码正确！"
  Else
  Label1.Caption = "密码错误！"
  End If
End Sub
Private Sub Command2_Click()
  Text1.Text = ""
  Label1.Caption = ""
End Sub
Private Sub Command3_Click()
  End
End Sub
```

04

第4章　选择结构程序设计

4.1　算法介绍

4.1.1　算法介绍

1. 算法概述

算法（Algorithm）是指解题方案的准确而完整的描述，是一系列解决问题的清晰指令，算法代表着用系统的方法描述解决问题的策略机制。也就是说，能够对一定规范的输入，在有限时间内获得所要求的输出。如果一个算法有缺陷，或不适合于某个问题，执行这个算法将不会解决这个问题。不同的算法可能用不同的时间、空间或效率来完成同样的任务。一个算法的优劣可以用空间复杂度与时间复杂度来衡量。

算法中的指令描述的是一个计算，当其运行时能从一个初始状态和（可能为空的）初始输入开始，经过一系列有限而清晰定义的状态，最终产生输出并停止于一个终态。一个状态到另一个状态的转移不一定是确定的。

形式化算法的概念部分源自尝试解决希尔伯特提出的判定问题，并在其后尝试定义有效计算性或者有效方法中成形。这些尝试包括库尔特·哥德尔、雅克·埃尔布朗和斯蒂芬·科尔·克莱尼分别于 1930 年、1934 年和 1935 年提出的递归函数，阿隆佐·邱奇于 1936 年提出的 λ 演算，E. L. 波斯特于 1936 年提出的 Formulation 1 和艾伦·图灵于 1937 年提出的图灵机。即使在现在，依然常有直觉想法难以定义为形式化算法的情况。

2. 算法特征

一个算法应该具有以下 5 个重要的特征。

（1）有穷性（Finiteness）

算法的有穷性是指算法必须能在执行有限个步骤之后终止。

（2）确切性（Definiteness）

算法的每一步骤必须有确切的定义。

（3）输入项（Input）

一个算法有 0 个或多个输入，以刻画运算对象的初始情况，所谓 0 个输入，是指算法本身定出了初始条件。

（4）输出项（Output）

一个算法有一个或多个输出，以反映对输入数据加工后的结果。没有输出的算法是毫无意义的。

（5）可行性（Effectiveness）

算法中执行的任何计算步骤都是可以被分解为基本的可执行的操作步，即每步计算都可以在有限时间内完成（也称之为有效性）。

3. 算法的评定

同一问题可用不同算法解决，而一个算法的质量优劣将影响算法乃至程序的效率。算法分析的目的在于选择合适算法和改进算法。一个算法的评价主要从时间复杂度和空间复杂度来考虑。

（1）时间复杂度

算法的时间复杂度是指执行算法所需要的计算工作量。一般来说，计算机算法是问题规模 n 的函数 f(n)，算法的时间复杂度也因此记作：

```
T(n)=O(f(n))
```

因此，问题的规模 n 越大，算法执行的时间的增长率与 f(n) 的增长率正相关，称作渐进时间复杂度（Asymptotic Time Complexity）。

（2）空间复杂度

算法的空间复杂度是指算法需要消耗的内存空间。其计算和表示方法与时间复杂度类似，一般都用复杂度的渐近性来表示。同时间复杂度相比，空间复杂度的分析要简单得多。

（3）正确性

算法的正确性是评价一个算法优劣的最重要的标准。

（4）可读性

算法的可读性是指一个算法可供人们阅读的容易程度。

（5）健壮性

健壮性是指一个算法对不合理数据输入的反应能力和处理能力，也称为容错性。

4. 常用方法

（1）递推法

递推是序列计算机中的一种常用算法。它按照一定的规律来计算序列中的每个项，通常是通过计算机前面的一些项来得出序列中的指定项的值。其思想是把一个复杂的庞大的计算过程转化为简单过程的多次重复，该算法利用了计算机速度快和不知疲倦的机器特点。

（2）递归法

程序调用自身的编程技巧称为递归（Recursion）。一个过程或函数在其定义或说明中有直接或间接调用自身的一种方法，它通常把一个大型复杂的问题层层转化为一个与原问题相似的规模较小的问题来求解，递归策略只需少量的程序就可描述出解题过程所需要的多次重复计算，大大地减少了程序的代码量。递归的能力在于用有限的语句来定义对象的无限集合。一般来说，递归需要有边界条件、递归前进段和递归返回段。当边界条件不满足时，递归前进；当边界条件满足时，递归返回。

注意：一递归就是在过程或函数里调用自身；二是在使用递归策略时，必须有一个明确的递归结束条件，称为递归出口。

（3）穷举法

穷举法也称为暴力破解法，其基本思路是：对于要解决的问题，列举出它的所有可能的情况，逐个判断有哪些是符合问题所要求的条件，从而得到问题的解。它也常用于对于密码的破译，即将密码进行逐个推算直到找出真正的密码为止。例如，一个已知是四位并且全部由数字组成的密码，其可能共有 10000 种组合，因此最多尝试 10000 次就能找到正确的密码。理论上利用这种方法可以破解任何一种密码，问题只在于如何缩短试误时间。因此有些人运用计算机来增加效率，有些人辅以字典来缩小密码组合的范围。

（4）贪心算法

贪心算法是一种对某些求最优解问题的更简单、更迅速的设计技术。

用贪心法设计算法的特点是一步一步地进行，常以当前情况为基础，根据某个优化测度做最优选择，而不考虑各种可能的整体情况，省去了为找最优解要穷尽所有可能而必须耗费的大量时间，它采用自顶向下，以迭代的方法做出相继的贪心选择，每做一次贪心选择就将所求问题简化为一个规模更小的子问题，通过每一步贪心选择，可得到问题的一个最优解，虽然每一步上都要保证能获得局部最优解，但由此产生的全局解有时不一定是最优的，所以贪心法不要回溯。

贪心算法是一种改进了的分级处理方法，其核心是根据题意选取一种量度标准，然后将这多个输入排成这种量度标准所要求的顺序，按这种顺序一次输入一个量。如果这个输入和当前已构成在这种量度意义下的部分最佳解加在一起不能产生一个可行解，则不把此输入加到这部分解中。这种能够得到某种量度意义下最优解的分级处理方法称为贪心算法，又称贪婪算法。

对于一个给定的问题，往往可能有好几种量度标准。初看起来，这些量度标准似乎都是可取的，但实际上，用其中的大多数量度标准做贪心处理所得到该量度意义下的最优解并不是问题的最优解，而是次优解。因此，选择能产生问题最优解的最优量度标准是使用贪心算法的核心。

一般情况下，要选出最优量度标准并不是一件容易的事，但对某问题能选择出最优量度标准后，用贪心算法求解则特别有效。

（5）分治法

分治法是把一个复杂的问题分成两个或更多的相同或相似的子问题，再把子问题分成更小的子问题……直到最后子问题可以简单地直接求解，原问题的解即子问题的解的合并。

分治法所能解决的问题一般具有以下几个特征。

① 该问题的规模缩小到一定的程度就可以容易地解决。

② 该问题可以分解为若干个规模较小的相同问题，即该问题具有最优子结构性质。

③ 利用该问题分解出的子问题的解可以合并为该问题的解。

④ 该问题所分解出的各个子问题是相互独立的，即子问题之间不包含公共的子子问题。

（6）动态规划法

动态规划是一种在数学和计算机科学中使用的，用于求解包含重叠子问题的最优化问题的方法。其基本思想是，将原问题分解为相似的子问题，在求解的过程中通过子问题的解求出原问题的解。动态规划的思想是多种算法的基础，被广泛应用于计算机科学和工程领域。

动态规划程序设计是对解最优化问题的一种途径、一种方法，而不是一种特殊算法。不像前面所述的搜索或数值计算那样，具有一个标准的数学表达式和明确清晰的解题方法。动态规划程序设计往往针对一种最优化问题，由于各种问题的性质不同，确定最优解的条件也互不相同，因而动态规划的设计方法对不同的问题，有各具特色的解题方法，而不存在一种万能的动态规划算法，可以解决各类最优化问题。因此读者在学习时，除了要对基本概念和方法正确理解外，必须具体问题具体分析处理，以丰富的想象力去建立模型，用创造性的技巧去求解。

（7）迭代法

迭代法也称辗转法，是一种不断用变量的旧值递推新值的过程，跟迭代法相对应的是直接法（或者称为一次解法），即一次性解决问题。迭代法又分为精确迭代和近似迭代。“二分法”和“牛顿迭代法”属于近似迭代法。迭代算法是用计算机解决问题的一种基本方法。它利用计算机运算速度快、适合做重复性操作的特点，让计算机对一组指令（或一定步骤）进行重复执行，在每次执行这组指令（或这些步骤）时，都从变量的原值推出它的一个新值。

（8）分支界限法

分支界限法是一个用途十分广泛的算法，运用这种算法的技巧性很强，不同类型的问题解法也各不相同。

分支定界法的基本思想是对有约束条件的最优化问题的所有可行解（数目有限）空间进行搜索。该算法在具体执行时，把全部可行的解空间不断分割为越来越小的子集（称为分支），并为每个子集内的解的值计算一个下界或上界（称为定界）。在每次分支后，对凡是界限超出已知可行解值的那些子集不再做进一步分支，这样，解的许多子集（即搜索树上的许多结点）就可以不予考虑了，从而缩小了搜索范围。这一过程一直进行到找出可行解为止，该可行解的值不大于任何子集的界限。因此这种算法一般可以求得最优解。

与贪心算法一样，这种方法也是用来为组合优化问题设计求解算法的，所不同的是它在问题的整个可能解空间搜索，所设计出来的算法虽其时间复杂度比贪心算法高，但它的优点与穷举法类似，都能保证求出问题的最佳解，而且这种方法不是盲目的穷举搜索，而是在搜索过程中通过限界，可以中途停止对某些不可能得到最优解的子空间进一步搜索（类似于人工智能中的剪枝），故它比穷举法效率更高。

（9）回溯法

回溯法（探索与回溯法）是一种选优搜索法，按选优条件向前搜索，以达到目标。但当探索到某一步时，发现原先选择并不优或达不到目标，就退回一步重新选择，这种走不通就退回再走的技术为回溯法，而满足回溯条件的某个状态的点称为“回溯点”。

其基本思想是，在包含问题的所有解的解空间树中，按照深度优先搜索的策略，从根结点出发深度探索解空间树。当探索到某一结点时，要先判断该结点是否包含问题的解，如果包含，就从该结点出发继续探索下去；如果该结点不包含问题的解，则逐层向其祖先结点回溯（其实回溯法就是对隐式图的深度优先搜索算法）。若用回溯法求问题的所有解时，要回溯到根，且根结点的所有可行的子树都要已被搜索遍才结束。而若使用回溯法求任一个解时，只要搜索到问题的一个解就可以结束。

5. **简单算法举例**

一个好的算法要有高的执行效率和低的存储量需求，但是在实际实现中，二者往往不可兼得。通常用大的空间开销来提高算法执行效率，或者以降低执行速度作为减少空间开销的代价。决定一个算法的效率和存储量需求的因素包括书写程序的语言、生成的机器语言的质量、机器执行指令的速度等，但最重要的是算法要解决的问题的规模。算法效率和空间存储量要求的度量用时间复杂度和空间复杂度来描述，感兴趣的读者可参看数据结构等，在此不再赘述。

【例 4.1】求 1+2+3+4+5。

S1：先求 1+2，得到结果 3。

S2：将步骤 1 得到的和 3 再加上 3，得到结果 6。

S3：将 6 再加上 4，得 10。

S4：将 10 再加上 5，得 15。得到最后结果。

这样的算法虽然是正确的，但太烦琐。如果求的是 1+2+3+…+100，那么步骤会冗长，因此要有解决问题的方法。

可以设两个变量，一个变量 s 用于存放总和，一个变量 I 用于存放要加的数。可以将算法改写如下。

S1：令 s=0。

S2：令 I=1。

S3：计算 s+I，和仍旧放在变量 s 中，可表示为 s+I=>s。

S4：令 I 的值加 1，即 I+1 => I。

S5：如果 I 不大于 5，返回重新执行步骤 S3，否则执行 S6。

S6：最后得到 s 的值就是 1+2+3+4+5 的值，输出 s，算法结束。

如果题目改为求 1+2+3+…+100，算法只需做很少的改动即可，如下。

S1：0=>s。

S2：1=>I。

S3：s+I=>s。

S4：I+1=>I。

S5：若 I≤100，返回 S3，否则执行 S6。

S6：输出 s，算法结束。

4.1.2 算法的表示

描述算法的方法有多种，常用的有自然语言、结构化流程图、伪代码和 PAD 图等，其中最普遍的是流程图。

1. 传统流程图

流程图是一种传统的算法表示法，它用一些图框来代表各种不同性质的操作，用流程线来指示算法的执行方向。由于它直观形象，易于理解，所以应用广泛，特别是在语言发展的早期阶段，只有通过流程图才能简明地表述算法。常见的流程图符号如图 4.1 所示。

① 起止框：是用来标识算法开始和结束的。

② 输入、输出框：用来标识程序输入或输出常量、变量或表达式。

③ 判断框：其作用是对一个给定的条件进行判断，根据给定的条件是否成立来决定如何执行后面的相应操作。

④ 处理框：它里面大多都是表达式，常常用来处理运算或比较式子。

⑤ 流程线：是连接图框用的，是流程图中必不可少的组成部分。

⑥ 注释框：起到解释说明的作用。

⑦ 连接点：将画在不同地方的流程线连接起来。

【例 4.2】键盘输入半径 r，求该圆周长及面积并输出。

分析：根据题意，首先输入半径，然后根据公式求其周长和面积，最后输出结果，流程图如图 4.2 所示。

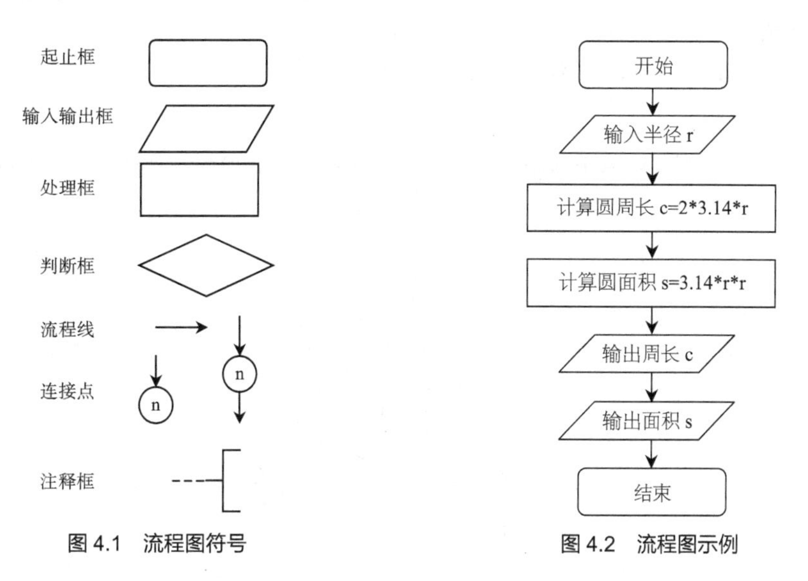

图 4.1　流程图符号　　图 4.2　流程图示例

2. 结构化流程图

针对传统流程图中流程线的使用无限制可能导致流程图毫无规律，1996 年，Bohra 和 Jacopini 提出了 3 种基本结构：顺序结构、选择结构、循环结构，用这 3 种基本结构作为表示一个良好算法的基本单元，改进传统流程图，使传统流程图结构化，从而大大提高流程图的规律性，也便于人们阅读和维护。

（1）顺序结构

顺序结构是程序中最基本的结构，计算机在执行顺序结构的程序时，按语句出现的先后次序依次执行，如图 4.3（a）所示，计算机将先执行语句 1，再执行语句 2。

（2）选择结构

在程序执行过程中并不全是顺序执行，有时在执行过程中，需要根据给定的条件是否成立来选择下一个需执行的语句。图 4.3（b）表示了选择结构的流程图。其运行过程是先判断条件是否成立，如果条件成立，则执行语句序列 1；如果条件不成立，则执行语句序列 2。根据给定的条件是否满足，从两个分支中选择执行其中的一个。

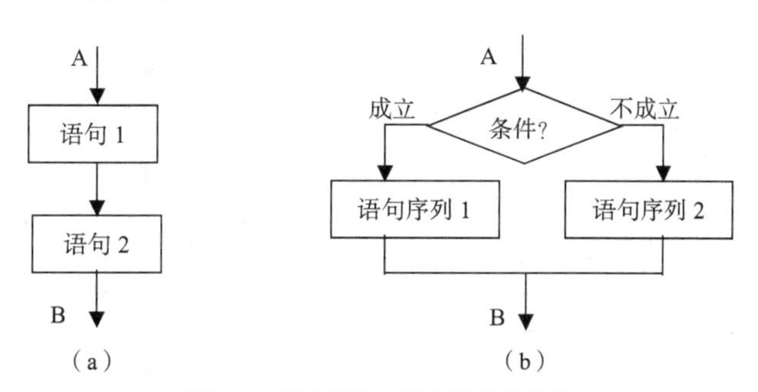

图 4.3　顺序结构与选择结构流程图

【例 4.3】用流程图描述求一元二次方程 $ax^2+bx+c=0(a\neq 0)$实数根的算法。

① 分析问题：

输入什么数据？（假设 a 不等于 0，求 b^2-4ac，如果Δ≥0，有 2 个根，否则无实根）

处理什么问题？（计算方程的两个实根 $x1$ 和 $x2$）

输出什么数据？（所求得的两个实根 $x1$ 和 $x2$）

② 设计算法：

$b^2-4ac\geq 0$，有 2 个根，x1=(-b+sqr(d))/(2*a)，x2=(-b-sqr(d))/(2*a)。流程图如图 4.4 所示。

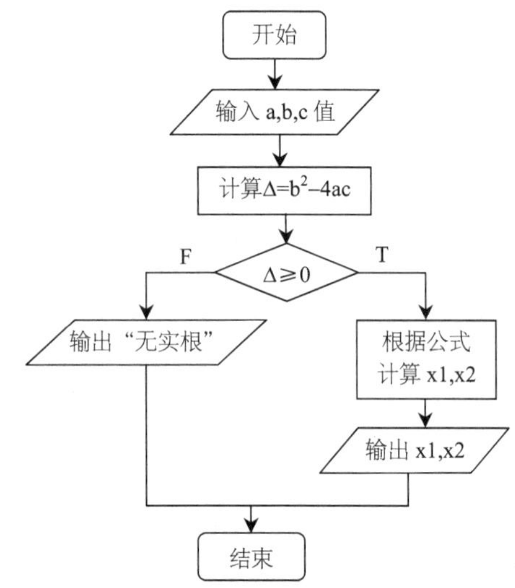

图 4.4　选择结构示例流程图

（3）循环结构

循环结构用于重复执行一些相同或相似的操作，也就是若干条语句的重复执行。要使计算机能够正确地完成循环操作，就必须使循环在有限次的执行后退出，因此，循环的执行要在一定的条件下进行。根据对条件的判断位置不同，可以有两类循环结构：当型循环和直到型循环。

当型循环结构：如图 4.5（a）所示。其工作流程是：流程执行到 A 首先判断条件是否成立，如果条件成立，则执行语句序列 1；执行完后，再判断条件是否成立，若条件依旧成立，再继续执行序列 1 操作。如此反复执行，直到条件不成立为止，这时不再执行语句序列 1，退出循环，执行循环体后的语句。

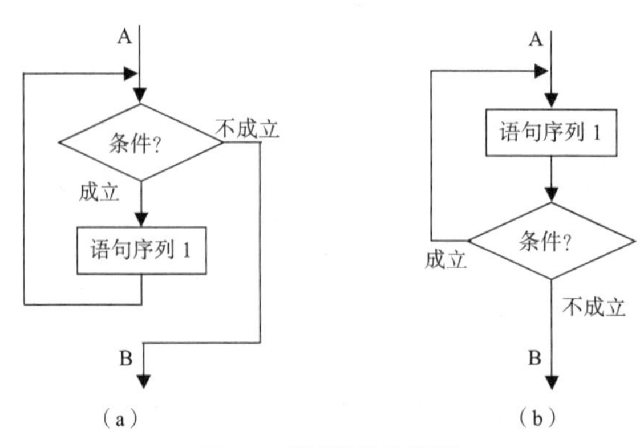

图 4.5　循环结构流程图

直到型循环结构：如图 4.5（b）所示。其工作流程是：当程序运行到 A 点，首先执行语句序列 1 操作，然后判断条件是否成立，如果条件成立，则继续执行语句序列 1；再判断条件是否成立，若条件仍然成立，再执行序列 1 操作。如此反复执行，直到某次条件不成立时为止，这时不再执行序列 1 操作，而是退出循环，执行循环体后和语句。

1973 年，美国学者 I.Nassi 和 B.Shneiderman 提出了另一种流程图形式。在这种流程图中完全去掉了流程线。全部算法写在一个矩形框内，在框内还可以包含其他的框。这种流程图又称 N-S 流程图，有兴趣的读者可参考其他书籍。

【例 4.4】求 s=1+2+3+4+5。

循环变量：设置变量 i 作为循环变量，起计数器的作用，控制循环次数，同时也是累加的数据。

循环体：i，加到表示和的变量 s 中。

循环条件：循环变量 i 是否满 5 次。

累加器：循环体中，将数据 i 加到变量 s 中去，采用的是 s=s+i 的方法，这种方法称为累加，变量 s 起到了累加数据的作用，称为累加器。累加器初值一般为 0。

其流程图如图 4.6 所示。

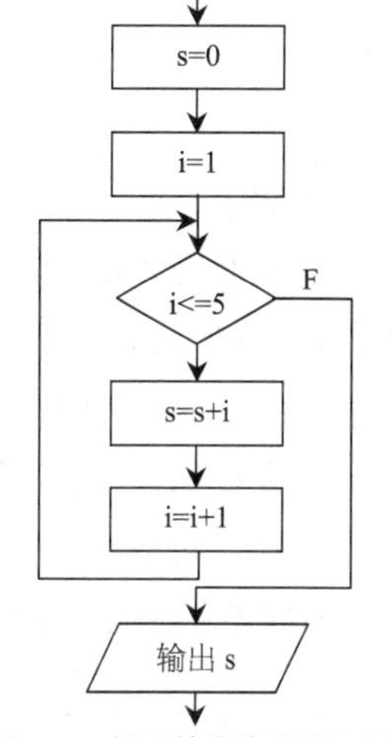

图 4.6　循环结构流程图示例

4.2　条件语句

顺序结构程序的执行次序是按语句的先后排列次序依次执行的，然而，计算机在处理实际问题时，往往需要根据条件是否成立，决定程序的执行方向，在不同的条件下，进行不同的处理。假如遇到下面这样一个问题。

$$y=\begin{cases}|x| & x\leqslant 0\\ \ln x & x>0\end{cases}$$

在输入变量 x 的值之后，需根据 x 的不同取值范围做不同的处理，使用顺序结构的程序无法解决这一问题。本节将介绍解决此类问题的语句结构。

4.2.1　单分支结构语句

单分支结构语句的书写格式有两种：单行结构和块结构。

“单行结构”格式：

```
If <条件表达式> Then <语句序列 1>
```

“块结构”格式：

```
If <条件表达式> Then
  <语句序列 1>
End If
```

功能：如图 4.7 所示，首先计算<条件表达式>的值，然后对其值进行判断，若其值为真 True，则顺序执行<语句序列 1>；若其值为假 False，则跳过<语句序列 1>（即不执行<语句序列 1>），执行

End If 语句之后的语句。

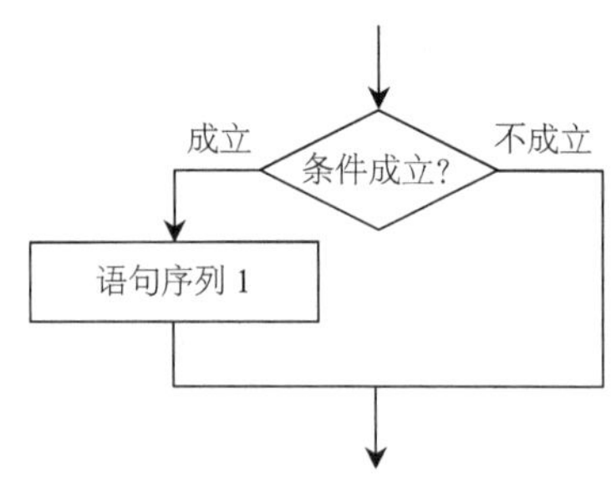

图 4.7　单分支结构流程图

【说明】

① 条件表达式可以是任何计算数值的表达式。Visual Basic 将这个值解释为 True 或 False：一个为零的数值为 False，而任何非零数值都被看作 True。若条件表达式为 True，则 Visual Basic 执行 Then 关键字后面的所有语句。

② 在行结构中，一般为一条语句，如果是多条语句，必须用“:”分开，且在一行上书写。

③ 在“块结构”格式中，If 和 End If 必须成对出现。

【例 4.5】上面的命题可以写成两条语句：

```
If  x <= 0 Then  y = abs(x)
If  x>0  Then  y = log(x)
```

【例 4.6】已知两个数 a 和 b，比较它们的大小，使得 a>b。

分析：给定任意两个数 a 和 b，它们有两种可能，一种情况是 a 大于 b，那么直接输出就是了；另一种情况是 a<b，那么要交换两个变量的值。第一步就是先把 a 的值保留起来，用一个变量 t 来存放；第二步是把 b 的值赋值给 a，这样 a 就由原来的值变成了 b 的值；第三步，b 要变成 a 原有的值，而 a 原有的值存放在 t 中了，所以只要把 t 的值赋给 b 就行了，整个过程可用图 4.8 来表示。

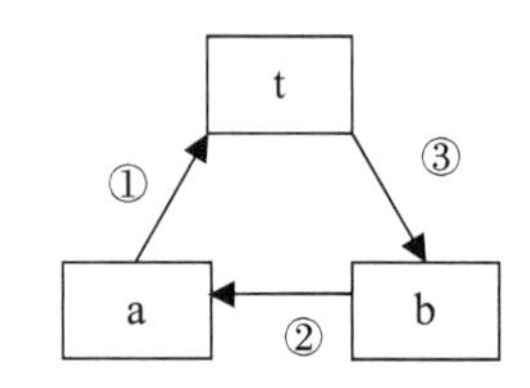

图 4.8　交换两个变量的值

用单行语句描述如下：

```
If  a<b  Then   t=a:   a=b:  b=t
```

用块语句描述如下：

```
If  a<b  Then
         t=a
   a=b
   b=t
End If
```

整个程序流程如图 4.9 所示。

如果把 3 条赋值语句改成图 4.10 所示的形式：请思考一下 a 和 b 的值变化情况。（假设 a=2，b=3）

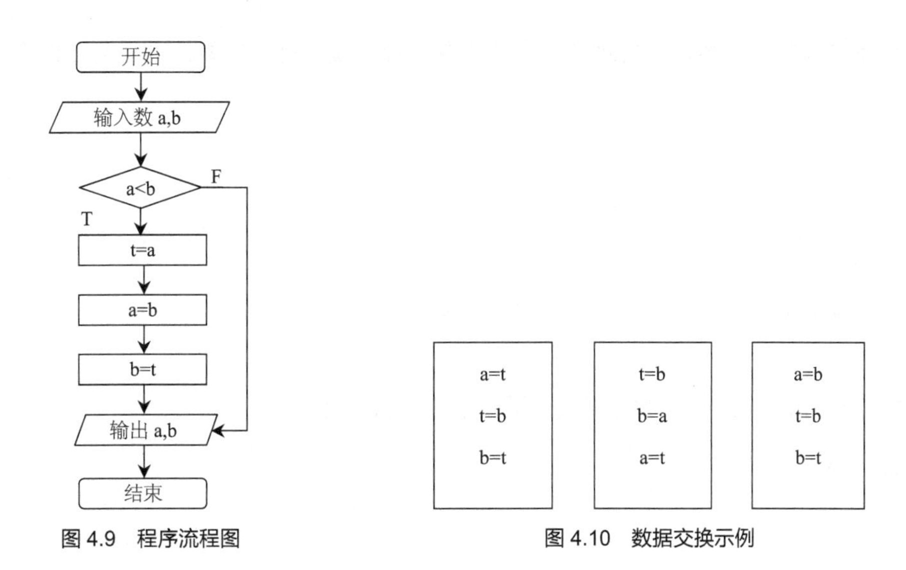

图 4.9　程序流程图

图 4.10　数据交换示例

首先分析左边的代码，第一条赋值语句是把 t 赋值给 a，t 未赋值，系统默认为 0，所以 a=0，第二条语句是把 b 赋值给 t，那么 t=3，第三条语句是把 t 的值赋给 b，那么 b=3。所以没有起到交换两个数据的作用。同理，通过分析可以知道，只有中间的代码可以用来交换两个变量的值，右边的方法也不可以。

4.2.2　双分支语句

双分支结构语句的书写格式也有两种：单行结构和块结构。

（1）单行结构

```
If  <条件表达式 > Then  <语句序列 1>  [Else <语句序列 2>]
```

（2）块结构

```
If <条件表达式> Then
  <语句序列 1>
[Else
  <语句序列 2>]
End If
```

功能：

先计算<条件表达式>，然后对其值进行判断，若其值为真，则顺序执行<语句序列 1>，然后执行 End If 语句之后的语句；若其值为假，则顺序执行<语句序列 2>，然后执行 End If 语句之后的语句。其执行过程如图 4.3（b）所示。

【说明】

① 如果 Else 部分存在，形成双分支。如果 Else 部分省略，则形成单分支。

② 在“块结构”条件语句，If 和 End If 也必须成对出现。

前面的例题可以写成：

```
If x <= 0 Then y = abs(x) Else y = log(x)
```

在书写块结构条件语句时，可以将 If 语句、ElseIf 子句、Else 子句和 End If 语句左对齐，而各语句组向右缩进若干空格，以使程序结构更加清楚，便于阅读和查错。

③ 严格按格式要求书写，不可随意换行或将两行合并成一行。例如，对于条件结构

```
If x >= 0 Then
     y = 1
Else
     y = 2
End If
```

以下两种写法都是错误的：

写法一：

```
If x>=0  Then  y=1
Else  y = 2
End If
```

写法二：

```
If  x>=1 Then  y=1 Else  y = 2
End If
```

再例如：求 x 和 y 中的最大数，将最大数存贮在变量 Max 中。

```
If x > y Then
     Max = x
 Else
Max = y
End if
```

【例 4.7】计算分段函数 $y=\begin{cases}\sin x+\sqrt{x^2+2} & x\neq 0\\ \cos x-x^3+4x & x=0\end{cases}$

分析：根据前面所学的知识，可以通过多种方法实现。

方法一：用单行结构实现

```
Private Sub Form_Click()
     x = Val(Text1.Text)
     If  x = 0  Then  y = Cos(x) - x ^ 3 + 4 * x
     If  x <> 0  Then  y = Sin(x) + Sqr(x * x + 2)
     Text2.Text = y
End Sub
```

方法二：用双分支结构实现

```
Private Sub Form_Click()
     x = Val(Text1.Text)
     If x <> 0 Then
         y = Sin(x) + Sqr(x * x + 2)
     Else
         y = Cos(x) - x ^ 3 + 4* x
     End If
     Text2.Text = y
End Sub
```

如果把上面的 If 语句改成下式，思考结果如何。

```
y=cos(x)-x^3+4*x
If  x<>0  Then  y=sin(x)+sqr(x*x+2)
```

通过验证，上述方法是可行的，上面两条语句是不管 x 的取值范围，首先让

```
y=cos(x)-x^3+4*x
```

然后判断 x 的值，如果 x 不等于零，y 的赋值不对，要重新赋值 y=sin(x)+sqr(x*x+2)。

思考一下，把 If 语句改成下列语句能否实现上述功能。

```
If x=0  Then  y=cos(x)-x^3+4*x
y=sin(x)+sqr(x*x+2)
```

提示：不管 x 的值，最后结果都是

```
y=sin(x)+sqr(x*x+2)
```

【例 4.8】从键盘输入语文和数学成绩，求其平均成绩，利用文本框的 LostFocus 事件进行成绩数据有效性检验。

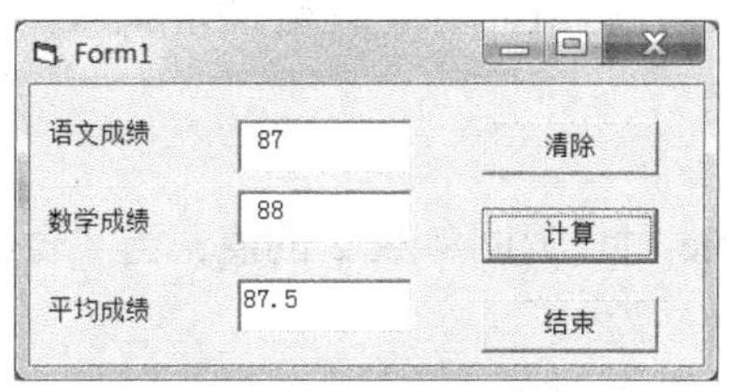

图 4.11　平均成绩示例图

根据题意，创建三个文本框、三个标签和三个命令按钮分别来放提示信息、三个成绩和三个命令按钮的单击事件，属性设置省略，运行画面如图 4.11 所示。

事件代码如下。

```
Dim a,  b          '定义 a,b 用于存放二门功课的成绩
Private Sub Text1_LostFocus()
 Dim x!
 x = Val(Text1.Text)
  If x > 100 Or x < 0 Then
   MsgBox "成绩非法（只能为 0-100）,重新输入"
   Text1.Text = ""
   Text1.SetFocus
Else
    a = Val(Text1.Text)
 End If
End Sub

Private Sub Text2_LostFocus()
 Dim x!
 x = Val(Text2.Text)
 If x > 100 Or x < 0 Then
   MsgBox "成绩非法（只能为 0-100）,重新输入"
   Text2.Text = ""
   Text2.SetFocus
Else
   b = Val(Text2.Text)
 End If
End Sub

Private Sub Command1_Click()
Text1.Text = ""
Text2.Text = ""
Text3.Text = ""
End Sub

Private Sub Command2_Click()
Text3.Text = (a + b) / 2
End Sub

Private Sub Command3_Click()
End
End Sub
```

4.2.3 IIf 函数

IIf 函数是一种条件函数，可以代替 If 语句，其格式如下。

格式：

```
IIf(表达式, 参数 2, 参数 3)
```

功能：当“表达式”值为 True 时，返回参数 2 的值；当“表达式”值为 False 时，返回参数 3 的值

【例 4.9】求两个变量 A 和 B 的较大数。

```
MaxAB = IIf(A > B, A, B)
```

【例 4.10】求三个变量 A、B 和 C 的最大数。

```
MaxAB = IIf(A > B, A, B)
MaxABC = IIf(MaxAB > C, MaxAB, C)
```

【例 4.11】判断一个整数是奇数还是偶数，语句如下。

```
Print IIf(x Mod 2=0, "偶数","奇数")
```

4.2.4 多分支结构语句

双分支结构只能根据条件的 True 和 False 决定处理两个分支中的其中一个。当实际处理的问题有多种条件（超过两种）时，就要用到多分支语句。多分支语句有两种：If…Then…ElseIf 语句和 Select Case 语句。

1. If…Then…ElseIf 语句

格式：

```
 IF <表达式 1> Then
   <语句序列 1>
[ElseIf <条件表达式 2 > Then
   <语句序列 2>]
   …
[ElseIf 条件表达式 n Then
   <语句序列 n>]
[Else
   <语句序列 n+1>]
End If
```

功能：

依次判断多个条件表达式，选择执行第一个逻辑值为真的<条件表达式>所对应的语句序列。

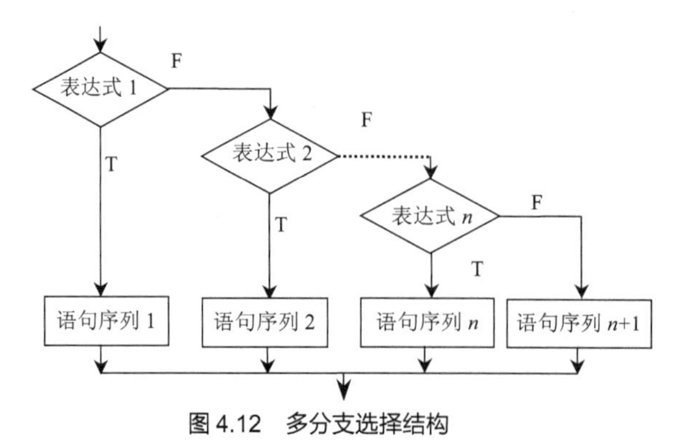

图 4.12 多分支选择结构

语句具体的执行过程是：如图 4.12 所示，系统依次判断每个语句中的<条件表达式>，遇到第一个逻辑值为真的表达式时，则执行该条件下的语句序列，之后其他语句被忽略，而转去执行 End If 语句之后的语句。若所有的语句之后的条件表达式的值均为假，在没有可选项 Else 语句的情况下，将执行 End If 语句之后的语句；在有可选项的情况下，则执行 Else 语句下的语句序列，然后再执行 End If 语句以后的语句。

【说明】

① 语句序列 1 到语句序列 n+1 中只有一个被执行，无论哪个被执行，流程都会到 End If 的下一条语句去。

② ElseIf（没有空格）不能写成 Else If。

③ 如果多分支中有多个条件同时满足，则只执行第一个与之匹配的语句序列。因此，要注意对多分支的条件的书写次序，防止某些值被过滤。

④ If 和 End If 必须成对出现。

⑤ If…Then…ElseIf 只是 If…Then…Else 的一个特例。

注意：可以使用任意数量的 ElseIf 子句，或者一个也不用。可以有一个 Else 子句，而不管有没有 ElseIf 子句。

【例 4.12】某运输公司对用户计算运费，距离越远，每公里运费越低，计算标准如下。

距离＜250km	没有折扣
250km≤距离＜500km	2%折扣
500km≤距离＜1000km	5%折扣
1000km≤距离＜2000km	8%折扣
2000km≤距离＜3000km	0%折扣
3000km≤距离	15%折扣

使用块结构条件语句，按以上标准计算运费。

分析：

假设每公里每吨货物的基本运费为 Price，货物重为 Weight，运输距离为 Distance，折扣为 Discount，则总运费 Freight 的计算公式为：

```
Freight= Price * Weight * Distance * (1 - Discount)
```

用户界面如图 4.13 所示。

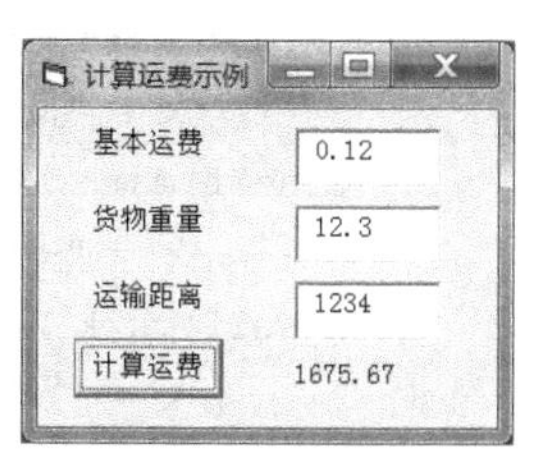

图 4.13 运输示例用户界面

```
Private Sub Command1_Click()
    Price = Val(Text1.Text)                    ' 输入基本运费
    Weight = Val(Text2.Text)                   ' 输入货物重量
    distance = Val(Text3.Text)                 ' 输入运输距离
    ' 根据不同的运输距离 distance 计算折扣
    If distance < 250 Then
         Discount = 0
    ElseIf distance >= 250 And distance < 500 Then
         Discount = 0.02
    ElseIf distance >= 500 And distance < 1000 Then
         Discount = 0.05
ElseIf distance >= 1000 And distance < 2000 Then
         Discount = 0.08
  ElseIf distance >= 2000 And distance < 3000 Then
         Discount = 0.1
```

```
    Else
          Discount = 0.15
    End If
    ' 计算总运费
     Freight=Price*Weight*distance*(1 - Discount)
    ' 输出总运费
     Label4.Caption = Format(Freight, "0.00")
End Sub
```

本例条件语句可以简化为：

```
If distance < 250 Then
   Discount = 0
ElseIf distance < 500 Then
   Discount = 0.02
ElseIf distance < 1000 Then
   Discount = 0.05
ElseIf distance < 2000 Then
   Discount = 0.08
ElseIf distance < 3000 Then
   Discount = 0.1
Else
   Discount = 0.15
End If
```

【例 4.13】已知百分制成绩 mark，要求显示对应的五级制，如果成绩大于等于 90 分为优秀，80～89 分为良，70～79 分为中，60～69 分为及格，小于 60 分为不及格。

根据给定的条件可知，条件有多种情况，采用多分支结构，方法如下。

```
Private Sub Command1_Click()
Dim mark As Single                          '定义变量为单精度
mark = Text1.Text                           '成绩从文本框中获得
If mark >= 90 Then
          k = "优"
    ElseIf mark >= 80 Then
          k = "良"
    ElseIf mark >= 70 Then
          k = "中"
    ElseIf mark >= 60 Then
          k = "及格"
    Else
          k = "不及格"
    End If
    Text2.Text = k                          '结果显示在文本框中
End Sub
```

上述方法是采用大于等于 90 为第一个判断，如果大于 90，等级为优，否则也就是小于 90，但如果大于等于 80，等级为良，依此类推，直到前面的条件都不满足，也就是小于 60，等级为不及格。

在设计算法时，可以采用多种方法去实现，请看下面的程序代码。

```
Private Sub Command1_Click()
    Dim mark As Single                      '定义变量为单精度
    mark = Text1.Text                       '成绩从文本框中获得
```

```
    If mark < 60 Then
        k = "不及格"                    'k 代表等级
    ElseIf mark < 70 Then
        k = "及格"
    ElseIf mark < 80 Then
        k = "中"
    ElseIf mark < 90 Then
        k = "良"
    Else
        k = "优"
    End If
    Text2.Text = k                      '结果显示在文本框中
End Sub
```

上面的代码是首先给定不及格的条件，如果成绩小于 60 分，等级为不及格，否则也就是大于等于 60 分但小于 70 分，等级为及格，依此类推。

把上面的选择结构稍微修改一下，看看结果如何？

```
Private Sub Command1_Click()
    Dim mark As Single                  '定义变量为单精度
    mark = Text1.Text                   '成绩从文本框中获得
    If mark >= 60 Then
      k = "及格"                        'k 代表等级
    ElseIf mark >= 70 Then
      k = "中"
    ElseIf mark >= 80 Then
      k = "良"
    ElseIf mark >= 90 Then
      k = "优"
    Else
      k = "不及格"
    End If
Text2.Text = k                          '结果显示在文本框中
End Sub
```

仔细阅读不难发现，该程序只有两个结果，那就是凡是大于等于 60 分的都是及格，小于 60 的都不及格。分析程序可发现第一个条件是大于等于 60，只要数据大于 60 就满足条件，而满足条件就执行满足条件时所要执行的语句，即打印出及格。根据定义可知 If 造句的流程，满足条件后执行相应的语句后就结束，而不再管后面的条件是否满足。

2. Select 多分支格式

格式：

```
Select Case 测试表达式
 Case 表达式表 1
    [语句组 1]
 [Case 表达式表 2
    [语句组 2]]
     …
 [Case Else
   [语句组 n]]
```

```
End Select
```

功能：

根据测试表达式的值，按顺序匹配 Case 后的表达式，如果匹配成功，则执行该 Case 下的语句块，然后转到 End Select 语句之后继续执行。

多分支选择语句的功能流程图和 If 的多分支结构一样。

【说明】

① 测试表达式可以是数值表达式或字符串表达式，一般为变量或常量。

② 表达式列表用来描述测试表达式的可能取值情况，可以由多个表达式组成，表达式与表达式之间要用“,”隔开，必须与测试表达式的数据类型相同。表达式列表有以下 3 种形式。

常数形式：Case 常数，例如：

```
Case case 2,3,5          '这条语句表示测试表达式如果等于 2 或者等于 3 或等于 5
```

常数范围形式：Case 常数 To 常数，例如：

```
Case 1 To 10             '这条语句表示测试表达式大于等于 1 小于等于 10
```

比较判定形式：Case Is 关系运算符常数，例如：

```
Case Is > 50             '这条语句表示测试表达式大于 50
```

③ 表达式列表的 3 种形式在数据类型相同的情况下可以混合使用。对于表示常数范围的形式，必须把较小的值写在前面，较大的值写在后面。例如：

```
Case 2, 4, 5 To 8, Is>10
'表示当值为 2、4、5 到 8，大于 10 的时候都执行该 Case 子句下的语句块
Case 5 To 3
'是错误的 Case 子句，因为较大值在前面，应写为 Case 3 To 5
```

④ 如果相同的检测条件在多个 Case 子句中出现，那么执行符合条件的第一个 Case 子句下的语句块。

上面多种形式可以混用，如：

```
Case  Is < -5 , 0 , 5 To 100
```

注意：

①“测试表达式”的类型应与各 Case 后的表达式类型一致。

② 不能在 Case 后的表达式中使用“测试表达式”中的变量。例如：

```
Select Case X
   Case X < 0    ' 在这里使用了 X，是错误的
  Y = Abs(X)
 …
End Select
```

③“测试表达式”只能是一个变量或一个表达式，而不能是变量表或表达式表。例如，检查变量 X1、X2、X3 之和是否小于零，不能写成：

```
Select Case X1,X2,X3      ' 错误写法
     Case X1+X2+X3 < 0
       …
End Select
```

而应该写成：

```
Select Case X1+X2+X3     ' 正确写法
    Case Is < 0
```

```
    …
End Select
```

④ 不要在 Case 后使用布尔运算符表示条件。

例如，要表示条件 0<X<100，不能写成：

```
Select Case X
   Case Is>0 And Is<100  ' 使用了 And，是错误的
    …
End Select
```

对于较复杂的条件，可以用块结构条件语句来实现，而有些条件完全可以转换成 Case 语句允许的几种形式之一。

【例 4.14】把上面的成绩五分制例题用 Select Case 语句去实现，编码如下。

方法一：用 Is 关系表达式实现。

```
Private Sub Command1_Click()
mark = Val(Text1.Text)                  'val 函数把字符型数据转换为数值型
Select Case mark                        '注意这里测试表达式 mark
       Case Is >= 90                    '注意其格式书写，Case Is 关系运算符常数
           k = "优"                     'k 代表等级
      Case Is >= 80
           k = "良"
      Case Is >= 70
           k = "中"
      Case Is >= 60
           k = "及格"
      Case Else
           k = "不及格"
End Select
   Text2.Text = k                       '结果显示在文本框中
End Sub
```

根据 Select Case 的格式，可以采用以下方法。

方法二：用表达式 1 To 表达式 2。

```
Private Sub Command1_Click()
mark = Val(Text1.Text)                       'val 函数把字符型数据转换为数值型
Select Case mark                             '注意这里测试表达式 mark
        Case  90 to 100                      '注意其格式书写，Case 常数 To 常数
             k = "优"                        'k 代表等级
        Case 80 To 89
             k = "良"
        Case 70 To 79
             k = "中"
        Case 60 To 69
             k = "及格"
        Case Else
             k = "不及格"
End Select
Text2.Text = k                               '结果显示在文本框中
End Sub
```

强调一点，Select Case 结构每次都要在开始处计算表达式的值。而 If…Then…Else 结构为每个 ElseIf 语句计算不同的表达式。只有在 If 语句和每一个 ElseIf 语句计算相同表达式时，才能用 Select Case 结构替换 If…Then…Else 结构。

【例 4.15】用多分支选择语句实现：输入年份和月份，求该月的天数。

分析：

当月份为 1、3、5、7、8、10、12 时，天数为 31 天。

当月份为 4、6、9、11 时，天数为 30 天。

当月份为 2 时，如果是闰年，则天数为 29 天，否则天数为 28 天。某年为闰年的条件是：年份能被 4 整除，但不能被 100 整除，或年份能被 400 整除。

设计界面省略，运行界面如图 4.14 所示。

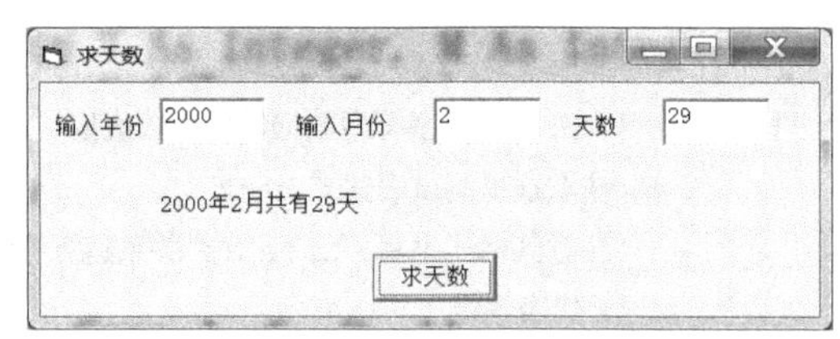

图 4.14　求天数运行界面

```
Private Sub Command1_Click()
   Dim Y As Integer, M As Integer
   Y = Val(Text1.Text)              ' 输入年份
   M = Val(Text2.Text)             ' 输入月份
   Select Case M
       Case 1, 3, 5, 7, 8, 10, 12
          Text3.Text = 31
       Case 4, 6, 9, 11
          Text3.Text = 30
       Case 2                      ' 如果月份为 2
         If (Y Mod 4 = 0 And Y Mod 100 <> 0)  Or (Y Mod 400 = 0) Then
             Text3.Text = 29
         Else
             Text3.Text = 28
      End If
   End Select
End Sub
```

4.2.5　Choose 函数

格式：

```
Choose(数值表达式,选项 1,选项 2,...,选项 n)
```

功能：

当"数值表达式"的值为 1 时，返回"选项 1"的值；当"数值表达式"的值为 2 时，返回"选项 2"的值……

如果"数值表达式"的值不是整数，则先四舍五入为整数。

当数值表达式小于 1 或大于 n 时，返回 Null。

【例 4.16】将成绩 1 分、2 分、3 分、4 分和 5 分转换成相应的等级：

不及格（1 分，2 分）

及格（3 分）

良（4 分）

优（5 分）

语句如下。

```
Grade = Choose(Score, "不及格", "不及格", "及格", "良", "优")
```

【例 4.17】根据当前日期，显示今日是星期几。

```
t = Choose(Weekday(Now), "星期日", "星期一", "星期二", "星期三", "星期四", "星期五", "星期六")
MsgBox("今天是：" & Now & t)
```

4.3 选择结构的嵌套

如果在条件成立或不成立的情况下要继续判断其他条件，则可以使用嵌套的条件语句来实现，也就是在语句组中再使用另一个条件语句。

将一个选择结构放在另一个选择结构内，称为选择结构的嵌套。If 语句的多分支格式实际上是一种 If 结构的嵌套形式。选择结构的嵌套既可以是同一种结构的嵌套，也可以是不同结构之间的嵌套。即可以在 If 结构中又包含 If 语句，或在 Select 结构语句中包含 If 语句等形式。常见的格式为：

```
If <表达式 1> Then
    If  <表达式 11> Then
      …
    End If
     …
End If
```

应当注意以下几点。

① 在选择结构的嵌套中，应注意 Else 与 If 的配对关系。

② 每个 If 都要与 End If 配对。

③ 多个 If 嵌套，End If 与它最接近的 If 配对。

④ 书写为锯齿型。

例如：若 x 大于 0，则 y 等于 1；若 x 小于 0，则 y 等于-1；否则，y 等于 0。

语句如下。

```
If x>0 Then
  y=1
Else
  If x<0 Then
     y=-1
  Else
     y=0
  End If
End If
```

此例中的 If 语句的 Else 子句中又出现 If 语句，形成了嵌套。

下面来看几种结构的嵌套示例。

（1）块结构条件语句的嵌套示例

```
If  A = 1 Then
   If  B = 0 Then
        Print "**0**"
   ElseIf  B = 1 Then
        Print "**1**"
   End If
ElseIf  A = 2 Then
   Print "**2**"
End If
```

（2）多分支选择语句的嵌套示例

```
Select Case A
   Case 1
        Select Case B
            Case 0
               Print "**0**"
            Case 1
               Print "**1**"
        End Select
   Case 2
        Print "**2**"
End Select
```

（3）多分支选择语句与块结构条件语句的互相嵌套示例

```
Select Case A
   Case 1
         If B = 0 Then
                Print "**0**"
         ElseIf B = 1 Then
                Print "**1**"
         End If
   Case 2
         Print "**2**"
End Select
```

【例 4.18】输入一元二次方程 $ax^2+bx+c=0$ 的系数 a、b、c（a<>0），计算一元二次方程的根。

根据前面学习的知识，编写主要代码如下。

```
a=InputBox("请输入第一个系数")
b=InputBox("请输入第二个系数")
c=InputBox("请输入第三个系数")
d=b*b-4*b*c
IF  d<0  THEN
      Print  "方程无实数解。"
ELSE
        IF  d=0   THEN
            x=-b/(2*a)
           Print "方程有两个相同的实数解:",x,x
        ELSE
           x1=(-b+sqr(d))/(2*a)
           x2=(-b-sqr(d))/(2*a)
           Print "方程有两个不同的实数解:",x1,x2
      END IF
END IF
```

在前面的例题中只考虑了 a 不等于零的情况，实际上包含以下情况。

① 如果 a=0，则不是二次方程，此时如果 b=0，则提示重新输入系数；如果 $b \neq 0$，则 $x= -c/b$。

② 如果 $a \neq 0$，且 $b^2-4ac=0$，则有两个相等的实根。

③ 如果 $a \neq 0$，且 $b^2-4ac>0$，则有两个不等的实根。

④ 如果 $a \neq 0$，且 $b^2-4ac<0$，则有两个共轭复根。

通过上面的分析，可以得出图 4.15 的图示，每一个括号代表一个 If 语句。

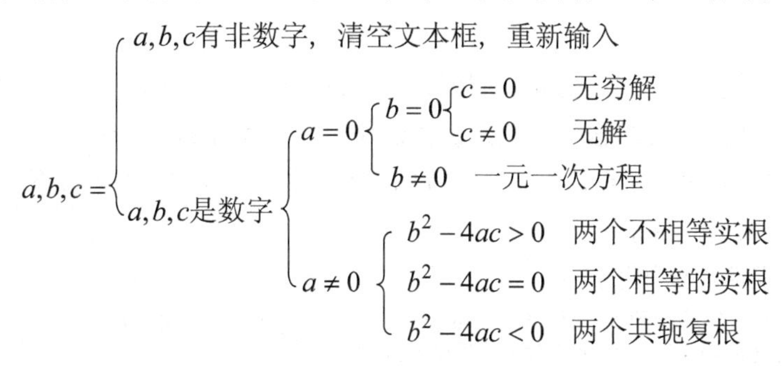

图 4.15　例 4.18 分析

程序代码如下。

```
Private Sub Command1_Click()
   A = Val(Text1.Text): B = Val(Text2.Text)
   C = Val(Text3.Text): Cls
   CurrentX = 600: CurrentY = 1100
   If A = 0 Then
        If B = 0 Then
             MsgBox "系数为零，请重新输入"
             Text1.SetFocus
             Text1.SelStart = 0
             Text1.SelLength = Len(Text1.Text)
        Else
             X = -C / B
             Print "X="; Format(X, "0.000")
        End If
        Exit Sub
   End If
Delta = B ^ 2 - 4 * A * C
   Select Case Delta
        Case 0
              Print "X1=X2="; Format(-B / (2 * A), "0.000")
        Case Is > 0
              X1 = (-B + Sqr(Delta)) / (2 * A)
              X2 = (-B - Sqr(Delta))  / (2 * A)
              Print "X1="; Format(X1, "0.000")
              CurrentX = 600: CurrentY = 1300
              Print "X2="; Format(X2, "0.000")
        Case Is < 0
              A1 = -B / (2 * A)
              A2 = Sqr(Abs(Delta)) / (2 * A)
              Print "X1="; Format(A1, "0.000"); "+"; Format(A2, "0.000"); "i"
              CurrentX = 600
              CurrentY = 1300
              Print "X2="; Format(A1, "0.000"); "-"; Format(A2, "0.000"); "i"
   End Select
End Sub
```

【例 4.19】设计一个口令检测程序，当用户输入的口令正确时，显示“恭喜！您已成功进入本系统”，否则显示“口令错！请重新输入”。如果连续两次输入了错误口令，在第三次输入完口令后则显示一个消息框，提示“对不起,您不能使用本系统”，然后结束程序的执行。

分析：界面中用一个文本框 Text1 接受口令，Text1 的属性设置如下。

```
PasswordChar: *
MaxLength: 6
```

要求运行时在用户输入完口令并按回车键时对口令进行判断，因此本例使用了文本框 Text1 的 KeyUp 事件过程，当焦点在文本框时，松开键盘任一键后产生 KeyUp 事件，同时返回按键代码 KeyCode。回车键的 KeyCode 为 13，所以程序首先判断如果用户在 Text1 中按下了回车键，表示口令输入完，再判断口令是否正确。

Text1 的 KeyUp 事件过程如下。

```
Private Sub Text1_KeyUp(KeyCode As Integer, _ Shift As Integer)
  Static I As Integer       ' 保存输入错误口令的次数
  If KeyCode = 13 Then      ' 如果按下的键为回车键
     If UCase(Text1.Text) = "HELLO" Then
        Label2.Caption = "恭喜!您已成功进入本系统"
     ElseIf I = 0 Or I = 1 Then
        I = I + 1
        Label2.Caption = "口令错!请重新输入"
        Text1.SelStart = 0
        Text1.SelLength = Len(Text1.Text)
     Else
        MsgBox "对不起,您不能使用本系统": End
     End If
  End If
End Sub
```

【例 4.20】综合应用实例多功能计算器。

要求：实现加、减、乘、除计算，具体运算只能在程序运行时由用户决定，编程时并不知道。要求增加如下功能：当文本框失去焦点时，检验是否是数值。

分析：使用双分支可以解决 2 个分支的问题，但如果编写具有+、–、*、/四种运算的计算器，就要解决多分支问题。同时要考虑排除运算符输入错以及除数为零的可能性。

程序设计界面如图 4.16 所示。

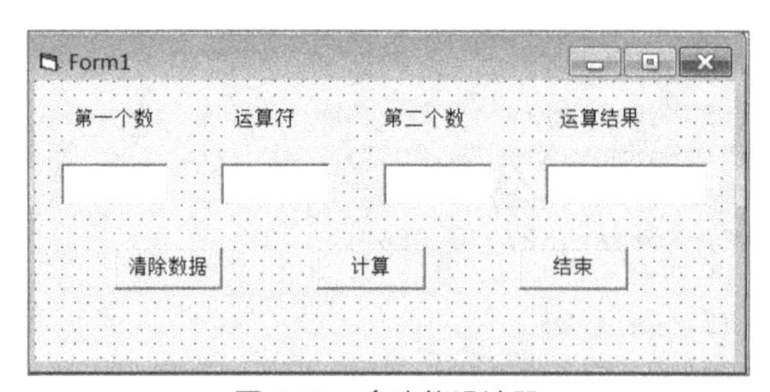

图 4.16　多功能设计器

程序代码如下。

```
Private Sub Text1_LostFocus()
If Not IsNumeric(Text1.Text) Then
```

```
      MsgBox "第一个数输入有错!", vbCritical, "警告"
      Text1.Text = ""
      Text1.SetFocus
End If
  End Sub

Private Sub Text3_LostFocus()
If Not IsNumeric(Text3.Text) Then
      MsgBox "第二个数输入有错!", vbCritical, "警告"
      Text3.Text = ""
      Text3.SetFocus
  End If
End Sub

Private Sub Command2_Click()
Dim n1 As Single, n2 As Single '原始变量
     Dim ysf As String * 1   '控制变量
  n1 = Val(Text1.Text)
  n2 = Val(Text3.Text)
  ysf = Text2.Text
 If ysf = "+" Then
          n3 = n1 + n2
  ElseIf ysf = "-" Then
          n3 = n1 - n2
  ElseIf ysf = "*" Then
          n3 = n1 * n2
  ElseIf ysf = "/" Then
          If n2 <> 0 Then
              n3 = n1 / n2
            Else
              MsgBox "除数不能为零!", vbExclamation, "错误"
              n3 = "除数不能为零!"
            End If
  Else
            MsgBox "运算符错误!", vbExclamation, "错误"
  End If
  Text4.Text = n3
End Sub

Private Sub Command1_Click()
Text1.Text = ""
Text2.Text = ""
Text3.Text = ""
Text4.Text = ""
End Sub

Private Sub Command3_Click()
End
    End Sub
```

05 第5章　循环结构程序设计

在结构化程序设计中，顺序结构、选择结构在程序执行时，每个语句只能被执行一次，而在许多实际问题中，有一些操作需要重复执行多次，如求多个有规律的数之和、求数的阶乘等，这就需要通过循环结构来实现。

循环结构是指在一定的条件下反复执行一段代码的结构。循环结构由两部分组成：循环体（被反复执行的那段代码）和循环控制部分（控制循环的执行）。

利用循环结构设计程序，只需编写少量的程序执行重复操作，就能完成大量相同或相似的要求，简化了程序，提高了效率。

5.1　循环语句

VB 中主要提供两种类型的循环：计数型循环和条件型循环。计数型循环通过循环的次数来控制循环的执行，例如求 1 ~ 100 的累加和就是通过加法语句循环执行 100 次来实现的，可以使用计数型循环结构。计数型循环通过 For 循环语句来实现。条件型循环是根据循环的条件是否满足来决定是否要继续执行循环体。条件型循环可以使用 Do 循环语句和 While 循环语句。

5.1.1　For…Next 循环语句

For 循环语句是计数型循环语句，用于循环次数预知的场合。

1. 语句格式

```
For  <循环变量>=<初值>  To  <终值> [Step  <步长>]
    <语句块>
    [Exit  For]
    <语句块>
Next  <循环变量>
```

2. 使用说明

（1）循环体是指 For 语句和 Next 语句之间的语句序列，它们将被重复执行指定的次数。

（2）循环变量必须是单个的数值型变量。

（3）初值、终值都是数值表达式，若值不是整数，系统会自动取整。

（4）步长为数值表达式，通常为整数，也可以不是整数。步长可为正数、负数或 0。

① 当初值<终值时，步长必须为正数，循环才能正常执行，此时作递增循环。若步长=1，可省略 Step 1。

② 当初值>终值时，步长必须为负数，循环才能正常执行，作递减循环。

③ 当步长 =0 时，循环将一直进行下去，若循环体内没有 Exit For 语句来退出循环，将会造成死循环。

（5）循环次数的计算公式是 Int((终值一初值)/步长+1)。

（6）循环体中并不需要出现改变循环变量值的语句，每次执行完一次循环后，循环变量加步长操作是自动完成的。若循环体中出现改变循环变量值的语句，将会影响循环次数。

（7）关于 Exit For 语句的说明：遇到该语句时，提前退出循环，执行 Next 后的下一条语句，允许在循环体内出现一次或多次。通常是跟在 If 语句后面，表示满足一定的条件提前退出 For 循环。一般情况下，是当循环变量的值超出初值～终值范围时退出循环。

（8）Next 后面的循环变量与 For 语句中的循环变量必须相同，且两者必须成对出现。若循环是单层循环时，Next 后面的循环变量可以不写。

（9）循环必须遵循“先检查、后执行”的原则，即先检查循环变量是否超过终值，然后决定是否执行循环。

【例 5.1】在窗体上显示 1～10 之间各奇数的平方。

编写窗体的单击事件，事件过程代码如下。

```
Private Sub Form_Click()
    Dim i As Integer
    Print "1～10 之间各奇数的平方分别如下："
    For i = 1 To 10 Step 2
        Print i * i
    Next i
End Sub
```

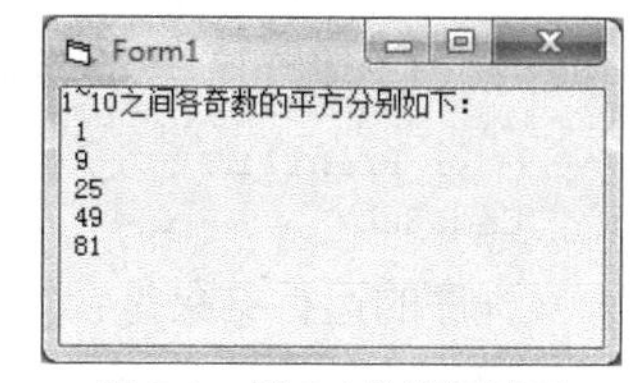

图 5.1　例 5.1 的运行界面

程序运行界面如图 5.1 所示。

3. 执行过程

For 循环执行过程如下。

（1）给循环变量赋初值。

（2）第一次执行循环，要通过初值、终值和步长的关系来判断是否满足循环执行的一般条件。若初值<终值且步长<0 或者初值>终值且步长>0，则不满足循环执行的一般条件，退出循环，执行 Next 后的下一条语句，否则执行第（3）步。从第二次循环开始，则通过循环变量的值是否属于初值～终值范围来判断是否满足循环条件。若不属于，则退出循环，执行 Next 后的下一条语句，否则执行第（3）步。

（3）执行循环体。

（4）遇到 Next 语句时，循环变量自动加步长，即把循环变量的当前值加上步长值后再赋给循环变量。

（5）转到第（2）步去判断是否满足循环条件、是否要继续执行循环。

循环体中若有 Exit For 语句且满足 Exit For 语句的执行条件，循环将提前退出，执行 Next 后的下一条语句。

For 循环语句执行的一般流程图如图 5.2 所示。

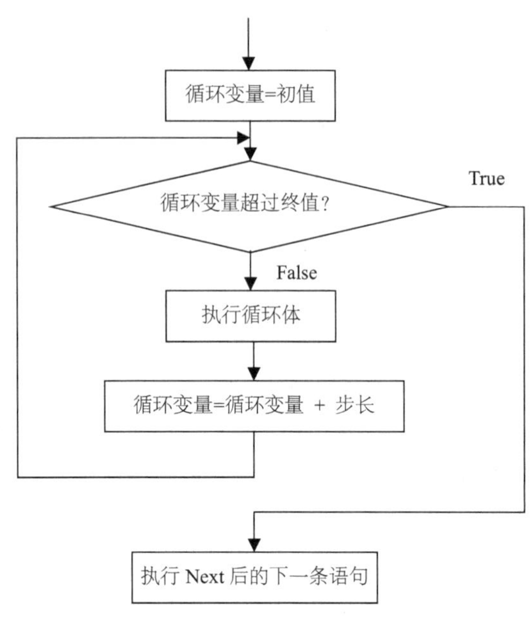

图 5.2　For 循环语句执行的流程图

【例 5.2】请判断下列程序的运行结果。

```
Private Sub Command1_Click()
    Dim i As Integer
    For i = 10 To 1
        Print i;
    Next i
    Print i
End Sub
```

程序的运行结果是:

```
10
```

根据 For 循环执行过程分析如下：首先给循环变量赋初值（相当于执行赋值语句 i=10），第一次判断循环是否执行从初值、终值和步长的关系来判断，初值>终值且步长>0（步长为 1，省略 step 1），不满足循环执行的一般条件，退出循环，执行 Next 后的下一条语句 Print i，在窗体上打印 10。

若将 For 循环的第一行改为:

```
For i = 10 To 1 Step -1
```

则程序运行结果为:

```
10  9  8  7  6  5  4  3  2  1  0
```

最后的 0 是循环结束之后 Next 后的下一条语句 Print i 的执行结果，也就是循环结束之后循环变量的值。

若将程序修改如下:

```
Private Sub Command1_Click()
    Dim i As Integer
    For i = 10 To 1 Step -1
        Print i;
        i = i - 1
    Next i
    Print i
End Sub
```

则程序运行结果为：

```
10  8  6  4  2  0
```

最后的 0 是循环结束之后打印的。

分析：循环体中增加了改变循环变量的语句 i = i – 1，这样会影响循环次数，相当于改变了步长。

若将程序修改如下：

```
Private Sub Command1_Click()
     Dim i As Integer
     For i = 10 To 1 Step -1
          Print i;
          If i < 6 Then Exit For
     Next i
     Print i
End Sub
```

则程序运行结果为：

```
10  9  8  7  6  5  5
```

分析：当 i=5 时，由于满足 If 语句的条件 i ＜ 6，则执行 Exit　For 语句，提前退出循环，执行 Next 后的下一条语句。因此 5 被打印了两遍，循环体内打印一遍，循环结束后再打印一遍。

5.1.2　Do…Loop 循环语句

Do 循环语句是条件型循环语句，它根据条件是否满足来决定是否执行循环，用于控制循环次数未知的循环结构。Do 循环有两种语法格式：前测型循环结构和后测型循环结构。两者区别在于判断条件的先后次序不同。

1. 语句格式

（1）前测型 Do 循环语句

```
Do  [{ While | Until } < 条件表达式 > ]
    < 语句块 >
    [ Exit  Do ]
    < 语句块 >
Loop
```

（2）后测型 Do 循环语句

```
Do
    < 语句块 >
    [ Exit  Do ]
    < 语句块 >
Loop  [{ While | Until } < 条件表达式 > ]
```

2. 使用说明

（1）前测型循环的特点是先判断条件是否满足，后执行循环体。若条件一开始就不满足，则循环体一次也不执行。后测型循环的特点是先执行循环体，后判断条件。即使条件一开始就不满足，循环也至少执行一次。

（2）循环体指 Do 语句和 Loop 语句之间的语句序列。

（3）条件表达式可以是关系表达式、逻辑表达式或数值表达式。关系表达式和逻辑表达式最终的结果均为 True 或 False，跟条件满足与否相对应。若条件表达式是数值表达式，将数值表达式的结果按“非 0 转换为 True，0 转换为 False”的原则进行转换。

（4）{ While | Until }表示关键字 While 和 Until 二者选其一，While 表示条件为真（True）时执行循环体，条件为假（False）时退出循环，Until 正好相反。若使用关键字 While，则为当型循环；若使用关键字 Until，则为直到型循环。

（5）若执行到 Exit Do 语句，则提前退出 Do 循环，执行 Loop 后的下一条语句。

（6）[{ While | Until } < 条件表达式 >]子句可以省略，当省略该子句时，即循环结构仅由 Do…Loop 关键字构成，表示无条件循环，此时循环体内应有 Exit Do 来结束循环，否则就是死循环。

（7）在循环体内一般应有一个专门用来改变条件表达式中变量的语句，以使随着循环的执行，条件区域不成立（或成立），最终退出循环。

3. 执行过程

（1）对于前测型循环，先判断循环条件，满足条件则执行循环体，否则退出循环。若是 Do While…Loop（当型循环）语句，条件为真时表示满足循环条件，执行循环体。若是 Do Until…Loop（直到型循环）语句，条件为假时表示满足循环条件。

（2）对于后测型循环，先执行一次循环体，后判断循环条件是否满足，满足条件则再次执行循环体，否则退出循环。若是 Do…Loop While（当型循环）语句，则条件为真时再次执行循环。若是 Do…Loop Until（直到型循环）语句，则条件为假时再次执行循环。

当型循环 Do While…Loop 语句和 Do…Loop While 语句的执行流程分别如图 5.3 和图 5.4 所示。直到型循环的执行流程是类似的，只是循环条件是相反的。

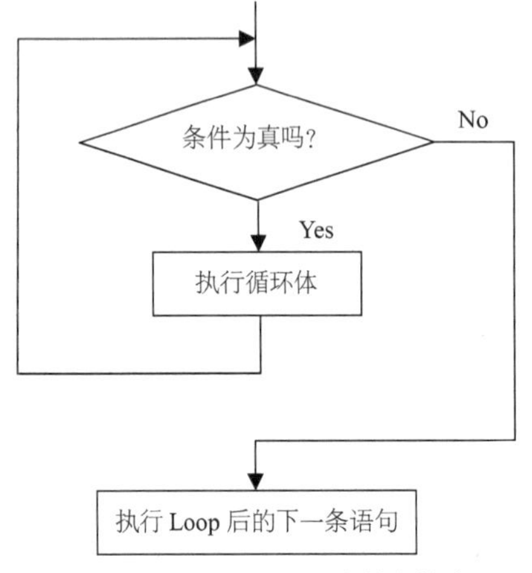

图 5.3 Do While…Loop 语句执行的流程图

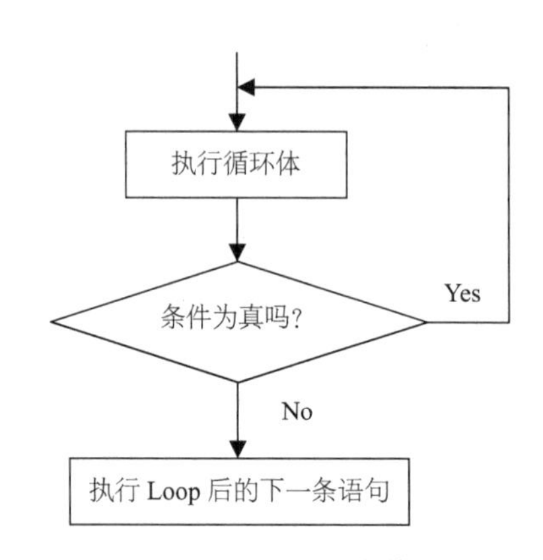

图 5.4 Do…Loop While 语句执行的流程图

【例 5.3】我国有 13.8 亿人口，设年增长率为 0.5%的增长率，求多少年后我国人口超过 20 亿？

分析：本题有两种方法求解。

（1）利用对数函数求解。根据公式 $20=13.8*(1+0.005)^n$，求得 $n=\log(20/13.8)/\log(1.005)$。

（2）利用循环求解。由于循环次数不能预先计算出来，因此不能使用 For 循环结构，但可以使用 Do…Loop 循环。

程序代码如下。

```
Private Sub Command1_Click()
     Dim x As Single, n As Integer
     x = 13.8
```

```
        n = 0
        Do While x <= 20
            x = x * (1 + 0.005)
            n = n + 1
        Loop
        Print n; "年后人口超过 20 亿，数量为"; x; "亿"
    End Sub
```

程序运行界面如图 5.5 所示。

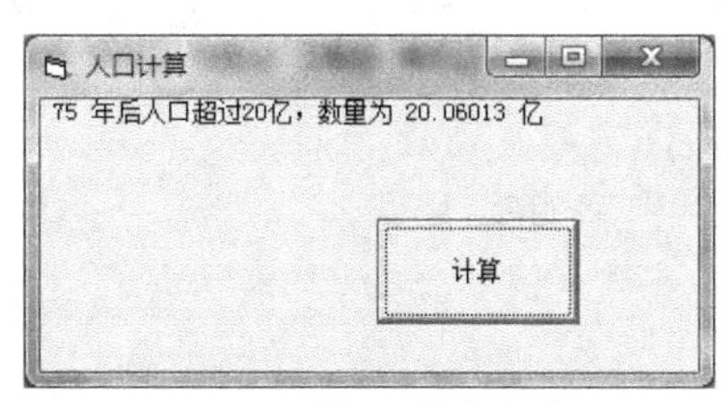

图 5.5　例 5.3 运行界面

本题采用的是当型循环 Do While…Loop 语句，若要改成直到型循环 Do Until…Loop，则循环条件要进行更改。修改后的循环结构程序如下。

```
    Do Until x > 20
        x = x * (1 + 0.005)
        n = n + 1
    Loop
```

Do…Loop 循环结构可以替代 For 循环结构，不过 For 循环结构中的初值、终值和步长的概念在 Do…Loop 循环结构中没有，要用 Do…Loop 循环替代 For 循环，就要在程序代码中对 For 循环的初值、终值和步长做一定的处理。

【例 5.4】分别用 For…Next 循环语句和 Do…Loop 循环语句，计算 $s=2^2+4^2+6^2+\cdots+100^2$。

在窗体的 Click 事件中用 For 循环实现的程序代码如下。

```
    Private Sub Form_Click()
        Dim i As Integer, s As Long
        s = 0
        For i = 2 To 100 Step 2
            s = s + i * i
        Next i
        Print "1～100 之间偶数的平方和为："; s
    End Sub
```

在 Command1 的 Click 事件中，用 Do…Loop 循环实现的程序代码如下。

```
    Private Sub Command1_Click()
        Dim i As Integer, s As Long
        s = 0
        i = 2
        Do While i <= 100
            s = s + i * i
            i = i + 2
        Loop
        Print "1～100 之间偶数的平方和为："; s
    End Sub
```

用 Do…Loop 循环替代 For 循环时，一般的规律是在 Do…Loop 循环之前用赋值语句处理 For 循环的初值（如 i = 2），在循环条件表达式中处理终值（如 i <= 100），在循环体中用赋值语句处理步长

（如 i = i + 2）。在例 5.4 的 Command1_Click 事件中，循环体中的两条语句顺序也可以调换，但相应的处理初值和终值的那部分代码也要做相应的修改，改动之后的部分代码如下。

```
i = 0
Do While i < 100
   i = i + 2
   s = s + i * i
Loop
```

【例 5.5】用无条件 Do…Loop 循环，求 1+2+3+…加到多少，其累加和超过 100。

程序代码如下。

```
Private Sub Command1_Click()
     Dim s As Integer, i As Integer
     s = 0
     i = 0
     Do
         i = i + 1
         s = s + i
         If s > 100 Then Exit Do
     Loop
     Print "从1累加到"; i; "，累加和超过100，为"; s
End Sub
```

省略{ While | Until } < 条件表达式 >子句的无条件 Do…Loop 循环必须和 Exit Do 语句搭配，否则即是死循环。程序运行界面如图 5.6 所示。

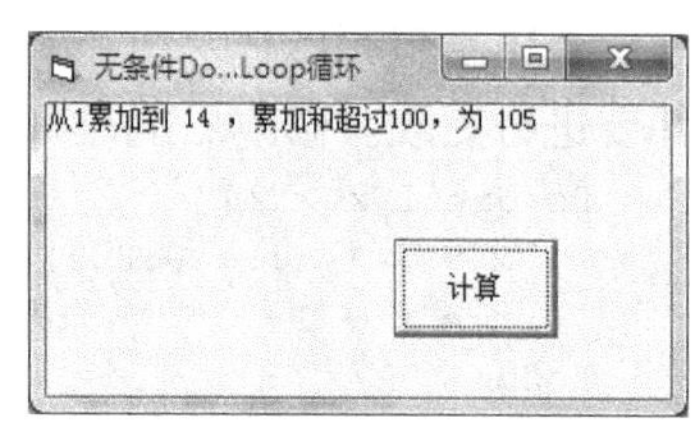

图 5.6 例 5.5 运行界面

5.1.3 While…Wend 循环语句

While 循环也称当循环，也用于循环次数不确定，但可通过条件来控制循环的场合。

1. 语句格式

```
While < 条件表达式 >
   < 语句块 >
Wend
```

2. 使用说明

（1）While…Wend 循环语句要先判断条件是否满足，若条件满足，则执行循环体，否则退出循环。

（2）条件表达式可以是关系表达式、逻辑表达式或数值表达式。若为数值表达式，则将其值按“非 0 转换为 True，0 转换为 False”的原则进行转换。

（3）While…Wend 循环语句本身不能修改循环条件，也没有类似于 Exit Do 或 Exit For 这样的提前退出的语句，因此在循环体内应设置相应的语句，使整个循环区域结束，以免造成死循环。

3. 执行过程

执行时先计算<条件表达式>的值，判断条件是否为 True 或能否转换为 True。若为 True，则执行循环体，当遇到 Wend 语句时，再次回到 While 语句对<条件表达式>进行再次计算判断，如果仍为 True，则再次执行循环体；若<条件表达式>的值为 False，则退出循环，执行 Wend 后的下一条语句。其执行流程图如图 5.7 所示。

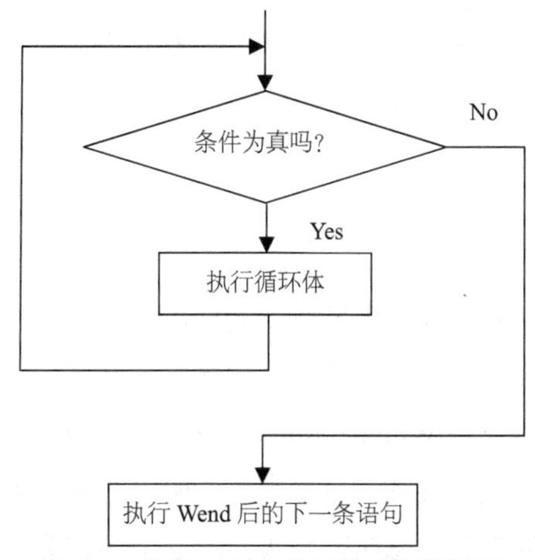

图 5.7　While…Wend 语句执行的流程图

【例 5.6】用 While…Wend 循环语句求 100 以内 3 的倍数的和。

程序代码如下。

```
Private Sub Command1_Click()
     Dim i As Integer, s As Integer
     s = 0
     i = 3
     While i <= 100
         s = s + i
         i = i + 3
     Wend
     Print "100 以内 3 的倍数的和为："; s
End Sub
```

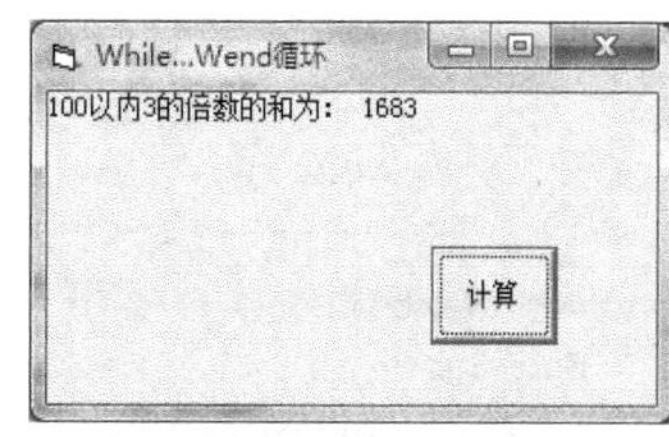

图 5.8　例 5.6 运行界面

程序运行界面如图 5.8 所示。

【例 5.7】从键盘上依次输入一串字符，以"#"结束，并对输入的字符中的字母和数字的个数分别进行统计。

程序代码如下。

```
Private Sub Command1_Click()
    Dim c As String, n1 As Integer, n2 As Integer
    n1 = 0
    n2 = 0
    c = InputBox("请输入字符")
    While c <> "#"
       If UCase(c) >= "A" And UCase(c) <= "Z" Then
           n1 = n1 + 1
       ElseIf c >= "0" And c <= "9" Then
           n2 = n2 + 1
       End If
       c = InputBox("请输入字符")
    Wend
    Print "输入的字母的个数为："; n1
    Print "输入的数字的个数为："; n2
End Sub
```

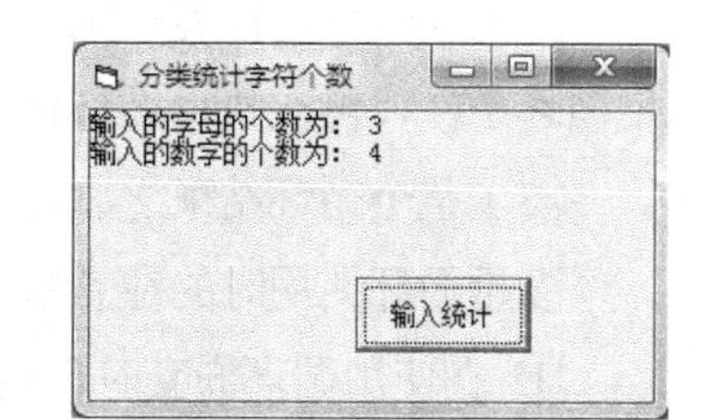

图 5.9　例 5.7 运行界面

当运行时依次输入"1a2b3c4#"，程序运行界面如图 5.9 所示。

程序中用 UCase(c)函数将字符转成大写是为了减少对字符的大小写的判断，同理，也可以将字符转成小写后再判断是否在"a" ~ "z"范围内。

5.2 多重循环

前面的举例都是单层循环，其循环体内不再有循环语句。当一个循环体内包含另一个循环结构时，就形成了循环嵌套，也称多重循环。嵌套一层称为二重循环，嵌套两层称为三重循环。不管是 For…Next 循环、Do…Loop 循环还是 While…Wend 循环，都可以任意互相嵌套，理论上嵌套层数不限，但是过多的循环嵌套会使得逻辑混乱，容易出错，所以通常三重循环及以下的比较常见。

多重循环的执行过程是：外层循环每执行一次，内层循环就要从头到尾执行一轮。

【例 5.8】二重循环程序示例。

程序代码如下。

```
Private Sub Command1_Click()
    Dim i As Integer, j As Integer
    Cls
    For i = 1 To 5              ' 外循环
        For j = 7 To 8          ' 内循环
            Print i; j,
        Next j
        Print                   ' 换行
    Next i
End Sub
```

程序运行界面如图 5.10 所示。

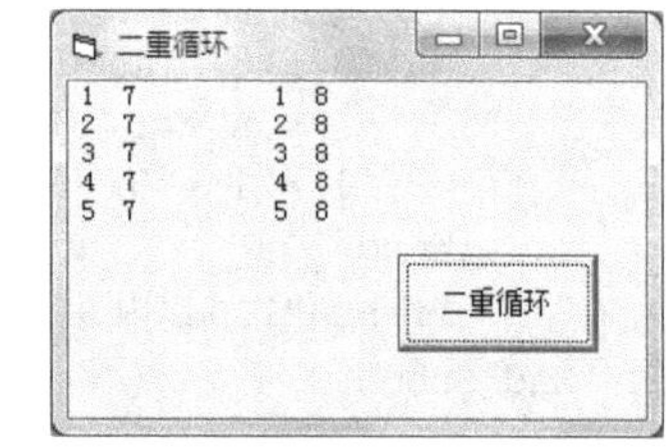

图 5.10 例 5.8 运行界面

这个二重循环的执行过程如下。

（1）先执行外循环，把初值 1 赋给外循环变量 i，从初值、终值和步长的关系判断满足循环条件，执行循环体。而外循环的循环体又是一个循环（即内循环），因此当 i=1 时，执行内循环。将初值 7 赋给内循环变量 j，从内循环的初值、终值和步长的关系判断满足循环条件，执行循环体，循环体的“Print i; j,”语句输出此时的 i 和 j 的值“1 7”且不换行。运行到“Next j”语句，内循环变量加步长，内循环变量 j 的值变成 8，回到内循环的开头判断满足循环条件，再次执行内循环，循环体的“Print i; j,”语句输出“1 8”且不换行。运行到“Next j”语句，内循环变量加步长，内循环变量 j 的值变成 9，回到内循环的开头判断出循环变量的值超过终值，不满足循环条件，退出内循环，执行“Next j”后的下一条语句“Print”进行换行。至此，外循环执行了一次，内循环执行了一轮。内循环执行一轮的结果是在窗体上打印出“1 7 1 8”，并将光标移到第二行第一列的位置。

（2）外循环运行到“Next i”语句，外循环变量加步长，变成 2，回到循环开头，由于 2<5，满足循环条件，再次执行循环体。执行的过程和上面类似，就不再赘述。

（3）整个循环结束之后循环变量 i 和 j 的值分别是 6 和 9。

多重循环使用时的注意事项如下。

① 在使用循环嵌套时，内循环变量与外循环变量不能同名。

② 在使用多重循环时，注意内、外循环层次要分清，不能交叉。例如：

左边为正确的格式，右边形成了交叉，是错误的。

③ 不能从循环体外转向循环体内，也不能从外循环转向内循环，反之则可以。

④ 在循环体内可以使用条件语句与 Exit For 或 Exit Do 等语句来提前结束循环。若用到多重循环中，Exit For 或 Exit Do 语句只能结束本层循环。

【例 5.9】我国古代数学家张丘建在《算经》中提出一个世界数学史上有名的百钱买百鸡的问题："鸡翁一，值钱五；鸡母一，值钱三；鸡雏三，值钱一；百钱买百鸡，问鸡翁、母、雏各几何？"。

分析：

分别设公鸡、母鸡、小鸡的只数为 x 只、y 只和 z 只，按照题意，可列出下列方程组：

$$\begin{cases} x+y+z=100 \\ 5x+3y+z/3=100 \end{cases}$$

由于有 3 个未知数而只有 2 个方程，属于不定方程，无法直接求解。但是，可以采用"穷举法"将各种可能的组合全部进行测试，输出符合条件的组合。为了提高运行速度，减少循环次数，需对程序优化处理。若 100 元全部买 20 只公鸡的话，就买不了母鸡和小鸡，因此公鸡最多只能买 20 只。同理，母鸡最多可买 33 只。

程序代码如下。

```
Private Sub Command1_Click()
    Dim x As Integer, y As Integer, z As Integer
    Print "公鸡", "母鸡", "小鸡"
    For x = 0 To 20
        For y = 0 To 33
            z = 100 - x - y                        ' 利用了其中一个条件
            If 5 * x + 3 * y + z / 3 = 100 Then    ' 利用了另一个条件
                 Print x, y, 100 - x - y
            End If
        Next y
    Next x
End Sub
```

程序运行界面如图 5.11 所示。

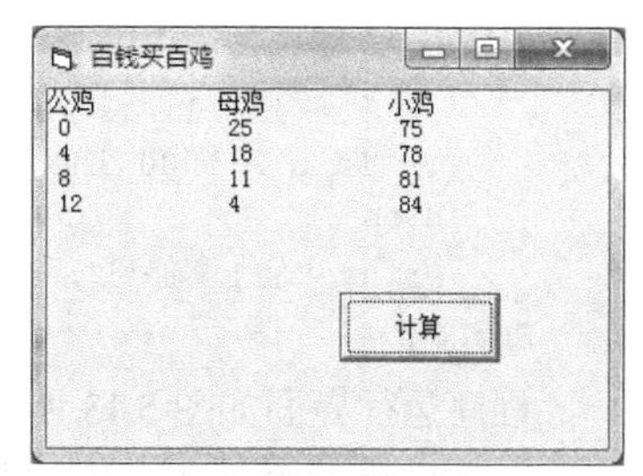

图 5.11 例 5.9 运行界面

【例 5.10】打印九九乘法表。

程序代码如下。

```
Private Sub Command1_Click()
    Dim s As String
    Cls
    For i = 1 To 9
        For j = 1 To i
            s = i & "×" & j & "=" & i * j
            Print Tab((j - 1) * 9 + 1); s;
        Next j
```

```
        Print
    Next i
End Sub
```

程序运行界面如图 5.12 所示。

图 5.12　例 5.10 运行界面

5.3　其他控制语句

在循环结构中，除了 For…Next 循环语句、Do…Loop 循环语句和 While…Wend 循环语句外，还有一些辅助控制语句，如 Exit 语句、GoTo 语句等。

5.3.1　Exit 语句

Exit 语句用来退出某种结构。在 VB 中，有多种形式的 Exit 语句，有的已经在前面的循环结构中用到，有的要在后面的章节中才会使用。Exit 的多种形式包括 Exit For、Exit Do、Exit Sub、Exit Function 等。

【例 5.11】将自然数进行累加，求累加到多少时累加和超过 1000。

程序代码如下：

```
Private Sub Command1_Click()
    Dim i%, s%
    s = 0
    i = 1
    Do While i <= 100
        s = s + i
        i = i + 1
        If s > 1000 Then Exit Do
    Loop
    Print "从 1 累加到"; i - 1; "时，累加和大于 1000，为"; s
End Sub
```

程序运行界面如图 5.13 所示。

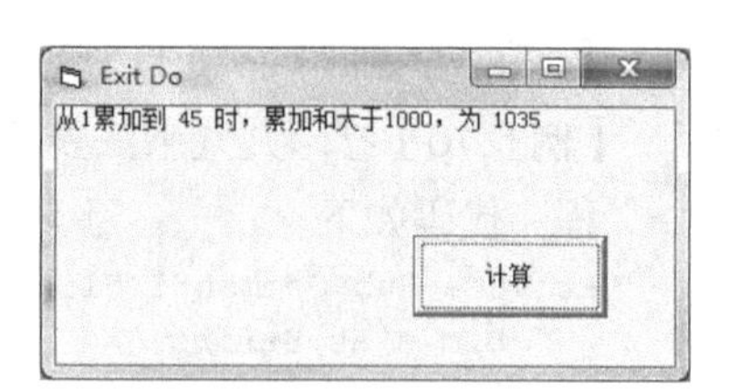

图 5.13　例 5.11 运行界面

上述程序用 Exit Do 语句来提前结束 Do…Loop 循环，若用 For…Next 循环语句来实现，则需用 Exit For 语句来提前结束循环。用 For…Next 循环语句实现的程序代码如下。

```
Private Sub Command1_Click()
    Dim i%, s%
    s = 0
    For i = 1 To 1000
```

```
        s = s + i
        If s > 1000 Then Exit For
    Next i
    Print "从 1 累加到"; i; "时，累加和大于 1000，为"; s
End Sub
```

注意：两种方法中在循环提前结束时变量 i 的值的不同，以保证最后输出的结果正确。

5.3.2 With…End With 语句

With 语句格式如下：

```
With 对象名
   语句块
End With
```

其功能是当对某个对象执行一系列语句时，不用重复指出该对象的名称。

注意：当程序一旦进入 With 语句块，省略的对象名就不能改变。因此不能用一个 With 语句来设置多个不同的对象。

【例 5.12】With 语句示例。使用 With 语句对文本框 Text1 执行一系列语句。

程序代码如下。

```
Private Sub Command1_Click()
    With Text1
        .FontSize = .FontSize + 20         ' 属性名前的“.”不能省
        .FontName = "楷体"
        .FontBold = True
        .Text = "你好"
        Print .Text
        .Move .Left + 100                  ' 调用文本框 Text1 的 Move 方法
        Print "everyone!"                  ' 也可以出现跟对象 Text1 无关的语句
    End With
End Sub
```

程序运行界面如图 5.14 所示。

图 5.14 例 5.12 运行界面

使用 With 语句时，语句块中可以包含各种语句，可以出现跟 With 后面的对象无关的语句，但通常 With…End With 之间都是跟 With 后面的对象有关的语句。对 With…End With 之间跟对象有关的语句省略对象名时，对象名和属性名之间、对象名和方法名之间的“.”不能省略。

5.3.3 GoTo 语句

GoTo 语句格式如下：

```
GoTo <标号|行号>
```

【说明】

（1）该语句的功能是将程序运行无条件地转移到同一过程的标号或行号指定的那行语句。

（2）<标号>是任何字符的组合，不区分大小写，必须以字母开头，以冒号（:）结束，且必须放在一行的开始位置。

（3）<行号>可以是任何数值的组合，在使用行号的模块内，该组合是唯一的。行号必须放在行的开始位置。

（4）在以前的 Basic 语言中，GoTo 语句使用的频率很高，编制出的程序称为 BS 程序（Bowl of Spaghetti Program，乱麻似的程序），使程序结构不清晰，可读性差。结构化程序设计中要求尽量少用或不用 GoTo 语句，而用选择结构或循环结构来代替。

【例 5.13】GoTo 语句示例。将例 5.4 中的用 For 循环求 1 ~ 100 之间偶数的平方和的程序改为用 GoTo 语句来实现。

程序代码如下。

```
Private Sub Form_Click()
    Dim i As Integer, s As Long
    s = 0
    i = 2
xh:
    s = s + i * i
    i = i + 2
    If i <= 100 Then GoTo xh
    Print "1 ~ 100 之间偶数的平方和为："; s
End Sub
```

5.4 应用举例

采用循环结构来编写程序，既能简化程序，又能提高效率。下面介绍几类经典的使用循环结构的程序。

1. 累加、连乘

循环结构就是循环体不断地重复执行。累加是在原有的和的基础上一次一次地加一个数，连乘是在原有的积的基础上一次一次地乘以一个数。累加和连乘都非常复合循环的原理，在循环结构中，是最经典的算法。

【例 5.14】分别用 For…Next 循环语句和 Do…Loop 循环语句实现计算 1 ~ 100 的累加和。

程序代码如下。

```
Private Sub Command1_Click()          ' 用 For…Next 循环求累加和
    Dim i%, s%
    s = 0
    For i = 1 To 100
        s = s + i
    Next i
    Print "1 ~ 100 的累加和为："; s
End Sub
Private Sub Command2_Click()          ' 用 Do…Loop 循环求累加和
    Dim i%, s%
    s = 0
```

```
    i = 1
    Do While i <= 100
       s = s + i
       i = i + 1
    Loop
    Print "1～100 的累加和为：";  s
End Sub
```

【例 5.15】用循环结构求 8 的阶乘。

程序代码如下。

```
Private Sub Command1_Click()
    Dim i%, s&                    ' 要注意 8!超过整型的表示范围，这里将 s 定义为长整型
    s = 1                         ' 求连乘一定要将乘积初始化为 1
    For i = 1 To 8
        s = s * i
    Next i
    Print "8 的阶乘为：";  s
End Sub
```

求累加和时，通常在循环前将和初始化为 0（s=0），求连乘时通常在循环前将乘积初始化为 1（s=1）。语句 s=0 可以省略，但 s=1 不能省略。求连乘时，通常乘积的值会比较大，要将 s 定义为数值表示范围较大的数据类型。

【例 5.16】利用循环，计算级数和。计算 $s=1+\frac{1}{2}+\frac{1}{4}+\frac{1}{7}+\frac{1}{11}+\frac{1}{16}+\frac{1}{22}+\frac{1}{29}+\cdots$，当第 i 项的值小于 10^{-4} 时结束。

分析：

本题的关键是找规律写通项。本题的规律是：除了第一个 1 以外，第 i 项的分母是前一项的分母加 i，即分母通项为：$T_i=T_{i-1}+i$。

由于不能预知循环次数，所以最好采用 Do…Loop 循环。

程序代码如下。

```
Private Sub Command1_Click()
    Dim s As Single, i As Integer, t As Single
    s = 1                     ' 第一个 1 不符合后面的规律，作累加和的初值处理
    t = 1
    i = 1
    Do While 1 / t > 0.00001
       t = t + i
       s = s + 1 / t
       i = i + 1
    Loop
    Print "1+1/2+1/4+1/7+1/11+1/16+1/22+1/29+…的
和为：";  s
End Sub
```

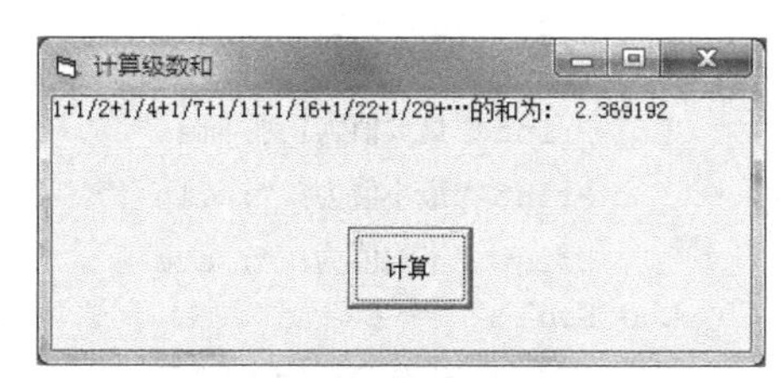

图 5.15　例 5.16 运行界面

由于第一个 1 不符合后面的规律，这里把它作为累加和的初值处理。程序运行界面如图 5.15 所示。

本题也可以采用 For…Next 循环来实现，将循环的终值设置为一个较大的数，在循环体中通过 Exit For 语句来提前结束循环。程序代码如下。

```
Private Sub Command2_Click()
```

```
    Dim s!, i&, t!
    s = 1
    t = 1
    For i = 1 To 100000
        t = t + i
        s = s + 1 / t
        If 1 / t < 0.00001 Then Exit For
    Next i
    Print "1+1/2+1/4+1/7+1/11+1/16+1/22+1/29+…的和为："; s
End Sub
```

2. 求最大或最小值

求一组数中的最大值的方法，是通过数值两两进行比较得出的，若没有比它大的值，它就是最大值。问题是这一组数中的第一个数跟谁比较呢？这就要设置最大值的初值了。设置初值通常有两种方法：一是设置合理范围内较小的一个值，如数据是在[20,200]之间的，就可将 20 或者小于 20 的值设为最大值的初值；二是将这组数的第一个数设置为最大值的初值。

求最小值的方法是类似的，可以将最小值的初值设置为合理范围内较大的一个值（如 200 或大于 200 的数），也可以设置为第一个数。

【例 5.17】随机产生 30 个[20,200]范围内的随机整数，以每行 5 个的形式输出随机数并求最大值、最小值和平均值。

程序代码如下。

```
Private Sub Command1_Click()
    Dim x%, i%, max%, min%, sum%, ave!, j%
    sum = 0
    max = 20
    min = 200
    j = 0                        ' 变量 j 用来控制输出位置，在循环中 j 的值在 1～5 之间
    Print "[20,200]之间的随机整数序列如下："
    Print
    For i = 1 To 30
        x = Int(Rnd * (200 - 20 + 1)) + 20
        j = j + 1
        Print Tab((j - 1) * 8 + 1); x;
        If j = 5 Then j = 0: Print
        sum = sum + x
        If max < x Then max = x
        If min > x Then min = x
    Next i
    ave = sum / 30
    Print
    Print "最大值为："; max
    Print "最小值为："; min
    Print "平均值为："; ave
End Sub
```

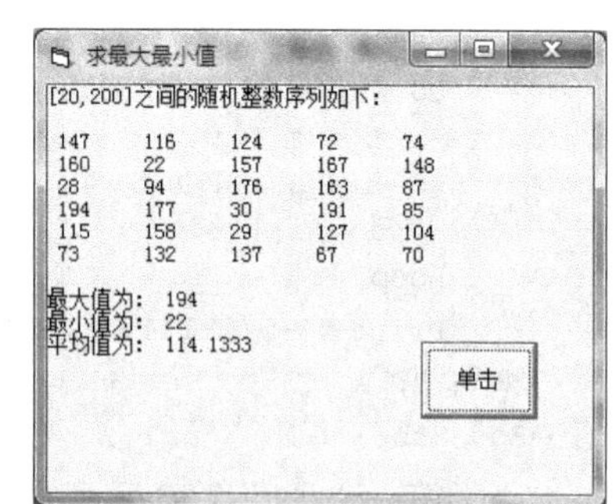

图 5.16 例 5.17 运行界面

程序运行界面如图 5.16 所示。

在例 5.17 的程序代码中，变量 x 的值一直在变化，30 个随机整数的值依次赋给变量 x，但变量 x 在任一时刻只能保存一个值，一旦有新的值赋给变量，旧的值就被覆盖了。若程序要求除了将 30 个随机整数打印出来外，还要能一直对这些随机数进行处理，如将这些随机数按从大到小的顺序排

列等，就需要用到第 6 章数组的知识了。从第 6 章的介绍可以知道，数组的处理离不开循环。

3. 判断素数

素数又称质数，定义为在大于 1 的自然数中，除了 1 和它本身以外不能被其他的数整除。50 以内的质数有 2、3、5、7、11、13、17、19、23、29、31、37、41、43 和 47。

判断一个数是否为素数，从素数的定义入手。例如，要判断 43 是否为素数，依据定义，除了 1 和 43 以外，它不能被其他的数整除。首先，大于 43 的数都排除。最简单的思路就是将 43 分别除以 2、3、…、42，若都不能整除，说明 43 是素数。这种算法比较简单，但速度慢。因为 48=6×8，因此称 6 和 8 是 48 的因数。一对因数通常一个大一个小，除非这个因数是它的平方根。实际上一个自然数 m 的小的那个因数不可能大于 $\sqrt{m}$，因此，只需要判断 m 是否能被 2～$\sqrt{m}$ 整除就可以了。

【例 5.18】从键盘输入一个大于 1 的自然数，判断其是否为素数。

程序代码如下。

```
Private Sub Command1_Click()
    Dim m%, i%, f As Boolean
    m = Val(InputBox("请输入大于 1 的自然数"))
    f = True                            ' 该语句相当于假设 m 为素数
    For i = 2 To Int(Sqr(m))
        If m Mod i = 0 Then f = False: Exit For
             '若 m 被 i 整除，说明前面的假设不成立，将 f 改为 False，提前退出循环
    Next i
    If f = True Then                    ' 根据 f 来判断 m 是否为素数
        Print m; "是素数"
    Else
        Print m; "不是素数"
    End If
End Sub
```

上面的程序运行后，对于大于 1 的自然数都能正确判断，但是若不顾输入对话框的提示非要输入 1，则判断会出错，会显示“1 是素数”。

程序运行界面如图 5.17 所示。

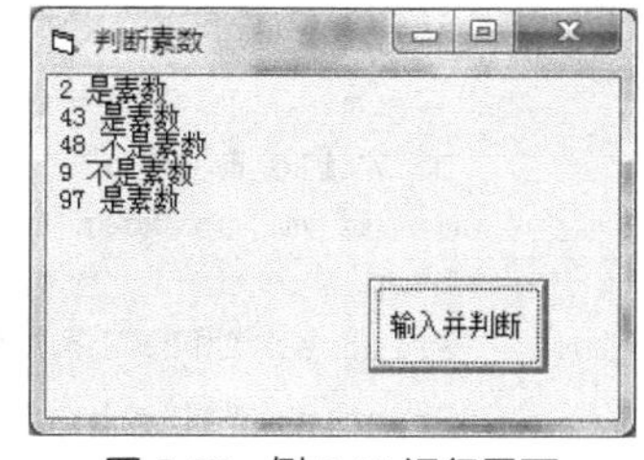

图 5.17　例 5.18 运行界面

4. 求最大公约数和最小公倍数

最大公约数也称最大公因数，指两个或多个整数共有的最大的那个因数。最小公倍数是指两个或多个整数共有的最小的公倍数。若整数 m 和 n 的最大公约数为 a，则其最小公倍数为 $m*n/a$。若要求两个数的最小公倍数，只要先求出其最大公约数就可以直接计算出来最小公倍数。

求两个数的最大公约数比较常用的方法有辗转相除法和辗转相减法。

（1）辗转相除法

用辗转相除法求两个数的最大公约数的算法思想如下。

① 对于已知两个整数 m、n，使得 $m>n$。

② m 除以 n 得余数 r。

③ 若 $r=0$，则 n 为最大公约数，程序结束，否则执行第④步。

④ 将 n 赋给 m，将 r 赋给 n，再重复执行第②步。

（2）辗转相减法

辗转相减法的算法思想如下。

当 $m>n$ 时，将 $m-n$ 赋给 m；当 $n>m$ 时，将 $n-m$ 赋给 n；重复执行，直到 $m=n$，m 或 n 即为最大公约数。

【例 5.19】从键盘中输入两个整数，分别用辗转相除法和辗转相减法求出两个数的最大公约数，并计算其最小公倍数。

程序代码如下。

```
Private Sub Command1_Click()                          ' 辗转相除法
    Dim m%, n%, t%, a%, b%
    m = Val(InputBox("请输入第一个整数"))
    n = Val(InputBox("请输入第二个整数"))
    a = m:          b = n                             ' 保留两个整数的原始值
    If m < n Then t = m: m = n: n = t
    r = m Mod n
    Do While (r <> 0)
       m = n
       n = r
       r = m Mod n
    Loop
    Print a; "和"; b; "的最大公约数为："; n
    Print a; "和"; b; "的最小公倍数为："; a * b / n
End Sub
Private Sub Command2_Click()                          ' 辗转相减法
    Dim m%, n%, t%, a%, b%
    m = Val(InputBox("请输入第一个整数"))
    n = Val(InputBox("请输入第二个整数"))
    a = m:         b = n                              ' 保留两个整数的原始值
    Do While m <> n
       If m > n Then m = m - n Else n = n - m
    Loop
    Print a; "和"; b; "的最大公约数为："; n
    Print a; "和"; b; "的最小公倍数为："; a * b / n
End Sub
```

程序运行界面如图 5.18 所示。

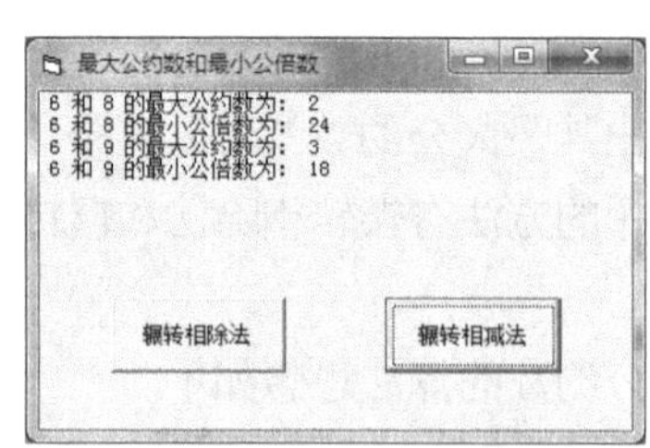

图 5.18　例 5.19 运行界面

5. **打印有规律的图形**

打印有规律的图形一般用二重循环来实现，外循环用来控制打印的行数，内循环用来控制每一行打印的内容，内循环结束后换行。当然，这都是由循环的执行过程分析出来的。对于初学者，可能不容易理解这些，最好从循环的执行过程去多分析循环到底是怎么执行的，每一次内循环执行时产生了什么效果，一轮内循环执行之后又产生了什么效果，每个图案打印的位置是怎么决定的，什么时候换行合适等。

【例 5.20】打印图 5.19 所示的图形。

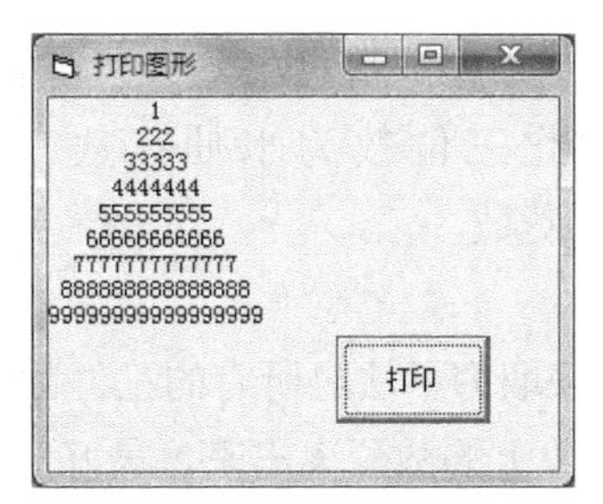

图 5.19　例 5.20 运行界面

程序代码如下。

```
Private Sub Command1_Click()
    For i = 1 To 9
        Print Tab(10 - i);                  ' 定位每一行打印的起始位置
        For j = 1 To 2 * i - 1              ' 内循环执行次数决定每一行打印的数字的个数
            Print Trim(Str(i));             ' 打印时只打印数字，要将其转换成字符并去掉空格
        Next j
        Print                               ' 换行
    Next i
End Sub
```

若将内循环的循环体“Print Trim(Str(i));”改为“Print Str(i) ;”或“Print i ;”，为了保持打印图形轴对称，程序要做哪些修改？若要打印倒三角图形，程序又要如何修改？

6. 穷举法

穷举法又称枚举法，其基本算法思想是将可能出现的各种情况逐一测试，判断是否符合要求，一般用循环来实现。这是一种在没有其他更好的方法的情况下采取的一种最笨的方法，但对一些无法用解析法求解的问题却很奏效。穷举法常用来解决“是否存在”或“有多少种可能”等类型的问题。例 5.9 中的“百钱买百鸡”问题就是采用穷举法来解决的。

【例 5.21】输出 100 以内的所有素数。

分析：

要输出 100 以内的所有素数，只有对所有的数逐个进行判断，也就是采取穷举法进行判断。结果在文本框 Text1 中显示，为了达到分行显示的效果，应在属性窗口将 Text1 的 MultiLine 属性设置为 True，ScrollBars 属性设置为 2（垂直滚动条）。

程序代码如下。

```
Private Sub Command1_Click()
    Dim n%, i%, flag As Boolean
    For n = 2 To 100
        flag = True
        For i = 2 To Int(Sqr(n))
            If n Mod i = 0 Then
                flag = False
                Exit For
```

```
            End If
        Next i
        If flag Then Text1.Text = Text1.Text & n & vbCrLf
    Next n
End Sub
```

程序运行界面如图 5.20 所示。

图 5.20　例 5.21 运行界面

【例 5.22】求出所有的水仙花数。若一个三位数的各个位上的数的立方和等于这个三位数，则称此三位数为水仙花数。例如 $371=3^3+7^3+1^3$，则 371 就是一个水仙花数。

分析：

要求出所有的水仙花数，只有采取穷举法对所有的三位数逐个进行判断。此题的关键是要把任意一个三位数的个位、十位、百位上的数分离出来。最好的结果和例 5.21 一样，在文本 Text1 中显示。

程序代码如下。

```
Private Sub Command1_Click()
    Dim n%, a%, b%, c%
    For n = 100 To 999
        a = n \ 100                     ' 分离出百位数
        b = n \ 10 Mod 10               ' 分离出十位数
        c = n Mod 10                    ' 分离出个位数
        If n = a ^ 3 + b ^ 3 + c ^ 3 Then Text1.Text = Text1.Text & n & vbCrLf
    Next n
End Sub
```

分离出个位、十位、百位数的方法有多种。程序运行界面如图 5.21 所示。

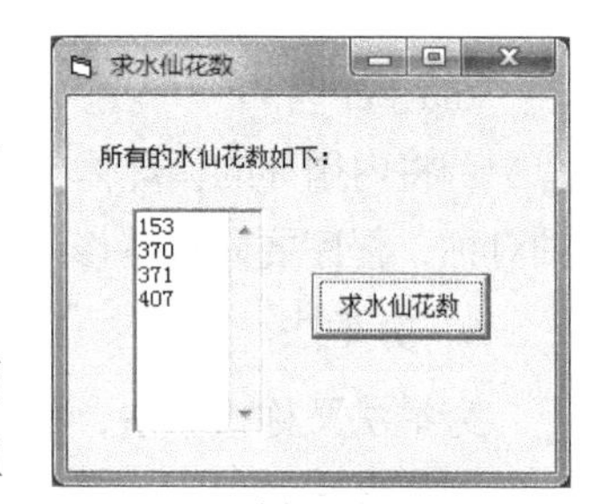

图 5.21　例 5.22 运行界面

7. 递推法

递推法又称迭代法，其基本思想是把一个复杂的计算过程转化为简洁过程的多次重复，每次重复都从旧值的基础上递推出新值，并由新值代替旧值。

【例 5.23】猴子吃桃子。小猴有桃若干，第一天吃掉一半多一个，以后每天都吃剩下的桃子的一半多一个，到第 7 天只剩下一个，问小猴原有多少个桃?

分析：

第 7 天的桃子数已知，可用后一天的桃子数推出倒数第二天的桃子数，再用倒数第二天的桃子数推出倒数第三天的桃子数……。

假设第 n 天的桃子数是 x_n，那么它是第 n–1 的桃子数 x_{n-1} 的一半减 1，即 $x_n=\frac{1}{2}x_{n-1}-1$，也就是 $x_{n-1}=(x_n+1)*2$。

程序代码如下。

```
Private Sub Command1_Click()
    Dim x%, i%
    x = 1                           ' 第 7 天的桃子数
    Print "第 7 天的桃子数为：1 个"
    For i = 6 To 1 Step -1
```

```
        x = (x + 1) * 2
        Print "第"; i; "天的桃子数为: "; x; "个"
    Next i
End Sub
```

程序运行界面如图 5.22 所示。

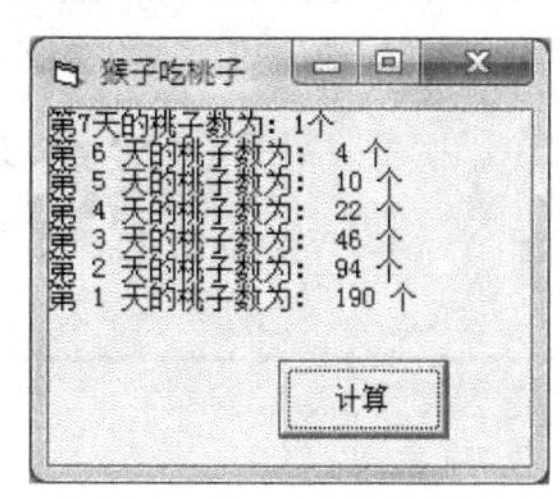

图 5.22　例 5.23 的运行界面

8. 字符串处理

在程序设计中，除了常用的数值计算外，循环结构还常常用来对字符串进行处理，如单词的统计、大小写的转换、字符的加密或解密等。

【例 5.24】规范文字。对输入的任意大小的文章进行规范，规则是每个句子的第一个字符为大写字母，其他都是小写字母。运行界面如图 5.23 所示。

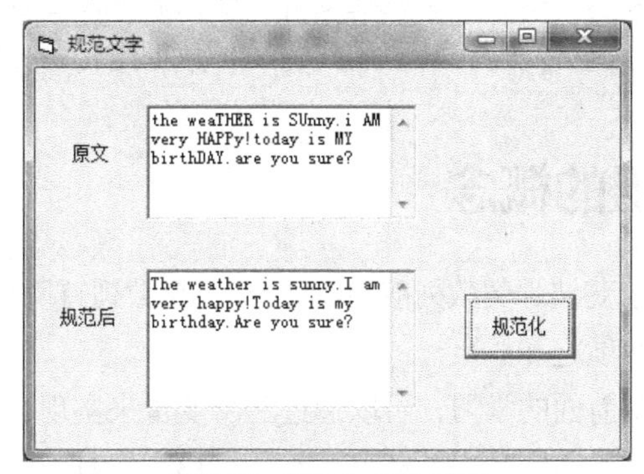

图 5.23　例 5.24 运行界面

分析：每个句子的结束符为“.”“!”或“?”（句号、感叹号或问号）。要判定哪个字符是句子的第一个字符，必须要对其前一个字符进行判断。若前一个字符是句子的结束符，则当前字符要转大写，否则转小写。

程序代码如下。

```
Private Sub Command1_Click()
    Dim s$, t$, c0$, c1$, i%
    s = Trim(Text1.Text)
    t = ""                          ' 将结果字符串初始化为空串
    c0 = "?"                        ' c0 用来存放前一个字符，初始化为句子结束符
    For i = 1 To Len(s)
        c1 = Mid(s, i, 1)           ' 获取当前字符
        If c0 = "." Or c0 = "?" Or c0 = "!" Then    ' 若前一个字符为句子结束符
            t = t & UCase(c1)       ' 将当前字符转大写
        Else                        ' 若前一字符不是句子结束符，则将当前字符转小写
            t = t & LCase(c1)
        End If
        c0 = c1                     ' 将当前字符赋给前一字符
    Next i
    Text2.Text = t
End Sub
```

06 第6章　数组

通过前面的学习，读者初步掌握了简单数据类型的应用，这些数据类型可以通过命名一个简单变量来存放其具体的数据。简单变量的特点是简单、灵活，但变量间没有相互的关系和顺序，这就在处理一些具有相同性质的大批数据问题方面带来不便，为了解决这类问题，就要用到另一种数据结构——数组。

6.1　数组的概念

【例 6.1】求斐波那契数列前 30 项的和；该数列首两项等于 1，而从第三项起，每一项是之前两项之和。

分析：根据前面的学习，可以通过三个变量来实现，数据分析如下。

1　　1　　2　　3　　5　　8　　13　　21……

第一次：f1　　f2　　f3

第二次：　　　f1　　f2　　f3

第三次：　　　　　　f1　　f2　　f3

……

原代码如下。

```
Private Sub Form_Click()
  f1 = 1: f2 = 1                              'f1,f2 代表第一项和第二项
  Print Tab(0); f1; Tab(10); f2;              '输出前二项
  For i = 3 To 30
    f3 = f1 + f2                              '求第三项
    Print Tab(((i-1) Mod 10) * 10); f3;       '利用 tab 函数定位输出
    f1 = f2                                   '假设原来的第二项为第一项
    f2 = f3                                   '假设原来的第三项为第二项
  Next i
End Sub
```

结果如图 6.1 所示。

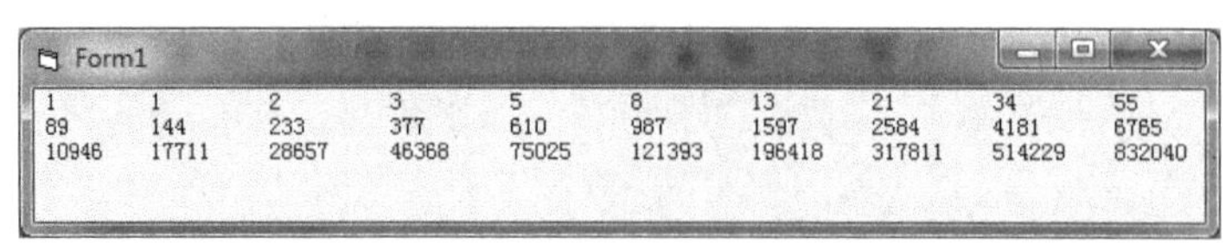

图 6.1　例 6.1 运行界面

上述解法采用了三个变量 f1、f2、f3，分别代表第一项、第二项和第三项，每次

都是依据第三项等于前二项之和这个规律，利用循环而得出。对于这种用简单变量的方法，需要花一定的时间去理解，而且数据求出后必须立刻输出。利用数组编程就简单明了。请看下面的编程。

```
Option Base 1
Private Sub Form_Click()
  Dim f(30)                              '定义一个一维数组
  F(1)= 1: f(2)= 1                       'f(1),f(2)代表第一项和第二项
  Print Tab(0); f(1); Tab(10); f(2);     '输出前二项
  For i = 3 To 30
    f(i) = f(i - 1) + f(i - 2)           '求第 i 项为前二项之和
    Print Tab(((i - 1) Mod 10) * 10); f(i);
  Next i
End Sub
```

上述的解法是通过定义一个一维数组来完成的，简单明了，下面进行详细介绍。

6.1.1 数组与数组元素

通过前面的例题可以知道，数组用于表示一组性质相同的有序的数，这一组数用一个统一的名字来表示，称之为数组名。而前面定义的数组的名字就是 f。数组不是一种数据类型，而是使用同一个名字的一组相同类型变量的集合。在同一数组中，构成该数组的成员称之为数组元素。

例如：要表示一个班共 30 个人的英语成绩，可以这样定义

```
Dim score(30)
```

上述语句定义了一个一维数组，称之为 score，其共有 31 个数组元素，它们分别表示如下：

```
score(0)  score(1)  score(2)  score(3)  score(4)  ……score(30)
```

一般用 score(1)代表第一个同学的成绩，score(2)代表第二个同学的成绩，score(30)代表第 30 个同学的成绩，score(0)一般不用或通过命令让数组下标从 1 开始。

6.1.2 下标与数组的维数

为了确定各数据与数组中每一个单元的一一对应关系，每个数组元素都有一个编号，称之为下标。用相同名字引用一系列变量，并用数字（索引）来识别它们。在上面定义的数组 score 中，其下标为 0～30。

在许多场合，使用数组可以缩短和简化程序，因为可以利用其下标（索引值）设计一个循环，高效处理多种情况。

在数组中，括号内只有一个数据，称之为一维数组。它代表的是一个顺序表。

在实际应用中，经常要处理类似某班多门功课成绩的问题，用一维数组很难表述，如果用二维数组就很简单了，比如某班 30 个同学 4 门功课的成绩，就可直接定义为：Dim score(30,4)，它相当于一个矩阵，该矩阵所有元素都表示成二维数组，用第一个下标表示元素所在的行号，用第二个下标表示元素所在的列号。score(i,j)表示第 i 行第 j 列元素。

下标变量中，下标变量的个数称为维数，因此，一个下标的下标变量称之为一维数组，两个下标的下标变量构成二维数组，三个下标的下标变量构成三维数组。

例如：下面的语句声明了一个 10 × 10 共 100 个数据元素的二维数组。

```
Dim Maxas (9, 9) As Double
```

例如：下面语句声明建立了三维数组，大小为 4 × 10 × 15。元素总数为三个维数的乘积，为 600。

```
Dim MultiD (3, 1 To 10, 1 To 15)
```

因为 Visual Basic 对每一个索引值都分配空间，所以不要不切实际声明一个太大的数组。同时，在增加数组的维数时，数组所占的存储空间会大幅度增加，所以要慎用多维数组。

6.2　数组的声明与应用

在 VB 中有两种类型的数组：静态数组和动态数组。

静态数组是指数组元素的个数在程序的运行期间不能改变的数组。动态数组是指在程序执行过程中数组元素的个数可以改变的数组。

6.2.1　静态数组的声明

1. 一维数组

（1）声明格式

```
Dim| 数组名(下标) [As 类型][,数组名(下标)[As 类型]]…
```

功能：定义一个静态数组的名称、类型、数组的维数及元素的个数。

【说明】

① 数组名应是合法的变量名。可同时声明多个数组，各数组之间用逗号分隔。

② 下标必须为常数，不可以为表达式或变量。

③ 数组的维数由下标的个数决定，最多不能超过 60。

④ 下标值若是非整数，则自动取整。

⑤ 下标变量都具有相同的数据类型。

⑥ 当 As 类型缺省或数据类型为 Variant 时，都是变体类型。

⑦ 声明数组时，在数组名之后跟一个用括号括起来的上界。上界不得超过 Long 数据类型的范围（–2147483648 ~ 2147483647）。

例如：

```
Dim Counters (14) As Integer
Dim Sums (20) As Double
```

第一条语句声明建立了一个有 15 个元素的数组，其下标（索引号）从 0 ~ 14，数据类型为整型。第二条语句声明建立了一个有 21 个元素的数组，其下标从 0 ~ 20。数据类型为双精度。

（2）设置上下界

数组有上界和下界，数组的元素在上下界内是连续的。下界必须小于上界，下标下界最小可为 –32768，最大为+32767。下界可以省略，省略时系统默认值为 0，数组的下界并非一定是 0，而且可以改变。

为了规定下界，用关键字 To 显式提供下界（为 Long 数据类型）。

下标的格式：

```
[下界 To] 上界
```

一维数组的大小为：上界–下界+1。

例如：

```
Dim Counters (1 To 15) As Integer
Dim Sums (100 To 120) As String
```

在上述声明中，Counters 的索引值范围从 1～15，而 Sums 的索引值范围从 100～120。上下界可以通过函数得到，下面来介绍这两个函数。

（3）UBound 函数和 LBound 函数

格式：

```
UBound(数组名[, 维数])
```

功能：返回一个长整型数据，其值为指定的数组某一维可用的最大下标。

【说明】

① 数组名是必须的，数组变量的名称遵循标准变量命名约定。

② 维数是可选的，指定返回哪一维的上界。1 表示第一维，2 表示第二维……。如果省略，就认为是 1。

③ UBound 函数与 LBound 函数一起使用，用来确定一个数组的大小。LBound 用来确定数组某一维的上界。

例如：

```
Dim A(1 To 100, 0 To 3, -3 To 4)
```

语句	返回值	语句	返回值
LBound(A, 1)	1	UBound(A, 1)	100
LBound(A, 2)	0	UBound(A, 2)	3
LBound(A, 3)	−3	UBound(A, 3)	4

④ 所有维的缺省下界都是 0 或 1，这取决于 Option Base 语句的设置。使用 Array 函数创建的数组的下界为 0，它不受 Option Base 的影响。

（4）Option Base 语句

在 VB 的窗体层或标准模块层中，可以用 Option Base n 语句重新设定数组的默认下界。每一维的大小，即存储单元的多少为：上界－下界+1。

格式：

```
Option Base 0 | 1
```

【说明】

由于下界的缺省设置是 0，因此无须使用 Option Base 语句。如果使用该语句，则必须写在模块的所有过程之前。一个模块中只能出现一次 Option Base，且必须位于带维数的数组声明之前。

注意：Dim、Private、Public、ReDim 以及 Static 语句中的 To 子句提供了一种更灵活的方式来控制数组的下标。不过，如果没有使用 To 子句显式地指定下界，则可以使用 Option Base 将缺省下界设为 1。使用 Array 函数或 ParamArray 关键字创建的数组的下界为 0。

Option Base 语句只影响位于包含该语句的模块中的数组下界。

2. 多维数组

格式：

```
Dim 数组名(下标 1[,下标 2]…)[As  类型]
```

【说明】

① 下标的个数决定了数组的维数，VB 最多允许 60 维数组。

② 数组的大小等于各维大小的乘积。

例如：定义多维数组

```
Dim iArry(0 To 3,0 To 4)As Long
```

或

```
Dim iArry(3,4)As Long
```

或

```
Dim iArry&(3,4)
```

上面三条语句都声明了一个相同的、长型数据类型的二维数组 iArry，第一维下标范围是 0～3，大小是 4；第二维下标范围是 0～4，大小是 5；整个二维数组的大小是 4×5=20。iArry 数组的元素如下。

```
iArry(0,0), iArry(0,1), iArry(0,2), iArry(0,3), iArry(0,4)
iArry(1,0), iArry(1,1), iArry(1,2), iArry(1,3), iArry(1,4)
iArry(2,0), iArry(2,1), iArry(2,2), iArry(2,3), iArry(2,4)
iArry(3,0), iArry(3,1), iArry(3,2), iArry(3,3), iArry(3,4)
```

例如：

```
Dim W(2,2,3)As String *20
```

或

```
Dim W$(2,2,3)*20
```

声明了一个定长字符串组成的三维数组，第一维的下标范围是 0～2；第二维的下标范围也是 0～2；第三维的下标范围是 0～3。数组 W 共有 3×3×4=36 个元素，每个元素的字符串长度是 20 字符长度。

6.2.2 Array 函数

格式：

```
<数组变量名>=Array(<数组元素值表>)
```

功能：用来给数组元素赋值，即把一个数据集赋值给某个数组。

【说明】

数组变量名是预先定义的数组名，在数组变量名后没有括号。之所以称之为数组变量，是因为它作为变量定义。

所需的参数即数组元素值表是一个用逗号隔开的值表，这些值用于给数组的各元素赋值。如果不提供参数，则创建一个长度为 0 的数组。

例如：

```
Dim A As Variant
A = Array(10,20,30)
B = A(2)
```

第一条语句创建一个 Variant 的变量 A。第二条语句将一个数组赋给变量 A。最后一条语句将该数组的第二个元素的值赋给另一个变量。

使用 Array 函数创建的数组的下界受 Option Base 语句指定的下界的影响，在缺省的情况下，下界从零开始，并且该函数只适用于一维数组，不能对多维数组赋值。

【说明】

数组变量不能具有具体的数据类型，只能是变体类型，因此，数组变量一般通过以下形式来定义。

① 显示定义为变体变量。

```
Dim a As Variant
a = Array(1, 2, 3)
```

② 在定义时不指明数据类型。

```
Dim a
a = Array(1, 2, 3)
```

③ 直接使用，不定义。

```
a = Array(1, 2, 3)
```

6.2.3　数组的应用

在数组声明语句中出现的数组名及下标表示与在程序中出现的数组名及下标表示是不同的。例如：

```
Dim x(10)As Integer          '声明了 x 数组，有 11 个数组元素
x(10)=100                    '对数组 x 的第 11 个数组元素 x(10) 赋值
```

1. 数组元素的输入

（1）用赋值语句输入

数组元素的输入可以通过各种途径来完成，当数组比较小时，可以用赋值语句来完成。

例如：假设某学生的五门课考试成绩分别为 90，80，70，82，95，用数组来存储，具体代码段如下。

```
……
Dim scol(1 To 5)As  Single   '定义一个有 5 个元素的一维静态数组
scol(1)=90
scol(2)=80
scol(3)=70
scol(4)=82
scol(5)=95
……
```

数组在声明时是一个整体，在使用时必须以数组元素为单位进行，通常用循环遍历每个元素，逐一处理。数据较多时一般可通过循环语句来完成。一维数组用一维循环，二维数组用二维循环来实现。

例如：对数组的所有元素赋值为零，此方法通过循环赋予固定的数字，往往用于初始化。

```
……
    Dim num1(1 To 10) As Integer
        For i=1 To 10
            Num1(i)=0
        Next i
    ……
```

上述语句相当于给数组元素赋值如下：

```
Num1(1)=0: Num1(2)=0:  …  : Num1(9)=0: Num1(10)=0
```

（2）用 InputBox 函数输入

输入与 VB 的输入函数结合起来，由用户从窗口键入。

```
Dim a(3,4)
  For  i=0 To 3
    For  j=0 To 4
      a(i, j)=InputBox("输入" & I & "," & j & "的值")
     Next j
   Next i
```

当然，对于大量数据的输入，为了便于编辑，一般不用 InputBox 函数，而是通过在文本框上加某些技术处理来实现。

（3）用 Array 函数输入

在给数组赋值时，InputBox 函数使程序中断运行，占用时间长，所以只适合输入个别数据，而

赋值语句较复杂，只适合较少数据的输入，利用 Array 函数可以使程序在运行初始阶段得到初值。

```
bb= Array("one", "two", "three")
```

（4）数组的赋值

VB6 中可以将一个数组赋值给另一个数组。

例如：

```
Dim a(3) As Integer, b() As Integer
a(0) = 0: a(1) = 1: a(2) = 2
b = a
```

不过在数组对数组的赋值过程中，必须注意以下 3 点。

- 赋值号两边的数据类型必须一致。
- 如果赋值号左边是一个动态数组，系统则自动将数组定成右边大小的数组。
- 如果左边是一个静态数组，将出错。

2. 数组的输出

数组的输出有多种方法，本节主要学习通过调用 Print 方法的实现。方法是面向对象的，能够使用 Print 方法的对象有窗体、图像框和打印机。

（1）一维数组的输出

例如：

```
Private Sub Form_Click()
  Dim a, i
   a = Array(1, 2, 3, 4, 5, 6, 7, 8, 9, 10)
   For i = LBound(a) To UBound(a)  '通过函数得到数组的上下界
     Print a(i);
     If (i + 1) Mod 5 = 0 Then Print     '能被 5 整除，换行
   Next i
End Sub
```

程序运行结果：

```
1  2  3  4  5
6  7  8  9  10
```

换行控制：如果想把一些数据分行输出，可通过一条空的 Print 语句来完成。

（2）二维数组的输出

二维数组一般用二维循环来实现。内循环用来输出某一行的各个数据，外循环用来控制共有多少行。

【例 6.2】已知一二维数组，其元素的值为其所在行号和列号之和，打印出该数组。

```
Private Sub Form_Click()
  Dim a(4, 4)
  For i = 1 To 4   '给数组赋值
     For j = 1 To 4
       a(i, j) = i + j
     Next j
  Next i
  For i = 1 To 4   '输出数组
     For j = 1 To 4
       Print a(i, j);
     Next j
```

```
    Print     '一行输完后换行
  Next i
End Sub
```

运行结果如图 6.2 所示。

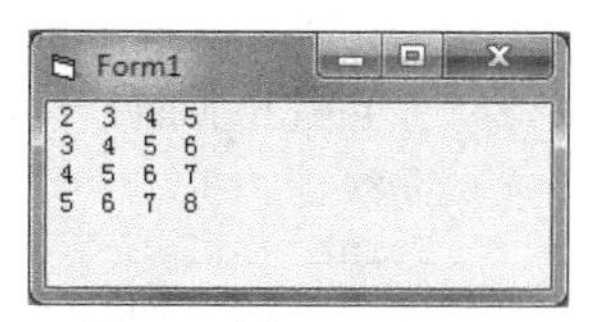

图 6.2　例 6.2 运行界面

6.3　动态数组

在程序设计时，数组到底应该多大才合适？声明的数组太大，浪费内存空间；而太小又不够使用，有时候确实令人难以预料。动态数组是指在程序的运行过程中数组元素的个数可以改变的数组。在 VB 中引入了动态数组，这样程序在运行时就具有了改变数组大小的能力。

6.3.1　创建动态数组

建立动态数组的方法分以下两步。

首先，使用 Dim、Private、Public 语句在模块级或过程级声明一个括号内为空的数组，即省略括号中的下标，在声明数组时不给出数组的大小。

```
Public|Private|Dim<数组名>()[As <类型>]
```

其次，当要使用它的时候，再随时在过程中用 ReDim 语句重新指出数组的大小。

格式：

```
ReDim  [Preserve] 数组名(下标 1[,下标 2]…)
```

【说明】

① 动态数组的声明并非一定要在窗口级，可以在事件过程内移至模块内。而 ReDim 则可以在需要的地方出现，但必须在声明语句之后。

② 静态数组声明中的下标只能是常量，而动态数组 ReDim 语句中的下标可以是常量，也可以是有了确定值的变量。

③ 在过程中可以多次使用 ReDim 来改变数组的大小，也可以改变数组的维数，但不允许改变数组的数据类型。

在 Visual Basic 中，动态数组最灵活、最方便，有助于有效管理内存。例如，可短时间使用一个大数组，然后，在不使用这个数组时，将内存空间释放给系统。

ReDim 语句只能出现在过程中。与 Dim 语句、Static 语句不同，ReDim 语句是一个可执行语句，由于这一语句，应用程序在运行时执行一个操作。

ReDim 语句支持这样的语法，它与固定数组中使用的语法相同。对于每一维数，每个 ReDim 语句都能改变元素数目以及上下界。但是，数组的维数不能改变。

【例 6.3】动态数组的应用。

```
Dim a() As Integer        '在窗体模块的通用声明段声明一个动态数组
Private Sub Form_Click()
  n = 5
  ReDim a(n)
  For i = 1 To n
    a(i) = 8
  Next i
  Print "一维数组的数据"
```

```
    For i = 1 To n
      Print Tab(i * 4); a(i);              ' 定位输出每个数据元素，分号表示不换行
    Next i
    Print                                  ' 产生一个换行
    Print "二维数组的数据"
    ReDim a(n, n)                          ' 在过程中再次声明成二维数组
    For i = 1 To n
      For j = 1 To n
        a(i, j) = i * j
      Next j
    Next i
    For i = 1 To n
      For j = 1 To n
        Print Tab(j * 4); a(i, j);
      Next j
      Print
    Next i
  End Sub
```

运行结果如图 6.3 所示。

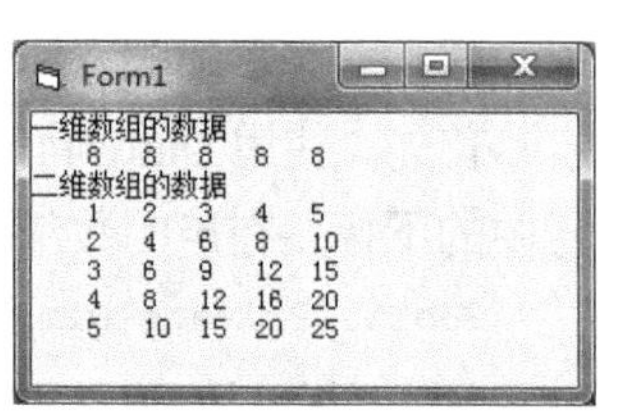

图 6.3　例 6.3 运行界面

如果不用动态数组，就要声明一个数组，它的大小尽可能达到最大，然后再抹去那些不必要的元素。但是，如果过度使用这种方法，会导致内存的操作环境变慢。

6.3.2　数组刷新语句

重复使用 ReDim 语句会使原来数组的值丢失，若要保留原数组中的值，必须在重复定义数组的语句 ReDim 后加 Preserve 参数。使用了 Preserve，就只能改变数组最后一维的大小，前面几维的大小就不能改变了。

每次执行 ReDim 语句时，当前存储在数组中的值都会全部丢失。Visual Basic 重新将数组元素的值置为 Empty（对 Variant 数组），置为 0（对 Numeric 数组），置为零长度字符串（对 String 数组）或者置为 Nothing（对于对象的数组）。

在为新数据准备数组，或者要缩减数组大小以节省内存时，这样做是非常有用的。若希望改变数组大小的同时又不丢失数组中的数据，使用具有 Preserve 关键字的 ReDim 语句就可做到这点。

【例 6.4】定义一动态数组，在保留原有数据的基础上再增加几个数据元素。

```
Dim a() As Integer                ' 在窗体模块的通用声明段声明一个动态数组
Private Sub Form_Click()
  n = 5
  ReDim a(n)
  For i = 1 To n
   a(i) = 8
  Next i
  Print "第一次定义的数据"
  For i = 1 To n
    Print Tab(i * 4); a(i);       ' 定位输出每个数据元素，分号表示不换行
  Next i
  Print                           ' 产生一个换行
  ReDim Preserve a(n + 3)         ' 在过程中再次声明数组中共有 8 个元素
```

```
  Print "第二次定义的数据"
  For i = 1 To n + 3
    Print Tab(i * 4); a(i);
  Next i
End Sub
```

运行结果如图 6.4 所示。

使用 UBound 函数引用上界，使数组扩大，增加一个元素，而现有元素的值并未丢失：

```
ReDim Preserve DynArray (UBound (DynArray) + 1)
```

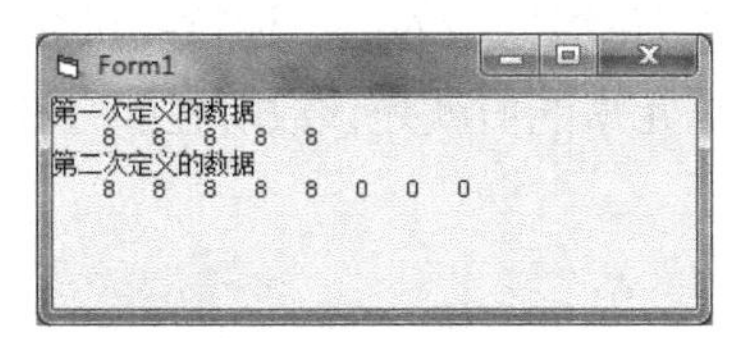

图 6.4　例 6.4 运行界面

在用 Preserve 关键字时，只能改变多维数组中最后一维的上界；如果改变了其他维或最后一维的下界，那么运行时就会出错。所以可这样编程：

```
ReDim Preserve Matrix (10, UBound (Matrix, 2) + 1)
```

不可这样编程：

```
ReDim Preserve Matrix (UBound (Matrix, 1) + 1, 10)
```

6.4　For Each…Next 循环语句

For Each…Next 循环与 For…Next 循环类似，但它对数组中的每一个元素重复一组语句，而不是重复语句一定的次数。如果不知道一个数组有多少元素，For Each…Next 循环非常有用。

格式：

```
For Each <变量> In  <数组名>
  [语句组 1]
  [Exit For]
  [语句组 2]
Next <变量>
```

功能：将数组中的第一个数组元素赋给变量，然后进入循环体，执行循环体中的语句，循环体执行完毕，如果数组中还有其他元素，则继续把下一个数组元素赋值给变量继续执行循环体，直到数组中所有的数据元素都执行完循环体，才退出循环，然后执行 Next 后面的语句。

【说明】

① 对于变量只能是可变类型的变量。

② Exit For 可放在循环体中的任何位置，以便随时退出循环。

③ For Each…Next 不能与用户自定义类型的数组一起使用，因为 Variant 不可能包含用户自定义类型。

【例 6.5】打印一维数组 A 中所有的数据元素，运行结果如图 6.5 所示。

分析：从输出数据中发现，数据元素的值就是其下标的值，所以编码如下。

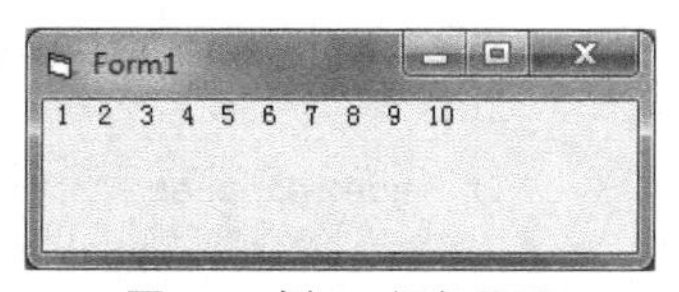

图 6.5　例 6.5 运行界面

```
Private Sub Form_Click()
  Dim a(1 To 10)
  For i = 1 To 10
    a(i) = i
  Next i
  For Each x In a
    Print x;
  Next x
End Sub
```

【例 6.6】用 For Each…Next 打印二维数组的值。运行结果如图 6.6 所示。

分析：从输出数据中发现，数据元素的值就是该数所在的行和列的和，所以编码如下。

```
Private Sub Form_Click()
  Dim a(1 To 4, 1 To 4)
  For i = 1 To 4
    For j = 1 To 4
      a(i, j) = i + j
    Next j
  Next i
  For Each x In a
    Print x;
    num = num + 1
    If num Mod 4 = 0 Then Print
  Next x
End Sub
```

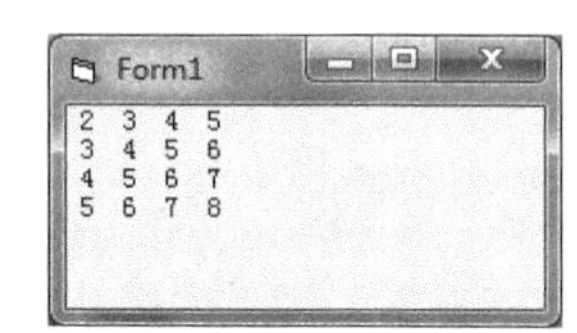

图 6.6　例 6.6 运行界面

6.5　控件数组

控件数组适用于若干个控件执行相似操作的场合，控件数组共享同样的事件过程。

6.5.1　控件数组的概念

控件数组是由一组相同的控件组成的，它们共用一个控件名，具有相同的属性。但建立控件数组时，系统给每个元素赋予一个唯一的索引号（Index），通过属性窗口的 Index 属性，可以知道该控件的下标是多少。每一个控件具有一个唯一的索引。当数组中的一个控件识别某一事件时，它将调用此控件组的相应事件过程，并把相应索引作为参数传递，允许用代码决定是哪一个控件识别此事件。

例如：对上述控件数组中的任意命令按钮单击时，调用的事件过程如下。

```
Private Sub cmdName_Click(Index As Integer)
   ……
End Sub
```

按钮的属性 Index 可以确定用户按了哪个按钮，并可在对应的过程中进行有关的编程。

例如：

```
Private Sub cmdName_Click(Index As Integer)
  ……
  If Index=3 then
    cmdName(Index).Caption="第四个命令按钮"
  End if
```

```
    ……
End Sub
```

上面的程序表示：若按了 cmdName(3)命令按钮，则该按钮显示字符串“第四个命令按钮”。

6.5.2　控件数组的创建

建立控件数组有以下两种方法。

1. 在设计时建立

步骤：

① 在窗体上画出某个控件，然后进行该控件名的属性设置，这就建立了第一个元素。

② 选中该控件，进行“复制”和“粘贴”操作，系统会弹出一个对话框，提示：“已经有一个控件为‘控件名’，创建一个控件数组吗？”。

单击“是”按钮，就建立了一个控件数组元素，这时系统自动将第一个按钮 Index 属性设置为 0，而将复制的第二个按钮的 Index 属性设置为 1，继续进行下去，经过若干次“粘贴”操作，就可建立所需的控件数组元素。

③ 进行事件过程的编码。

【例 6.7】在窗体上建立含有 4 个命令按钮的控件数组和一个图片框，单击某个命令按钮，在图片框中显示不同颜色。

```
Private Sub Command1_Click(Index As Integer)
  Picture1.Cls
  Select Case Index
    Case 0
      Picture1.BackColor = QBColor(2)    '设置绿色
    Case 1
      Picture1.BackColor = QBColor(9)    '设置蓝色
    Case 2
      Picture1.BackColor = QBColor(14)   '设置黄色
    Case Else
      End
    End Select
End Sub
```

程序运行结果如图 6.7 所示。

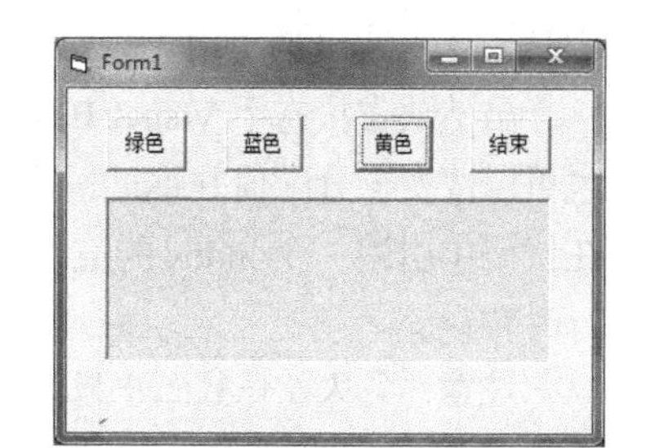

图 6.7　例 6.7 运行界面

2. 在运行时建立

步骤：

① 在窗体上画出某控件，设置该控件的 Index 属性值为 0，也可以设置该控件名，以表明该控件是一个控件数组，这就建立了数组的第一个元素。

② 在编程时，通过 Load 方法添加若干控件数组元素，也可以通过 Unload 方法删除某个添加的控件数组元素。

③ 每个新添加的控件数组通过 Left 和 Top 属性确定其在窗体中的位置，并将 Visible 属性设置为 True。

【例 6.8】在窗体上创建一个命令按钮，通过编程产生五行五列的命令按钮集，并且在每个按钮上显示其索引号。

```
Private Sub Form_Load()
```

```
    Dim mtop As Integer, mleft As Integer, i As Integer, j As Integer
    mtop = 0                                ' 第一行按钮的顶边初值
    For i = 1 To 5                          ' 共五行
        mleft = 50                          ' 按钮左边位置
        For j = 1 To 5                      ' 共五列
          k = (i - 1) * 5 + j
          Load Command1(k)                  ' 加载按钮
          Command1(k).Visible = True
          Command1(k).Top = mtop
          Command1(k).Left = mleft
          mleft = mleft + Command1(0).Width
          Command1(k).Caption = k           ' 设置按钮的显示内容
        Next j
        mtop = mtop + Command1(0).Height    ' 设置下一行顶边的值
    Next i
End Sub
```

运行结果如图 6.8 所示。

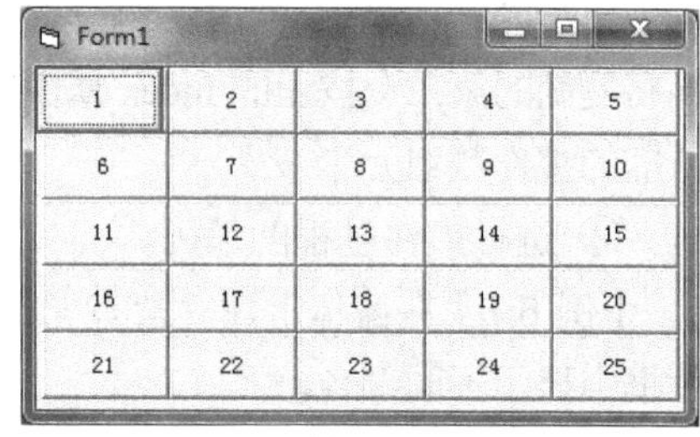

图 6.8　例 6.8 运行界面

6.5.3　控件数组的使用

因为控件数组元素共享同一个 Name 属性设置，所以必须在代码中使用 Index 属性来指定数组中的一个特定的控件。Index 必须以整数的形式（或一个能计算出一个整数的数字表达式）出现在紧接控件数组之后的圆括号内，例如 MyButtons(3)。也能使用 Tag 属性的设置在控件数组中区分控件。

当数组中的控件识别出一个事件已经发生时，Visual Basic 就调用控件数组的事件过程并把可应用的 Index 设置当作附加参数传递。当在运行时动态地用 Load 语句创建控件或用 Unload 语句撤销它们时，该属性也被使用。

虽然缺省状态下 Visual Basic 分配下一个可用的整数作为控件数组中新的控件的 Index 的值，但也可以改变该分配值并跳过一些数。也可以为数组中的第一个控件的 Index 设一个非 0 的整数。如果在代码中引用一个 Index 的值，而在控件数组中没有所标识的控件，那么将产生一个 Visual Basic 运行时错误。

注意：要从控件数组中撤销一个控件，需改变该控件的 Name 属性设置，并删除该控件的 Index 属性设置。

6.6　列表框与组合框

列表框（ListBox）和组合框（ComboBox）都能提供包含一些选项和信息的可滚动列表，供用户选择。在列表框中，任何时候都能看到多个选项；而在组合框中，平时只能看到一个选项，要单击下拉按钮后才能看到多个选项。

6.6.1　列表框

列表框的作用是以列表的形式显示一系列数据，并接收用户在其中选择一个或多个选项。如果有较多的选项而不能一次全部显示时，VB 会自动加上滚动条。列表框最主要的特点是只能从其中选择，而不能直接修改其中的内容。

（1）常用属性

① Columns 属性，用于设置列表项排列的列数。当取值=0 时，按单列显示，如果列表项较多，则自动加上垂直滚动条；当取值=1 时，则出现水平滚动条，但列表框只单列显示；当取值>1 时，列表框中的列表项呈多列分布，如图 6.9 所示。

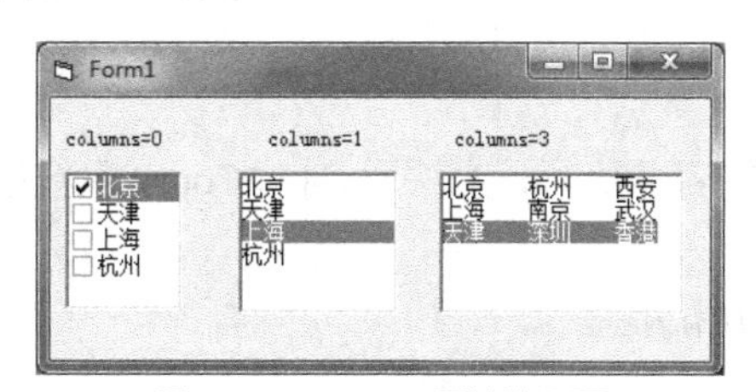

图 6.9　Columns 属性演示图

② List 属性，该属性是一个字符型数组，用于存放列表框的选项，其元素与列表的选项相对应，数组的下标从 0 开始，即第一个选项的下标为 0。该属性既可通过属性窗口设置，也可在程序中设置或引用。例如：List1.List(0)="北京"，表示列表框的第一项的内容是“北京”。

③ ListCount 属性，指列表框中选项的总数量，ListCount-1 表示最后一项的序号。该属性只能在程序中设置或引用。

④ Listlndex 属性，表示运行时被选定的选项的序号（下标）。若选中列表中的第一个项目，则属性值为 0；若未选中任何项目，则属性值为–1。该属性只能在程序中设置或引用。

⑤ Selected 属性，是一个与 List 属性具有相同项数的逻辑型数组，用于表示运行时项目的选择状态，例如：Listl.　Selected(3)=True，表示第 4 项被选中了。该属性只能在程序中设置或引用。

⑥ Sorted 属性，只能通过属性窗口设置，决定列表框中项目在运行时是否按字母顺序排列显示。如果为 True，则项目按字母顺序排列；如果为 False（默认值），则按加入的先后顺序排列。

⑦ Text 属性，是默认属性，用于返回当前被选中项目的文本内容，只能在程序中设置或引用。例如：Listl.Text 与 Listl.List(Listl.　ListIndex)的值相同。

⑧ MultiSelect 属性，用于设定用户能否多项选择以及如何进行选择。可供选择的值有以下几项。

- 0—None：禁止多项选择（默认值）。
- 1—Simple：简单多项选择，单击或按空格键表示选定或取消选定一个选项。
- 2—Extended：扩展多项选择，按住 Ctrl 键同时单击或按空格键，表示选定或取消选定的选项；按住 Shift 键同时单击鼠标或者移动光标键，表示可以选定多个连续的选项。

⑨ Style 属性，用于设置控件外观。其属性可以设置两个值，如图 6.9 所示。

- 0—标准形式（默认值）。
- 1—复选框形式。

（2）常用方法

列表框中的选项可以简单地在设计状态通过 List 属性设置，也可以在程序中使用 AddItem 方法来添加，用 Removeltem 或 Clear 方法删除。

① AddItem 方法。

格式：

```
<列表框名>. AddItem <字符串> [,下标]
```

用于在列表框指定位置上添加一个新项目。如果下标缺省，则把<字符串>文本添加到列表框的尾部，下标范围从 0 到 ListCount-1。

例如：

```
List1.AddItem "年龄", 3          '在第三项插入
List1.AddItem "通信地址"          '添加末项
```

② Clear 方法。

格式：

```
<列表框名>. Clear
```

用于清除列表框中的全部内容。执行该方法后，ListCount 重新被设置为 0。

例如：

```
List2.Clear  '清除列表框中所有内容
```

③ RemoveItem 方法。

格式：

```
<列表框名>. RemoveItem <下标>
```

用于删除列表框中指定位置上的项目。下标必须小于 ListCount-1，否则程序出错。

例如：

```
List1.RemoveItem 5        '删除第五项
List1. RemoveItem List1.ListIndex        '删除当前所有项
```

（3）事件

能响应 Click、DblClick、GotFocus 和 LostFocus 等大多数控件的通用事件，但通常不用编写 Click 事件，因为当用户单击某一列表项时，系统会自动地加亮所选择的列表项，所以只需要编写 DblClick 事件，用于读取被选中的列表项内容，即 Text 属性值。

【例 6.9】利用列表框设计，交换两个列表框中的项目，两个列表框都可以进行多项选择（MultiSelect=2），其运行界面如图 6.10 所示。

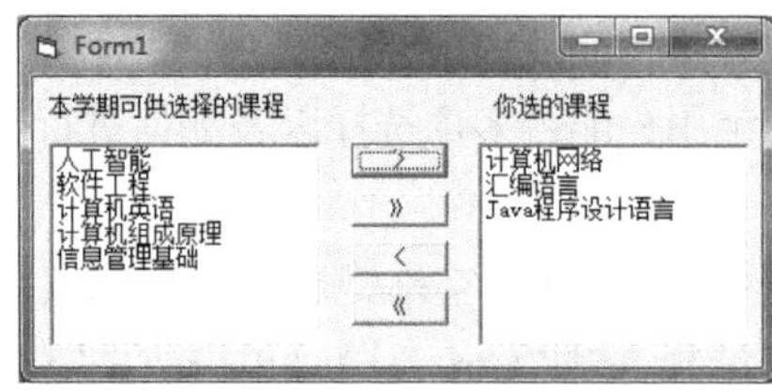

图 6.10　例 6.9 列表框应用实例的运行界面

各事件过程如下。

```
Dim i As Integer, j As Integer
'设置 List1 中的初始内容
Private Sub Form_Load()
  List1.AddItem "人工智能"
  List1.AddItem "计算机网络"
  List1.AddItem "软件工程"
  List1.AddItem "汇编语言"
  List1.AddItem "计算机英语"
  List1.AddItem "计算机组成原理"
```

```
  List1.AddItem "Java程序设计语言"
  List1.AddItem "信息管理基础"
End Sub
'选择List1中的部分内容，并将其添加到List2中
Private Sub Command1_Click()
    If List1.ListCount = 0 Then
       MsgBox "列表中已经没有可选的课程", "注意"
     End If
    If List1.SelCount = 1 Then
       List2.AddItem List1.Text
       List1.RemoveItem List1.ListIndex
   Else
     If List1.SelCount > 1 Then
        For i = List1.ListCount - 1 To 0 Step -1
           If List1.Selected(i) Then
              List2.AddItem (List1.List(i))
              List1.RemoveItem (i)
           End If
         Next
     End If
   End If
  End Sub
'将List1中的内容全部转到List2中
Private Sub Command2_Click()
  For i = 0 To List1.ListCount - 1
    List2.AddItem List1.List(0)
    List1.RemoveItem 0
  Next i
End Sub
'将List2中的内容全部转到List1中
Private Sub Command3_Click()
  For i = 0 To List2.ListCount - 1
    List1.AddItem List2.List(0)
    List2.RemoveItem 0
 Next i
End Sub
'选择List2中的部分内容，并将其添加到List1中
Private Sub Command4_Click()
    If List2.ListCount = 0 Then
      MsgBox "列表中已经没有可选的课程", "注意"
    End If
    If List2.SelCount = 1 Then
      List1.AddItem List2.Text
      List2.RemoveItem List2.ListIndex
   Else
     If List2.SelCount > 1 Then
        For i = List2.ListCount - 1 To 0 Step -1
           If List2.Selected(i) Then
              List1.AddItem (List2.List(i))
              List2.RemoveItem (i)
           End If
         Next
     End If
   End If
  End Sub
```

6.6.2 组合框

组合框是文本框和列表框的组合，兼有两者的功能，用户既可以在其列表框部分选择一个列表选项，也可以在文本框中输入文本。另外，组合框可以将列表框选项折叠起来，使用时再通过下拉列表进行选择，所以使用组合框比列表框更能节省界面空间，而且组合框不支持多列显示。

组合框的常用属性（除 MultiSelect、Selected 属性外）、方法与列表框相同，在此不再重复介绍。

（1）特有属性

① Style 属性决定组合框的类型和显示方式，可供选择的值有以下几项。

- 0—下拉组合框。显示在屏幕上的仅是文本编辑框和一个下拉箭头按钮，执行时，用户可用键盘直接在文本框内输入内容，也可用鼠标单击右端的箭头按钮，打开列表框供用户选择，选中的内容将显示在文本框中。这种组合框允许用户输入不属于列表内的选项。
- 1—简单组合框。没有下拉箭头，列表框不能被折叠，但允许用户在文本框内输入列表框中没有的选项。
- 2—下拉列表框。只允许用户从列表框中进行选择，而不能在文本框中输入。

如图 6.11 所示的示例。

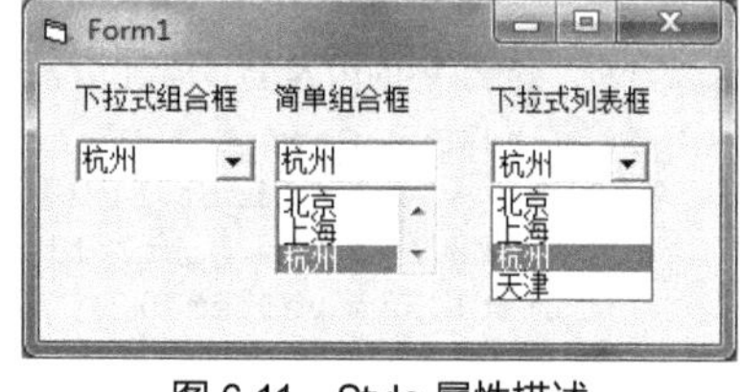

图 6.11 Style 属性描述

② Text 属性：用来记录用户选中的列表框项目或者从文本框中输入的文本。

（2）事件

组合框响应的事件与 Style 属性有关。

① Style=0 时，能响应 Click、Change 和 DropDown 事件。

② Style=l 时，能响应 DblClick、Click 和 Change 事件。

③ Style=2 时，只能响应 Click 和 DropDown 事件。

【例 6.10】利用组合框设计。程序执行时，能够改变添加到文本框中文字的字体、字形和字号。运行界面如图 6.12 所示，其有 3 个组合框，字体和字号组合框的 Style 属性都为 0，可以从这些组合框中进行单击选择，或从其文本框中进行输入按回车键后，文本框中文本的字体、字号都会发生相应改变；字形组合框的 Style 属性为 2，只能在列表中进行选择；单击【删除】按钮，将选中的字体、字形和字号项从相应的组合框中删除。

各事件过程如下。

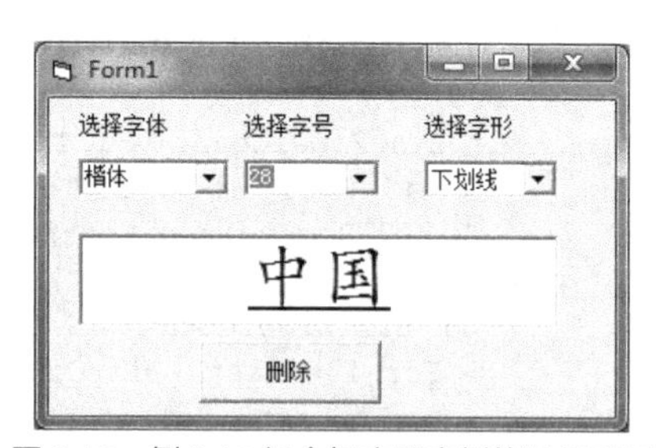

图 6.12 例 6.10 组合框应用实例的运行界面

```
'设置组合框中的初始内容
Private Sub Form_Load()
  Combo1.AddItem "宋体"
  Combo1.AddItem "@黑体"
  Combo1.AddItem "楷体_GB2312"
  Combo2.AddItem "28"
  Combo2.AddItem "16"
  Combo2.AddItem "10"
  Combo3.AddItem "加粗"
  Combo3.AddItem "斜体"
  Combo3.AddItem "下划线"
End Sub
'选择字体组合框中的列表项，并使文本字体发生相应改变
```

```
Private Sub Combo1_Click()
  Text1.FontName = Combo1.Text
  Text1.SetFocus
End Sub
'选择字号组合框中的列表项，并使文本字号发生相应改变
Private Sub Combo2_Click()
  Text1.FontSize = Combo2.Text
  Text1.SetFocus
End Sub
'选择字形组合框中的列表项，并使文本字形发生相应改变
Private Sub Combo3_Click()
   If Combo3.Text = "粗体" Then
      Text1.FontBold = True
   ElseIf Combo3.Text = "斜体" Then
      Text1.FontItalic = True
   ElseIf Combo3.Text = "下划线" Then
      Text1.FontUnderline = True
  End If
  Text1.SetFocus
End Sub
'在字体组合框中输入新的选项，并使文本字体发生相应改变
Private Sub Combo1_KeyPress(KeyAscii As Integer)
  If KeyAscii = 13 Then
     Combo1.AddItem Combo1.Text
     Text1.FontName = Combo1.Text
  End If
End Sub
'在字号组合框中输入新的选项，并使文本字号发生相应改变
Private Sub Combo2_KeyPress(KeyAscii As Integer)
  If KeyAscii = 13 Then
     Combo2.AddItem Combo2.Text
     Text1.FontSize = Combo2.Text
  End If
End Sub
'删除所选择的项
Private Sub Command2_Click()
  Combo1.RemoveItem Combo1.Index
  Combo2.RemoveItem Combo1.Index
  Combo3.RemoveItem Combo1.Index
 End Sub
```

6.7 程序举例

【例 6.11】随机产生 30 个同学的分数，求其平均值，并统计各个分数段的人数。

分析：定义 2 个数组，用来存放成绩和该存放分数段人数，存放数据分数段的数组，利用分数除以 10 取整，可以作为数组的下标来统计各个分数段的总人数。运行结果如图 6.13 所示，源程序如下。

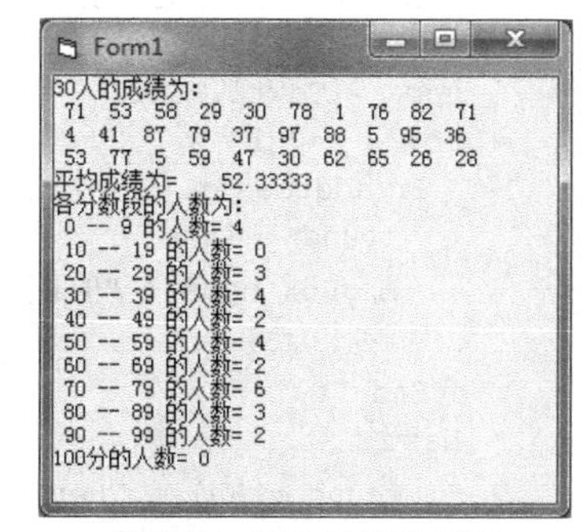

图 6.13 例 6.11 运行界面

```
Private Sub Form_click()
  Dim score(30)                  '该数组存放成绩
  Dim a(10)                      '该数组存放分数段人数
  Dim sum, aver                  '用天存放总和和平均
  Randomize timer
  For i = 1 To 10                '给每个分数段的人数赋初值为 0
    a(i) = 0
  Next i
  Print "30 人的成绩为: "
  For i = 1 To 30                '随机产生 30 个人数的分数
    score(i) = Int(Rnd * 101)
    Print score(i);              '并 10 个一行输出
    If i Mod 10 = 0 Then Print
  Next i
  For i = 1 To 30
    sum = sum + score(i)         '求总分
    k = Int(score(i) / 10)       '分数的十位数
    a(k) = a(k) + 1              '统计人数
  Next i
  aver = sum / 30
  Print "平均成绩为=", aver
  Print "各分数段的人数为: "
  For i = 0 To 9
    Print ""; i * 10; "--"; i * 10 + 9; "的人数="; a(i)
  Next i
  Print "100 分的人数="; a(10)
End Sub
```

【例 6.12】假设一个二维数组中存放着若干学生的姓名及其家庭住址，编程要求随意输入一个姓名，如果有其人，输出其对应的家庭住址，否则输出“查无此人”。

分析：在二维数组 address 中，第 I 个学生的姓名和家庭住址分别可以表示为 address(i,0)和 address(I,1)，在编程中只要找到了学生的姓名就能找到其地址，在程序中，假设了一变量 found，用来判断是否找到该学生，运行界面如图 6.14 所示，源程序如下。

```
Option Explicit
Dim address(4, 1) As String
Private Sub Command1_Click()
  Dim i As Integer
  Dim name As String
  Dim found As Boolean
  found = False
  name = Text1.Text
  For i = 0 To 4
    If address(i, 0) = name Then
      found = True
      MsgBox name + "的家庭地址是: " + address(i, 1)
      Exit For
    End If
  Next i
  If found = False Then MsgBox "查无此人! "
  End Sub
```

```
  Private Sub Form_Load()
  address(0, 0) = "张三"
  address(0, 1) = "江西南昌"
  address(1, 0) = "李四"
  address(1, 1) = "江苏淮阴"
  address(2, 0) = "王五"
  address(2, 1) = "湖南长沙"
  address(3, 0) = "赵六"
  address(3, 1) = "江西九江"
  address(4, 0) = "刘七"
  address(4, 1) = "四川重庆"
End Sub
```

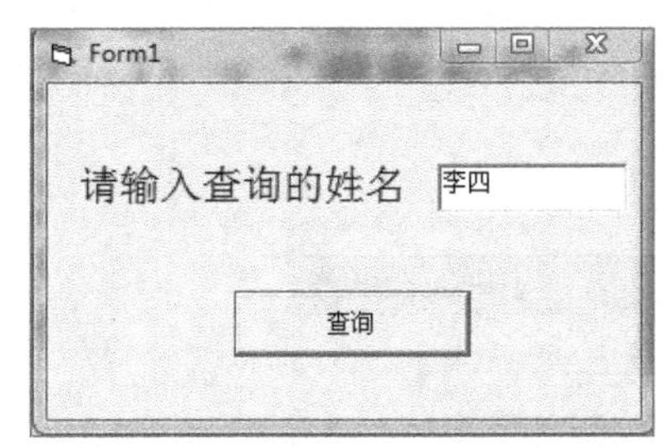

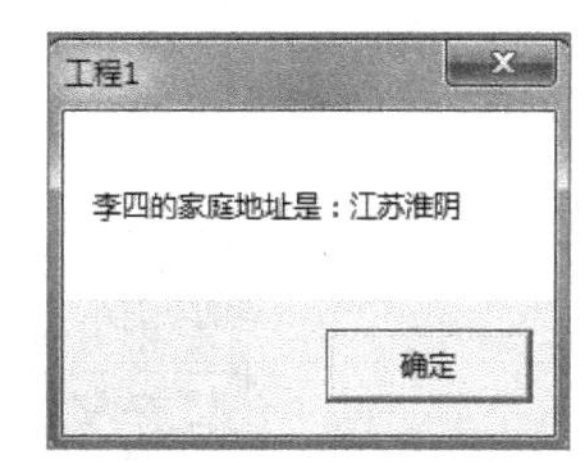

图 6.14　例 6.12 运行界面

【例 6.13】随机产生若干数据，用冒泡法按从小到大的顺序输出。

分析：如果按升序排序，将相邻两个数比较，把小数对调到前边，如此进行一轮后，就会把最大的数互换到最后，再进行一次，则会把第二大数排在倒数第二的位置上，进行 N–1 次后，整个数列即可排好。在这种排序过程中，小数如同气泡一样逐层上浮，而大数逐个下沉，因此，被比喻为“冒泡”。

假设原始数据为：8　6　5　7　4　（首先 8 和 6 比）

第一次比较后：6　8　5　7　4　（6 和 8 交换位置，接下来 8 和 5 比）

第二次比较后：6　5　8　7　4　（8 和 5 交换位置，接下来 8 和 7 比）

第三次比较后：6　5　7　8　4　（7 和 8 交换位置，接下来 8 和 4 比）

第四次比较后：6　5　7　4　**8**　（4 和 8 交换位置，最大数已放最后）

上面的比较可以描述为 A(j)和 A(j + 1)的比较。

程序运行结果如图 6.15 所示，源程序如下。

```
Option Base 1
Private Sub form_Click()
  Dim iA(1 To 10)                       '定义一数组
  n = 10
  Randomize Timer
  For i = 1 To 10                       '产生随机数
  iA(i) = Int(Rnd * 90 + 10)
  Next i
  Print "原始数据为: "                  '原始数据打印
  For k = 1 To n
  Print iA(k);
```

```
    Next k
    Print
    Print "----------------------------"
    For i = 1 To n - 1                          '共进行 n-1 遍比较
        '对第 i 遍比较时，初始假定第 i 个元素最小
      For j = 1 To n - i                        '在数组 i～n 个元素中选最小元素的下标
        If iA(j) > iA(j + 1) Then               '交换数据
          t = iA(j)
          iA(j) = iA(j + 1)
          iA(j + 1) = t
        End If
      Next j
    Next i
    Print "排序后数据为"                          '排序后数据输出
    For k = 1 To n
      Print iA(k);
    Next k
    Print
  End Sub
```

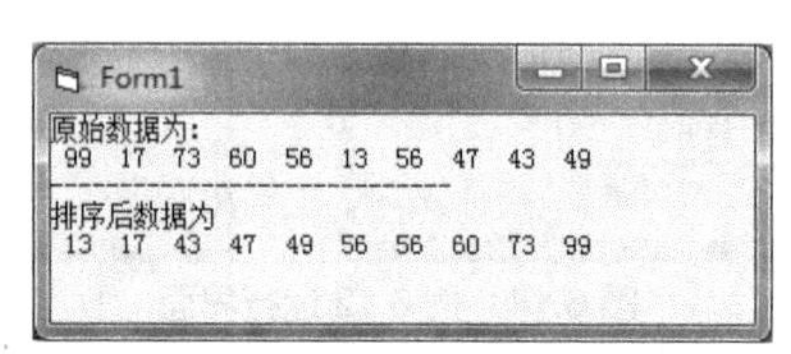

图 6.15　例 6.13 运行界面

【例 6.14】利用选择法进行数据的排序。

分析：该算法在进行比较之前，要有一个初始化最小元素的过程。（n 个数据升序）

先假设第 1 个数据最小，依次同第 2、第 3、……、第 n 个数据进行比较，一旦第 1 个数据大于其他值则交换。这样，第 1 轮比较完毕，找出了最小数据作为第 1 个数据。

以第 2 个数据为最小数据，依次同第 3、第 4、……、第 n 个数据进行比较，若第 2 个数据大于其他值则交换。这样，第 2 轮交换完毕，则找出第二小的数据作为第 2 个数据。

依此类推，第 n–1 轮比较将找出第 n–1 小的数据，剩下的一个数据就是最大数，排列在最后。

该算法的特点是比较后不立即互换元素，而是记下其位置并在每一轮比较完毕后和假设的第 i 个最小数进行互换。其次，确定完毕的元素的互换是在每一轮完成后进行的。以 5 个数据为例：以变量 imin 存放每一次比较后“最小数”的位置。

假设原始数据为　8　6　5　7　4　（假设第 1 个数为最小数，i=1，imin=1）

第 1 次比较：　8　6　5　7　4　（找出前 2 个数的最小数下标，imin=2）

第 2 次比较：　8　6　5　7　4　（找出前 3 个数的最小数下标，imin=3）

第 3 次比较：　8　6　5　7　4　（找出前 4 个数的最小数下标，imin=3）

第 4 次比较：　8　6　5　7　4　（找出前 5 个数的最小数下标，imin=5）

　　　　　　　4　6　5　7　8　（第 i 个数和第 imin 进行交换）

第 1 轮比较后，i 和 imax 不一样，所以交换位置，小数就放在了最前面，下面的源程序描述了整个交换过程，读者可仔细分析一下和前面冒泡法有什么不同。程序运行结果如图 6.16 所示，源程序如下。

```
Option Base 1
Private Sub form_Click()
  Dim iA(1 To 6)
  n = 6
  Randomize Timer
  Print "原始数据为-----";
  For i = 1 To 6
    iA(i) = Int(Rnd * 20)
    Print Tab(12 + i * 4); iA(i);
  Next i
  Print
  For i = 1 To n - 1                  ' 进行n-1遍比较
    iMin = i                          ' 对第i遍比较时，初始假定第i个元素最小
    For j = i + 1 To n                ' 在数组 i~n个元素中选最小元素的下标
      If iA(j) < iA(iMin) Then iMin = j
    Next j
    t = iA(i)                         ' i~n个元素中选出的最小元素与第i个元素交换
    iA(i) = iA(iMin)
    iA(iMin) = t
    Print "第"; i; "次比较后--";
    For k = 1 To n
      Print Tab(12 + k * 4); iA(k);
    Next k
    Print
   Next i
End Sub
```

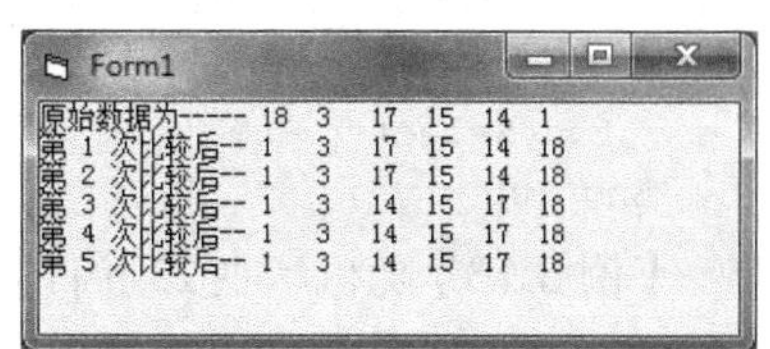

图 6.16　例 6.14 运行界面

【例 6.15】输入 a 和 b 的值，根据不同的运算符（+、–、*、/）进行运算，并显示其结果在窗体上。

分析：创建两文本框用来存放 a 和 b 值，初始界面中 4 个命令按钮是控件数组中的控件，创建控件数组采用前面所说的复制、粘贴的方法（询问是否创建控件数组，单击“是”），运行结果显示在标签上，如图 6.17 所示，源程序如下。

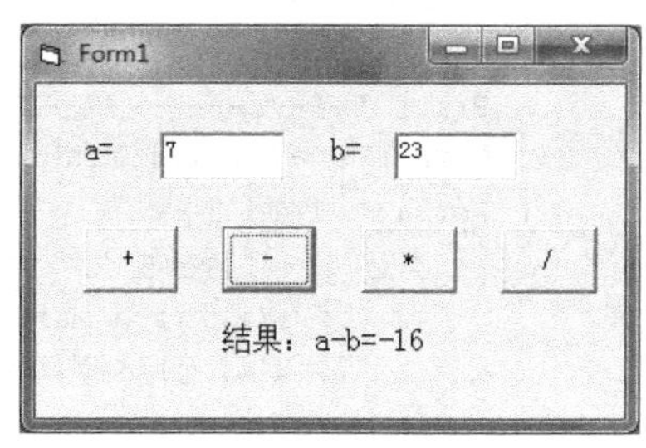

图 6.17　例 6.15 运行界面

```
Private Sub Command1_Click(Index As Integer)
  Dim a As Single, b As Single, c As Single
  a = Val(Text1.Text)
  b = Val(Text2.Text)
  Select Case Index
   Case 0                                '进行加法运算
     c = a + b
     Label3.Caption = "结果：a+b=" + Str(c)
   Case 1                                '进行减法运算
 c = a - b
     Label3.Caption = "结果：a-b=" + Str(c)
   Case 2                                '进行乘法运算
     c = a * b
     Label3.Caption = "结果：a*b=" + Str(c)
   Case 3                                '进行除法运算
     If b = 0 Then
       MsgBox "除数不能为0!", 48, "提示"
```

```
      Exit Sub
    End If
    c = a / b
    Label3.Caption = "结果: a/b=" + Str(c)
  End Select
End Sub
```

【例 6.16】随机产生 25 个[10,20]的整数，赋值给 5*5 的二维数组，求出其中最大元素及它的行、列坐标，并将数组按行（矩阵形式）输出到窗体，最大元素及行、列下标输出在数组的下方。

分析：在程序中，假设第一个数既为最大数也为最小数，通过循环比较求出真正最大数和最小数的下标，运行结果如图 6.18 所示，源代码如下。

```
Private Sub form_Click()
    Dim a(1 To 5, 1 To 5) As Integer
    Dim MaxNum As Integer, MinNum As Integer
    Dim mi As Integer, mj As Integer, ni As Integer, nj As Integer
Dim i As Integer, j As Integer
Randomize Timer
    For i = 1 To 5                          '产生矩阵
        For j = 1 To 5
            a(i, j) = Int(Rnd * 11) + 10
        Next j
    Next i
    Print
    Print "数据矩阵为: "                     '打印矩阵
    For i = 1 To 5
      For j = 1 To 5
        Print a(i, j);
      Next j
      Print                                 '输出下一行前换行
    Next i
    Print "---------------------------"
    MaxNum = a(1, 1): MinNum = a(1, 1)
    For i = 1 To 5                     '求最大和最小元素的下标
        For j = 1 To 5
            If a(i, j) > MaxNum Then MaxNum = a(i, j): mi = i: mj = j
            If a(i, j) < MinNum Then MinNum = a(i, j): ni = i: nj = j
        Next j
    Next i
    Print "最大元素是:"; MaxNum; ";行下标"; mi; ";列下标"; mj
    Print "最小元素是:"; MinNum; ";行下标"; ni; ";列下标"; nj
End Sub
```

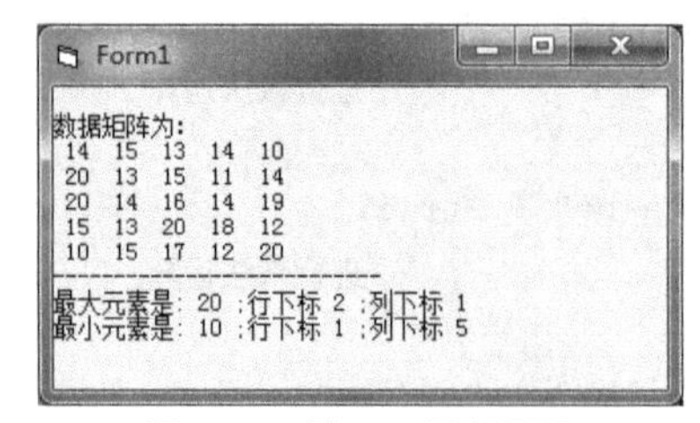

图 6.18　例 6.16 运行界面

07

第7章　常用控件

控件在 Visual Basic 程序设计中扮演着重要的角色，它是 Visual Basic 程序的基本组成部分。恰当合理地使用各种不同的控件，熟练掌握各个控件的属性设置，是进行 Visual Basic 程序设计的基础。控件应用的好坏直接影响应用程序设计界面的美观性和操作的方便性，它对整个程序设计的流程控制和提高运行效率有着重要的意义。

在第 3 章对命令按钮、标签和文本框控件进行了介绍，第 6 章介绍了具有数组类型的属性的列表框和组合框控件，本章将向大家介绍单选按钮、复选框、框架、滚动条、图片框、图像框和计时器等常用控件的使用。

7.1　单选按钮

在现实生活中，经常会碰到各种选择。用 VB 设计各种应用程序时，相应地需要提供选项供用户进行选择。在 VB 中，用于选择的控件有单选按钮和复选框、列表框和组合框。4 种提供选择的控件适用的场合不同，列表框和组合框在第 6 章介绍过，本章介绍单选按钮和复选框。

单选按钮（OptionButton）控件用来表示是否被选中，适用于多个选项中只能选择一个的场合。它的默认名称为 Option1、Option2……，单选按钮必须成组出现，用户在一组单选按钮中必须选中其中一项，且只能选中一项。若一组单选按钮中有某一个被选中了，其他单选按钮自动被取消选中。

在默认情况下，一个窗体上的单选按钮不管数量有多少，全部视为一组。若想将多个单选按钮分成多组，要用到第 7.3 节中介绍的框架控件进行技术处理。

单选按钮控件由一个圆圈 ◌ 及紧挨它的提示文字组成（见图 7.1）。圆圈的状态有两个（带圆点 ◉ 和不带圆点 ◌），分别对应单选按钮的两个状态（“选中”和“未选中”）。

7.1.1　常用属性

单选按钮控件除了常用的 Name、Font、Enabled、Visible、Width、Height、Left、Top、Index 等通用属性外，其常用属性还有 Caption、Value、Alignment、Style、Picture、DownPicture 等。

1. Caption 属性

用来设置和返回单选按钮的提示文字（即圆圈旁边的文字）。默认值为 Option1、Option2……。

2. Value 属性

用来表示单选按钮是否被选中。

- True：被选中，也称打开状态，单选按钮状态带点。程序运行时，只要单击了单选按钮，不管单击多少次，其 Value 属性值一直为 True。
- False：未选中，也称关闭状态，单选按钮状态不带点，默认值。程序运行时，只要一组单选按钮中某个单选按钮被选中，其他单选按钮的 Value 属性值均为 False。

3. Alignment 属性

用来表示控件与其标题文字的对齐方式，有两个值：0 和 1。

- 0：单选按钮在左，标题文字在右，默认值。
- 1：单选按钮在右，标题在左。

4. Style 属性

用来设置单选按钮的显示风格，以改善视觉效果，有两个值：0 和 1。

- 0—Standard：标准方式，圆圈+标题文字的风格，默认值。
- 1—Graphical：图形方式。这种风格的单选按钮，其未选中状态从外表看就像一个命令按钮，选中状态就像一个凹进去的命令按钮。

当 Style 属性为 1 时，可以设置单选按钮的 Picture 和 DownPicture 属性。设置之后，将在单选按钮上显示图片。若 Style 属性为 0，即使设置了 Picture 和 DownPicture 属性，也是显示不了图片的。

5. Picture 属性

设置单选按钮上显示的图片，只有当 Style 属性为 1 时才有效。

6. DownPicture 属性

设置单选按钮选中状态（即按下去）显示的图片，只有当 Style 属性为 1 时才有效。若只设置了 Picture 属性而没有设置 DownPicture 属性，则选中和未选中时都显示 Picture 属性设置的图片。

7.1.2 常用事件

单选按钮能响应很多事件，如 Click、DblClick、GotFocus、LostFocus、KeyPress、MouseDown、MouseUp 等，但使用最多的是 Click 事件。

当运行时单击单选按钮，或在代码中将其 Value 属性由 False 改为 True 时，将触发 Click 事件。

在零散的一组单选按钮的 Click 事件中，不需要对单选按钮的 Value 属性进行判断，直接按照“选中”状态进行编程，因为只要单击了某个单选按钮，其 Value 属性值一定是 True。若对一组单选按钮控件数组编写 Click 事件代码，则要先判断其单击的控件数组元素的 index 值，确定单击的是哪一个单选按钮，再进行相应的处理。

【例 7.1】设计一个程序，用单选按钮控制文本框中显示不同的字体。

分析：本题主要对文本框的字体名称和字体大小进行设置。为了演示零散的单选按钮和单选按钮控件数组的不同操作，将“字体名称”这一组单选按钮以零散的形式放置在窗体上，将“字体大小”这一组以单选按钮控件数组的形式来处理。

（1）创建用户界面。用户界面如图 7.1 所示。

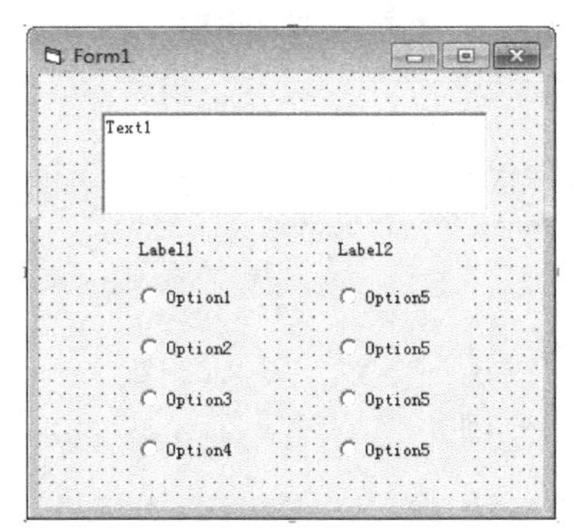

图 7.1　例 7.1 设计界面

图 7.1 中的 Option5 为控件数组，共有 4 个元素，其 index 值分别为 0、1、2、3。

（2）设置对象属性。对象属性见表 7.1。

表 7.1　例 7.1 对象属性的设置

控 件 名	属 性 名	属 性 值
Form1	Caption	单选按钮示例——字体选择
Text1	Text	我的字体由你选择！
Label1	Caption	字体名称
Label2	Caption	字体大大小
Option1	Caption	隶书
Option2	Caption	楷体
Option3	Caption	幼圆
Option4	Caption	黑体
Option5(0)	Caption	14
Option5(1)	Caption	16
Option5(2)	Caption	18
Option5(3)	Caption	20

（3）编写程序代码。

Option1 ~ Option4 以及控件数组 Option5 的 Click 事件过程代码分别如下。

Option1 的 Click 事件代码如下。

```
Private Sub Option1_Click()
   Text1.FontName = "隶书"
End Sub
```

Option2 的 Click 事件代码如下。

```
Private Sub Option2_Click()
   Text1.FontName = "楷体"
End Sub
```

Option3 的 Click 事件代码如下。

```
Private Sub Option3_Click()
   Text1.FontName = "幼圆"
End Sub
```

Option4 的 Click 事件代码如下。

```
Private Sub Option4_Click()     ' 将字体设置为黑体
   Text1.FontName = Option4.Caption
End Sub
```

控件数组 Option5 的 Click 事件代码如下。

```
Private Sub Option5_Click(Index As Integer)
    Select Case Index
       Case 0
            Text1.FontSize = 14
       Case 1
            Text1.FontSize = 16
       Case 2
            Text1.FontSize = 18
       Case Else
            Text1.FontSize = 20
    End Select
End Sub
```

注意：Option4 的 Click 事件代码中的语句"Text1.FontName = Option4.Caption"，它充分利用了单选按钮 Option4 的 Caption 属性值符合文本框 Text1 的 FontName 属性值的要求这一优势，从而简化了程序。

实际上，Option1 ~ Option3 的 Click 事件代码也可以编写类似的语句。若将 Option4 的 Caption 属性值设置为"选黑体"，则其 Click 事件代码就不能这样编写，只能改成：

```
Private Sub Option4_Click()
   Text1.FontName = "黑体"
End Sub
```

或者改成：

```
Private Sub Option4_Click()     '将字体设置为黑体
   Text1.FontName = Right(Option4.Caption, 2)
End Sub
```

总之，要用各种正确的办法满足用户对单击这一单选按钮的预期。

实际上，由于 Caption 属性设置得巧妙，单选按钮数组 Option5 的 Click 事件代码可以非常简单地编写如下：

```
Private Sub Option5_Click(Index As Integer)
   Text1.FontSize = Option5(Index).Caption
End Sub
```

或者如下：

```
Private Sub Option5_Click(Index As Integer)
   Text1.FontSize = 14 + Index * 2
End Sub
```

在设置单选按钮的 Caption 属性时，要充分考虑这一点，以便给编写程序代码带来方便。当然，并不是所有单选按钮的 Click 事件代码都如此简单，有时甚至会有点复杂。但不管哪种情况，都要编程实现单选按钮的功能。

（4）运行程序。程序运行界面如图 7.2 所示。

图 7.2 显示的是 20 号字、幼圆的效果，但图 7.2 上只显示"字体大小"组的单选按钮"20"被选中。原因在于不管视觉上怎么进

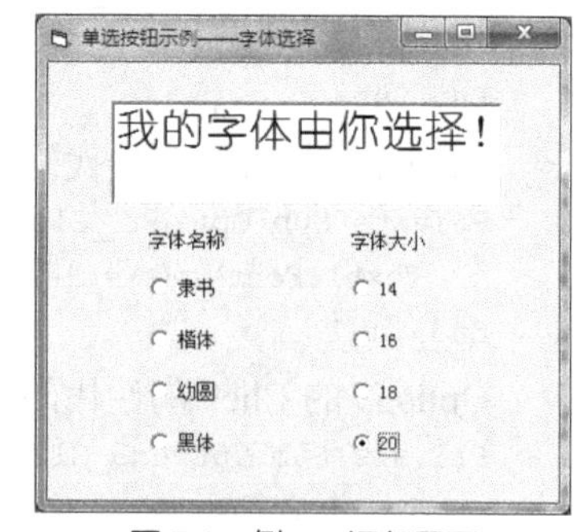

图 7.2　例 7.1 运行界面

行分组，在默认情况下，窗体上所有的单选按钮均被视为一组，任何时候只能选中其中一个。图 7.2 得到的 20 号字、幼圆的效果，是通过先单击单选按钮“幼圆”后单击“20”这种相邻选择的方式得到的。这种方式显然是不可靠的，在 7.3 节将向大家介绍正确的分组方法。

7.2　复选框

复选框（CheckBox）又称检查框，它由一个四方形小框□和紧挨它的提示文字组成。复选框也提供可供用户选择的选项，但和单选按钮不同的是，一组单选按钮中用户只能“多选一”，而对于 *n* 个复选框，用户可以根据需要选择 0 ~ *n* 个选项。程序运行时，它也提供“选中”和“未选中”两种可选项。单击可以选中它，此时四边形小框内出现打勾标记☑；再次单击将取消选定，四边形小框又变成没有打勾的□。

7.2.1　常用属性

复选框控件的属性和单选按钮类似，但有的属性含义和单选按钮不同。

（1）Caption 属性。

用来设置和返回复选框的提示文字（即四方形小框旁边的文字），默认值为 Check1、Check2……。

（2）Value 属性。

用来表示复选框的状态，有 3 种取值。

- 0—Unchecked：未被选中，图标为□，默认值。
- 1—Checked：选中，图标为☑。
- 2—Grayed：图标为带灰色对勾的☑，表示禁止选择。

要注意，在属性窗口可将复选框的 Value 属性值设置为 2，但程序运行单击复选框时不能将 Value 属性变成 2。运行时单击复选框，只能将 Value 属性变成 0 或 1，即只能将其状态变成未选中或选中这两种。

（3）复选框的 Alignment、Style、Picture 和 DownPicture 等属性的含义和单选按钮一样。

7.2.2　常用事件

复选框能响应的事件和单选按钮类似，其中最常用的是 Click 事件。

当运行时单击复选框，或在代码中将其 Value 属性由 0 改为 1 或 2 时，将触发 Click 事件。但要注意复选框运行时的状况和单选按钮不同，单击单选按钮后其 Value 属性值一定为 True（选中状态），而复选框单击后可能出现 3 种情况。

① 由原来的未选中状态变成选中状态，即其 Value 属性值由 0 变成 1。

② 由原来的选中状态变成未选中状态，即其 Value 属性值由 1 变成 0。

③ 由原来带灰色对勾的状态变成未选中状态，即其 Value 属性值由 2 变成 0。

因此，编写复选框的 Click 事件程序代码时，要先判断单击之后的状态（即单击之后其 Value 属性的值），再进行相应的处理。单击复选框之后，其 Value 属性值可能是 1，也可能是 0，因而通常用一个双分支的 If 语句来处理。

【例 7.2】在例 7.1 控制文本框中显示不同的字体的基础上，增加是否以粗体、斜体，是否加下划线、删除线来显示的功能。

分析：是否以粗体来显示，这说明有两种状态，即以粗体显示或不以粗体显示，这符合复选框的含义，用户可以“选中”粗体，也可以“不选中”粗体。因此在例 7.1 界面的基础上增加 4 个复选框控件，并分别对其 Click 事件编写下列程序。

```
Private Sub Check1_Click()          ' 粗体
   If Check1.Value = 1 Then
       Text1.FontBold = True
   Else
       Text1.FontBold = False
   End If
End Sub
Private Sub Check2_Click()          ' 斜体
   If Check2.Value = 1 Then
       Text1.FontItalic = True
   Else
       Text1.FontItalic = False
   End If
End Sub
Private Sub Check3_Click()          ' 下划线
   If Check3.Value = 1 Then
       Text1.FontUnderline = True
   Else
       Text1.FontUnderline = False
   End If
End Sub
Private Sub Check4_Click()          ' 删除线
   If Check4.Value = 1 Then
       Text1.FontStrikethru = True
   Else
       Text1.FontStrikethru = False
   End If
End Sub
```

程序运行界面如图 7.3 所示。

复选框“粗体”和“斜体”的组合操作，可对应“字体”对话框中“字形”列表中的“常规、倾斜、粗体、粗体 倾斜”4 个选项。若将“常规、倾斜、粗体、粗体 倾斜”设计为 4 个单选按钮，程序又要如何编写呢？

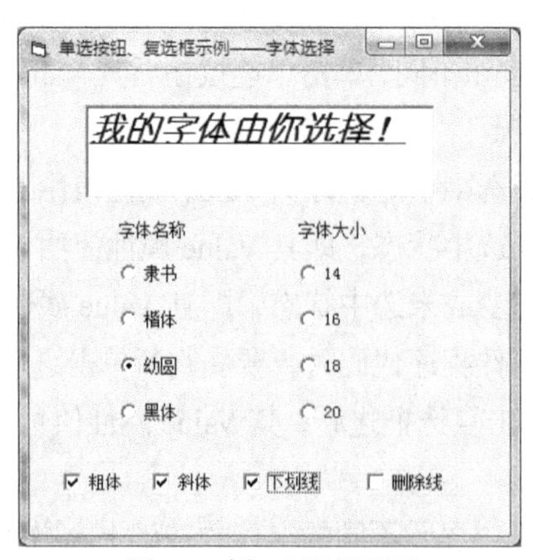

图 7.3　例 7.2 运行界面

7.3　框架

7.3.1　框架的用途

在例 7.1 中，原本设计是将 8 个单选按钮分成“字体名称”和“字体大小”2 组。经过运行发现，虽然也能实现幼圆、20 号字的效果，但图 7.2 显示的运行界面中只有字体大小组的单选按钮“20”被选中，字体名称组的“幼圆”并没有被选中，原因在于默认情况下窗体上的所有单选按钮都被看作一组，而一组单选按钮中只能选中一个。当需要在同一个窗体中建立几组相互独立的单选按钮时，就需要使用框架（Frame）控件将每一组单选按钮框起来，这样在一个框架内的单选按钮为一组，对它们的操作不会影响框架以外的单选按钮。用框架将单选按钮进行分组后，就可以按组选择，即每个框架中可以选中一个单选按钮。

框架是容器类控件，在它里面可以放置其他的控件，将这些控件进行分组，对这些控件进行视觉上的区分和总体的激活或屏蔽。框架内的所有控件将随框架一起移动、显示、消失和屏蔽。

框架控件是一个左上角有标题文字的方框，标题文字的作用是对分组进行说明，如“字体名称”“字体大小”等。框架默认的名称为 Frame1、Frame2……。

在窗体上创建框架及其内部的控件时，必须先建立框架，然后在框架中建立其他各种控件，这样才能使框架和其中的控件捆绑在一起。创建其他控件时不能使用双击工具箱上的控件的方式，而应该先单击选中工具箱上的控件，然后在框架范围内拖出适当大小的控件。如果在框架控件外绘制了一个控件，在没有选中框架的情况下把它移到框架内部，那么该控件将浮在框架的上部，不属于框架的一部分，这时移动框架控件，该控件不会随框架一起移动。若要将窗体上现有的控件放进框架内，应先选定控件，右键单击后选择“剪切”命令，然后选定框架，右键单击后选择“粘贴”命令即可。要判断控件是否确实放入框架内，可以拖动框架看看控件是否会跟着框架一起移动。

7.3.2　常用属性

1. Caption 属性

用来设置框架左上角的标题。如果框架的 Caption 属性为空，则框架为封闭的矩形框，但框架中的控件仍然和单纯用矩形控件围起来的控件不同，框架的矩形框是灰色的外边框。

2. Enabled 属性

用来设置框架及其内部的控件是否可用。

- True：默认值，运行时用户可以对框架及其内部所有控件进行操作。
- False：运行时框架的标题和边框呈灰色，框架内的所有对象均被屏蔽，用户不能对框架及其内部所有控件进行操作。

框架的 Enabled 属性的设置不影响框架内部控件的 Enabled 属性的设置。若框架中包含 3 个控件，将框架的 Enabled 属性设置为 True，将其内部的 1 个控件的 Enabled 属性设置为 False，将其内部的另外 2 个控件的 Enabled 属性设置为 True，则运行时框架及其内部的另外两个控件都可以操作。

3. Visible 属性

用来设置框架及其内部的控件是否可见。

- True：默认值，运行时框架及其内部所有控件都可见。
- False：运行时框架及其内部所有控件都不可见。

框架的 Visible 属性的设置不影响框架内部控件的 Visible 属性的设置。

4. BorderStyle 属性

用来设置框架的边框风格，有两个属性值：0 和 1。

- 0—None：没有边框，框架上的标题文字也不显示。
- 1—Fixed Single：默认值，框架标题和边框正常显示。

将框架的 BorderStyle 属性设置为 0 不会影响框架分组的功能。若用 2 个框架将窗体上的单选按钮分成两组，将这 2 个框架的 BorderStyle 属性设置为 0，运行时 2 个框架的边框和标题都不显示，会给人造成一种假象，好像窗体上没有框架、所有单选按钮都是一组，但实际上两组单选按钮可以分别选中其中的一个。

7.3.3 常用事件

框架能响应很多事件，如 Click、DblClick、GotFocus、LostFocus、KeyPress、KeyDown、KeyUp 等。但是，在应用程序中一般不需要编写框架的事件过程。框架主要用于对控件进行分组，用户只要把框架内部的控件的事件过程代码编写好就可以。

【例 7.3】将例 7.2 的“字体名称”“字体大小”两组单选按钮以及粗体等字体效果用框架进行分组。

由于框架自带标题，因此可将“字体名称”和“字体大小”两个标签删掉。用框架进行分组就可以，不需要对框架编写事件代码。用框架进行分组之后的运行界面如图 7.4 所示。

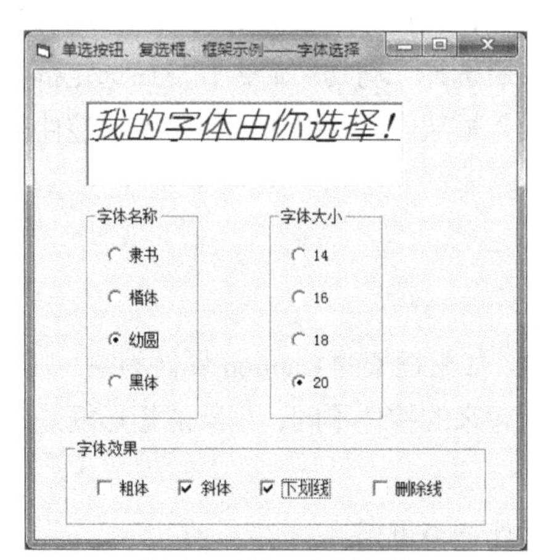

图 7.4 例 7.3 运行界面

在图 7.4 所示的界面中，“字体名称”和“字体大小”两个框架起到分组的作用，使得用户可以在两组单选按钮中分别选中一个，而“字体效果”框架的作用主要是进行视觉上的区分。

7.4 滚动条

在第 6 章介绍的列表框和组合框控件中，可以使用滚动条来查看框中未能全部显示的选项，这种滚动条是列表框和组合框控件自带的，不需要用户自己设计。文本框控件也自带滚动条，只要将其 MultiLine 属性设置为 True、ScrollBars 属性设置为非 0 值，就会出现滚动条。本节介绍的是 VB 工具箱提供的滚动条控件，其作用与上述滚动条不同，它为不能自动支持滚动的控件提供滚动功能，也可以作为数据输入的工具，实现连续调整数据的功能。

工具箱上有两个滚动条控件，即水平滚动条 HScrollBar 和垂直滚动条 VScrollBar。这两种滚动条除了类型名不同、放置方向不同外，其他都一样，如图 7.5 所示。

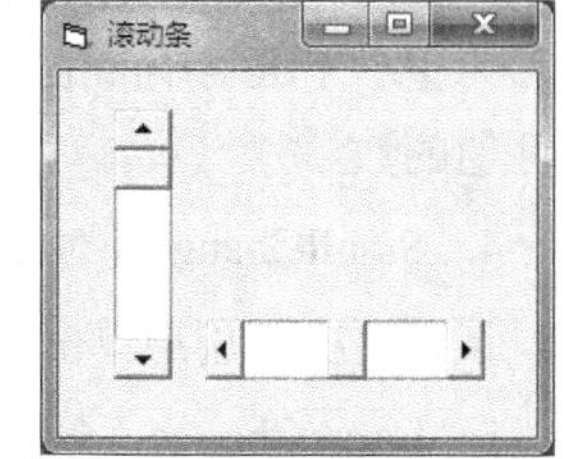

图 7.5 垂直滚动条和水平滚动条

滚动条由一个滚动滑块和两端的滚动箭头组成，水平滚动条的箭头在左右两端，垂直滚动条的箭头在上下两端。对于新建的水平滚动条和垂直滚动条，滑块的初始位置分别在最左端和最上端。用户可以单击两端的箭头来改变滑块的位置，也可以单击滑块和箭头之间的空白部分来改变滑块的位置，还可以直接拖动滑块到需要的位置。在图 7.5 中，垂直滚动条的滑块还在最上端的初始位置，水平滚动条的滑块已被移动到中间的位置。

7.4.1 常用属性

1. Value 属性

Value 属性是滚动条最重要的属性，它反映了滚动滑块当前的位置。该值是一个整数，若在属性窗口尝试将该值设置为带小数的值，系统将会弹出“无效属性值”的错误提示。对于水平滚动条，当滚动滑块在最左端的时候，其 Value 属性取最小值；在最右端的时候，其 Value 属性取最大值；滚动滑块从最左端移动到最右端的过程中，Value 属性值从最小值开始按比例递增，直到最大值。对于垂直滚动条，当滑块在最上端的时候，Value 属性取最小值；当滑块在最下端的时候，Value 属性取最大值；滚动滑块从最上端移动到最下端的过程中，Value 属性值从最小值开始按比例递增，直到最大值。

改变滚动条 Value 属性的方法有 5 种。

① 在设计阶段，在属性窗口中设置 Value 属性。

② 运行时单击滚动条两端的箭头来改变滑块的位置，从而改变 Value 属性值。

③ 运行时单击滚动条的滑块和箭头之间的空白部分来改变滑块的位置，从而改变 Value 属性值。

④ 运行时直接拖动滑块到适当的位置。

⑤ 在程序代码中通过赋值语句修改 Value 属性的值。

这 5 种方法中，后 4 种都是在程序运行阶段修改 Value 属性的值。

2. Min 属性

Min 属性用来设置滚动条 Value 属性的最小取值，也就是水平滚动条的滑块在左端时 Value 属性的值。Min 属性值必须是一个整数，若在属性窗口尝试将 Min 属性设置为带小数的值，系统将会弹出“无效属性值”的错误提示。

3. Max 属性

Max 属性用来设置滚动条 Value 属性的最大取值，也就是水平滚动条的滑块在右端时 Value 属性的值。Max 属性值也必须是一个整数。

对 Min 和 Max 属性进行设置时，属性值范围要在–32768～32767，若设置超过这个范围的值，系统将弹出“无效属性值”的错误提示。默认情况下，若未对 Min 和 Max 属性进行设置，Min 属性的默认值为 0，Max 属性的默认值为 32767。设置 Min 和 Max 属性时，通常 Min 的值要小于 Max。但若希望水平滚动条的滚动滑块向右移动时 Value 属性值递减，可以将 Max 属性设置为一个小于 Min 属性值的数。

4. SmallChange（最小变动值）属性

该属性决定用户单击滚动条两端的箭头时，Value 属性值的变化量。

5. LargeChange（最大变动值）属性

该属性决定用户单击滚动条的滑块和两端箭头之间的空白部分时，Value 属性值的变化量。

SmallChange 和 LargeChange 属性的取值范围为 1～32767 之间的整数。默认情况下，两个属性值都为 1。一般情况下，LargeChange 属性值的设置应大于 SmallChange 属性值。

7.4.2 常用事件

滚动条控件能响应 Change、Scroll、GotFocus、LostFocus、KeyPress、KeyDown 和 KeyUp 等 10 个事件，其中最常用的是 Change 和 Scroll 事件。

1. Change 事件

当滚动条的 Value 属性值发生改变时，触发 Change 事件。在程序运行时，只要滚动条的 Value 属性值发生变化，就会触发 Change 事件。如移动滚动滑块、通过代码改变 Value 属性值、单击滚动条两端的箭头或单击滑块和箭头之间的空白处时都会触发 Change 事件。

2. Scroll 事件

当在滚动条内拖动滑块时，触发 Scroll 事件。只有拖动滑块，才会触发 Scroll 事件。单击滚动条两端的箭头、单击滑块和箭头之间的空白处、通过代码改变 Value 属性值都不会触发 Scroll 事件。

若将水平滚动条的滑块从最左端拖到最右端，在滑块被拖动的过程中，Scroll 事件一直发生，而 Change 事件只在拖动结束时发生一次。

若将水平滚动条的滑块从最左端拖到中间再拖回到最左端，在滑块被拖动的过程中，Scroll 事件一直发生，而由于整个拖动过程结束后 Value 属性值并没有改变，Change 事件一次也不发生。

【例 7.4】在一个文本框内显示滚动条的滚动滑块的位置。

分析：滚动条的滚动滑块的位置代表的即为滚动条的 Value 属性值。要实时显示滚动条 Value 属性的值，也就是只要 Value 属性值一改变，就显示最新的值，这就要编写滚动条的 Change 事件代码来实现。在拖动滑块的过程中，Change 事件不会触发，若要在拖动滑块的过程中实时显示 Value 属性的值，就需要编写滚动条的 Scroll 事件代码。

（1）创建用户界面。

在窗体上需要放置一个文本框和一个水平滚动条控件。

（2）设置对象属性。对象属性见表 7.2。

表 7.2 例 7.4 对象属性的设置

控 件 名	属 性 名	属 性 值
Form1	Caption	实时显示滚动条的 Value 属性
Text1	Text	空

续表

控件名	属性名	属性值
HScroll1	Min	0
	Max	100
	Value	50
	SmallChange	5
	LargeChange	10

（3）编写程序代码。

```
Private Sub Form_Load()
    Text1.Text = HScroll1.Value
End Sub
Private Sub HScroll1_Change()
    Text1.Text = HScroll1.Value
End Sub
Private Sub HScroll1_Scroll()
    Text1.Text = HScroll1.Value
End Sub
```

（4）运行程序。程序运行界面如图 7.6 所示。

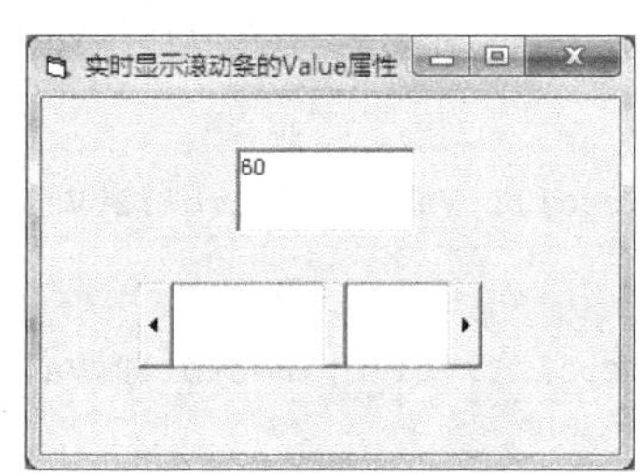

图 7.6　例 7.4 运行界面

程序一启动，即在文本框中显示滚动条 HScroll1 的 Value 属性的初值 50。运行时，单击两端的箭头，文本框中显示的 Value 属性增加或减少的值为 5；单击滑块和箭头之间的空白部分，文本框中显示的 Value 属性增加或减少的值为 10。拖动滑块的过程中，文本框中显示的 Value 属性值不断变化，幅度为 1。

【例 7.5】设计一个调色板应用程序，利用滚动条调整红、绿、蓝三基色的值。

分析：根据三基色原理，基本颜色有红、绿、蓝 3 种，将这 3 种颜色按照不同的比例，可以混合成所需要的任意颜色。利用 3 个滚动条可以连续调整红、绿、蓝 3 个基色的值。

（1）创建用户界面。

在窗体上放置 3 个水平滚动条控件，分别调整红、绿、蓝 3 个基色的值；一个没有内容的标签控件，混合的颜色作为标签的背景色；另外 3 个标签标注滚动条调整的颜色；2 个框架将调色的滚动条和显示色效的标签分组。

（2）设置对象属性。对象属性见表 7.3。

表 7.3　例 7.5 对象属性的设置

控件名	属性名	属性值
Form1	Caption	调色板
Label1	Caption	空

续表

控件名	属性名	属性值
Label2	Caption	红
Label3	Caption	绿
Label4	Caption	蓝
Label2、Label3、Label4	AutoSize	TRUE
	FontSize	四号
Frame1	Caption	调色板
Frame2	Caption	色效区
Hscroll1、Hscroll2、Hscroll3	Min	0
	Max	255
	Value	100
	SmallChange	10
	LargeChange	20

（3）编写程序代码。

```
Private Sub Form_Load()
   Label1.BackColor = RGB(HScroll1.Value, HScroll2.Value, HScroll3.Value)
End Sub
Private Sub HScroll1_Change()
   Label1.BackColor = RGB(HScroll1.Value, HScroll2.Value, HScroll3.Value)
End Sub
Private Sub HScroll1_Scroll()
   Label1.BackColor = RGB(HScroll1.Value, HScroll2.Value, HScroll3.Value)
End Sub
Private Sub HScroll2_Change()
   Label1.BackColor = RGB(HScroll1.Value, HScroll2.Value, HScroll3.Value)
End Sub
Private Sub HScroll2_Scroll()
   Label1.BackColor = RGB(HScroll1.Value, HScroll2.Value, HScroll3.Value)
End Sub
Private Sub HScroll3_Change()
   Label1.BackColor = RGB(HScroll1.Value, HScroll2.Value, HScroll3.Value)
End Sub
Private Sub HScroll3_Scroll()
   Label1.BackColor = RGB(HScroll1.Value, HScroll2.Value, HScroll3.Value)
End Sub
```

（4）运行程序。程序运行界面如图 7.7 所示。

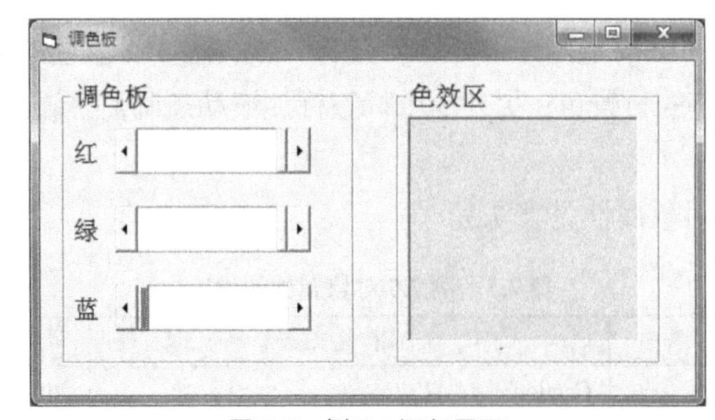

图 7.7　例 7.5 运行界面

程序启动运行后，由于 3 个滚动条的 Value 属性的初值为 100，色效区显示的初始颜色为灰色。单击 3 个滚动条的箭头、滑块和箭头之间的空白处、拖动滑块到某个位置以及拖动滑块的过程中，色效区显示的颜色都将发生变化。在图 7.7 中，红色和绿色两个基色的值都为最大值，蓝色的值为最小值，色效区显示的是黄色。

7.5　图片框

图片框（PictureBox）和图像框（Image）都用于显示图形，它们可以显示.bmp（位图）、.ico（图标）、.wmf（图元）、.gif 和.jpg 等类型的图形文件。

图片框控件是容器类控件，可以作为其他控件的容器，像框架（Frame）一样，可以在图片框内放置其他控件，这些控件将随图片框一起移动、显示、消失和屏蔽。

图片框的主要用途是显示图片，若图片框大小不足以显示整幅图像，可以裁剪图像以适应图片框控件的大小。图片框控件的默认名称为 Picture1、Picture2……。

7.5.1　常用属性

1. 与窗体属性相同的属性

在 1.6.1 节介绍的部分窗体的属性，如 Name、Enabled、Visible、FontName、FontSize、FontBold、FontItalic、FontUnderline、FontStrikethru 等，完全适用于图片框和图像框，其用法也相同。窗体属性 AutoRedraw、Left、Top、Width、Height 等也可用于图片框和图像框，但窗体位于屏幕上，而图片框和图像框位于窗体上，其坐标的参考点是不一样的。

2. CurrentX 和 CurrentY 属性

用来设置在图片框上打印的横坐标和纵坐标。

3. Picture 属性

用来设置在图片框中要显示的图片文件。该属性可以在设计阶段通过属性窗口进行设置，也可以在运行中通过调用 LoadPicture( )函数来装载图片。LoadPicture( )函数的格式如下：

```
<图片框控件名>.Picture = LoadPicture("图形文件名")
```

若要加载的图形文件和当前窗体文件不在同一个文件夹里，“图形文件名”前还要加上文件的路径。例如，要将 C：盘的“图片 1”文件夹里的图形文件 tu1.jpg 加载到图片框 Picture1 中，要编写如下程序：

```
Picture1.Picture = LoadPicture("C:\图片 1\tu1.jpg")
```

通过 LoadPicture( )函数还可以将加载的图片删除，格式如下：

```
<图片框控件名>.Picture = LoadPicture("")
```

括号内的参数也可以为空，即双引号""可以去掉。

通过属性窗口设置图片框的 Picture 属性时，先选中 Picture 属性，再单击属性值栏的带省略号“…”的按钮，然后在弹出的“加载图片”对话框中选择图片文件。在加载图片之前，Picture 属性的属性值栏显示的是“(None)”（即没有图片）。加载之后，属性值栏显示的是“(Bitmap)”。若要删除加载的图片，先选中“(Bitmap)”，然后按 Delete 键即可，删除之后又变成了“(None)”。

加载图片后，保存窗体文件时，将产生一个和窗体名同名的扩展名为.frx 的二进制窗体文件，用来保存二进制图片。

4. AutoSize 属性

图片框控件自身不带滚动条，也不能伸展被装载的图片以适应图片框控件的大小，但是可以用图片框的 AutoSize 属性来调整图片框的大小以适应加载的图片的大小。

- True：图片框自动调整大小以显示图片的全部内容。若加载的图片非常大，即使图片框调整到和窗体一样大也不能显示图片的全部内容，这种情况下将不能查看到图片的全部内容。若要查看一个非常大的图片的全部内容，应该选择图像框控件。
- False：默认值。保持图片框控件原有的尺寸，当加载的图片比图片框大时，图片框只显示图片左上角部分内容，超出的部分被截去。

5. Align 属性

用来设置图片框在窗体上的显示方式，共有 5 个值。

- 0—None：无特殊显示。
- 1—Align Top：与窗体一样宽，位于窗体顶端。
- 2—Align Bottom：与窗体一样宽，位于窗体底端。
- 3—Align Left：与窗体一样高，位于窗体左端。
- 4—Align Right：与窗体一样高，位于窗体右端。

6. BorderStyle 属性

用来设置边框的风格，有两个值，0 和 1。

- 0—None：无边框。
- 1—Fixed Single：默认值，三维边框。

7.5.2 常用方法和事件

图片框和窗体一样，支持 Move 方法、清除 Cls 方法和 Print 方法。例如要在图片框 Picture1 中用 30 号字、加粗、加下划线的隶书打印字符串“30 号加粗加下划线隶书”，编写的程序代码如下。

```
Picture1.FontSize = 30
Picture1.FontBold = True
Picture1.FontUnderline = True
Picture1.FontName = "隶书"
Picture1.Print "30 号加粗加下划线隶书"
```

注意：在上述给图片框 Picture1 属性赋值和调用 Print 方法的语句中，对象名 Picture1 不能省。

图片框控件还具备很多画图形的方法，如 Line（画直线）、Circle（画圆）和 Pset（画点）等。图片框能响应 Click、DblClick、GotFocus、LostFocus、KeyPress、KeyDown、KeyUp 等事件。图片框的常规用法如下。

① 显示和清除图片。通过其 Picture 属性来实现。

② 用 Print 方法向图片框输出文本，也可以用 Cls 方法清除文本内容。

③ 用图形方法在图片框里画图形，也可以用 Cls 方法清除图形。

【例 7.6】设计应用程序，在图片框中写字画画和加载图片。

（1）创建用户界面。

在窗体上放置 1 个图片框控件、4 个命令按钮，分别用来写字画画、清除字画、加载图片和删除图片。

（2）设置对象属性。对象属性见表 7.4。

表 7.4　例 7.6 对象属性的设置

控 件 名	属 性 名	属 性 值
Form1	Caption	图片框的应用
Picture1	AutoSize	TRUE
Command1	Caption	写字画画
Command2	Caption	清除字画
Commandl3	Caption	加载图片
Command4	Caption	删除图片

（3）编写程序代码。

```
Private Sub Command1_Click()          ' 写字画画
    Picture1.FontSize = 16
    Picture1.FontBold = True
    Picture1.FontUnderline = True
    Picture1.FontName = "隶书"
    Picture1.Print "在图片框内写字和画画"
            ' 以 16 号加粗加下划线的隶书字体在图片框中输出文字
    Picture1.Circle (1800, 1500), 600, RGB(0, 0, 255)
            ' 以（1800,1500）为圆心坐标，以 600 为半径画一个蓝色的圆
    Picture1.PSet (1800, 1500), RGB(255, 0, 0)
            ' 在坐标（1800,1500）处画一个红色的点
End Sub
Private Sub Command2_Click()          ' 清除字画
    Picture1.Cls
End Sub
Private Sub Command3_Click()          ' 加载图片
    Picture1.Picture = LoadPicture("tu1.jpg")
End Sub
Private Sub Command4_Click()          ' 清除图片
   Picture1.Picture = LoadPicture()
End Sub
```

注意：将图片 tu1.jpg 放在和窗体同一个文件夹下，否则 LoadPicture("tu1.jpg")函数的参数中要加上 tu1.jpg 的路径。

（4）运行程序。

运行时单击“写字画画”按钮，将在图片框中以 16 号加粗加下划线的隶书字体输出“在图片框内写字和画画”，界面如图 7.8 所示。单击“清除字画”按钮，将清除运行时在图片框中产生的文字和用图形方法画的图形（如圆、直线、点等）。单击“加载图片”按钮，将在图片框中加载一个图片，界面如图 7.9 所示。单击“删除图片”，将删除图片框中的图片。

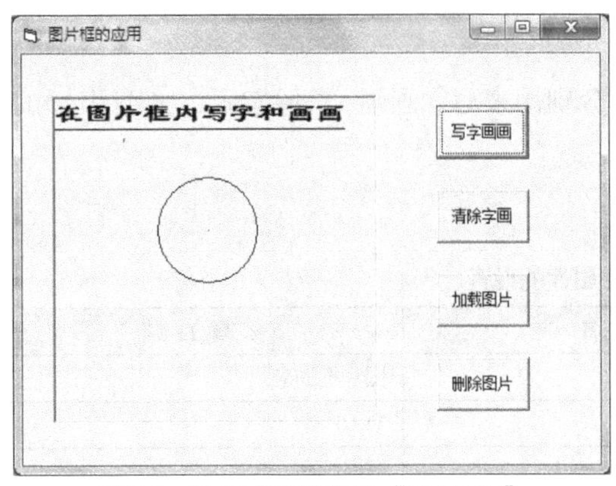

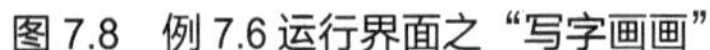
图 7.8　例 7.6 运行界面之“写字画画”

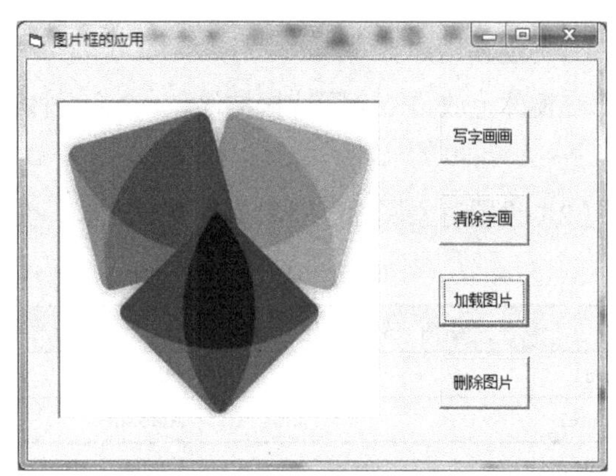

图 7.9　例 7.6 运行界面之“加载图片”

程序运行时，若先单击“加载图片”按钮，后单击“清除字画”按钮，是不能清除掉刚加载的图片的。文字图形和图片的清除方法是不一样的。

7.6　图像框

7.6.1　图像框的用途

图像框（Image）控件和图片框 PictureBox 控件一样，可以用来显示图片，但它只能用于显示图片（包括位图.bmp、图标.ico、图元.wmf、.gif 和.jpg 等类型），不能作为其他控件的容器，不能在上面显示文字，不具备 Print 和 Cls 方法，也不能在上面用图形方法画圆、直线之类的图形。

图片框不能伸缩图形以适应图片框控件的大小，但可以调整图片框控件的大小以便完整地显示图形。然而，对于非常大的图片，即使图片框把大小调整得和最大化的窗体一样大，也可能显示不了图片的全貌，但是图像框可以显示无论多大的图片，只要将其属性合理设置。

显示图片时，图像框控件占用的内存比图片框小，显示速度快，还可以通过属性的设置使图片进行伸缩以适应图像框控件的大小。

图像框控件只支持图片框控件的一部分属性、事件和方法。图像框默认的名称是 Image1、Image2……。

7.6.2　常用属性

（1）Picture 属性。

图像框和图片框一样，使用 Picture 属性来装载图片。在设计阶段，可以在属性窗口设置其 Picture 属性，设置方法和在图片框中设置 Picture 属性一样。程序运行时，可以通过 LoadPicture( )函数来加载和删除图片。

（2）Stretch 属性。

用来决定是否调整图形的大小以适应图像控件。

- False：默认值，图像框自动改变大小以适应图片的大小。这一点和图片框控件的 AutoSize 为 True 时效果一样。

- True：加载到图像框中的图片自动调整大小以适应图像框控件的大小。若要加载较大的图片并显示图片的全貌，正确的操作是先将 Stretch 属性值设置为 True 后再加载图片。若图像框高度和宽度比例不协调，会导致显示的图片变形。

图像框没有 AutoSize 属性，但有承担类似功能的 Stretch 属性。

（3）BorderStyle 属性。

用来设置边框的风格，有两个值，0 和 1。

- 0—None：无边框，默认值。
- 1—Fixed Single：三维边框。

图片框的 BorderStyle 属性默认值是 1，而图像框的 BorderStyle 属性默认值是 0。

【例 7.7】 设计一个程序，对比当 Stretch 属性值不同时图像框显示图片的区别。

（1）创建用户界面。

在窗体上放置 2 个图像框控件用来对比，2 个标签用来说明图像框的 Stretch 属性值，1 个命令按钮用来加载图片。

（2）设置对象属性。对象属性见表 7.5。

表 7.5　例 7.7 对象属性的设置

控 件 名	属 性 名	属 性 值
Form1	Caption	图像框
Label1	Caption	Stretch 属性为 True
Label2	Caption	Stretch 属性为 False
Label1、Label2	AutoSize	TRUE
Image1、Image2	BorderStyle	1
	Width	1800
	Height	1200
Image1	Stretch	TRUE
Image2	Stretch	FALSE
Command1	Caption	加载图片

设置好属性的界面如图 7.10 所示。

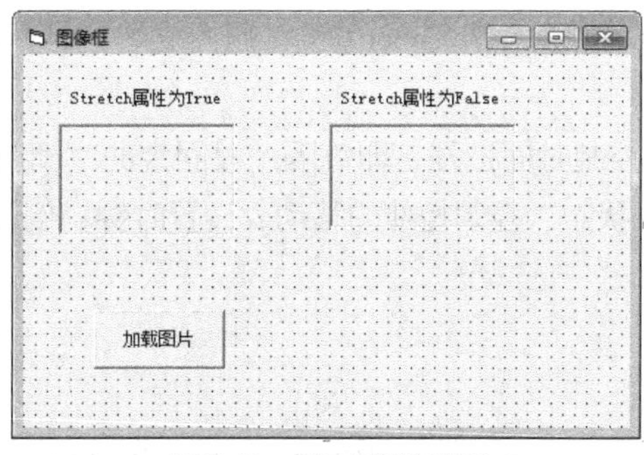

图 7.10　例 7.7 设计界面

（3）编写程序代码。

```
Private Sub Command1_Click()
   Image1.Picture = LoadPicture("tu2.jpg")
```

```
    Image2.Picture = LoadPicture("tu2.jpg")
End Sub
```

（4）运行程序。

运行时单击“加载图片”按钮，运行界面如图 7.11 所示。

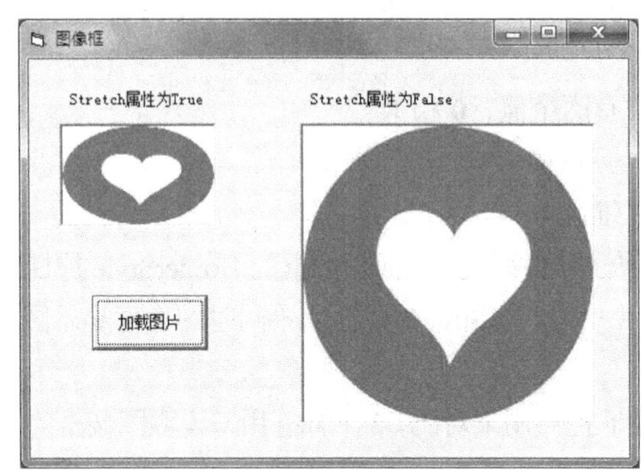

图 7.11　例 7.7 运行界面

运行结果分析：图 7.11 所示的界面中，右侧的图像框 Image2 的 Stretch 属性为 False，Image2 自动改变大小以适应加载的图片的大小，因此看到的效果是图片的原始大小。从图 7.10 的设计界面可以看到，Image2 设计时的初始大小比图片的原始大小要小，因此加载图片时，Image2 自动变大了，变得和图片的原始大小一样大。若要加载的图片的原始大小比 Image2 设计时的大小要小，加载图片时 Image2 将自动变得和图片一样小。图 7.11 所示的界面左侧的图像框 Image1 的 Stretch 属性为 True，加载到图像框中的图片自动缩小到和 Image1 一样大。由于 Image1 设计时的高度和宽度的比例和图片的原始比例不符，因此 Image1 中显示的图片有点变形。

7.7　计时器

计时器（Timer）也称时钟，是工具箱中的一个标准控件。它的默认名称为 Timer1、Timer2……。

计时器控件在设计时显示为一个小的时钟图标，在运行时隐藏不见，所以它在界面上的位置无关紧要。通常另设标签或文本框来显示时间。

计时器每隔一定的时间自动触发一次 Timer 事件，周而复始。计时器是一个简单又非常有用的控件，主要有两个作用。

① 用于在程序中监视和控制时间进程，即每隔一段固定的时间就有规律地执行一次相同的任务。如定时检测系统或控件的状态、控制控件的移动、设置时钟、倒计时、秒表等。

② 进行某种后台处理。

7.7.1　常用属性

计时器的大小固定，没有 Width 和 Height 属性。运行时自动隐藏，没有 Visible 属性。虽然有 Left 和 Top 属性，但由于运行时隐藏，因此其 Left 和 Top 的属性值并不重要。

计时器控件的属性非常少，只有 Name、Enabled、Index、Interval、Left、Top 和 Tag 共 7 个属性，其中最重要的是 Enabled 和 Interval 属性。

1. Enabled 属性

用来设置计时器是否可用。

① True：默认值为，表示可用。为 True 时，激活计时器开始计时。

② False：表示不可用。为 False 时，计时器不计时，处于休眠状态，也不会响应任何事件。

2. Interval 属性

用来设置两次 Timer 事件之间的时间间隔，其值以毫秒（0.001 秒）为默认单位，取值范围在 0~65535 毫秒。例如，若希望计时器每 0.5 秒发生一次 Timer 事件，则应将其 Interval 属性设置为 500（0.5 秒=500 毫秒）。

Interval 属性默认值为 0。若计时器的 Interval 属性值为 0，则计时器不工作。

计时器要发生作用，必须同时满足两个条件，即 Enabled 属性为 True 且 Interval>0。

若要给计时器设置一个开关，通常会将 Interval 设置为大于 0 的值，将 Enabled 属性的初值设置为 False，然后通过控制 Enabled 属性的值来控制计时器是否工作。

7.7.2　常用事件

计时器控件只有一个事件——Timer 事件。Timer 事件具有周期性，每隔一个 Interval 属性指定的时间间隔，就自动执行一次 Timer 事件。只要计时器控件的 Enabled 属性为 True 且 Interval 属性>0，则 Timer 事件就随着时间的推移每隔一个 Interval 时间间隔就自动执行一次。

在实际应用中，经常用 Timer 事件来实现有规律的重复操作和简单的动画。但要注意，计时器的 Timer 事件发生越频繁，响应事件所使用的 CPU 时间就越多，这将降低系统综合性能。因此，除非有必要，否则不要设置过小的时间间隔。

【例 7.8】设计一个地铁站的电子滚动屏，滚动显示“下一站：地铁大厦”。

分析：图片框控件是容器类控件，可以在上面放置别的控件。这里可以将图片框控件作为电子屏的背景，用标签来显示屏幕的内容，将标签放置到图片框内。滚动显示意味着标签不断地移动，可以通过计时器控件的 Timer 事件来实现。

（1）创建用户界面。

在窗体上放置 1 个图片框控件用来做电子屏背景，1 个标签用来显示屏幕的内容，1 个计时器控件用来实现屏幕滚动，2 个命令按钮用来控制计时器的开始和暂停，1 个命令按钮用来退出。

注意：要将标签放置到图片框里面，操作方法就像往框架里面放控件一样。

（2）设置对象属性。对象属性见表 7.6。

表 7.6　例 7.8 对象属性的设置

控件名	属性名	属性值
Form1	Caption	电子滚动屏
Picture1	BackColor	&H00C0FFFF&
	Height	850
	Width	6600
Label1	Caption	下一站：地铁大厦
	Font	楷体、粗体、小四
	AutoSize	TRUE

续表

控件名	属性名	属性值
Label1	BackStyle	0
	ForeColor	&H00FF0000&
Timer1	Enabled	FALSE
	Interval	200
Command1	Caption	开始
Command2	Caption	暂停
Command3	Caption	退出

将标签 Label1 的 BackStyle 属性设置为 0，标签将变成透明的，没有背景。

计时器的 Enabled 属性设置为 False，一开始不工作。设置好属性的界面如图 7.12 所示。

（3）编写程序代码。

```
Private Sub Command1_Click()            ' "开始"按钮，单击一次之后变"继续"
    Timer1.Enabled = True
    Command1.Caption = "继续"
End Sub
Private Sub Command2_Click()            ' 暂停
    Timer1.Enabled = False
End Sub
Private Sub Command3_Click()
    End
End Sub
Private Sub Timer1_Timer()              ' 控制标签不断向右移动
    Label1.Left = Label1.Left + 100
End Sub
```

（4）运行程序。

启动运行程序，单击“开始”按钮，按钮标题变为“继续”，标签不断向右移动。单击“暂停”按钮，标签暂停移动。程序运行界面如图 7.13 所示。

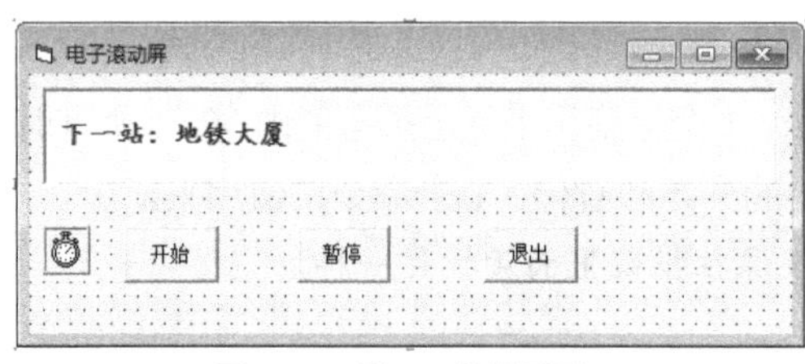

图 7.12 例 7.8 设计界面

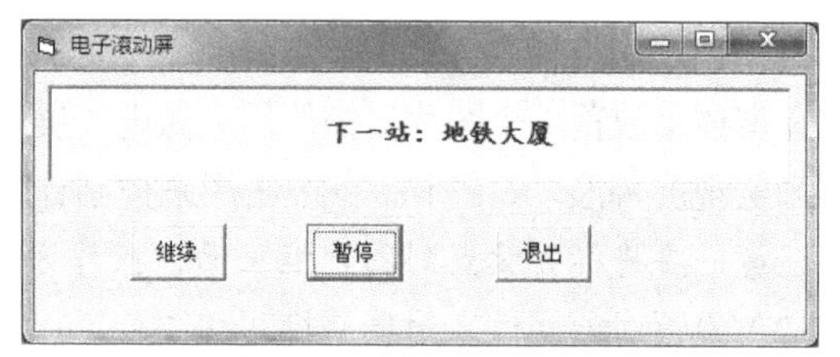

图 7.13 例 7.8 运行界面

运行情况分析：单击“开始”后，每隔 200 毫秒即 0.2 秒，计时器的 Timer 事件执行一次，标签向右移动 100 缇。随着时间的推移，标签终将移出图片框的区域，一去不复返。这和常规的电子滚动屏的作用不相符，通常电子滚动屏要展示的内容是循环不断的滚动的。如何来修改 Timer 事件的程序代码呢？

可以为标签的移动设置边界，当向右移动完全超出边界后，让标签再从头开始移动。修改后的 Timer 事件程序代码如下。

```
Private Sub Timer1_Timer()
    If Label1.Left < Picture1.Width Then            ' 若标签没有超出图片框的边界
```

```
        Label1.Left = Label1.Left + 100           ' 继续向右移动
    Else                                          ' 否则从左边重新开始移动
        Label1.Left = 0
    End If
End Sub
```

上面的电子滚动屏始终是从左往右滚动的，还可以修改程序，让标签的内容从左移动到最右边后，又改变方向，从右向左移动，移动到最左边后，再次改变方向，如此循环。要实现左右来回循环滚动，Timer 事件程序代码要修改如下。

```
Private Sub Timer1_Timer()
    Static n%                                     ' 静态变量 n 控制移动方向
    If n = 0 Then                                 ' n=0 时，从左往右移动
        If Label1.Left + Label1.Width < Picture1.Width Then
                ' 若标签右边界没有超出图片框的右边界
            Label1.Left = Label1.Left + 100       ' 向右移动
        Else
            n = 1                                 ' 超出边界，改变方向
        End If
    Else                                          ' n=1 时，从右往左移动
        If Label1.Left > 0 Then
                ' 若标签左边界没有超出图片框的左边界
            Label1.Left = Label1.Left - 100       ' 向左移动
        Else                                      ' 超出边界，改变方向
            n = 0
        End If
    End If
End Sub
```

定义了一个静态变量 n 来记录标签移动的方向。定义静态变量的目的是为了让 n 的值在多次的 Timer 事件中延续，也可以在通用声明中把 n 定义为窗体/模块级的变量。n=0 时，标签从左往右移动，超出右边界后，将 n 改为 1，变成从右往左移动，超出左边界后，再次将 n 改为 0，变成从左往右移动，如此循环。

程序运行的效果就像图片框左右两端安装了弹簧一样，标签只要一碰到边界就被弹往另一个方向了。

【例 7.9】设计一个展示简笔画制作过程的动画程序。

分析：将画一幅简笔画的主要步骤截图，再利用计时器循环播放这些图片。

（1）创建用户界面。

在窗体上放置 8 个图像框控件，其中 1 个用来展示动画，另外 7 个用来放简笔画截图；1 个计时器控件；2 个命令按钮用来开始和暂停动画。

（2）设置对象属性。对象属性见表 7.7。

表 7.7　例 7.9 对象属性的设置

控件名	属性名	属性值
Form1	Caption	动画制作
Image1	Height	2400
	Width	3600
	Stretch	True

续表

控件名	属性名	属性值
Image2、Image3、Image4、Image5、Image6、Image7、Image8	Height	1200
	Width	1800
	Stretch	True
	Visible	False
	Picture	分别为 s1.jpg、s2.jpg、s3.jpg、s4.jpg、s5.jpg、s6.jpg、s7.jpg
Timer1	Enabled	False
	Interval	400
Command1	Caption	开始
Command2	Caption	暂停

图像框 Image2、Image3、Image4、Image5、Image6、Image7 和 Image8 分别加载制作简画关键步骤截图 s1.jpg、s2.jpg、s3.jpg、s4.jpg、s5.jpg、s6.jpg 和 s7.jpg，并将其 Visible 属性设置为 False，运行时隐藏。

设置好属性的界面如图 7.14 所示。

图 7.14　例 7.9 设计界面

（3）编写程序代码。

```
Dim k%     ' 在通用声明中定义窗体模块级变量
Private Sub Command1_Click()              ' “开始”按钮
   Timer1.Enabled = True
   Command1.Caption = "继续"
End Sub
Private Sub Command2_Click()              ' “暂停”按钮
   Timer1.Enabled = False
End Sub
Private Sub Timer1_Timer()
   Select Case k
       Case 0
            Image1.Picture = Image2.Picture
            k = 1
       Case 1
            Image1.Picture = Image3.Picture
            k = 2
       Case 2
            Image1.Picture = Image4.Picture
            k = 3
```

```
        Case 3
            Image1.Picture = Image5.Picture
            k = 4
        Case 4
            Image1.Picture = Image6.Picture
            k = 5
        Case 5
            Image1.Picture = Image7.Picture
            k = 6
        Case 6
            Image1.Picture = Image8.Picture
            k = 0
    End Select
End Sub
```

通过窗体模块级变量 k 来控制 Image1 中加载的图片，k 的值在 0～6 之间循环，7 个值分别对应 7 个图片。

（4）运行程序。

运行时单击“开始”启动动画，单击“暂停”使动画停止。程序运行部分界面分别如图 7.15～图 7.18 所示。

图 7.15　例 7.9 之 k=3

图 7.16　例 7.9 之 k=4

图 7.17　例 7.9 之 k=5

图 7.18　例 7.9 之 k=6

除了可以用 7 个图像框的图片做 Image1 加载的备用图片外，还可以直接使用 LoadPicture( )函数来给 Image1 加载不同的图片。在使用图片之前，要先将图片素材准备好并和窗体放在同一个文件夹里，否则 LoadPicture( )函数的参数中就要包含图片的路径。

08 第8章　过程

8.1　过程概述

对于一个复杂的应用问题，往往需要将它逐层细分成一个个简单的问题去解决，从而使复杂的任务更易理解和实现，也更容易维护，通过调用以避免代码的重复编写。每一个简单问题通过一段程序来实现，这种程序就称为过程。VB 中的过程可以看成是编写程序的功能模块。VB 应用程序是由若干过程组成的。

VB 过程是完成特定功能的一组程序代码，它需要以一个名字（过程名）来标识，过程名是用来实现过程调用的。在程序设计时，经常出现有些程序代码需要重复执行，或者是多个程序都需执行相同的操作，这些重复执行的程序是相同的，只不过每次都以不同的要求进行重复。

VB 过程主要有两大类：事件过程和通用过程。前面各章所接触的过程都是事件过程。事件过程是当某个事件发生时，对该事件做出响应的程序段，它是 VB 应用程序的主体。

有时多个不同的事件过程需要用到一段相同的程序代码（即执行相同的任务），为了避免程序代码的重复，可将这一段程序代码独立出来，作为一个过程，这样的过程就称为“通用过程”。通用过程独立于事件过程之外，可以被其他的过程（事件过程与通用过程）所调用。

通用过程分为两类：子程序过程和函数过程（即 Sub 过程和 Function 过程）。

8.2　Function 过程

VB 系统中提供了许多内部函数，如 Sin、Rnd、Int 等，它们的处理程序都存放在 VB 系统程序之中，用户可以在需要时随时直接调用。但这只是一般常用的函数，远远不能满足用户的需要，为此 VB 允许用户根据需要使用 Function 过程（即函数过程）。Function 过程与内部函数一样，可以在用户程序中使用。

8.2.1　函数过程的定义

1. Function 过程定义的格式

```
[Static]|[Private]|[Public]Function <过程名>[（参数列表）][As 类型]
```

```
[语句组]
[过程名=表达式]        过程体（函数体）
[Exit Function]
[语句组]
End Function
```

2. 说明

（1）Function 过程以 Function 开头，以 End Function 结束，之间的程序代码是实现函数功能的程序语句序列。

（2）<过程名>也称为函数名，它的命名规则与变量名相同，不允许与系统保留字同名。

（3）Static、Private、Public 的含义如下。

① Static：指定本函数过程中的局部变量在内存中的默认存储方式。若使用 Static，则过程中的局部变量是“Static”型，即在同一次执行的每次调用过程时，局部变量的值保持不变；若省略 Static，则局部变量默认为“自动”型，即在同一次执行的每次调用过程时，局部变量都被初始化。Static 对在本过程之外定义的变量无影响。

② Private：指定本函数过程是私有（函数）过程，表明它只能被本模块中的其他过程所访问，而不能被其他模块中的过程所访问。

③ Public：指定本函数过程是公有（函数）过程，可以被本程序中的任何过程调用。各窗体之间通用的过程一般是在标准模块中用 Public 定义，在窗体层定义的通用过程通常在本窗体模块中使用，若需在其他窗体模块中使用，则需在过程名前加上窗体名作为前缀。

（4）参数列表：包含了在调用时与主调过程之间需要进行数据传递的变量名或数组名。参数列表的格式如下：

```
[ByVal|ByRef]<变量名>[( )][As 类型][, [ByVal|ByRef]<变量名>[( )][As 类型]……]
```

① 参数：可以是简单变量或数组形式，若是数组形式，则在数组名后需有一对空括号。它们在形式上表明本函数过程与外部过程之间需要传递的参数类型、参数个数、参数次序，并不具体表示某个数据（在定义过程时，并不占有内存空间），是虚拟的，所以称为“形式参数”“形参”“虚拟参数”“虚参”。

形参属于局部变量，当本函数过程调用结束时，形参将被释放。若形参是以数组形式出现的，则此形参数组不能在本函数过程中定义，它的定义是通过函数过程的调用借助于与它对应的实参数组的定义来完成的。

② ByVal|ByRef：指定本参数（形参）与对应的调用参数（实参）之间的传递方式。若指定 ByVal，则传递方式为按址传递；若指定 ByRef，则传递方式为按值传递。ByRef 是 VB 的缺省选项。

③ As 类型：此类型是定义本形参的类型的。形参的类型定义与简单变量的类型是相同的，但是形参不能定义为定长字符串型。形参类型缺省为具有 Variant 数据类型。

（5）过程的定义不允许出现嵌套定义，即不能在一个过程体内再定义另一个过程。

（6）As 类型：函数<过程名>的类型的，即定义本函数值的类型。

（7）过程体：过程体中是实现函数（过程）功能的代码。在函数过程体中，一般是至少需对<过程名>赋值一次，最后一次执行的赋值即是本函数的函数值。若未对<过程名>赋值，或虽然有此赋值语句，但是未执行，那么此函数值为 0 或空串（根据函数的类型确定）。过程体的正常执行结束是在 End Function 上的，若需在过程体执行中，中途结束此函数（过程）的执行（调用），则使用 Exit Function

语句，或将流程转向 End Function 语句。

【例 8.1】编写一个求任意两个数据的最大值的函数过程。

程序如下：

```
Function Max(x as Integer, y As Integer) As Integer
    If m>n Then
            Max=x
        Else
            Max=y
        EndIf
End Function
```

（8）Exit Function：在函数过程体执行过程中，若需要中途退出函数过程，则可以采用 Exit Function 语句强行结束函数过程的调用。Exit Function 语句往往与条件语句配合使用，用于产生有条件的中途退出的效果。例如，计算 1+2+…+*n* 首次突破 3000 的最小 *n* 值。

```
Function jsn(x As Integer) As Integer
  Dim i As Integer, y As Integer
  i = 1
  y = 0
  Do While True
    y = y + i
    If y >= x Then
      jsn = i '将计算结果返回
      Exit Function  '中途退出
    End If
    i = i + 1
  Loop
End Function
```

上面是在手工方式下建立过程，是常用的方式。另外一种方式也可以用来建立子过程，即通过 VB 系统菜单来建立，具体步骤如下。

① 首先让当前工作状态处于子模块代码窗口，在系统菜单“工程”菜单项选择下拉式菜单中的“添加模块”项，在“添加模块”的对话框中选择“新建”页，选中“模块”项，单击“确定”即可进入代码窗口。也可在窗体上直接双击该窗体模块代码窗口。

② 选择系统菜单中的“工具”→“添加过程”，即可打开“添加过程”对话框，如图 8-1 所示。

③ 确定并在“名称(N)”后面输入过程名称，图 8.1 所示的“test”为过程名。

④ 确定过程的类型并在复合框类型中选择单选按钮（共 4 种类型）之一，若创建的过程为以 Sub 开头的自定义子过程，则选择“子程序（S）”；若创建的是 Function 的函数子过程，则选择“函数（F）”。

⑤ 在复合框“范围”中选择确定所创建的过程是私有的还是公有的。

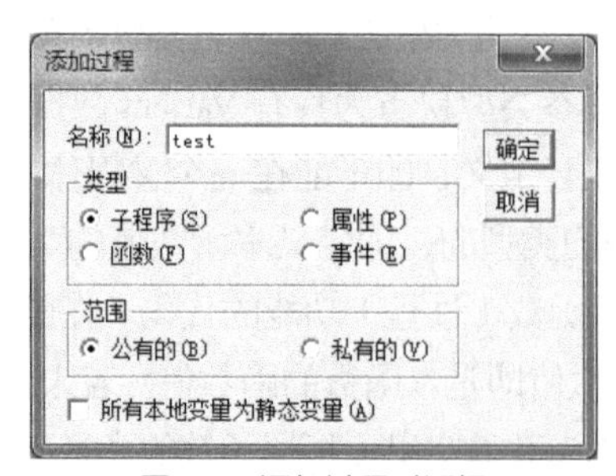

图 8.1　添加过程对话框

⑥ 根据实际的需要，确定过程是否为静态的，选择“所有本地变量为静态变量”，则会在过程说明之前加上 Static 说明符，若不选择“所有本地变量为静态变量”，则在过程说明之前无 Static 说明符。

⑦ 单击“确定”，即可返回到模块窗口，并将过程的框架根据上述选择构造完毕，将录入光标定位在过程内的第一行，如图 8.2 所示。此时即可在 Function… End Function 之间设计程序了。

注意：若过程需要有参数时，用户可在过程名后的括号中添加形参及相关的类型说明即可。

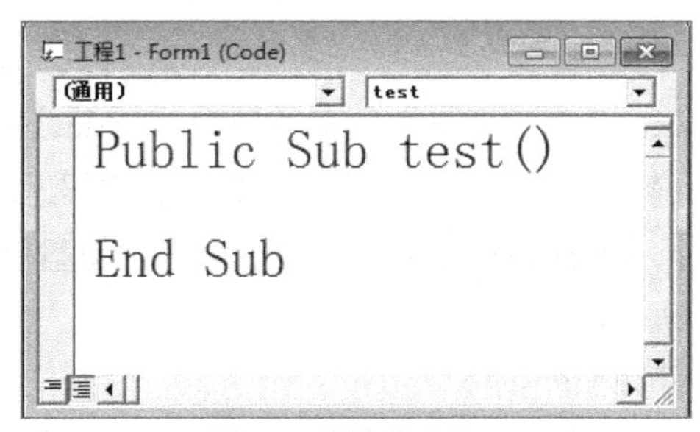

图 8.2　模块代码窗口

8.2.2　Function 过程的调用

Function 过程的调用比较简单，它可以像使用 VB 的内部函数一样来调用 Function 过程。实际上，Function 过程就是一个函数，它与内部函数并无什么区别，只不过内部函数由系统提供，而 Function 过程是由用户根据需要由自己定义的。

在前面编写定义了计算两个数的最大数 max 函数的过程，该函数的类型定义 Integer，它有两个形参，在调用时应相应地提供两个实参。

```
Sub Form_Click()
  Dim a As Integer,b As Integer
  a=24 : b=16
  Print a;"与";b; "的最大数为: ";max(a,b)
End Sub
```

【例 8.2】从键盘上输入一个数据，输出它的平方根。

用内部函数 Sqn 可以得到一个数据的平方根，但是该数必须为非负数，所以通过过程来实现平方根的计算。

程序如下。

```
Private Sub Form_Click()
    Dim msg, sqrN, n As Double
    n = InputBox("请输入要计算平方根的数: ")
    msg = n & "的平方根"
    sqrN = sqn(n)
    Select Case sqrN
        Case 0
            msg = msg & "是 0"
        Case -1
            msg = msg & "是一个虚数"
        Case Else
            msg = msg & "是" & sqrN
    End Select
```

```
    MsgBox msg
End Sub
Function sqn(x As Double) As Double
    Select Case Sgn(x)
        Case 1
            sqn = Sqr(x)
        Case 0
            sqn = 0
        Case Else
            sqn = -1
    End Select
```

过程 sqn 用来求平方根。该函数有一个参数，其类型为 Double，函数的返回值类型是 Double。在该过程中，用函数 sgn 判断参数的符号，当参数为正数时，过程返回该参数的平方根；参数为 0 时，则返回 0；若参数为负数时，则返回-1。在事件过程中，用从键盘上输入的数调用 sqn 函数过程，并根据返回的值进行不同的处理。

【例 8.3】计算 1～100 之间质数的个数。

定义函数过程 isPrime，返回值为逻辑型，功能是判断给定的正整数是否为质数，若是质数，则返回 True，否则返回 False。

程序如下。

```
Private Sub Form_Click()
        Dim n As Integer, i As Integer
            For i = 1 To 100
                If isPrime(i) Then
                    Print i;
                    n = n + 1
                    If n Mod 10 = 0 Then Print
                End If
            Next i
            Print
            Print "1～100之间的质数共有：" & n & "个"
End Sub
Function isPrime(m As Integer) As Boolean
           Dim i As Integer, b As Boolean
            b = True
            For i = 2 To Sqr(m)
                If m Mod i = 0 Then
                    b = False: Exit For
                End If
            Next i
            isPrime = b
            If m = 1 Then
                isPrime = False: Exit Function
            ElseIf m = 2 Then
                isPrime = True: Exit Function
            End If
End Function
```

8.3 Sub 过程

在 VB 中，Sub 过程有两类：事件过程和通用过程。

8.3.1 事件过程和通用过程

1. 事件过程

事件过程也是 Sub 过程，但它是一种特殊的 Sub 过程，它附加在窗体和控件上。当用户对一个对象发出一个动作时，就会产生一个事件，然后自动调用与该事件相关的事件过程。事件过程是在响应事件时执行的代码段。事件过程一般是由 VB 创建的，用户不能增加或删除。缺省时，事件过程是私有的。

事件过程的命名规则如下。

（1）控件事件的过程名是由控件的实际名字（由 Name 属性确定）、下划线和事件名组合构成的。例如，若希望在单击了一个名为 cmdPlay 的命令按钮后，这个按钮会调用单击事件过程，则需要 cmdPlay_Click 过程名。

（2）窗体事件的过程名由单词“Form”、下划线和事件名组合构成。例如，若希望在单击窗体后调用单击事件，则需要 Form_Click 过程名。

（3）MDI 窗体的事件过程名由“MDIForm”、下划线和事件名组合构成，例如 MDIForm _Load。

控件事件的格式：

```
Private Sub <控件名>_<事件名>([<形参表>])
  [<语句组>]
End Sub
```

窗体事件的格式：

```
Private Sub Form_<事件名>([<形参表>])
  [<语句组>]
End Sub
```

虽然用户可以输入首行的事件过程名，但是使用模板会更方便，模板会自动将正确的过程名包括进来。具体做法是：从“对象”列表框中选择一个对象，从“过程”列表框中选择一个过程，系统就会在“代码编辑器”窗口中生成该对象所选事件的过程模板，如图 8.3 所示。

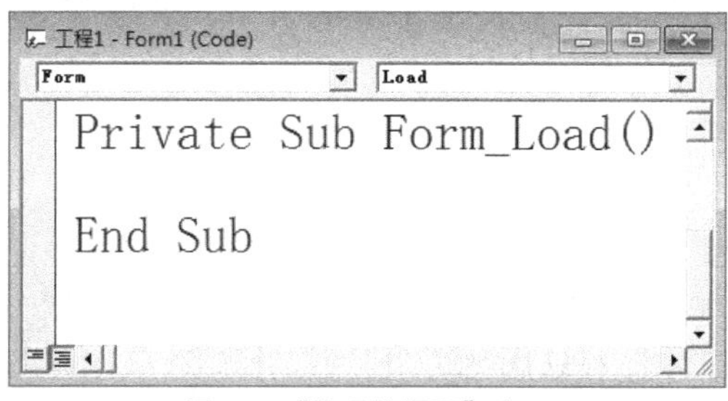

图 8.3 “代码编辑器”窗口

事件过程名是由 VB 自动给出的，如 Form_Click。因此，在为新控件或对象编写事件代码之前，应先设置它的 Name 属性。如果编写代码后再改变控件或对象 Name 属性，就必须同时更改事件过程的名字，否则控件或对象就会失去与代码的联系，此时就会把它当作一个通用过程来处理。

2. 通用过程

通用过程是指必须由其他过程显式调用的代码块，通用过程由用户创建。在一个过程中，通用过程可以被其他过程调用，这样就可以提高代码的利用率。通用过程又分为子过程和函数过程。

8.3.2 Sub 过程的定义

1. Sub 过程定义的格式

```
Private | Public | Static] Sub <过程名>([<形参表>])
  [<语句组>]  ┐
  [Exit Sub]  ├ 过程体
  [<语句组>]  ┘
End Sub
```

2. 说明

（1）通用过程通常完成一个特定的任务，它不与任何特定的事件相联系，只能由其他的过程来调用，它还可以存储在窗体模块或标准模块中。

（2）可以将子过程放入标准模块、类模块和窗体模块中。缺省规定所有模块中的子过程为 Public（公用的），这意味着在应用程序中可以随处调用它们；若选用 Private（局部），则只有该过程所在模块中的程序才能调用该过程。

（3）若选用 Static（静态），则该过程中的所有局部变量的存储空间只分配一次，且这些变量的值在整个程序运行期间都是存在的，即在程序运行期间每次调用该过程时，各局部变量的值一直存在；若省略 Static，过程每次被调用时将重新为其变量分配存储空间，当该过程结束时释放其变量的存储空间。

（4）<过程名>：命名规则与变量名的命名规则相同。一个程序中，过程名应具有唯一性。过程名在此仅仅表示本 Sub 过程的名字而已（它不像函数过程名），不与数据发生联系，因此在过程头部，不能定义 Sub 过程名的数据类型，在 Sub 过程体中，也不能对 Sub 过程名进行赋值。

（5）<语句组>：程序代码。

（6）<形参表>：与函数过程相同。

（7）Exit Sub：在 Sub 过程体执行过程中，若需要中途退出 Sub 过程，则可以采用 Exit Sub 语句强行结束 Sub 过程的调用。Exit Sub 语句往往与条件语句配合使用，用于产生有条件的中途退出的效果。

（8）Sub 过程的定义不允许出现嵌套定义，即不能在一个过程体内再定义另一个过程。

（9）过程可以有参数，也可以没有任何参数。没有参数的过程称为无参过程。

8.3.3 Sub 过程的调用

子过程定义完成之后，要使用这些子过程就必须调用它，也就是说要执行这些子过程，也只有这样才能使子过程启动，而执行子过程的调用有两种格式：一种是将过程的名字放在一个 Call 语句中，另一种是将过程名作为一个语句来使用。

1. 用 Call 语句调用 Sub 过程

格式：

```
Call <过程名>[(实际参数表)]
```

功能：将程序控制传送到 VB 的 Sub 过程。

【说明】

（1）“实际参数”也称为实参，应该在数量、类型、位置上与形参保持一致。

（2）实参可以是与形参同类型的常量、变量、数组元素、表达式。

（3）当参数是数组时，形参与实参在参数说明时应省略其维数，但括号不可省。

（4）若过程本身没有参数，则“实参”和括号可以省略；否则应给出相应的实参，并将参数放在括号中。例如：

```
Call Tryour(a,b)
```

注意：用Call语句也可以调用Function过程，但是用此方式调用Function过程，将会放弃返回值。

2. 将过程名作为一个语句来使用

格式：

<子过程名>　[实参表]

【说明】

（1）<子过程名>与实参表之间必须以空格隔开。

（2）[实参表]不能用括号括起来。

例如：

```
Tryour a,b
```

不能写成：

Tryour (a,b)或Tryour,a,b

【例8.4】计算5! +10!。

程序代码如下：

```
Private Sub Form_Click()
   Dim y As Long, s As Long
   Call jc(5, y)
   s = y
   Call jc(10, y)
   s = s + y
   Print "5! +10! ="; s
End Sub
Sub jc(n As Integer, t As Long)
   Dim i As Integer
   t = 1
   For i = 1 To n
      t = t * i
   Next i
End Sub
```

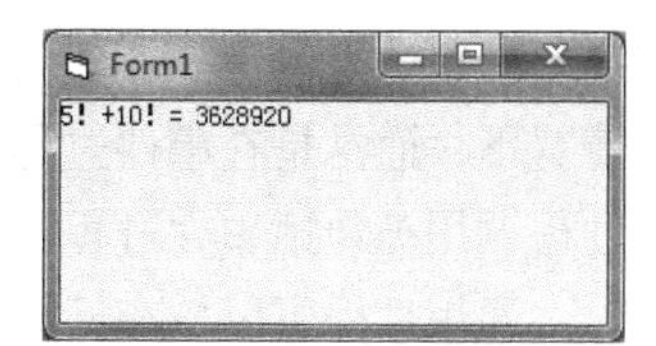

图8.4　例8.4运行界面

运行结果如图8.4所示。

【例8.5】编写一个用来延时指定时间（秒）的Sub过程，调用这个过程，按指定的时间间隔显示若干行信息。

程序代码如下。

```
Sub DelayLoop(DelayTime)
   Const SecondsInDay = 24& * 60& * 60&
   loopfinish = Timer + DelayTime
   If loopfinish > SecondsInDay Then
      Do While Timer > loopfinish
      Loop
   End If
   Do While Timer < loopfinish
   Loop
End Sub
```

```
Private Sub Form_Click()
    FontSize = 12
    Print "现在输出第一行"
    Print "等待 5 秒钟……"
    DelayLoop 5
    Print
    Print "现在输出第二行"
    Print "等待 3 秒钟……"
    DelayLoop 3
    Print
    Print "输出第三行"
End Sub
```

运行结果如图 8.5 所示。

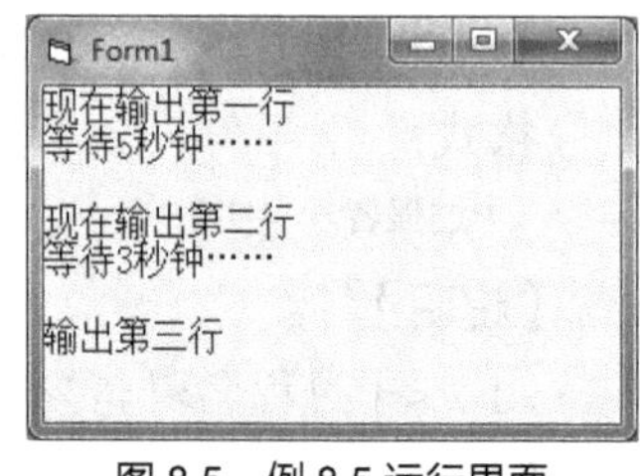

图 8.5　例 8.5 运行界面

【例 8.6】调用通用过程，检查输入的数据是否为数值。

在通用过程 Warning 编写检查输入数据。单击“检查数据”按钮和文本框失去焦点事件的事件都调用 Warning 通用过程。

程序代码如下。

```
Sub Warning()
    If IsNumeric(Text1.Text) Then
        MsgBox "输入的是数值！", vbOKOnly, "输入"
    Else
        MsgBox "输入的不是数值！", vbOKOnly, "输入"
    End If
End Sub
Private Sub Command1_Click()
    Call Warning
End Sub
Private Sub Text1_LostFocus()
    Call Warning
End Sub
```

事件过程也是 Sub 过程，但它是一种特殊的 Sub 过程。它是附加在窗体和控件上的。在大多数情况下，通常是在事件过程中调用通用过程。实际上，由于事件过程也是过程，因此也可以被其他过程调用（包括事件过程和通用过程）。

通用过程可以放在标准模块中，也可以放在窗体模块中，而事件过程只能放在窗体模块中，不同模块中的过程（包括事件过程和通用过程）可以相互调用，当过程名唯一时，可以直接通过过程名调用；若多个模块中含有同名的过程，则在调用时必须指明调用的是哪个模块中的过程。其一般调用的格式如下：

<模块名>. <过程名>[（参数表）]

一般来说，通用过程（包括 Sub 过程、Function 过程）之间、事件过程之间、通用过程与事件过程之间，都是可以相互调用的。

8.4　参数传递

调用过程时可以将数据传递给过程，也可以将过程中的数据传递回来。这些数据也称为过程参数。编制一个过程时，需要考虑调用过程与被调用过程之间的参数是如何相互传递的，并完成主调过程中的参数（即实际参数或实参）与被调过程中的参数（即虚拟参数或虚参，形式参数或形参）的结合（即虚实结合）。

在 VB 中，可以通过两种方式来传递参数，即按址传递和按值传递。

8.4.1　按址传递与按值传递

1. 按址传递

VB 默认的传递方式是按址传递。所谓的按址传递，实际上是当调用一个过程时，将实参变量的内存地址传递给被调用过程中相对应的形参，即形参与实参使用相同的内存地址单元（或形参与相对应的实参共享同一个存储单元），这样就可以通过改变形参数据，达到同时改变实参数据的目的。

采用按址传递方式时，实参必须是变量或数组，而不能是常量或表达式。

【例 8.7】按址调用。

程序代码如下。

```
Private Sub Command1_Click()
  Dim a As String
  a = "调用前的值"
  Print "a is "; a    '调用前的 a 值
  Call yeschange(a)   'a 的值在过程内的改变会影响实参 a 的值
  Print "a is "; a    '调用后 a 的值与原来不相同
End Sub
Sub yeschange(a As String)
  a = a & "有了改变"  '形参变化将影响实参
  Print "a is "; a     '打印变化后的形参
End Sub
```

运行的结果如图 8.6 所示。

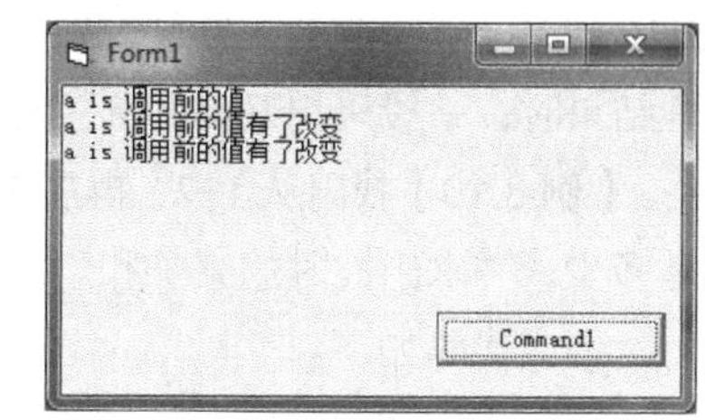

图 8.6　例 8.7 运行界面

实参变量 a 在调用之前为“调用前的值”，即图 8.6 中的第一行输出信息；当调用过程 yeschange 时，实参 a 与形参 a 共享同一个存储单元，即形参 a 的值也为“调用前的值”，在 yeschange 过程体中，形参 a 的值改变为“调用前的值有了改变”，因此在 yeschange 过程体中的输出即是图 8.6 的第二行信息，也就是改变了实参 a 的值，即实参 a 的值也为“调用前的值有了改变”；当 yeschange 过程的调用结束时，形参 a 被释放，但是它在过程体中的改变已经造成了相对应实参 a 的变化，所以当流程控制返回到事件过程时，实参 a 将形参 a 的修改结果带了回来，即图 8.6 的第三行信息。

在程序设计过程中，用户可以利用按址传递的特点，实现从被调过程中将所需要的结果带回主调程序。

【例 8.8】计算 10！的结果。

程序代码如下。

```
Private Sub Form_Click()
  Dim s As Long
  Call sum(s)
  Print "s="; s
End Sub
Sub sum(v As Long)
  v = 1
```

```
    For i = 1 To 10
      v = v * i
    Next i
  End Sub
```

运行结果如图 8.7 所示。在被调过程 sum 中，计算的结果放在形参 v 中，通过按址传递方式，将结果 v 的值传递给实参 s。

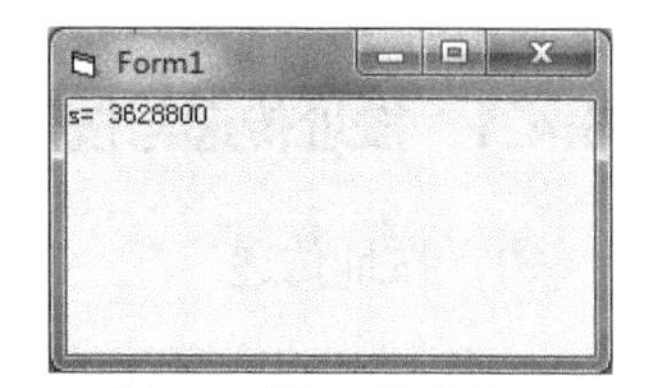

图 8.7　例 8.8 运行界面

当然例 8.7 也可以采用 Sub 过程解决。

【例 8.9】利用函数过程计算 5！+4！+3！+2！+1！。

程序代码如下。

```
Function Multiply(n As Integer) As Integer
    Multiply = 1
    Do While n > 0
        Multiply = Multiply * n
        n = n - 1
    Loop
End Function
Private Sub Form_Click()
    Dim sum As Integer, i As Integer
    For i = 5 To 1 Step -1
        sum = sum + Multiply(i)
    Next i
    Print "sum="; sum
End Sub
```

如果需要通过子过程计算两个以上的结果时，一般情况下采用 Sub 过程来处理问题，将需要带回的结果以形参的形式处理，然后通过虚实结合来从被调过程中带回所需的结果；若只需要计算一个结果时，一般采用 Function 过程来处理问题。

【例 8.10】找出从 1+2，再加 3，…，直到加 100 的过程中，使得累加和第一次超过 3000 的加数是多少，并求出此时的累加和。

程序代码如下：

```
Private Sub Form_Click()
  Dim s As Long, m As Integer
  Call sum(s, m)
  Print "这个加数是: "; m, "和是: "; s
End Sub
Sub sum(sum As Long, n As Integer)
  sum = 0
  For i = 1 To 100
    sum = sum + i
    If sum > 3000 Then Exit For
  Next i
  n = i
End Sub
```

运行结果如图 8.8 所示。

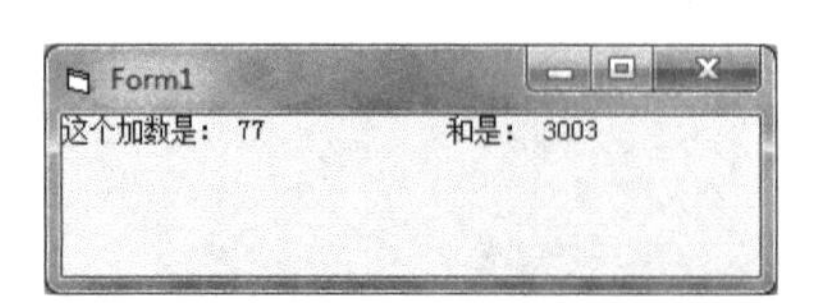

图 8.8　例 8.10 运行界面

从本例中看到，合理地使用虚实结合可以得到多个计算结果。

2. 按值传递

按值传递是指传递的是参数值，将实参的值复制给相对应的形参，而不是传递它的地址。由于通用过程不能访问实参的内存地址，因而在通用过程中对形参的任何修改操作都不会影响相对应的实参。

- 若实参为常量、表达式时，则形参与实参采用按值传递方式。
- 若实参为变量，而与之对应的形参采用 ByVal 限定，则形参与实参采用按值传递。

因为按值传递方式在过程体内对形参的改变不会影响实参，所以按值传递方式可增加程序的可靠性，便于程序的调试，可减少各过程单元之间的关联。

【例 8.11】按址调用。

程序代码如下。

```
Private Sub Command1_Click()
  Dim a As String
  a = "调用前的值"
  Print "a is "; a       '调用前的 a 值
  Call yeschange(a)      'a 的值在过程内的改变不会影响实参 a 的值
  Print "a is "; a       '调用后 a 的值与原来相同
End Sub
Sub yeschange(ByVal a As String)
  a = a & "有了改变"      '形参变化不会影响实参
  Print "a is "; a       '打印变化后的形参
End Sub
```

运行结果如图 8.9 所示。

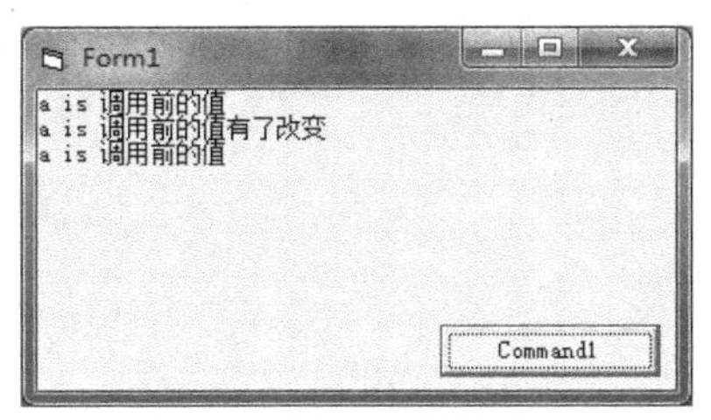

图 8.9 例 8.11 运行界面

实参 a 在调用之前为“调用前的值”，即图 8.9 中的第一行输出信息；当调用过程 yeschange 时，实参 a 的值被传递给形参 a，即形参 a 的值也为“调用前的值”，在 yeschange 过程体中，形参 a 的值改变为“调用前的值有了改变”，因此在 yeschange 过程体中的输出即是图 8.9 的第二行信息，但是未改变实参 a 的值，即实参 a 的值仍为“调用前的值”；当 yeschange 过程的调用结束时，形参 a 被释放，所以当流程控制返回到事件过程时，实参 a 仍然是原来的值，即“调用前的值”，也即图 8.9 的第三行信息。

若实参为变量，而与之对应的形参无 ByVal 限定，那么在主调过程中实参可用下列方式解决：将实参改为“(实参)”“实参+0”“实参*1”。

如例 8.11 程序代码中的 Call yeschange(a)改为 Call yeschange(（a）)或 Call yeschange(a+0)或 Call yeschange(a*1)。

【例 8.12】计算任意两个正整数的最大公约数及最小公倍数。

该例界面由一个 Command1 按钮、2 个文本框、4 个标签组成。2 个文本框用于输入给定的两个数据，命令按钮用于触发计算最大公约数的过程，控件及属性设置如表 8.1 所示，设计界面及运行结果如图 8.10 所示。

表 8.1　例 8.12 控件属性表

控 件 名	属 性 名	属 性 值
Command1	Caption	求最大公约数及最小公倍数
Text1	Text	空
Text2	Text	空
Label1	Cattion	请输入第一个数据
Label2	Cattion	请输入第二个数据
Label3	Caption	最大公约数为:
Label4	Caption	最小公倍数为:

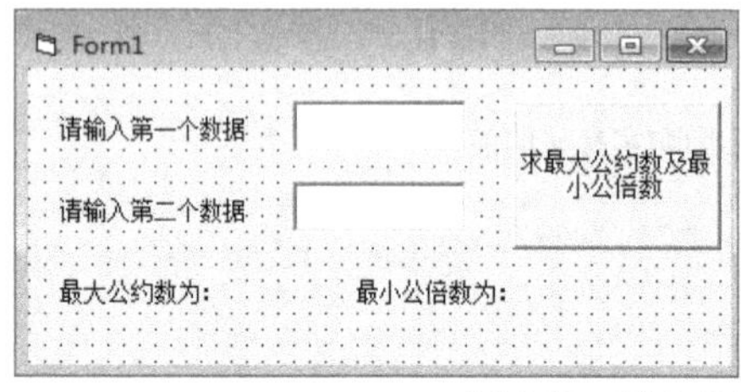

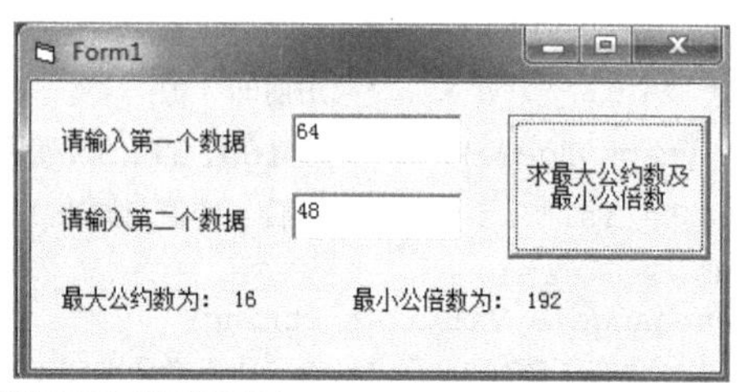

图 8.10　例 8.12 设计界面及运行界面

程序代码如下：

```
Private Sub Command1_Click()
  Dim a As Integer, b As Integer, x As Integer, k As Integer
  a = Val(Text1.Text)
  b = Val(Text2.Text)
  If a < b Then
    x = a: a = b: b = x
  End If
  k = gcd(a, b)
  Label3.Caption = Label3.Caption & Str(k)
  Label4.Caption = Label4.Caption & Str(a * b / k)
End Sub
Function gcd(ByVal x As Integer, ByVal y As Integer) As Integer
  Dim r As Integer
  Do While y <> 0
    r = x Mod y
    x = y
    y = r
  Loop
  gcd = x
End Function
```

其中，gcd 函数为求最大公约数，而在事件过程 Command1_Click 则调用 gcd 函数，最小公倍数的计算在事件过程中计算。

如果在函数过程 gcd 中定义的形参不限定为按值传递，那么形参 x 和 y 在过程体中的变化将引起主调过程 Command1_Click 中实参 a 和 b 也发生变化，从而造成在计算最小公倍数时的 a 与 b 不再是原始的数据，进而得到错误的结果。所以为了保证实参数据在调用前后的不变，应采用按值传递。

8.4.2　数组参数的传递

在 VB 中允许参数为数组，数组只能通过按址传递方式进行。例如，假设定义如下过程：

```
Sub s(a(),b())
  ……
End sub
```

此过程有两个形参，这两个形参为数组。在用数组作为过程的参数时，应在数组名的后面加一对空括号，以避免与普通变量相混淆。在调用此过程时需采用如下方式：

```
Call s(x(),y())
```

如此将实参数组 x 和 y 传递给过程中的形参数组 a 和 b。当使用数组作为过程的参数时，使用的是“按址传递”方式，即将数组 x 的起始地址传给过程，使形参数组 a 也具有与 x 数组相同的起始地址。因此在执行该过程期间，x 与 a 同占一段内存单元，x 数组中的值与 a 数组共享，如 x(1)的值就是 a(1)的值。如果在过程改变了 a 数组的值，例如：

```
a(3)=18
```

则在执行完过程后，主调过程中数组 x 中的数组元素 x(4)的值也变成 18 了。也就是说，用数组作为过程的参数时，形参数组中各元素的改变都将被带回到实参数组。在传递数组时需注意以下事项。

- 在实参列表与形参列表中的数组只能出现数组名及括号，不能出现数组的维数定义。
- 在过程体中不能对形参数组进行定义，被调过程中形参数组的下标上下界可由 LboundU 和 Ubound 函数确定。

【例 8.13】求任意个数据的最大值。

程序代码如下。

```
Function FindMax(a() As Integer)
   Dim Start%, Finish%, i%
   Start = LBound(a)
   Finish = UBound(a)
   Max = a(Start)
   For i = Start To Finish
      If a(i) > Max Then Max = a(i)
   Next i
   FindMax = Max
End Function
Private Sub Form_Click()
   Dim x(1 To 5) As Integer
   For i = 1 To 5
      x(i) = InputBox("")
      Print x(i); Space(3);
   Next i
   Print
   Print "最大值为："; FindMax(x())
End Sub
```

运行界面如图 8.11 所示。

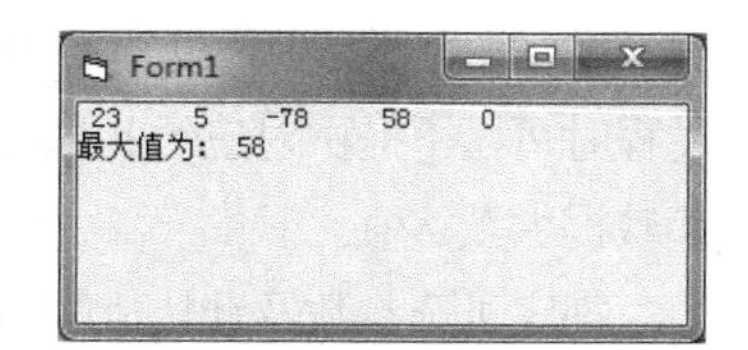

图 8.11　例 8.13 运行界面

【例 8.14】求一个 $n \times n$ 方阵所有元素之和及主对角线元素之积。

利用随机函数产生一个 $n \times n$ 方阵 a，然后将方阵 a 作为参数传递给 Sub 过程，在 Sub 过程内进行计算。

程序代码如下。

```
Dim a() As Integer
Private Sub Command1_Click()
  Dim i As Integer, j As Integer, n As Integer
  n = InputBox("请输入方阵的阶数：")
  ReDim a(n, n)
  Cls
  Randomize Timer
  Print "方阵为："
  For i = 1 To n
    Print Tab(3);
    For j = 1 To n
      a(i, j) = Int(Rnd * 100)
      Print a(i, j); Space(2);
      If a(i, j) < 10 Then Print Space(1);
    Next j
    Print
  Next i
End Sub
Private Sub Command2_Click()
  Dim s As Long, t As Single
  Call suma(a(), s, t)
  Print "所有元素之和为："; s
  Print "主对角线元素之积为："; t
End Sub
Sub suma(b() As Integer, sum As Long, t As Single)
  Dim i As Integer, j As Integer
  sum = 0: t = 1
  For i = 1 To UBound(b())
    For j = 1 To UBound(b())
      sum = sum + b(i, j)
    Next j
    t = t * b(i, i)
  Next i
End Sub
```

运行界面如图 8.12 所示。

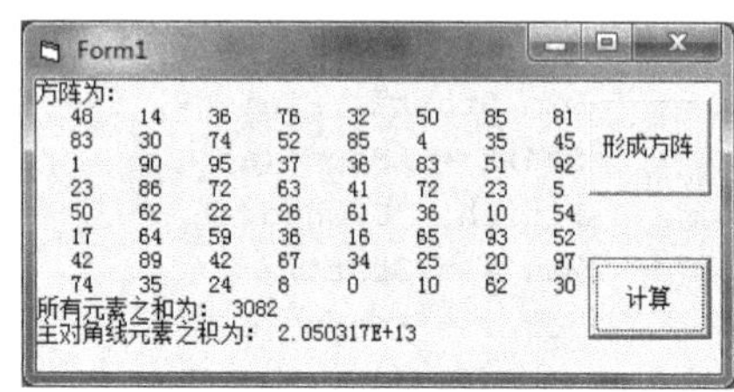

图 8.12　例 8.14 运行界面

8.4.3 可选参数与可变参数

VB 提供了十分灵活和安全的参数传递方式，允许使用可选参数、可变参数、命名参数。

1. 可选参数

一般情况下，通用过程在定义时有几个形式参数，则在调用它时必须提供相同数量的实参。不过 VB 允许在形参前面使用 Optional 关键字将它设为“可选参数”（即可以省略的参数），则在调用此过程时可以不提供对应于此形参的实参。可以在通用过程的首部中通过给可选形参赋值的方式为该参数提供默认值。

指定可选参数及默认值的格式如下：

```
Sub|Function 过程名(……,Optionall 可选参数 [As 数据类型] [=默认值]……)
```

如果调用时未提供相应的实参，则以该默认值作为实参值赋给形参；如果未提供默认值，则形参会被赋以其相应数据类型的默认值。

如果过程有多个形参，当它的一个形参被设定为可选参数时，此形参之后的所有形参都应该以 Optional 关键字定义为可选参数。

调用具有多个可选参数的通用过程时，可以省略它的任意一个或多个可选参数对应的实参。如果被省略的不是最后一个参数，那么它的位置必须用逗号保留。

如果可选参数对应的实参未被省略，则调用的执行方式与普通参数相同。Optional 关键字可以与 ByVal 或 ByRef 关键字同时修饰同一个形参。

【例 8.15】使用可选参数。

程序代码如下。

```
Function f%(a%, Optional b%, Optional c% = 10)
   f = a + b + c
End Function
Private Sub Form_Click()
   Print f(1)          '省略两个参数，显示 11
   Print f(1, 2)       '省略一个参数，显示 13
   Print f(1, , 3)     '省略一个参数，显示 4
   Print f(1, 2, 3)    '不省略参数，显示 6
End Sub
```

运行结果如图 8.13 所示。

图 8.13　例 8.15 运行界面

2. 可变参数

一般来说，过程调用中的实参个数应等于定义过程时的形参个数。但是在 VB 中，也可以将一个过程定义成能够接受任意多个形参的形式，从而使一个过程的参数个数是可变的。这种具有可变参数的过程需要用关键字 ParamArray 来定义，一般格式如下：

```
Sub <过程名>(ParamArray 数组名())
```

其中，“数组名”为形参，默认类型为 Variant 类型。

【例 8.16】定义一个可变参数过程，计算任意多个数据的乘积。

程序代码如下。

```
Private Sub Form_Click()
  Dim a As Integer, b As Long
  Dim c As Variant, d As Single
  a = 6: b = 8: c = 2.6: d = 3
  multi a, b, c, d
  multi 2, 3, 4, 5, 6
End Sub
Sub multi(ParamArray number())
  n = 1
  For Each x In number
    n = n * x
  Next x
  Print n
End Sub
```

运行结果如图 8.14 所示。

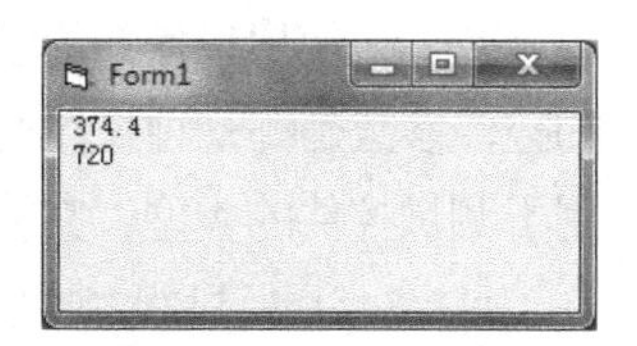

图 8.14　例 8.16 运行界面

在主调过程中，分别两次调用过程 multi，第一次调用时提供 4 个实参，而第二次调用时有 5 个实参，程序的执行结果分别为 374.4 和 720，从而可看出，虽然两次调用的是同一个过程，但是可以给它传递不同个数的参数，而被调用过程都能正确地接收参数和进行计算。

3. 命名参数

一般情况下，调用通用过程时，多个实参依次传递给相应的形参，调用时的实参前后次序与定义过程时的形参位置决定了实参和形参的对应关系。因为每个参数都具有意义，所以调用时实参的顺序不是随意的。

“命名参数”是指若在调用通用过程时，以如下的方式在实参前面加上形参名，使得实参的顺序可任意给定。即：

```
形参名：=实参
```

在同一次调用中，如果某个实参使用了命名参数，则其后的所有实参都必须使用命名参数。未使用命名参数的实参按位置传递给形参。

例如：使用命名参数。本程序调用的函数 f 就是例 8.16 中定义的函数过程 f。

```
Private Sub Form_Click()
    Print f(1,c:=2)             '省略参数 b，显示 3
    Print f(b:=1, a:=2)         '省略参数 c，显示 13
    Print f(1,a:= 3)            '出错！提供了两个参数 a
    Print f(1,,b:= 3)           '出错！提供了两个参数 b
    Print f(1,b:= 2, 3)         '出错！参数 c 也是命名参数
End Sub
```

8.4.4 对象参数

在 VB 中对象也可作为形参，即对象可向过程传递。对象的传递只能按地址传递。

对象作为形参时，形参变量的类型声明为“Control”，或声明为控件类型。例如，形参类型声明为“Label”或“Form”，表示可向过程传递标签控件或窗体。

使用对象作为参数与其他数据类型作为参数并没有什么区别，其格式如下：

```
Sub <过程名>(形参表)
  ……
  [Exit Sub]
  ……
End Sub
```

其中，“形参表”中的形参的类型通常为 Control 或 Form。

【说明】

（1）在调用含有对象的过程时，对象只能通过按址传递方式传递。因此在定义过程时，不能在对象类型的形参前加 ByVal。

（2）在使用控件作为参数时，为了能在过程中正确处理控件的各个属性值，必须要知道所操作的控件参数是哪一种控件类型，因为不同的控件其属性是不同的。为此 VB 提供了一个 TypeOf 语句，用于测试控件的类型，其格式如下：

```
[If | ElseIf] TypeOf <控件名称> Is <控件类型>
```

其中，“控件名称”指的是控件参数（形参）的名字；“控件类型”指的是代表各种不同控件的

关键字。这些关键字有：Label（标签）、CommandButton（命令按钮）、TextBox（文本框）、OptionButton（单选按钮）、CheckBox（复选框）、Frame（框架）、ListBox（列表框）、ComboBox（组合框）、HScrollBar（水平滚动条）、VScrollBar（垂直滚动条）、PictureBox（图片框）、Timer（计时器）、DirListBox（目录列表框）、DriveListBox（驱动器列表框）、FileListBox（文件列表框）、Menu（菜单）。

【例 8.17】创建一个计算三角函数的界面。

在窗体上创建一个按钮数组 cmdCal，包含 4 个按钮，4 个按钮的 Caption 属性值不同，单击不同的按钮在标签 Label2 上显示按钮的内容，通过调用函数 SetText，将按钮作为参数传递。单击按钮 cmdCal(0)时的运行界面如图 8.15 所示。

程序代码如下。

```
Private Sub cmdCal_Click(Index As Integer)
    Dim Ang As Single
    Ang = Val(Text1) * 3.14 / 180
    Call SetText(cmdCal(Index))
    Select Case Index
        Case 0
            Text2 = Sin(Ang)
        Case 1
            Text2 = Cos(Ang)
        Case 2
            Text2 = Tan(Ang)
        Case 3
            Text2 = Atn(Ang)
    End Select
End Sub
Sub SetText(cmd As CommandButton)
    Dim s As String
    s = cmd.Caption & "="
    Label2 = s
End Sub
```

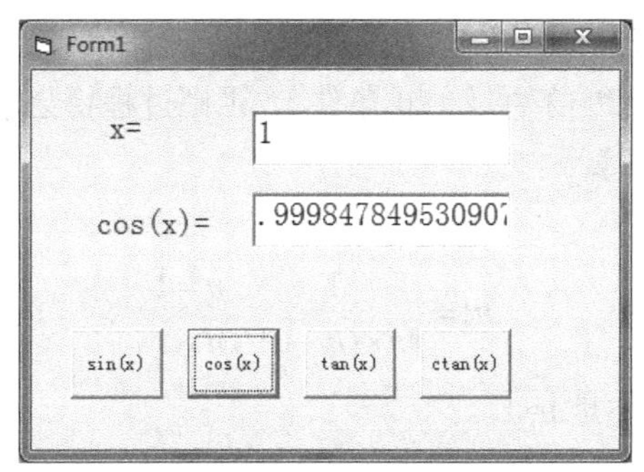

图 8.15　例 8.17 运行界面

8.5　过程的嵌套与递归调用

8.5.1　过程的嵌套调用

在一个过程中调用另外一个过程，称为过程的嵌套调用。

【例 8.18】计算组合数 $c_n^m \frac{n!}{m!(n-m)!}$。

程序代码如下。

```
Private Sub Form_Click()
  Dim m As Integer, n As Integer
  m = InputBox("请输入 m 的值：")
  n = InputBox("请输入 n 的值：")
  If m > n Then
    MsgBox "输入的数据错误！", 0, "请检查错误"
    End
  End If
  Print "组合数是："; calcomb(n, m)
End Sub
Private Function calcomb(n, m)
  calcomb = jc(n) / (jc(m) * jc(n - m))
End Function
Private Function jc(x)
  t = 1
  For i = 1 To x
    t = t * i
  Next i
  jc = t
End Function
```

在上述程序中采用了过程的嵌套调用方式。在事件过程中调用 calcomb 过程，在 calcomb 过程中 3 次调用了 jc 过程，从而形成嵌套。

8.5.2 过程的递归调用

一个过程直接或间接地调用自己，就称为过程的递归调用。采用递归调用的方法来解决问题时，必须符合以下两个条件。

（1）可以将需要解决的问题转化为一个新的问题，而这个新问题的解决方法与原来的解法相同。

（2）有一个明确的结束递归的条件（终止条件），否则过程将会永远“递归”下去。

【例 8.19】采用递归方法计算 $n!$。

计算 $n!$ 的公式为：

$$n! = \begin{cases} 1 & n=1 \\ n\times(n-1)! & n>1 \end{cases}$$

在此递归算法中，终止条件是 $n=1$。

程序代码如下。

```
Private Sub Form_Click()
  Dim n As Integer, m As Double
  n = InputBox("输入一个 1 ~ 15 之间的整数")
  If n < 1 Or n > 15 Then
    MsgBox "数据错误！", 0, "请检查数据"
    End
  End If
  m = fac(n)
  Print n; "!="; m
End Sub
```

```
Private Function fac(n) As Double
  If n > 1 Then
    fac = n * fac(n - 1) '递归调用
  Else
    fac = 1             'n=1 时，结束递归
  End If
End Function
```

【说明】

当 n>1 时，在 fac 过程中调用 fac；然后 n 减 1，再次调用 fac 过程；这种操作一直持续到 n=1 为止，而 fac(1)为 1，递归结束。以后逐层返回，递推出 fac(2)及 fac(3)的值。需要注意的是，某次调用 fac 过程时并不能立即得到 fac(n)的值，而是一次又一次地进行递归调用，直到 fac(1)时才有确定的值，然后通过过程在逐层返回中依次计算出 fac(2)、fac(3)的值。

【例 8.20】 利用递归调用计算两个正整数 *n* 和 *m* 的最大公约数。

程序代码如下。

```
Private Sub Form_Click()
    m = InputBox("请输入 m 的值：")
    n = InputBox("请输入 n 的值：")
    Print m; "与"; n; "的最大公约数是："; gys(n, m)
End Sub
Function gys(n, m)
    p = n Mod m
    If p = 0 Then
        gys = m
    Else
        gys = gys(m, p)
    End If
End Function
```

利用递归算法能简单有效地解决一些特殊问题，但是由于递归调用过程比较烦琐，因此执行效率很低，在选择递归时要慎重。

8.6 模块

在建立 VB 的应用程序时，应该首先设计代码结构。VB 将代码存储在不同的模块中——窗体模块、标准模块和类模块。

在这 3 种模块中都可以含有声明（常量、变量、动态链接库 DLL 的声明）和过程（Sub、Function、Property 过程）。它们形成了工程的一种模块层次结构，可以较好地组织工程，便于代码的维护，如图 8.16 所示。

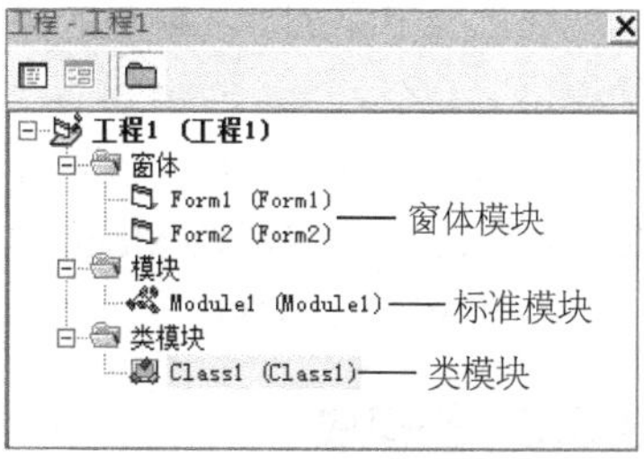

图 8.16 工程中的模块

8.6.1 窗体模块

每个窗体对应一个窗体模块，窗体模块包含：窗体及其控件的属性设置、窗体变量的说明、事件过程、窗体内的通用过程、外部过程的窗体级声明。

窗体模块保存在扩展名为.frm 的文件中。默认时应用程序中只包含一个窗体，因此有一个以.frm 为扩展名的窗体模块文件。如果应用程序有多个窗体，则会有多个以.frm 为扩展名的窗体模块文件。

若需要在文本编辑器中观察窗体模块，则还会看到窗体及其控件的描述，包括它们的属性的设置值，如图 8.17 所示。窗体模块中也可以引用该应用程序内的其他窗体或对象。

添加新窗体的步骤为：从“工程”菜单中执行“添加窗体”命令，则打开“添加窗体”对话框中的“新建”选项卡，如图 8.18 所示。在该对话框中双击需添加的窗体类型，新建的窗体就会出现在工程窗口中。

注意：虽然 ActiveX 文档、ActiveX 控件等是具有不同扩展名的新模块类型，但是从编程的角度来讲，这些模块仍然可视为窗体模块。

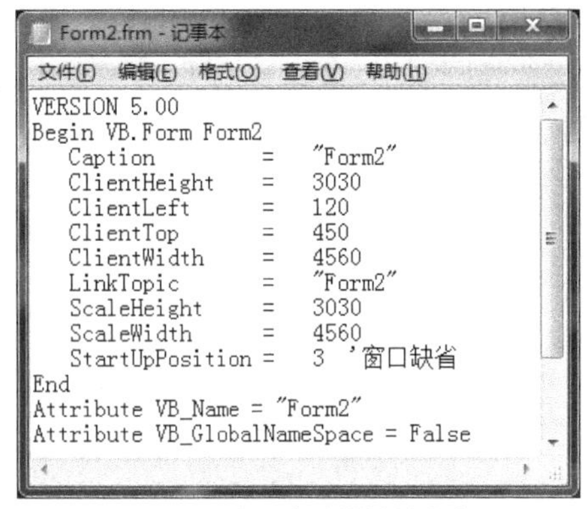

图 8.17 查看窗体模块的内容

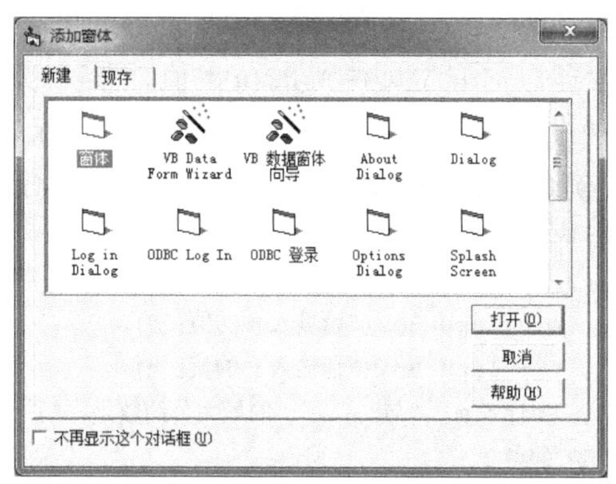

图 8.18 “添加窗体”对话框中的“新建”选项

8.6.2 标准模块

简单的应用程序通常只有一个窗体，这时所有的代码都存放在该窗体模块中。而当应用程序庞大而复杂时，就需要多个窗体。在多个窗体结构的应用程序中，有些程序员创建的通用过程需要在多个不同的窗体中，为了不在每个需要调用该通用过程的窗体重复输入代码，就需要创建标准模块，标准模块包含公共代码的过程。

标准模块保存在扩展名为.bas 的文件中，缺省时应用程序中不包含标准模块。标准模块可包含公共或模块级的变量、常量、类型、外部过程和全局过程的全局声明或模块级声明。缺省时，标准模块中的代码不必绑定在特定的应用程序上，在许多不同的应用程序中可以重用标准模块。在标准模块中可以存储通用过程，但是不能存储事件过程。

在工程中添加标准模块的步骤与添加窗体模块的步骤大致相同，只是在“工程”菜单中执行“添加模块”命令。

注意：在一个模块中调用另一个模块的公有通用过程时，需在过程名前加模块名。例如需在模块 Module1 中调用模块 Module2 中的公有通用过程 Procedure1，应采用下列方法：

```
Module2.Procedure1
```

8.6.3 类模块

在 VB 中，类模块（文件扩展名.cls）是面向对象编程的基础。程序员可在类模块中编写代码建立新对象，这些新对象可包含自定义的属性和方法，可在应用程序内的过程中使用。实际上，窗体本身正是这样的一种类模块，在其上可安置控件、显示窗体窗口。

类模块与标准模块的不同之处在于：标准模块仅仅含有代码，而类模块既含有代码又含有数据。

8.7　过程与变量的作用域

一般 VB 应用程序的构成可用图 8.19 描述。VB 的应用程序由若干个过程组成，变量在过程中是必不可少的。一个变量、过程随着所处的位置不同，可以被访问的范围也就不同。变量、过程可以被访问的范围称为变量、过程的作用域。

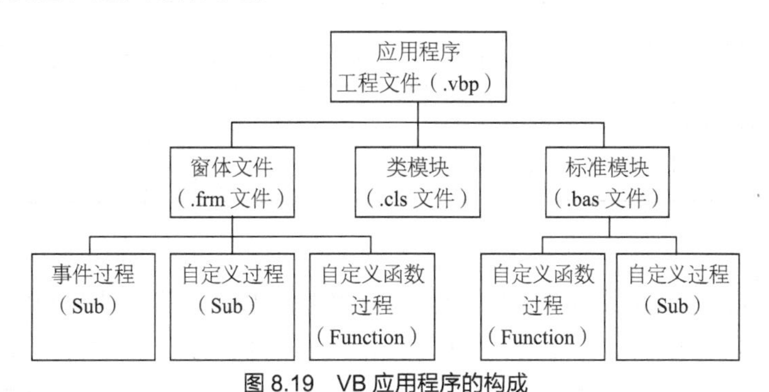

图 8.19　VB 应用程序的构成

8.7.1　过程的作用域

过程的作用域分为窗体/模块级和全局级。

1. 窗体/模块级

指在某个窗体或标准模块内定义的过程，定义的子过程或函数过程前加有 Private 关键字，此过程只能被本窗体（在本窗体内定义）或本标准模块（在本标准模块内定义）中的过程调用。

2. 全局级

指在窗体或标准模块中定义的过程，其默认是全局级的，也可加 Public 进行说明。全局级过程可供该应用程序的所有窗体及所有标准模块中的过程调用，但是根据过程所处的位置不同，其调用的方式有所区别。

（1）在窗体定义的过程：外部过程需要调用时，必须在过程名前加该过程所处的窗体名。

（2）在标准模块定义的过程：外部过程均可调用，但是过程名必须唯一，否则需要在过程名前加标准模块名。有关规则见表 8.2。

表 8.2　不同作用范围的两种过程定义及调用规则

作用范围	模块级		全局级	
	窗　体	标准模块	窗　体	标准模块
定义方式	过程名前加 Private		过程名前加 Public 或默认	
能否被本模块其他过程调用	能	能	能	能
能否被本应用程序其他模块调用	不能	不能	能，但需在过程名前加窗体名	能，但过程名需唯一，否则需加标准模块名

8.7.2　变量的作用域

变量的作用域是指变量有效的范围。当一个应用程序出现多个过程时，在各个过程中都可以定义自身的变量，此时这些变量是否在程序中到处可用？答案是否定的。按照变量的作用域不同，可以将变量分为局部变量、模块级或窗体级变量、全局变量。表 8.3 列出了这 3 种变量作用范围及使用规则。

表 8.3　不同作用范围中变量声明及使用规则

<table>
<tr><th rowspan="2">作用范围</th><th rowspan="2">局部变量</th><th rowspan="2">窗体/模块级变量</th><th colspan="2">全局变量</th></tr>
<tr><th>窗　体</th><th>标准模块</th></tr>
<tr><td>声明方式</td><td>Dim、Static</td><td>Dim、Private</td><td colspan="2">Public</td></tr>
<tr><td>声明位置</td><td>在过程体内</td><td>窗体/模块的“通用声明”段</td><td colspan="2">窗体/模块的“通用声明”段</td></tr>
<tr><td>能否被本模块的其他过程存取</td><td>不能</td><td>能</td><td colspan="2">能</td></tr>
<tr><td>能否被其他模块存取</td><td>不能</td><td>不能</td><td>能，但需在变量名前加窗体名</td><td>能</td></tr>
</table>

1. 局部变量

局部变量指在过程内 Dim 语句声明的变量（或不声明直接使用的变量），只能在本过程中使用的变量，其他过程不可访问。局部变量随过程的调用而分配存储单元，并进行变量的初始化，在此过程体内进行数据的存取，一旦该过程执行结束，该变量的内容自动消失，所占用的存储单元被释放。不同的过程中可以有同名的变量，彼此互不相干，就像两个班中可以出现同名字的学生一样。使用局部变量，有利于程序的调试。

【例 8.21】局部变量示例。

程序代码如下。

```
Private Sub Form_Click()
  Cls
  Dim a As Integer, b As Integer, c As Integer  '定义局部变量
  a = 5: b = 3
  Print Tab(16); "a"; Tab(30); "b"; Tab(42); "c=a*b"
  Print
  Print "调用prod前", a, b, c
  Call prod
  Print "调用prod后", a, b, c
  Print
  Print "调用 sum前", a, b, c
  Call sum
  Print "调用 sum后", a, b, c
End Sub
Sub prod()
  Dim a As Integer, b As Integer, c As Integer  '定义局部变量
  c = a * b
  Print "  prod过程", a, b, c
End Sub
Sub sum()
  Dim a As Integer, b As Integer, c As Integer
'定义局部变量
  c = a + b
  Print "   sum过程", a, b, c
End Sub
```

运行结果如图 8.20 所示。

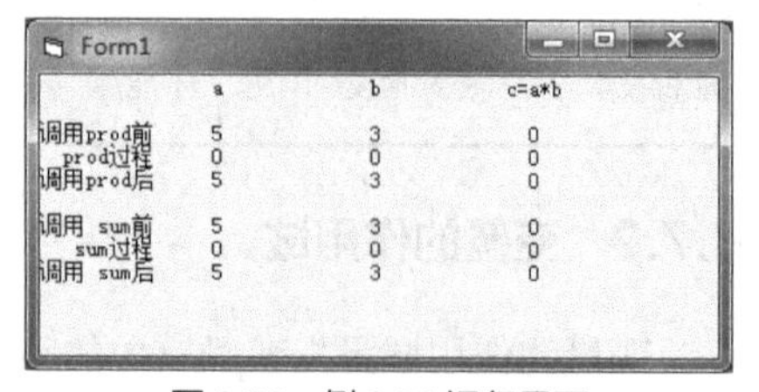

图 8.20　例 8.21 运行界面

从运行结果可以看出，主程序中变量的变化没有带到子程序中。在编写一个较复杂的程序时，可能会有多个过程或函数，其中在过程中所用到的变量如果是局部变量，则无论如何处理都不会影响外部；如果使用非局部变量，一旦此变量发生变化就会影响外部，考虑不周就容易引起麻烦。所以，为安全起见，过程（函数）体内应尽量使用局部变量。

2. 窗体/模块级变量

窗体/模块级变量指在一个窗体/模块的任何过程外，即在“通用声明”段中用 Private 或 Dim 语句声明的变量，可被本窗体/模块中的任何过程访问。

【例 8.22】窗体/模块级变量示例。

程序代码如下。

```
Dim a As Integer, b As Integer, c As Integer  '定义窗体变量
Private Sub Form_Click()
  Cls
  a = 5: b = 3
  Print Tab(16); "a"; Tab(30); "b"; Tab(42); "c=a*b"
  Print
  Print "调用prod前", a, b, c
  Call prod
  Print "调用prod后", a, b, c
  Print Tab(16); "a"; Tab(30); "b"; Tab(42); "c=a+b"
  Print "调用 sum前", a, b, c
  Call sum
  Print "调用 sum后", a, b, c
End Sub
Sub prod()
  c = a * b
  Print "  prod过程", a, b, c
End Sub
Sub sum()
  c = a + b
  Print "   sum过程", a, b, c
End Sub
```

运行结果如图 8.21 所示。

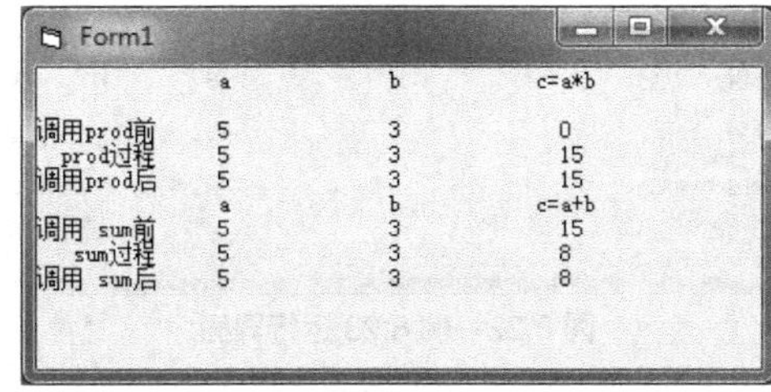

图 8.21　例 8.22 运行界面

从结果可以看出，在窗体的“通用声明”段中声明的窗体变量 a、b、c，在本窗体的各个过程单元中都能访问和修改。

3. 全局变量

全局变量指只能在标准模块的任何过程或函数外，即在“通用声明”段中用 Public 语句声明的

变量，可被应用程序的任何过程或函数访问。全局变量的值在整个应用程序中始终不会消失或重新初始化，只有当整个应用程序执行结束时，才会消失。例 8.22 中只有一个窗体模块，使用的是窗体变量，但是当有多个模块时，a、b、c 就不能被其他模块的过程单元所访问，否则就应定义为全局变量。

【例 8.23】全局变量示例。

程序代码如下。

```
'在窗体 Form1 模块中输入如下代码:
Sub Form_Click()
  Cls
  a = 5: b = 3
  Print Tab(16); "a"; Tab(30); "b"; Tab(42); "c=a*b"
  Print
  Print "调用prod前", a, b, c
  Call prod
  Print "调用prod后", a, b, c
  Print
  Print "调用 sum前", a, b, c
  Call sum
  Print "调用 sum后", a, b, c
End Sub
Sub prod()
  c = a * b
  Print "  prod过程", a, b, c
End Sub
'增加一个标准模块Module1，然后在标准模块中输入如下代码
Public a As Integer, b As Integer, c As Integer  '定义全局变量
Sub sum()
  c = a + b
  Form1.Print "   sum过程", a, b, c
End Sub
```

运行结果如图 8.22 所示。

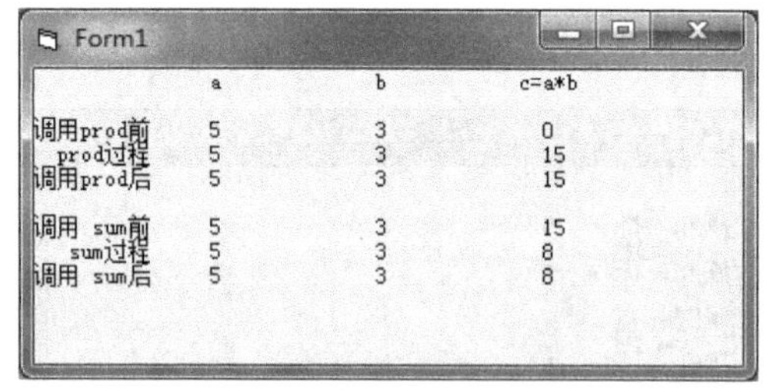

图 8.22　例 8.23 运行界面

从结果可看出，在不同的模块中，可以访问全局变量 a、b、c，在任何位置改变 a、b、c 的值，都将带来全局性的影响。

当变量的作用范围不同时，变量的名字可以相同。在不同的过程中也可以使用相同名字的变量，这些变量的类型可以相同，也可不相同。变量的作用范围还可出现交叉。当变量名相同而作用范围不同时，则局限性大的变量优先。

【例 8.24】变量作用范围示例。

程序代码如下。

```
Public tt As Integer
Private Sub Form_Click()
  tt = 100  '全局变量 tt
  Print tt  '显示 100
  Call test1
  Print tt  '显示 10
  Call test2
  Print tt  '显示 110
End Sub
Private Sub test1()
  tt = tt + 10 '全局变量 tt
  Print tt     '显示 110
End Sub
Private Sub test2()
  Dim tt As Integer      '声明局部变量
  tt = tt + 20           '局部变量 tt，本过程无法访问全局变量 tt
  Print tt               '显示 20
End Sub
```

运行结果如图 8.23 所示。

图 8.23 例 8.24 运行界面

8.8 变量的生存期

变量除了作用域之外，还有生存期，也就是变量能够保持其值的时间。根据变量的生存期，可以将变量分为动态变量与静态变量。

8.8.1 动态变量

动态变量是指程序执行进入变量所在的过程，才分配该变量的内存单元，当执行退出此过程后，该变量所占用的内存单元自动被释放，其值消失，释放的内存单元被其他变量占用。

用 Dim 声明的变量属于动态变量，在其所在的过程执行结束后其值不被保留，在每次重新执行过程时，该变量重新声明。

8.8.2 静态变量

静态变量只指程序执行进入该变量所在的过程，修改该变量的值后，结束退出该过程时，其变量的值仍然被保留，即变量所占内存单元没有被释放，当再次进入该过程时，原来该变量的值可以继续使用。在过程体内用 Static 声明的局部变量，就属于静态变量。

【例 8.25】统计在窗体上单击的次数。

程序代码如下。

```
Private Sub Form_Click()
  Static i As Integer  '利用静态变量 i 统计单击的次数
  i = i + 1
```

```
  Print i
End Sub
```

若将语句 Static i As Integer 改为：

```
  Dim i As Integer
```

会出现什么情况呢？

【例 8.26】下列程序说明 Static 关键字的作用。

程序代码如下。

```
Private Sub Form_Load()
  Show
  Dim i As Integer
  For i = 1 To 6
    test
  Next i
End Sub
Sub test()
  Dim x As Integer, m As String
  Static y, n
  x = x + 1: y = y + 1
  m = m & "*": n = n & "*"
  Print "x="; x, "y="; y, "m="; m, "n="; n
End Sub
```

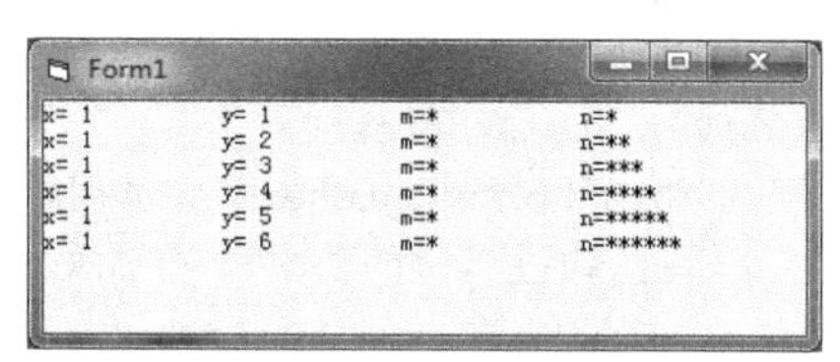

图 8.24　例 8.26 运行界面

结果如图 8.24 所示。

8.9　多重窗体程序设计

前面的例子中，都只涉及一个窗体。而在实际应用中，特别是在较为复杂的应用程序中，单一窗体往往不能满足应用的需要，必须使用多窗体（MultiForm）来实现复杂应用。在多窗体程序中，每个窗体可以有自己的界面和程序代码，完成不同的操作。

8.9.1　多窗体处理

1. 建立多重窗体应用程序

（1）添加窗体。

在多重窗体程序中，要建立的界面由多个窗体组成。要添加窗体，可通过“工程”菜单中的“添加窗体”实现。创建的新窗体的名称默认为 Form1、Form2……。

（2）删除窗体。

首先在“工程资源管理器”窗口中选定需要删除的窗体，然后选择“工程”菜单中的“移除”命令即可。

（3）保存窗体。

首先在“工程资源管理器”窗口中选定需要保存的窗体，然后选择“文件”菜单中的“保存”或“另存为”命令即可。当然工程中的每一个窗体都要分别保存。

（4）设置启动窗体。

在单个窗体应用中，程序的执行是从此窗体开始执行的。而对于多窗体，默认情况下会从在设计阶段所建立的第一个窗体开始执行，当需要改变这个顺序时，就需设置启动窗体。

首先从“工程”菜单中选择“工程属性”命令，打开“工程属性”对话框；然后选择“通用”选项卡，在“启动对象”列表框中选择需作为启动窗体的窗体。

2. 与多重窗体程序设计有关的语句和方法

（1）Load 语句。

格式：

```
Load  <窗体名>
```

功能：将一个窗体装入内存。

【说明】

当执行 Load 语句后，可以引用窗体中的控件及各种属性，但是此刻窗体并未显示出来。

（2）UnLoad 语句。

格式：

```
UnLoad  <窗体名>
```

功能：从内存中卸载指定的窗体。

【说明】

如果卸载的窗体是程序的唯一窗体，则将终止程序的执行。

（3）Show 方法。

格式：

```
[窗体名].Show [模式]
```

功能：该方法用来显示一个指定窗体。

【说明】

若省略“窗体名”，则显示当前窗体；当指定窗体不在内存中时，则 Show 方法自动将窗体装入内存，然后再显示出来。在此不对[模式]进行说明。有兴趣的读者可参考有关书籍。

（4）Hide 方法。

格式：

```
[窗体名]Hide
```

功能：将指定窗体隐藏，即不在屏幕上显示，但仍然在内存中。

在多窗体程序中，经常使用关键字 Me，它代表的是程序代码所在的窗体。例如，假定建立了一个 Form1，则可通过下列代码使该窗体隐藏：

```
Form1.Hide
```

与下列代码等价：

```
Me.Hide
```

注意：关键字 Me 必须出现在窗体或控件的事件过程的代码中。

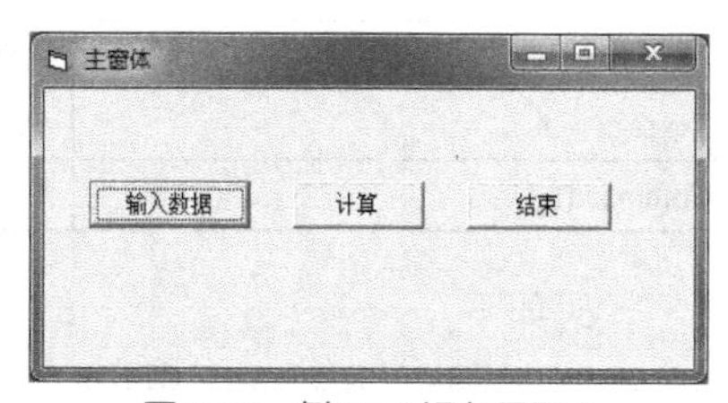

图 8.25 例 8.27 运行界面 1

【例 8.27】多窗体应用。计算机两个数据之和与乘积。

创建 3 个窗体和一个标准模块。

（1）主窗体（Form1）。

建立 3 个命令按钮，运行界面如图 8.25 所示，属性设置见表 8.4。

表 8.4　例 8.27 主窗体及控件属性设置

控 件 名	属 性 名	属 性 值
Form1	Caption	主窗体
Command1	Caption	输入数据
Command2	Caption	计算
Command3	Caption	结束

代码如下。

```
Private Sub Command1_Click()
  Form1.Hide
  Form2.Show
End Sub
Private Sub Command2_Click()
  Form1.Hide
  Form3.Show
End Sub
Private Sub Command3_Click()
  Unload Form1
  Unload Form2
  Unload Form3
End Sub
```

（2）“输入”数据窗体（Form2）。

建立 2 个标签、2 个文本框、1 个命令按钮，运行界面如图 8.26 所示，属性设置见表 8.5。

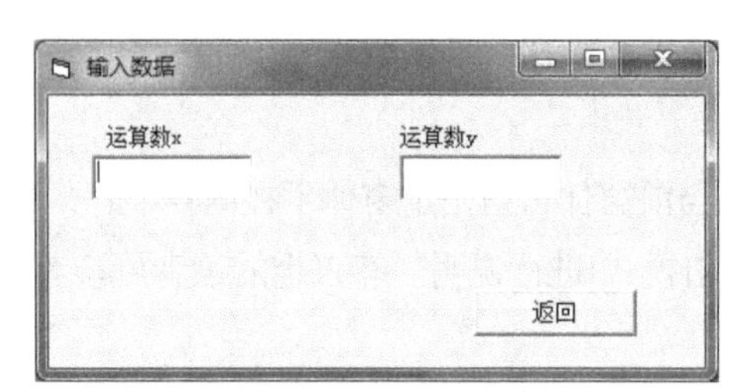

图 8.26　例 8.27 运行界面 2

表 8.5　例 8.27 “输入数据”窗体及控件属性设置

控 件 名	属 性 名	属 性 值
Form2	Caption	输入数据
Label1	Caption	运算数 x
Label2	Caption	运算数 y
Text1	Text	空
Text2	Text	空
Command1	Caption	返回

代码如下。

```
Private Sub Command1_Click()
  x = Val(Text1.Text)
  y = Val(Text2.Text)
  Form2.Hide
  Form1.Show
End Sub
```

（3）“计算”窗体（Form3）。

建立 1 个标签、1 个文本框、3 个命令按钮。运行界面如图 8.27 所示，属性设置见表 8.6。

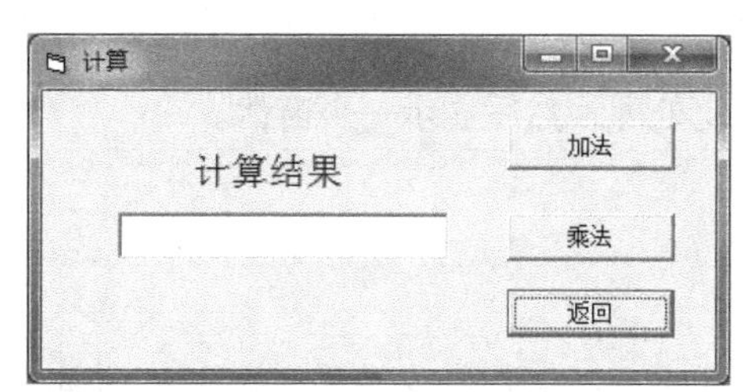

图 8.27　例 8.27 运行界面 3

表 8.6　例 8.27“计算”窗体及控件属性设置

控 件 名	属 性 名	属 性 值
Form3	Caption	计算
Label1	Caption	计算结果
Text1	Text	空
Command1	Caption	加法
Command2	Caption	乘法
Command3	Caption	返回

代码如下。

```
Private Sub Command1_Click()
  Text1.Text = x + y
End Sub
Private Sub Command2_Click()
  Text1.Text = x * y
End Sub
Private Sub Command3_Click()
  Form3.Hide
  Form1.Show
End Sub
```

（4）建立个标准模块 Module1，该标准模块中的代码如下：

```
Public x As Integer
Public y As Integer
```

运行程序后，首先显示主窗体。在主窗体上，用户可通过“输入数据”和“计算”两个按钮来选择进入不同的窗体。

8.9.2　Sub Main 过程

有时在程序启动时不需要加载任何窗体，而是首先执行一段程序代码，例如，需要根据某种条件来决定显示几个不同窗体中的哪一个。要做到这一点，可在标准模块中创建一个名为 Main 的 Sub 过程，将首先需要执行的程序代码放在该 Sub Main 过程中，并制定 Sub Main 为“启动对象”。在一个工程中只能有一个 Sub Main 过程。

当工程中含有 Sub Main 过程（已设置为“启动对象”）时，应用程序在运行时总是先执行 Sub Main 过程。由于 Sub Main 过程可先于窗体模块运行，因此常用来设定初始化条件。例如：

```
Sub Main()
```

```
  '初始化
  ……
  Form2.Show
End Sub
```

改成先进行所需要的初始化处理，然后显示一个窗体。

8.10 程序举例

【例 8.28】编写程序，验证哥德巴赫猜想（一个不小于 6 的偶数可以表示为两个素数之和）。

（1）分析：

① 判定方法：假设有一个偶数 x，将它表示为两个整数 m 和 n 的和（即 $x=m+n$）。如果 $x=10$，先假设 $m=2$，判断 2 是否为素数，（经验证 2 是素数），因为 $n=x-m$，所以 n 为 8（经验证 8 不是素数），所以这一组合（10=2+8）不符合要求；再令 m 加 1，即 $m=3$（经验证 3 是素数），$n=x-m=7$（经验证 7 是素数），则这一组合（10=3+7）符合要求。

② 由于需要多次验证一个整数是否为素数，将判断是否为素数的过程编写为一个子程序。在子程序中，若 m 是一个被验证的整数，先假设此数为素数（以标志标量为 True 表明），使它被 2～Sqr(m)除，若 m 能被其中任意一个整数整除，则使标志变量为 False（即此数不是素数），从而跳出循环。

（2）设计应用界面，如图 8.28 所示。各对象属性设置见表 8.7。

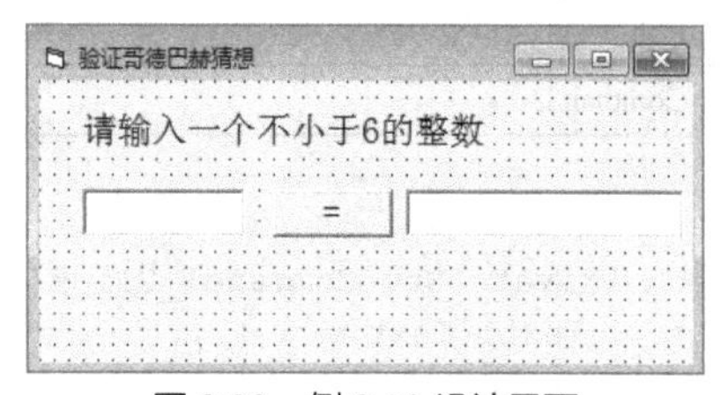

图 8.28　例 8.28 设计界面

表 8.7　例 8.28 对象属性设置

控 件 名	属 性 名	属 性 值
Form	Caption	验证哥德巴赫猜想
Label1	Caption	请输入一个不小于 6 的整数
Text1	Text	空白
Text2	Text Enabled	空白 False
Command1	Caption	=

（3）程序代码如下。

```
Dim p As Boolean
Private Sub Command1_Click()
  Dim m As Integer, n As Integer
  Dim x As Integer
  x = Text1.Text
  If x Mod 2 <> 0 Or x < 6 Then
    MsgBox ("必须输入大于 6 的偶数！")
  Else
    Text2.Enabled = True
    m = 1
    Do
      Do
        m = m + 1
```

```
        Call ss(m, p)
      Loop Until (p Or m >= x / 2)
      n = x - m
      Call ss(n, p)
      Text2.Text = Str(m) & "+" & Str(n)
    Loop Until p
  End If
  Text1.SetFocus
End Sub
Sub ss(m As Integer, p As Boolean)
  p = True  '假设m是素数
  i = 2
  j = Sqr(m)
  Do While i <= j And p
    If m Mod i = 0 Then p = False
    i = i + 1
  Loop
End Sub
```

【例 8.29】利用选择法排序，实现将任意个数据按升序输出。

（1）分析：

假定有 n 个数据，排序算法步骤如下。

① 从 n 个数据中选出最小数的下标，然后将最小数与第 1 个数据交换位置；

② 除了第 1 个数据之外，其余 $n-1$ 个数据再按步骤①的方法选出次小的数据，然后与第 2 个数据交换位置；

③ 重复步骤①共 $n-1$ 遍，最后构成升序排列。

（2）设计应用界面，如图 8.29 所示。各对象属性设置见表 8.8。

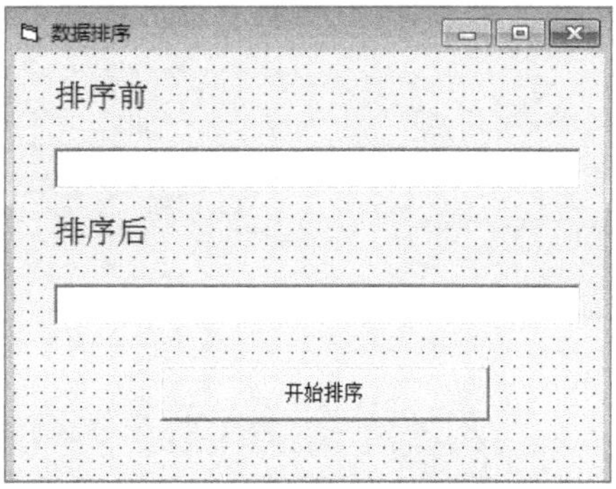

图 8.29　例 8.29 设计界面

表 8.8　例 8.29 对象属性设置

控件名	属性名	属性值
Form	Caption	数据排序
Label1	Caption	排序前
Text1	Text	空白
Label2	Caption	排序后
Text2	Text Enabled	空白 False
Command1	Caption	开始排序

（3）程序代码如下。

```
Private Sub Command1_Click()
  Dim n As Integer, x() As Integer
  Text1.Text = "": Text2.Text = ""
  n = InputBox("请输入要排序的数据个数：")
  ReDim x(1 To n)
  For i = 1 To n
    x(i) = Int(Rnd * 100)
    Text1.Text = Text1.Text & x(i)
    If i < n Then Text1.Text = Text1.Text & ","
  Next i
  Text2.Enabled = True
  Call sort(x())
  For i = 1 To n
    Text2.Text = Text2.Text & x(i)
    If i < n Then Text2.Text = Text2.Text & ","
  Next i
End Sub
Sub sort(a() As Integer)
  For i = LBound(a) To UBound(a) - 1
    imin = i
    For j = i + 1 To UBound(a)
      If a(j) < a(imin) Then imin = j
    Next j
    t = a(i)
    a(i) = a(imin)
    a(imin) = t
  Next i
End Sub
```

09

第9章　界面设计

用户界面是一个应用程序最重要的部分，它是最直接的现实世界。对用户而言，界面就是应用程序，他们感觉不到幕后正在执行的代码。不论花多少时间和精力来编制和优化代码，应用程序的可用性仍然依赖于界面，界面主要负责用户与应用程序之间的交互，一个好的应用程序应该具有良好的用户界面。

界面中最常用的就是菜单，通过菜单提供人机对话，以便让使用者选择应用系统的各种功能，管理应用系统可控制各种功能模块的运行。除菜单命令外，应用程序的窗体还可以通过工具栏来定义一些经常要使用的命令，工具栏往往出现在窗口的顶部；大多数应用程序的窗口底部一般还有一个状态栏，状态栏主要用来表明应用程序当时的运行状态等信息，在应用程序窗体上安置工具栏和状态栏能更好地美化界面，方便用户使用，增加人机交互能力。此外，VB 程序设计提供的 ActiveX 控件技术也为用户开发程序提供了很大的方便，可以使用系统的通用对话框来进一步完善应用程序的人机交互性，使得 Windows 应用程序更加人性化，给用户带来友好、亲切的感觉，同时也保证了开发的应用程序与其他的 Windows 程序之间的界面的统一。

本章将重点介绍菜单、对话框、工具栏、鼠标与键盘事件、通用对话框、多窗体及多文档设计等。

9.1　菜单设计

菜单能够按功能分类，实现复杂的操作，具有快捷、安全的明显优势。窗体菜单是 Windows 应用程序界面中最有特色的部分，主要有下拉式菜单、弹出菜单等形式。

下面先来介绍几个常用术语。

菜单条——出现在窗体标题的下面，包含每个菜单的标题。

菜单——包含命令列表或子菜单名。

菜单项——菜单中列出的每一项。

子菜单——从某个菜单项分支出来的另外的一个菜单。具有子菜单的菜单项右边带有一个三角符号标志。

分隔条——是在菜单项之间的一条水平直线，用于修饰菜单。

弹出式菜单——是另一种形式的菜单，在按下鼠标右键时出现，它是一个上下文相关的菜单。

9.1.1 菜单编辑器

使用菜单编辑器可以为应用程序创建自定义菜单并定义其属性，利用这个编辑器，可以建立下拉式菜单，最多可达 6 层。

1. 启动菜单

启动菜单编辑器的方法有 4 种（先选中一个窗体，使之为活动窗体）。

① 使用菜单“工具”/“菜单编辑器”。

② 单击工具栏中的“菜单编辑器”按钮。

③ 键盘快捷键 Ctrl+E。

④ 在要建立菜单的窗体上单击鼠标右键，在弹出的菜单中选择“菜单编辑器”。

启动后，弹出菜单设计窗口，如图 9.1 所示。

2. 菜单编辑器介绍

菜单编辑器窗口分为 3 个部分：数据区、编辑区和菜单项显示区。

（1）数据区

数据区用来输入或修改菜单项，设置属性。具体选项解释如下。

“标题”项：在提供的文本输入框中可以输入菜单名或命令名，这些名字出现在菜单之中。输入的内容同时也显示在设计窗口下方的显示窗口中（相当于控件的 Caption 属性）。如果在该栏中输入一个减号（–），则可在菜单中加入一条分隔线。

“名称”项：在文本输入框中可以为菜单名及各菜单项输入控制名。控制名是标识符（相当于控件的 Name 属性），仅用于访问代码中的菜单项，它不会在菜单中出现。菜单名和每个菜单项都是一个控件，都要为其取一个控制名。

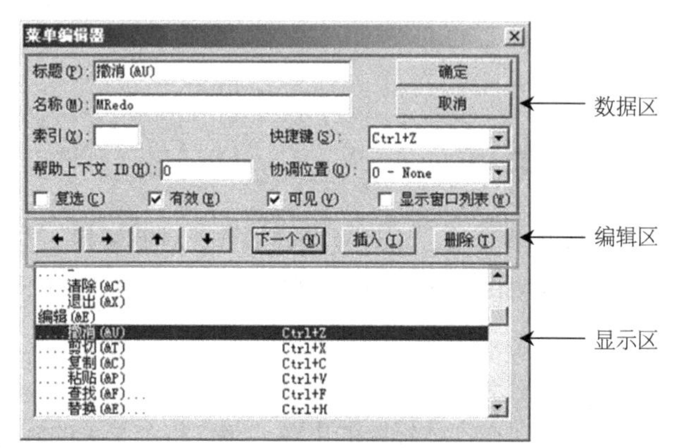

图 9.1 菜单编辑器

“索引”项：当几个菜单项使用相同的名称时，把它们组成控件数组，可指定一个数字值来确定每一个菜单项在控件数组中的位置。该位置与控件的屏幕位置无关。

“快捷键”项：允许为每个菜单项选择快捷键（热键）。

“帮助上下文 ID”项：可在该文本框中输入数值，这个值用来在帮助文件（用 HelpFile 属性设置）中查找相应的帮助主题。

“协调位置”项：用来确定菜单或菜单项是否出现或在什么位置出现。该列表有 4 个选项。

0-None：菜单项不显示。

1-Left：菜单项靠左显示。

2-Middle：菜单项居中显示。

3-Right：菜单项靠右显示。

“复选”项：允许在菜单项的左边设置复选标记。它不改变菜单项的作用，也不影响事件过程对任何对象的执行结果，只是设置或重新设置菜单项旁的符号。利用这个属性，可以指明某个菜单项当前是否处于活动状态。

“有效”项：决定菜单的有效状态，由此选项可决定是否让菜单对事件做出响应，而如果希望该项失效，则也可清除事件。默认状态为 True。

“可见”项：决定菜单的可见状态，即是否将菜单项显示在菜单上。默认状态为 True。

“显示窗口列表”项：当该选项被设置为“On”（框内有“√”）时，将显示当前打开的一系列子窗口。它用于多文档应用程序。

“确定”：关闭菜单编辑器，并对选定的最后一个窗体进行修改。

“取消”：关闭菜单编辑器，取消所有修改。

（2）编辑区

编辑区共有 7 个按钮。

“下一个”按钮：将选定移动到下一行，开始一个新的菜单项（与回车键作用相同）。

“插入”按钮：在列表框的当前选定行上方插入一行，可在这一位置插入一个新的菜单项。

“删除”按钮：删除当前选定行（条形光标所在行），即删除当前菜单项。

“← →”：每次单击都把选定的菜单向左、右移一个等级（用内缩符号显示），一共可以创建 5 个子菜单等级。

“↑ ↓”：用来在菜单项显示区中上下移动菜单项的位置。

（3）菜单项显示区（菜单列表）

该项位于菜单设计窗口的下部，输入的菜单项在这里显示出来，并通过内缩符号（……）表明菜单项的层次。条形光标所在的菜单项是“当前菜单项”。

【说明】

菜单项是一个总的名称，包括 4 个方面的内容：菜单名（菜单标题）、菜单命令、分隔线和子菜单。

内缩符号由 4 个点组成，它表明菜单项所在的层次，一个内缩符号（4 个点）表示一层，两个内缩符号（8 个点）表示两层……最多 20 个点，即 5 个内缩符号，它后面的菜单项为第 6 层。如果一个菜单项前面没有内缩符号，则该菜单为菜单名，即菜单的第一层。

只有菜单名没有菜单项的菜单称为“顶层菜单”（Top-level menu），在输入这样的菜单项时，通常在后面加上一个惊叹号（！）。

除分隔线外，所有的菜单项都可以接收 Click 事件。

在输入菜单项时，如果在字母前加上“&”，则显示菜单时在该字母下加上一条下划线，可以通过 Alt+带下划线的字母打开菜单或执行相应的菜单命令。

当一个窗体的菜单创建完成后，退出菜单编辑器，所设计的菜单就显示在窗体上。只要选取一个没有子菜单的菜单项，就会打开代码编辑窗口，并产生一个与这一菜单项相关的 Click 事件过程，程序员可编写与它相关的代码。

在当前窗体建立菜单后，再打开菜单编辑器，系统就会在菜单编辑器中显示出它的结构，程序员可以对每一菜单项进行修改。选取欲修改的菜单项，编辑器的各文本框和列表框就会显示这一菜单项的相应属性。

对于当前窗体，可以在属性窗口的对象列表中找到每一个菜单的名称。选取一个菜单项，属性窗口就会列出这一菜单项的相关属性，程序员也可以通过属性表来修改菜单。

9.1.2 下拉式菜单

下拉式菜单一般通过单击菜单标题，即可出现下拉式菜单命令列表。

下拉式菜单一般由菜单栏、菜单标题、菜单项等组成。若单击一个菜单标题，则拉出由若干菜单项构成的下拉列表。

建立一个下拉式菜单时，首先要列出菜单的组成，然后在“菜单编辑器”窗口按着菜单组成进行设计。设计完后，再把各菜单项与代码连接起来。

下面通过一个简单的例子说明菜单设计的基本方法和步骤。

【例 9.1】设计一个具有数学运算和三角函数及清除功能的菜单。从键盘上输入两个数，利用菜单命令求出它们的和、差、积、商及正弦、余弦、正切函数，并显示出来。

（1）创建界面

根据题意，可以将菜单分为 3 个主菜单项，分别为“四则运算”“三角函数”和“清除与退出”，它们各有几个子菜单如下。

“四则运算”的子菜单项分别为：加、减、乘、除。

“三角函数”的子菜单项分别为：正弦、余弦、正切。

“清除与退出”的子菜单项：清除、退出。

另外，为了输入和显示，再建立 2 个文本框（输入数据）和 4 个标签。如图 9.2 所示，输入各对象的属性，界面如图 9.3 所示。其中，Lable4 的 BorderStyle 属性设置为 1。

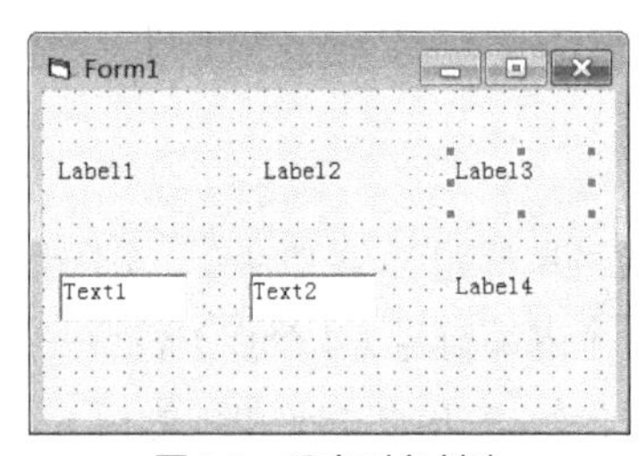

图 9.2 用户对象创建

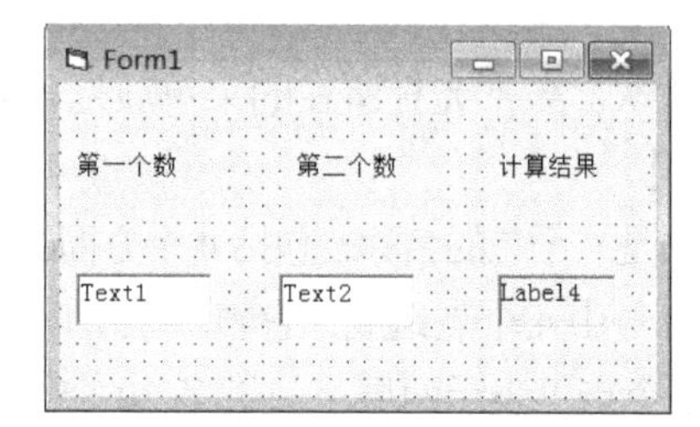

图 9.3 对象属性设置

（2）菜单项属性（见表 9.1）

表 9.1 各菜单属性

分　类	标　题	名　称	内缩符号	热　键
主菜单项 1	四则运算	Calc1	无	无
子菜单项 1	加	Add	1	Ctrl+A
子菜单项 2	减	Min	1	Ctrl+B
子菜单项 3	乘	Mul	1	Ctrl+C
子菜单项 4	除	Div	1	Ctrl+D

续表

分　　类	标　　题	名　　称	内缩符号	热　　键
主菜单项 2	三角函数	Calc1	无	无
子菜单项 1	正弦	SIN1	1	Ctrl+E
子菜单项 2	余弦	COS1	1	Ctrl+F
子菜单项 3	正切	TAN1	1	Ctrl+G
主菜单项 3	清除与退出	Calc3	无	无
子菜单项 1	清除	Clean	1	Ctrl+H
子菜单项 2	退出	Quit	1	Ctrl+I

（3）设计菜单步骤

打开“菜单编辑器”，如图 9.4 所示，在标题栏中键入“四则运算”（主菜单项 1），在菜单项显示区出现同样的标题名称。按 Tab 键或用鼠标把输入光标移到“名称”栏。在“名称”栏中键入“Calc1”，此时菜单项显示区中没有变化。

单击编辑区中“下一个”按钮，菜单项显示区中条形光标下移，同时“标题”栏、“名称”栏被清空，光标回到“标题”栏。

同样在“标题”栏和“名称”栏分别输入“加”和“Add”。

单击编辑区的右箭头“→”，菜单显示区的“加”右移，同时在左侧出现一个内缩符号，表明“加”是“计算加、减”的下一级菜单。

单击“快捷键”右端的箭头，从中选出“Ctrl+A”作为“加”菜单项的热键，此时，在该菜单项右侧出现“Ctrl+A”。

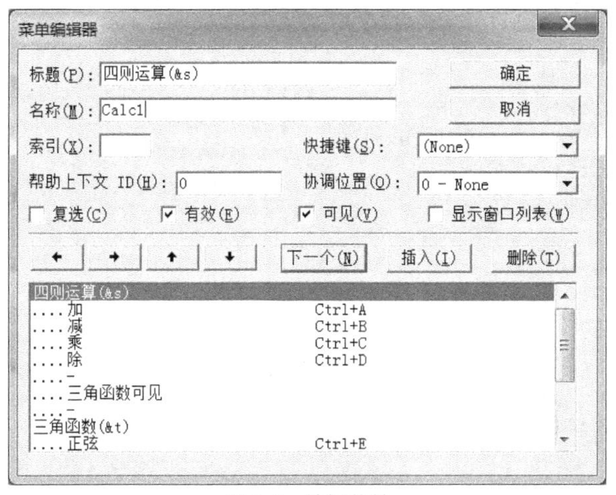

图 9.4　编辑菜单

同样建立“减”菜单项：“标题”为“减”，“名称”为“Min”，热键为“Ctrl+B”。

单击“下一个”按钮，建立主菜单项 2，由于要建立的是主菜单项，所以要消除内缩符号。单击左箭头“←”，内缩符号消失，即可建立主菜单。

其他两个主菜单的建立与前面步骤类似，不再重复。设计完成后单击“确定”按钮后结束。

设计完成后，窗体顶行显示主菜单项，单击某个主菜单项，即可下拉显示其子菜单。

9.1.3 菜单的 Click 事件

在 Visual Basic 中，每一菜单项甚至分隔符都被看作一个控件。每一菜单项都要响应某一事件过程。一般来说，菜单项都响应鼠标单击（Click）事件，即每个菜单项都拥有一个事件处理过程 Name_Click()。每当单击菜单项时，Visual Basic 就调用 Name_Click 过程，执行这一过程中的代码。下面为各菜单项添加代码。

编写代码是在代码窗口中进行的。首先在窗体窗口中单击菜单条，在下拉菜单中选择要连接代码的菜单项，然后单击这一菜单项，在屏幕上会出现代码窗口，并在窗口中出现这一菜单项的控制名和相应事件组成的事件处理过程的过程头和过程尾。用户只要在过程头与过程尾之间输入需执行的代码即可。当然用户也可以直接在代码窗口中选择相应菜单项的 Click 事件进行代码编写。

如果想为其他菜单项添加代码，可按上面的方法，也可以从对象列表框中选择菜单项控制名，再在过程列表框中选择 Click 事件，这时代码窗口中出了这一菜单的过程头与过程尾，在其中添加代码即可。如果有多个菜单项需要与代码过程连接，就得多次重复上述步骤。

把前面的例题的每个菜单项设计 Click 事件，具体代码如下。

```
Option Explicit
Dim x As Single
Private Sub Add_Click()
x = Val(Text1.Text) + Val(Text2.Text)
Label4.Caption = Str$(x)
End Sub

Private Sub Min_Click()
x = Val(Text1.Text) - Val(Text2.Text)
Label4.Caption = Str$(x)
End Sub

Private Sub Mul_Click()
x = Val(Text1.Text) * Val(Text2.Text)
Label4.Caption = Str$(x)
End Sub

Private Sub Div_Click()
If Text2.Text = "0" Or Text2.Text = "" Then
MsgBox "除数不能为 0！"
Else
x = Val(Text1.Text) / Val(Text2.Text)
Label4.Caption = Str$(x)
End If
End Sub

Private Sub sin1_Click()
x = Sin(Text1.Text) * Sin(Text2.Text)
Label4.Caption = Str$(x)
End Sub

Private Sub cos1_Click()
x = Cos(Text1.Text) * Cos(Text2.Text)
Label4.Caption = Str$(x)
End Sub
```

```
Private Sub tan1_Click()
x = Tan(Text1.Text) * Tan(Text2.Text)
Label4.Caption = Str$(x)
End Sub

Private Sub Clear_Click()
Text1.Text = ""
Text2.Text = ""
Label4.Caption = ""
Text1.SetFocus
End Sub

Private Sub Quit_Click()
End
End Sub
```

9.1.4　菜单项的控制

在使用 Windows 或 VB 菜单时，可见到“与众不同”的菜单项，如有的呈灰色，单击这类菜单项不执行任何操作；有的菜单项前有“√”，或菜单项的某个字母下面有下划线等。下面将介绍如何在菜单中增加这些属性。

1. 菜单项标记

菜单项标记指可以在菜单项前添加复选标记“√”，也可以使用 Checked 属性在代码中设置。

利用菜单项标记可以明显地表示当前某个或某些命令状态是可用还是不可用。

利用菜单项标记可以表示当前选择的是哪个菜单项。

菜单项标记通过菜单设计窗口中的“复选”属性设置，值为 True 时，有“√”；值为 False 时，无“√”。

2. 键盘选择

菜单项可以用鼠标进行选择，也可以用键盘进行选择。用键盘选择有两种方法：快捷键（热键）和访问键。它们都在设计菜单时直接指定。

（1）快捷键。

利用快捷键可以直接执行菜单命令。在菜单编辑器中有编辑热键选择的控制选取项，如图 9.5 所示。

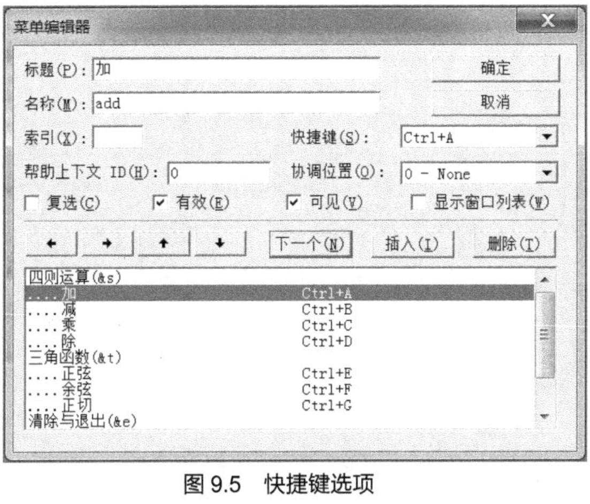

图 9.5　快捷键选项

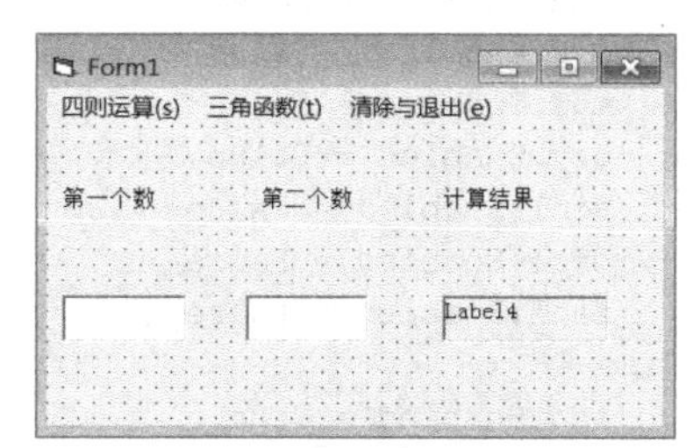

图 9.6　设置访问键

（2）访问键。

访问键是指在菜单项中加了下划线的字母，只要按 Alt 键和加了下划线的字母键即可，如选择“四则运算”菜单选项，在大多数应用程序里也可以按 Alt+S 组合键。用访问键选择菜单项时，必须一级一级地选择，即只有在下拉显示下一级菜单后，才能用 Alt 键和菜单项中有下划线的字母键选择。

设置访问键，必须在准备加下划线的字母的前面加上一个“&”，如&S。在设计菜单时，如果按上面的格式输入菜单项的标题，则程序运行后，就可以在字母“S”的下面加上一个下划线，按 Alt+S 组合键即可选取这个菜单项，如图 9.6 所示。在设置访问键时，应注意避免重复。

【说明】

① 在设置快捷键时，要注意与其他应用软件快捷键设置的通用性，例如，剪切操作的快捷键是 Ctrl+X，获得在线帮助的快捷键是 F1 等。

② 虽然分隔符（-）是当作菜单控件来创建的，它们却不能响应 Click 事件，而且也不能被选取。

③ 菜单中不能使用重复的访问键。如果多个菜单项使用同一个访问键，则该键将不起作用。

3. 菜单项的有效属性（有效性控制）

为了使程序正常运行，有时需要使某些菜单项失效，以防止出现误操作。例如前面的例子中，只有在文本框中输入数字后才能进行运算，否则运算没有意义。因此，如果尚未输入数据，则应使执行加、减、乘、除的菜单项失效，在输入数据后才生效。为此，可增加下面两个事件过程。

```
Private Sub Text1_Change()
If text1.Text = "" Then
   add.Enabled = False
   min.Enabled = False
   mul.Enabled = False
   div.Enabled = False
   sin1.Enabled = False
   cos1.Enabled = False
   tan1.Enabled = False
Else
   add.Enabled = True
   min.Enabled = True
   mul.Enabled = True
   div.Enabled = True
   sin1.Enabled = True
   cos1.Enabled = True
   tan1.Enabled = True
End If
End Sub

Private Sub Text2_Change()
If text1.Text = "" Then
   add.Enabled = False
   min.Enabled = False
   mul.Enabled = False
   div.Enabled = False
   sin1.Enabled = False
   cos1.Enabled = False
   tan1.Enabled = False
Else
   add.Enabled = True
   min.Enabled = True
```

```
    mul.Enabled = True
    div.Enabled = True
    sin1.Enabled = True
    cos1.Enabled = True
    tan1.Enabled = True
End If
End Sub
```

除增加上述两个事件过程外，还要取消 Add、Min、Mul、Div 等 7 个菜单项的“有效”属性设置。

方法：打开“菜单编辑器”窗口，把对应于这 4 个菜单项的数据区中的“有效”属性复选框中的“√”去掉即可。

4. 菜单项的复选属性（菜单项的标记）

所谓菜单项标记，就是在菜单项前加上一个“√”。

它有两个作用：

① 明显地表示当前某个（或某些）命令状态是“On”或“Off”；

② 可以表示当前选择的是哪个菜单项。

增加方法：在“菜单编辑器”窗口中，由“复选”属性设置，前面有“√”则为“True”，否则为“False”。也可在应用程序代码中设置。

一般来说，菜单项标记通常是动态地加上或取消的，所以，常在程序代码中根据执行情况设置。在前面例题的代码中增加以下斜体字样代码就可实现（部分代码）。

```
Private Sub Add_Click()
add.Checked = True
min.Checked = False
mul.Checked = False
div.Checked = False
x = Val(text1.Text) + Val(Text2.Text)
Label4.Caption = Str$(x)
End Sub

Private Sub Min_Click()
add.Checked = False
min.Checked = True
mul.Checked = False
div.Checked = False
x = Val(text1.Text) - Val(Text2.Text)
Label4.Caption = Str$(x)
End Sub
```

程序运行如图 9.7 所示。

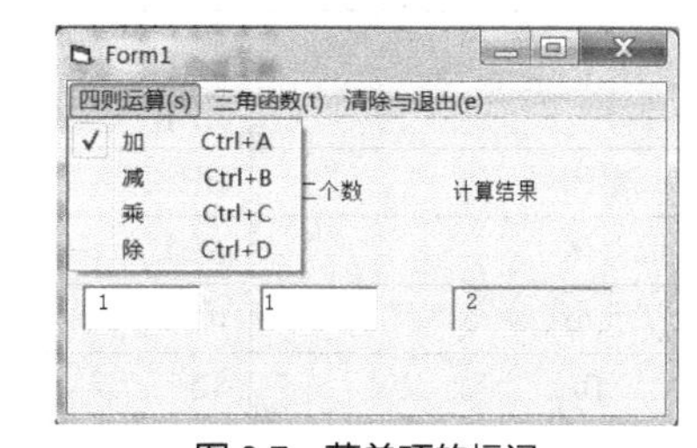

图 9.7　菜单项的标记

5. 菜单的可见属性

同“有效”属性相似，可以利用“可见”属性来取消用户对某些特定菜单项的访问权限。若关闭某个特定的菜单项的“可见”属性，该菜单项将从菜单中被移走。用户将不知道该菜单项的存在。

上例中，在“四则运算”菜单中添加一个菜单项，每单击一次该菜单项，“三角函数”的“可见”属性就改变一次。修改步骤如下。

打开菜单编辑器，在“四则运算”菜单列表中选择“除”菜单项，单击“插入”按钮，在“除”菜单项之前插入一个菜单项。

设置该菜单项的标题为“三角函数可见”，名称为“mnuVisible”，“有效”“可见”属性都选中。

在“除”之前插入一分隔条，标题为“-”，名称为“mnuLine1”，“有效”“可见”属性都选中。

在“三角函数可见”之后插入一分隔条，标题为“-”，名称为“mnuLine2”，“有效”“可见”属性都选中。

单击“确定”按钮，退出菜单编辑器。

单击菜单“四则运算”中的“三角函数不可见”，弹出代码编辑器，在 mnuVisible_Click 事件中添加以下代码。

```
Private Sub mnuvisible_Click()
cal2.Visible = Not cal2.Visible
If cal2.Visible Then
   mnuvisible.Caption = "三角函数不可见"
Else
   mnuvisible.Caption = "三角函数可见"
End If
End Sub
```

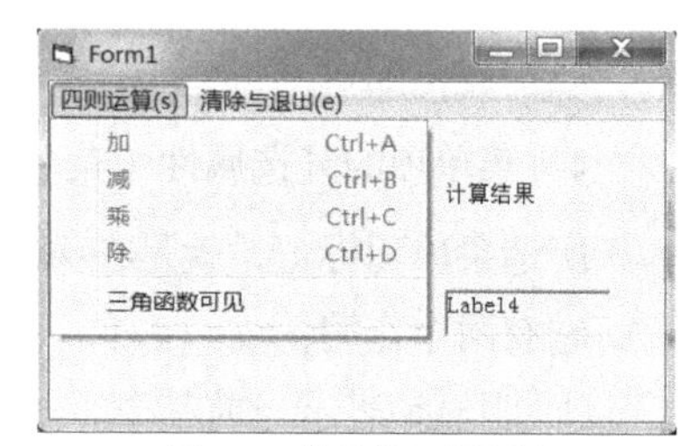

图 9.8　菜单的可见属性

保存文件，运行程序，结果如图 9.8 所示。

6. **创建菜单控件数组**

菜单控件数组就是在同一菜单上共享相同名称和事件过程的菜单工程的集合。菜单控件数组用于：一是在运行时要创建一个新菜单项，它必须是菜单控件数组中的成员；二是简化代码，对菜单控件数组中任意元素的事件触发都会共用一段代码。

每个菜单控件数组元素都由唯一的索引值来标识，该值在菜单编辑器上“Index 属性框”中指定。当一个控件数组成员识别一个事件时，VB 将其 Index 属性作为一个附加的参数传递给事件过程。事件过程必须包含核对 Index 属性的代码，因而可以判断出正在使用的是哪一个控件。

在上例中加入一个菜单控件数组 mnuFS，用来控制文本框中文字的大小。

在菜单编辑器中创建菜单控件数组的步骤如下。

表 9.2　菜单控件数组创建

菜 单 项	标　　题	名　　称	索　　引	快 捷 键
字体	字体	mnuFont		
....粗体	粗体	mnuBold		Ctrl+B
....斜体	斜体	mnuItalic		Ctrl+I
....大小	大小	mnuSize		
.......10	10	mnuFS	0	
.......20	20	mnuFS	1	
.......30	30	mnuFS	2	

增加“字体”菜单，在“字体”菜单标题下增加所需菜单项，其属性按照表 9.2 所示设定。然后再在标题为“大小”的菜单项下创建一个名称为“mnuFS”，标题为“10”的下级菜单，设置索引值为“0”，此时产生第一个数组。

依次建立第二、三个菜单控件数组元素，其级别和属性如图 9.9 所示。

它们拥有各自的属性，却共享同一个事件，在事件中加入一个参数 Index，以确定数组中哪一个控件或菜单发生事件，单击“确定”按钮确认设置。

菜单控件数组 mnuFS 的 Click 事件响应代码如下。

```
Private Sub mnuFS_Click(Index As Integer)
Select Case Index
Case 0
  text1.FontSize = 10
Case 1
text1.FontSize = 20
 Case 2
 text1.FontSize = 30
 End Select
End Sub
```

运行结果如图 9.10 所示。

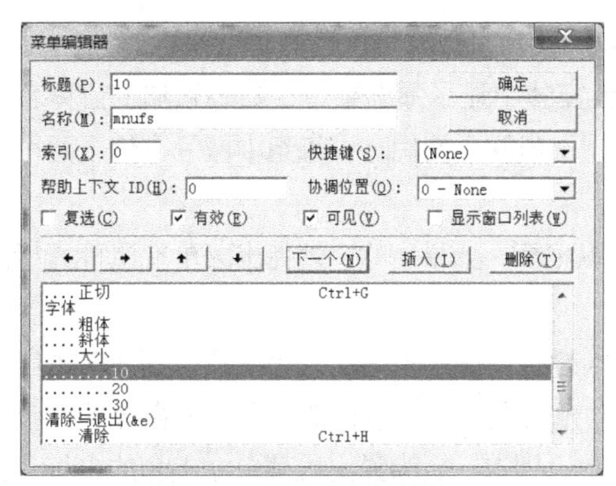

图 9.9　菜单控件数组创建

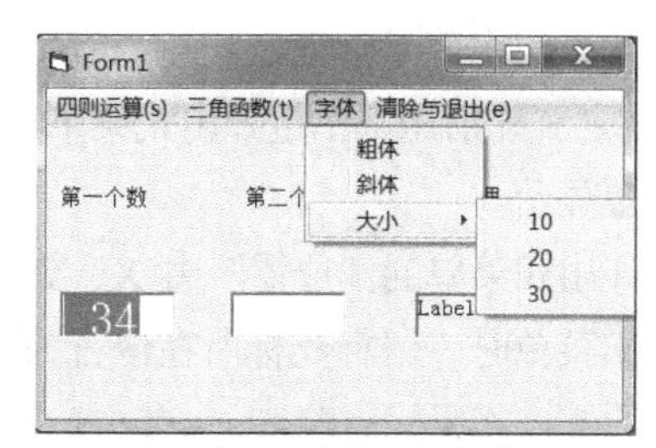

图 9.10　菜单数组运行界面

9.1.5　弹出式菜单

弹出式菜单也叫快捷菜单，是一组独立的菜单，在窗体上浮动显示，一般随鼠标右键出现。

弹出式菜单用于对窗体中某个特定区域有关的操作或选项进行控制。与下拉式菜单不同，它不需要在窗口的顶部下拉打开，可在窗口的任意位置打开。

设计弹出式菜单方法如下。

① 在菜单编辑器中添加菜单，添加的方法与下拉菜单相同，唯一的区别是顶级菜单不勾选“可见”选项。

② 在“鼠标”事件中检测到按了鼠标右键，执行命令：

```
PopupMenu menuname, Flags,x,y
```

③为各菜单编写代码：与下拉菜单的代码编写一样。

PopupMenu 方法用来显示弹出菜单，语法格式为：

```
object.PopupMenu menuname,flags,x, y,boldcommand
```

其中：

Object（对象）——窗体名。

Menuname（菜单名）——指在菜单编辑器中定义的主菜单项名。

X、Y——弹出式菜单在窗体上的显示位置的 X、Y 坐标（与 Flags 参数配合使用）。

Boldcommand——指定弹出式菜中的弹出式菜单控件的名字，用以显示为黑体正文标题。

Flags——该参数是一个数值或符号常量，指定弹出式菜单的位置和行为，其取值分为两组，一组用来指定菜单位置，另一组用来定义特殊的菜单行为，如下表 9.3 所示。

表 9.3　指定菜单位置

常数位置	值	作　用
vbPopupMenuLeftAlign	0	缺省值。弹出式菜单的左边定位于 x
vbPopupMenuCenterAlign	4	弹出式菜单以 x 为中心
vbPopupMenuRightAlign	8	弹出式菜单的右边定位于 x
vbPopupMenuLeftButton	0	缺省值。仅当使用鼠标左按键时，弹出式菜单中的项目才响应鼠标单击
vbPopupMenuRightButton	2	不论使用鼠标右按键还是左按键，弹出式菜单中的项目都响应鼠标单击

【说明】

PopupMenu 方法的 6 个参数中，除“菜单名”外，其余参数都是可选的。当省略了“对象”时，弹出式菜单只能在当前窗体中显示。如果需要在其他窗体中显示弹出菜单，则必须加上窗体名。

Flags 的两组参数可以单独使用，也可以联合使用。当联合使用时，每组中取一个值，两个值相加；如果使用符号常量，则两个值用 Or 连接。

X、Y 分别用来指定弹出式菜单显示位置的横、纵坐标，如果省略，则弹出菜单在鼠标光标的当前位置显示。

弹出式菜单的“位置”由 X、Y、Flags 参数共同指定。如果省略这几个参数，则在单击鼠标右键弹出菜单时，鼠标光标所在位置为弹出式菜单左上角的坐标。在默认情况下，以窗体的左上角为坐标原点。如果只省略 Flags 参数，不省略 X、Y 参数，则 X、Y 为弹出式菜单左上角的坐标；如果同时使用 X、Y 及 Flags 参数，则弹出菜单的位置分为以下几种情况。

Flags=0　　X、Y 为弹出式菜单左上角的坐标

Flags=4　　X、Y 为弹出式菜单顶边中间的坐标

Flags=8　　X、Y 为弹出式菜单右上角的坐标

为了显示弹出式菜单，通常把 PopupMenu 方法放在 MouseDown 事件中，该事件响应所有的鼠标单击操作。按照惯例，一般通过单击鼠标右键显示弹出菜单，这可以用 Button 参数来实现。对于两个键的鼠标来说，左键的 Button 参数值为 1，右键的 Button 参数值为 2。因此，可以强制使用右键来响应 MouseDown 事件而显示弹出菜单：

```
If Button=2 Then PopupMenu 菜单名
```

下面举例说明建立弹出式菜单的一般过程。

在前面的例题中创建了一个字体菜单，可以稍做修改，如图 9.11 所示，改成弹出式菜单，首先打开菜单编辑器，这一步与前面介绍的基本相同，唯一的区别是，必须把菜单名（即主菜单项字体）的可见属性设置为 False（子菜单项不要设置为 False）。

然后增加以下两段代码。

```
Private Sub Form_MouseDown(Button As Integer, Shift As Integer, X As Single, Y As Single)
If Button = 2 Then '判断所按下的是否鼠标右键，如果是，则用 PopupMenu 方法弹出菜单。
   PopupMenu mnufont 'PopupMenu 方法省略了对象参数，指的是当前窗体。
End If
End Sub

 Private Sub Form_Load()
```

```
text1.Text = "Visual basic程序设计语言"
End Sub
```

程序运行界面如图 9.12 所示。

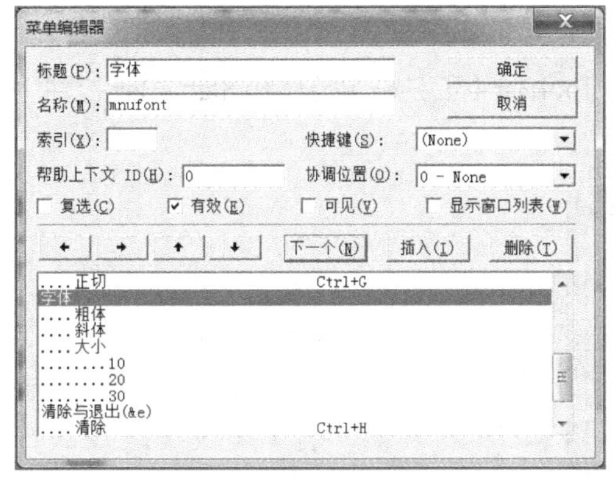

图 9.11　设置菜单项属性

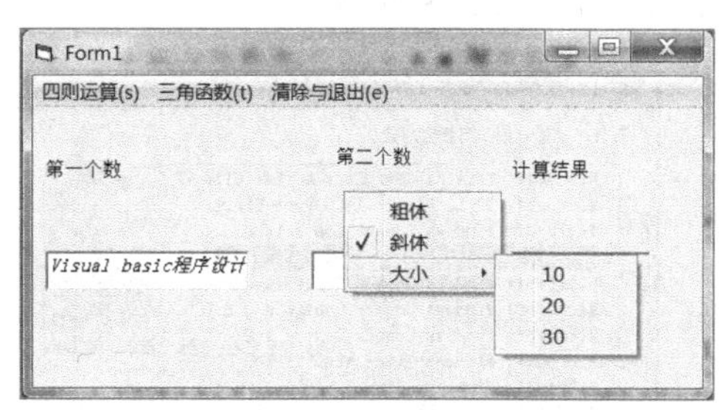

图 9.12　弹出式菜单运行界面

9.2　工具栏和状态栏

工具栏（ToolBar）是 Windows 窗口的组成部分，往往出现在窗口的顶部。熟悉 Windows 的用户一定会经常使用工具栏。工具栏为用户提供了应用程序中经常使用的一些菜单命令的快捷访问方式，进一步增强了应用程序的命令使用界面。状态栏（StatusBar）在 Windows 应用程序窗口中用来显示各种状态信息，通常位于窗体的底部。

9.2.1　ActiveX 控件

ActiveX 控件以前被称为 OLE 控件。OLE 即对象链接与嵌入的意思，ActiveX 控件是指可以重复使用的编程代码和数据。通过 OLE 技术，用户在开发应用程序的过程中，能够访问 Windows 环境中的其他应用程序。这种技术能将其他应用程序链接到 VB 的应用程序中，如 Word 文档、Excel 工作表以及 AVI 视频剪辑等都可以作为一个对象链接或被嵌入 VB 应用程序中，用户可以利用现有的部件对应用程序进行组装，这样大大缩短了软件的开发周期，增强了软件的功能，提高了软件部件的重用性。

ActiveX 控件是 VB 工具箱的扩充部分。大部分 ActiveX 控件在 VB 的标准工具箱内没有，需要通过“工程”→“部件”命令进行添加，经过添加的 ActiveX 控件将出现在工具箱中，其使用方法与其他的标准控件使用方法一样，也具有属性、方法、事件代码等。

本节主要介绍两种 ActiveX 控件——ToolBar 控件和 StatusBar 控件，并运用它们为应用程序定制工具栏和状态栏。

9.2.2　工具栏

VB 提供了工具栏 Toolbar 控件，可以方便地为应用程序制作工具栏，为了使工具按钮更生动，VB 还提供了图像列表 ImageList 控件，使用这两个控件可以制作出非常形象的应用程序工具栏。但这两个控件不是标准控件，使用之前要把它们添加到工具箱中，具体操作方法如下。

① 右键单击“工具箱”空白位置，选择弹出菜单中的“部件”命令，弹出“部件”对话框。

② 在对话框的“控件”列表框中选择 MicroSoft Windows Common Controls 6.0 选项（使该选项前的复选框中出现对钩）如图 9.13 所示。

③ 单击“确定”按钮。

此后，在工具箱中增加如下图所示的一组控件。ToolBar（工具栏）控件和 StatusBar 控件（状态栏）也在其中，如图 9.14 所示。

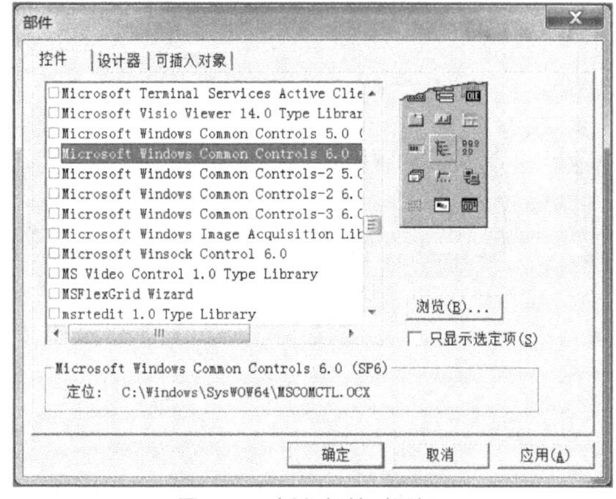

图 9.13　插入部件对话框

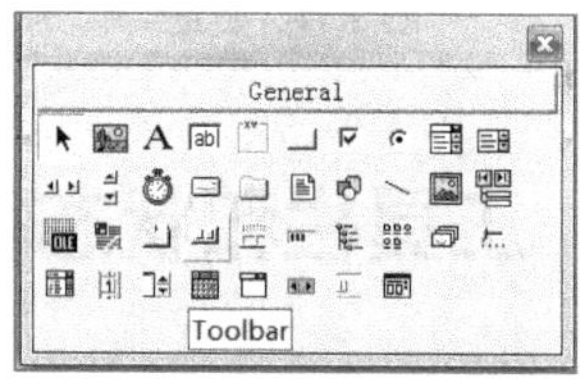

图 9.14　添加部件后的工具栏

使用 ToolBar 控件创建工具栏也是非常简单的工作，基本的属性设置可以通过对话框完成。同样在前面的示例中设计一个具有 3 个工具按钮的工具栏，分别对应菜单中的“粗体”“斜体”“下划线”3 个菜单项，并完成相应的功能，程序界面如图 9.15 所示。

设计工具栏的主要步骤如下。

① 将 Toolbar 和 ImageList 添加到窗体。

Toolbar 自动显示在窗体顶部，ImageList 控件可拖到窗体中的任何位置（位置不重要，因为它运行时是不可见的），它只是存放图标的数据库。

② 为 ImageList 添加所需图标。

在 ImageList 控件图标上单击鼠标右键，选择快捷菜单中“属性”命令，打开 ImageList 属性页窗口，如图 9.16 所示。

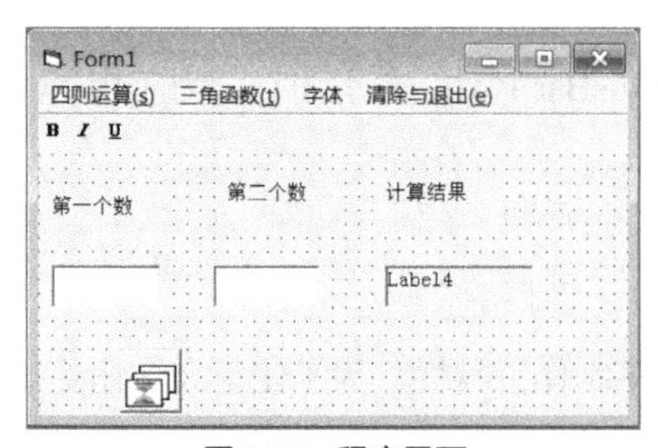

图 9.15　程序界面

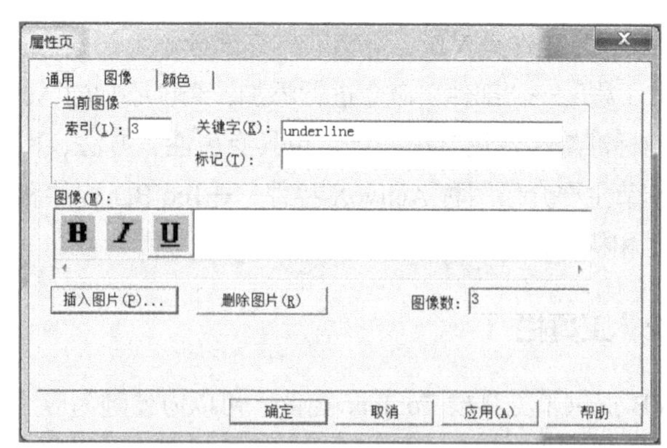

图 9.16　ImageList 属性页窗口

ImageList 控件的主要属性如下。

索引（Index）：表示每个图像的编号，对应于工具栏中每个按钮属性页中的图像属性选项。

关键字（Key）：表示每个图像的标识名，也可以为工具栏每个按钮属性页的图像属性引用。

图像数：表示已经插入的图像数目。

“插入图片”按钮：可以插入.ico、.bmp、.jpg 等图像文件。

“删除图片”按钮：用来删除选中的图。

设置 ImageList 控件属性窗口中“通用”标签中的单选按钮 16×16，确定图像的大小。

选择“图像”标签，单击“插入图片”按钮，将所需图形的图形文件打开，则选中的图形将自动添加到图形对话框中，设置它们的索引值分别为 1，依次添加图片和关键字。

③ 创建 Toolbar 的按钮对象。

把 Toolbar 控件添加到窗体上后，右键单击该控件，从弹出的快捷菜单中选择“属性”，便打开 Toolbar 控件“属性页”对话框，如图 9.17 所示。通用选项卡主要用于连接 ImageList，从“图像列表”的下拉列表中选择 ImageList 控件 。

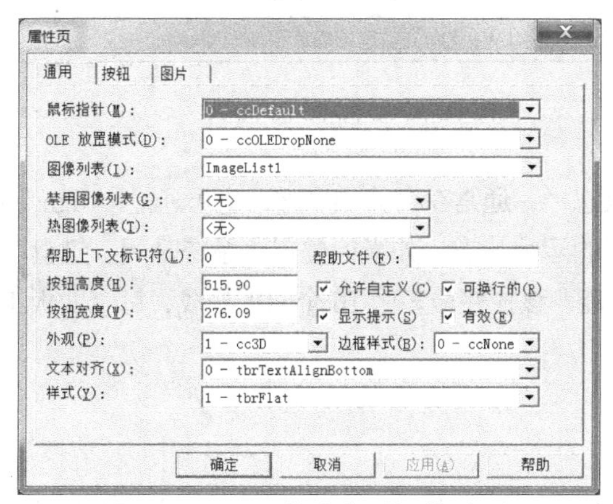

图 9.17　Toolbar 控件“属性页”对话框

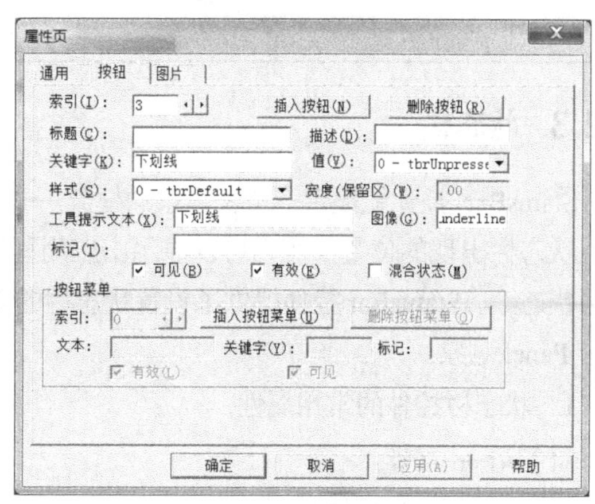

图 9.18　Toolbar 控件“按钮”选项

然后选中 ToolBar1 的“按钮”设置对话框，以下是使用说明。

插入按钮：在工具栏添加一个按钮，每次单击“插入按钮”，系统在索引号指定的按钮之后插入一个按钮。

索引：工具栏中按钮的序号，索引号从 1 开始。每次单击“插入按钮”，系统在索引号指定的按钮之后插入一个按钮，并自动生成索引号，在事件过程中可引用索引号。

关键字：可选项，按钮的名称，可在事件过程中引用。

图像：可以输入 ImageList 控件图标的序号（索引号），也可以输入 ImageList 控件图标的名称（关键字），代表在 Toolbar 的按钮中引用索引号或关键字指定的图标。

样式：按钮的形式。例如，普通按钮为 0，开关按钮为 1，分隔线按钮为 3 等。

关于“样式”的说明如表 9.4 所示。

设置每个按钮的图像值（每个按钮的图像值对应的是相应的 ImageList1 中每个图像的索引值），经过上述设置即可得到所需的图像按钮，如图 9.18 所示。

④ 编写按钮对象的事件过程。

双击工具栏，在事件中输入以下代码：

```
Private Sub Toolbar1_ButtonClick(ByVal Button As MSComctlLib.Button)
Select Case Button.Index
Case 1
   text1.FontBold = Not text1.FontBold
Case 2
   text1.FontItalic = Not text1.FontItalic
Case 3
   text1.FontUnderline = Not text1.FontUnderline
End Select
End Sub
```

表 9.4　Toolbar 控件按钮属性页样式

值	常　数	按　钮	说　明
0	tbrDefault	普通按钮	按下按钮后恢复原状，如“新建”按钮
1	tbrCheck	开关按钮	按下按钮后保持按下状态，如“加粗”等按钮
2	tbrButtonGroup	编组按钮	在一组按钮中只能有一个有效，如对齐方式按钮
3	tbrSepatator	分隔按钮	将左右按钮分隔开
4	tbrPlaceholder	占位按钮	用来安放其他按钮，可以设置其宽度（width）
5	tbrdropdown	菜单按钮	具有下拉菜单，如 Word 中的“字符缩放”按钮

9.2.3　状态栏

StatusBar 控件能提供一个长方条的框架——状态栏，通常在窗体的底部，也可通过 Align 属性设置状态栏出现的位置。用它可以显示出应用程序的运行状态，如光标位置、系统时间、键盘的大小写状态等。StatusBar 控件提供了设置状态栏的功能，该控件最多由 16 个面板构成，每个面板都有一个 Panel 对象。

1. 状态栏控件的常用属性

（1）Align 属性

该属性决定状态栏控件在窗体中的显示位置和大小，其值为 1～4，分别表示在窗体的顶部、底部、左边和右边，且随窗体自动调整。

（2）Style 属性

该属性设置或返回状态栏控件的样式。默认值 0 表示 Normal 样式，正常显示所有 Panel 对象；值为 1 时表示 Simple 样式，仅显示一个大窗格。

（3）Height 和 Width 属性

该属性决定控件的高度和宽度。

（4）Top 属性

该属性决定控件顶端距窗体顶端的距离。

（5）ShowTips 属性

该属性决定当鼠标指针在状态栏上的某个窗格停留时，是否显示该窗格的文本，默认为 True。

（6）ToolTipText 属性

当 ShowTips 属性为 True 时，该属性设定要显示的提示文本。

（7）SimpleText 属性

当状态栏控件的 Style 属性设置为 Simple 时，该属性返回或设置显示的字符串文本。

2. Panel 对象的常用属性

（1）Key 属性

该属性设置或返回该对象（窗格）在 Buttons 集合中的唯一字符串标识。

（2）Index 属性

该属性设置或返回该对象（窗格）在集合中的索引值。

（3）Picture 属性

该属性设置或返回控件（窗格）中要显示的图片文件名。

（4）Text 属性

该属性设置或返回该对象（窗格）中显示的文本。

（5）Style 属性

设置该对象的样式，默认为 0，表示显示文本和位图。

（6）Alignment 属性

该属性设置或返回该对象的标题文本对齐方式。

（7）Bevel 属性

设置或返回该对象的斜面样式，0 为没有显示斜面，1 为凹下显示，2 为凸起显示。

（8）AutoSize 属性

调整状态栏的大小后，该属性返回或设置确定 Panel 对象的宽度值。

（9）Count 属性

该属性返回 Panels 集合中 Panels 对象的数目。

3. 创建状态栏

把 StatusBar 控件添加到窗体上，右键单击该控件，从弹出的快捷菜单中选择“属性”，便打开 StatusBar 控件“属性页”对话框。

（1）通用卡设置如图 9.19 所示。

① 样式（Style）：设置状态条控件显示的样式。取值包括如下两种。

- 0（SbNormal）：正常样式，状态栏中可显示所有的窗格。
- 1（SbSmiple）：简单样式，控件中显示一个窗格。

② 鼠标指针（MousePointer）：指定鼠标指针的显示形状。

③ 简单文本（SimpleText）：返回或设置显示文本。

④ 显示提示（ShowTips）：用于显示提示。取值为 True，则当鼠标在对象上逗留时，给出提示信息。

（2）窗格卡设置如图 9.20 所示。

状态栏（StatusBar）由多个窗格（Panel）对象构成，通过“插入窗格”按钮在一个状态栏（StatusBar）控件最多能创建 16 个窗格（Panel）对象。

状态栏（StatusBar）的窗格常用属性包括以下几种。

① 插入窗格：在状态栏添加一个窗格，每次单击“插入窗格”，系统在索引号指定的窗格之后插入一个窗格。

② 索引：状态栏中窗格的序号，索引号从 1 开始。每次单击“插入窗格”，系统在索引号指定的窗格之后插入一个窗格，并自动为新窗格生成索引号，索引号可在事件过程中引用。一个状态栏

（StatusBar）即为一个窗格数组，通过索引值（Index）也可以通过关键字（Key）对窗格对象进行访问。例如 StatusBar1.Panels(i)即指的是第 i 个窗格对象。

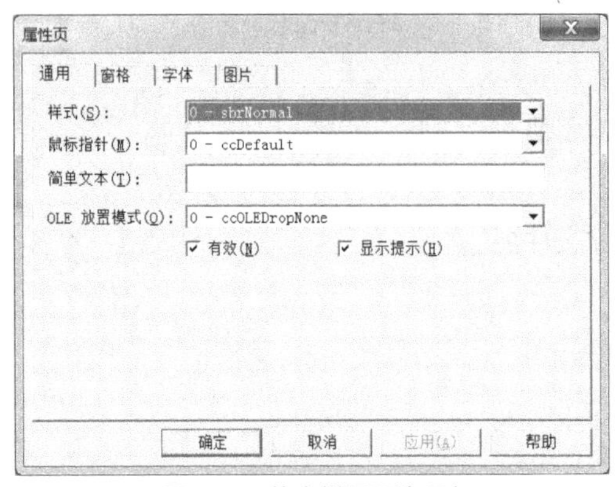

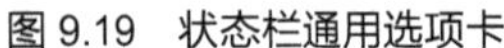
图 9.19 状态栏通用选项卡

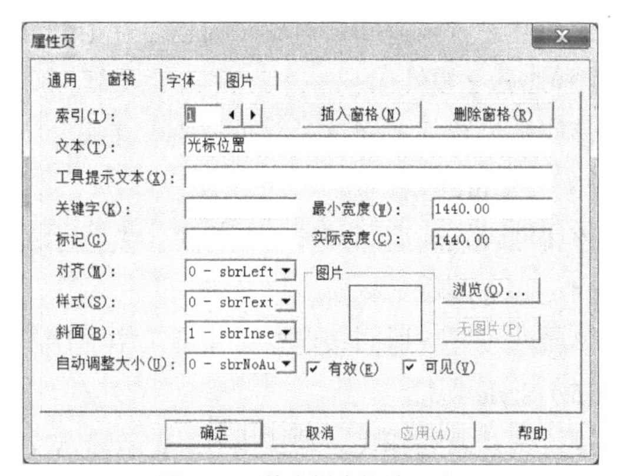

图 9.20 状态栏窗格选项卡

③ 文本：窗格上显示的字符串。

④ 工具提示文本：当鼠标指针指向窗格并停留时，出现的提示信息。

⑤ 关键字：窗格的名称，可在事件过程中引用，可选项。

⑥ 删除窗格：删除选择（索引号指定）的窗格。

⑦ 对齐方式（Alignment）：指定文本的对齐方式，取值有以下几种。

0（SbrLeft）：缺省值，文本左对齐。

1（SbrCenter）：文本居中。

2（SbrRight）：文本右对齐。

⑧ 样式：下拉列表，选择其中列表项目，便指定了该窗格显示的信息（见表 9.5）。

表 9.5 样式下拉列表项目

索　引	样　式	说　明
0	SbrText	显示文本，缺省值
1	SbrCaps	显示 Caps Lock 键状态
2	SbrNum	显示 Num Lock 键状态
3	SbrIns	显示 Insert 键状态
4	SbrScrl	显示 Scroll Lock 键状态
5	SbrTime	显示系统时间
6	SbrData	显示系统日期

⑨ 有效（Enabled）：值为 True 时，信息正常显示；值为 Fasle 时，以灰色显示。

下面用一个实例来简单地介绍一个状态栏在应用程序中的作用。

在前面的例题中增加一个状态栏，它能随着光标的移动给出光标所在位置及当前光标所在字符的字体、字号，同时还显示系统时间信息。

在窗体中插入一个状态栏控件 StatusBar1。然后对状态栏的窗格属性进行设置。单击“插入窗格”的按钮，依次插入 4 个窗格“光标位置”“字体”“字号”“系统日期”，索引号分别为 1、2、3、4。

运行时，能重新设置窗格 Panel 对象以显示不同的功能，这些功能取决于应用程序的状态和各控制键的状态。有些状态要通过编程实现，有些系统已具备。

编写代码。

```
Private Sub Form_Load()          ' 调用窗体时，即在窗格四中显示日期
  StatusBar1.Panels(4).Text = Date
End Sub
Private Sub Text1_Change()       ' 例题中已有此事件，因此只要把这事件代码加到例题中的该事件即可
  StatusBar1.Panels(1).Text = "光标位置:" + Str(Text1.SelStart)
  StatusBar1.Panels(2).Text = "字体:" + Text1.FontName
  StatusBar1.Panels(3).Text = "字号:" + Str(Text1.FontSize)
End Sub
Private Sub Text1_Click()
  StatusBar1.Panels(1).Text = "光标位置:" + Str(Text1.SelStart)
  StatusBar1.Panels(2).Text = "字体:" + Text1.FontName
  StatusBar1.Panels(3).Text = "字号:" + Str(Text1.FontSize)
End Sub
```

程序运行界面如图 9.21 所示。

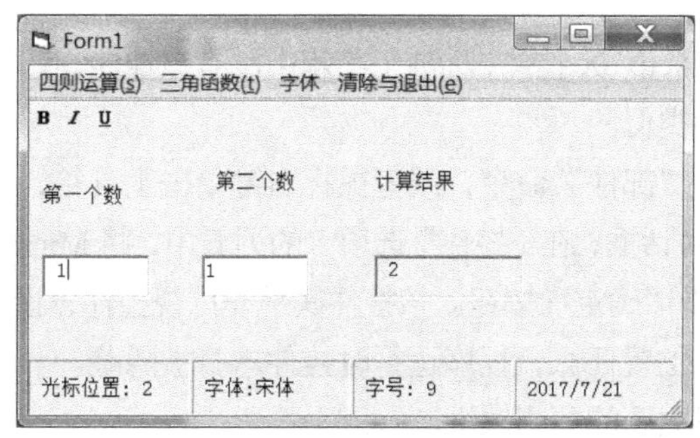

图 9.21　状态栏运行结果

9.3　对话框

对话框是应用程序执行某项操作后打开的一个人机交互界面，用户在使用 Windows 应用程序的过程中都会遇到各式各样的对话框。界面美观、提示清晰的对话框是实现人机交互的重要元素，通过对话框实现用户数据的输入和计算结果、查询结果的输出。它的主要特点是它是一个特殊窗口，一般不能改变大小，也不能切换到其他窗口。

9.3.1　预定义对话框

预定义对话框是系统已经设计好的对话框，它们可以通过程序执行具体的函数来被显示。在 Visual Basic 6.0 中，预定义对话框包含输入对话框和消息框。

（1）输入对话框

创建输入对话框的标准函数是 InputBox 函数，该函数显示一个接收用户输入的对话框，对话框中显示提示文本，等待用户输入或按下按钮，并返回文本框的内容。

InputBox 函数的语法格式为：

```
InputBox (prompt[,title][,default][,xpos][,ypos][,helpfile,context])
```

（2）消息框

创建消息框的标准函数是 MsgBox 函数，该函数在对话框中显示消息，等待用户按下按钮，并返回一个整数来表示用户按下了哪一个按钮。

MsgBox 函数的语法格式为：

```
MsgtBox(prompt[,buttons][,title][,helpfile,context])
```

这 2 个函数的使用在前面的章节已经介绍，这里不再重复。

9.3.2 通用对话框

VB 的通用对话框控件 CommonDialog 提供了一组标准对话框界面，一个控件即可显示 6 种对话框：打开文件、保存文件、选择颜色、选择字体、设置打印机以及帮助对话框。这些对话框仅用于返回用户输入、选择或确认的信息，不能真正实现文件打开和存储以及颜色设置、字体设置等操作。这些功能必须通过编写相应的代码才能实现。

1. 添加通用对话框

CommonDialog 控件是 ActiveX 控件，标准工具箱中没有该控件，使用时需要将其添加到工具箱，添加的方法与前面的工具栏类似。

选择“工程”菜单中的“部件”命令，或者鼠标右键单击工具箱，在快捷菜单中选择“部件”命令，打开所示的“部件”对话框，在“控件”选项卡的列表中，将 Microsoft Common Dialog Control 6.0 前面的复选框选中，单击“确定”按钮。该控件属于非可视控件，设计时它以图标的形式显示在窗体上，其大小不能改变，位置任意，程序运行时控件本身被隐藏。

通用对话框还具有以下主要的共同属性。

（1）CancelError 属性

通用对话框内有一个“取消”按钮，用于向程序表示用户想取消当前的操作。当 CancelError 属性设置为 True 时，若用户单击“取消”按钮，通用对话框自动将错误对象（Err，由 VB 提供）的错误号 Err.Number 设置为 32755（VB 常数为 cdlCancel）供程序判断，以便进行相应的处理。

（2）DialogTitle 属性

该属性可由用户自行设置对话框标题栏上显示的内容，代替默认的对话框标题。

（3）Flags 属性

该属性用于设置对话框的相关选项（各种具体对话框设置的选项略有不同）。

2. 通用对话框的创建

通用对话框的制作过程如下。

① 双击工具箱中 CommonDialog 控件或用拖曳的办法将工具栏安置在对象窗口中（注：通用对话框控件在窗体运行时是不可见的），如图 9.22 所示。

② 对通用对话框控件（CommonDialog）属性设置。右键单击，在快捷菜单中选择“属性”选项，打开“属性页”对话框，如图 9.23 所示。

通用对话框控件（CommonDialog）Action 属性：该属性对话框中无法设计，编写代码时可通过设计此属性设置对话框的类型。Action 属性可以有 7 种不同的值，对应 7 种不同的方法，从而调用不同的对话框，如表 9.6 所示。

图 9.22　插入 CommonDialog 控件

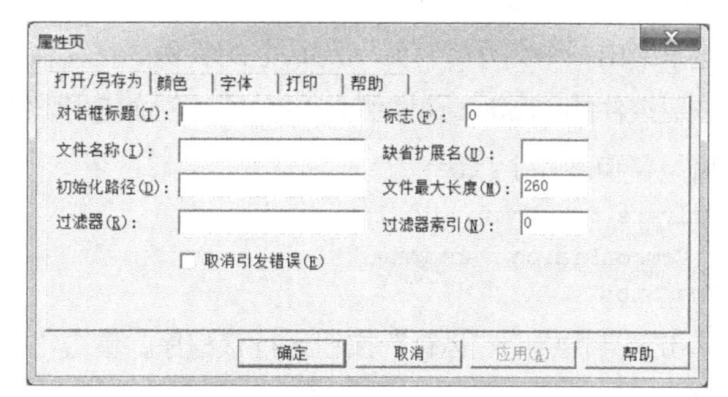

图 9.23　通用对话框控件属性设置

表 9.6　Action 属性值表

Action 值	功　　能	方　　法
0	无操作	
1	打开文件对话框	ShowOpen
2	“另存为”对话框	ShowSave
3	“颜色”对话框	ShowColor
4	“字体”对话框	ShowFont
5	“打印”对话框	ShowPrinter
6	帮助文件对话框	ShowHelp

3. 通用对话框介绍

（1）“打开”对话框

“打开”对话框的功能是指定文件的驱动器、目录、文件扩展名和文件名。使用“打开”对话框时，通常首先对其进行属性设置，各属性含义和设置方法如下。

① 对话框标题（DialogTitle 属性）：设置对话框的标题，缺省值为“打开”。

② 文件名称（FileName 属性）：设置“打开”对话框中“文件名”区中的初始文件名，同时也能返回用户在对话框中选中的文件名。

③ 初始化路径（InitDir 属性）：设置初始目录，同时也能返回用户选择的目录名。

④ 过滤器（Filter 属性）：设置对话框中的文件列表中显示的文件类型。设置过滤器属性的格式为：

```
description1 | filter1 | description2 | filter2…
```

其中，description 是在“打开”对话框中的文件类型列表框中显示的字符串。

⑤ 标志（Flags 属性）：用来修改每个具体对话框的默认操作。

⑥ 缺省扩展名（DefaultExt 属性）：设置在对话框中的缺省扩展名。

⑦ 文件最大长度（MaxFileSize 属性）：设置文件名的最大字节数。

⑧ 过滤器索引（FilterIndex 属性）：用索引值来指定对话框使用哪一个过滤器。

⑨ 取消引发错误（CancelError 属性）：决定当用户单击对话框上的“取消”按钮时，是否会显示一个报错信息的消息框。

注意：CancelError 属性的设置方法对其他几种对话框也同样适用。

将通用对话框控件添加到窗体中后，如何在程序中打开指定类型的对话框呢？通用对话框控件提供了两种打开对话框的方法。一种方法是使用它的 Action 属性，通过为 Action 属性赋值，就可以打开对应类型的对话框。Action 属性的值及其对应的对话框如表 9.5 所示。

这里给出一个打开“打开”对话框的实例。在窗体中添加一个按钮控件和一个通用对话框控件，设置按钮控件的 Caption 属性值为“打开”，名称使用默认值，如图 9.24 所示。双击按钮控件打开“代码”窗口，输入如下代码：

```
Private Sub Commandl_Click()
  CommonDialog1.Action=1
End Sub
```

单击工具栏中的“运行”按钮运行该程序，单击“打开”按钮，即可打开图 9.25 所示的“打开”对话框。

另一个打开对话框的方法是使用通用对话框控件的方法，这种方法更直观。

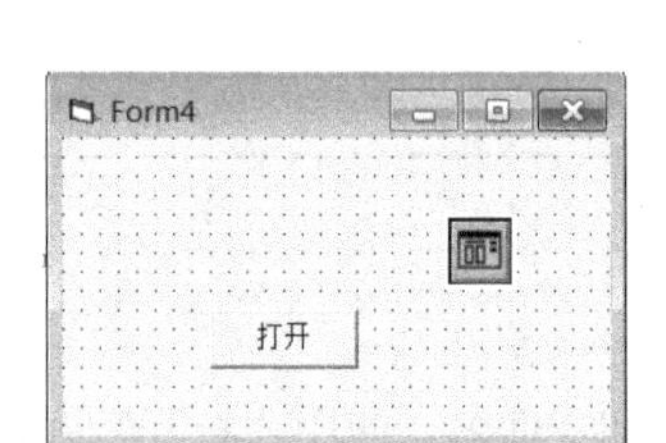

图 9.24　设计界面

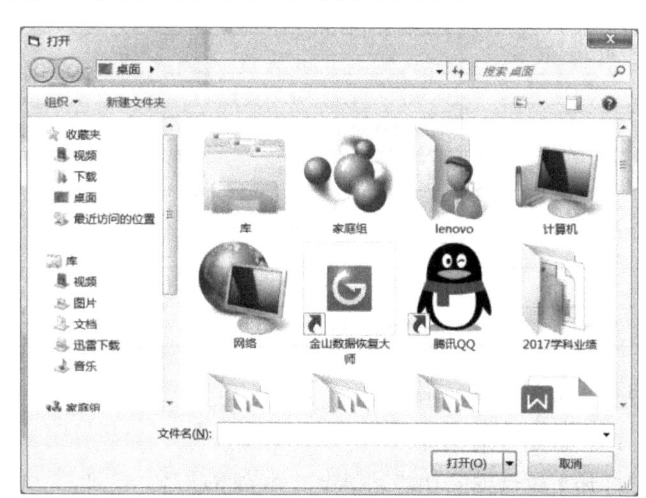

图 9.25　“打开”对话框

将上述程序中的代码 CommonDialogl.Action =1 替换为 CommnonDialog1.ShowOpen，运行程序，单击“确定”按钮，也可打开上例所示的“打开”对话框。

注意：对话框的类型不是在设计段设置，而是在运行时通过代码设置的。

通用对话框是一组标准的对话框，它们有标准的外观与功能，通过设置通用对话框控件的某些属性，可以部分地改变对话框的外观。如设置 DialogTitle 属性，可以改变对话框的标题；Flags 属性则可以用来设置对话框的外观。

（2）“保存”对话框

“保存”对话框也是在 Windows 应用程序中经常用到的。用 ShowSave 方法显示对话框，它同样能指定文件的驱动器、目录、文件扩展名和文件名，其使用方法和“打开”对话框的使用方法基本相同。

例如，“打开”与“保存”对话框的使用。在该程序中，用户可以调用“打开”与“保存”对话框，并能获取用户打开或保存文件的路径以及名称。

用户可以使用两个通用对话框控件，分别调用“打开”对话框与“保存”对话框。通过它们的属性页，可以分别设置它们的属性，如对话框的初始路径、文件类型等，也可以使用一个通用对话框控件来调用各对话框。为了使“打开”与“保存”对话框的属性设置不同，应该在程序运行阶段在代码中为各属性赋值。本例只使用一个通用对话框控件。

在窗体中放置两个标签控件、两个文本框控件、两个按钮控件和一个通用对话框控件。

双击“打开”按钮，打开“代码”窗口，将下列代码添加到 Command1_CLick 事件过程中。

```
Private Sub Command1_Click()
   CommonDialog1.DialogTitle = "打开文件"
   CommonDialog1.InitDir = "c:\windows"
   CommonDialog1.Filter = "图像文件|*.bmp|文本文件|*.txt|"
   CommonDialog1.FilterIndex = 2
   CommonDialog1.Flags = 528
   CommonDialog1.Action = 1
   Text1.Text = CommonDialog1.filename
End Sub
```

在该段代码中，前 5 行代码设置对话框的属性，从中可以看出，对话框的标题为“打开文件”，初始路径为 c:\windows。能显示后缀为.bmp 和.txt 的文件，在“文件类型”栏中缺省显示的是“文本文件”，Flags=528 表明它同时具有 Flags=17 和 Flags=512 的特性，在对话框中显示一个“帮助”按钮，并且允许用户同时选中多个文件。

同样，将下列代码添加到 Command2_Click 事件过程中。

```
Private Sub Command2_Click()
  CommonDialog1.DialogTitle = "保存文件"
  CommonDialog1.InitDir = "f:\document"
  CommonDialog1.Filter = "word 文档|*.doc|"
  CommonDialog1.Flags = 7
  CommonDialog1.Action = 2
  Text2.Text = CommonDialog1.filename
End Sub
```

运行该程序，单击“打开”按钮，则弹出“打开文件”对话框，如图 9.26 所示，从中选择一个或多个文件，单击“确定”按钮后，“打开”文本框中将显示用户选择的文件名，若用户选择多个文件，则所选文件的文件名都显示在文本框中。单击“保存”按钮，则打开“保存文件”对话框，如图 9.27 所示，在“文件名”文本框中输入文件名，单击“保存”按钮后，在“保存”文本框中将显示用户保存的文件名。如果用户输入的文件名已经存在，则弹出消息框，提示用户此文件已经存在。

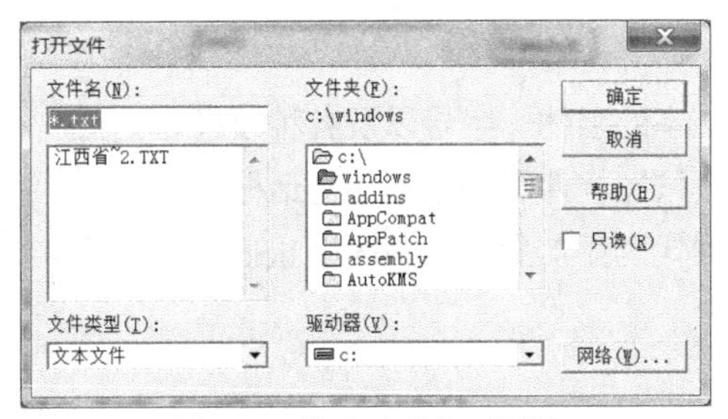

图 9.26 “打开文件”对话框

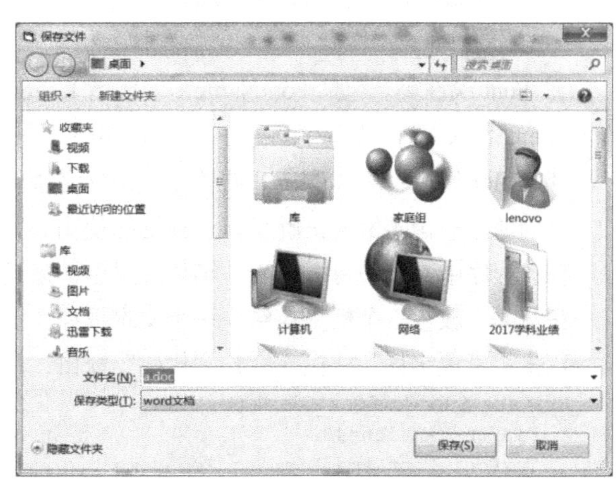

图 9.27 “保存文件”对话框

（3）“颜色”对话框

“颜色”对话框用来在调色板中选择颜色，或者是创建并选择自定义的颜色。要使用“颜色”对话框，通常先设置“通用对话框”控件中与颜色对话相关的属性，然后使用 ShowColor 方法显示对话框，使用 Color 属性获得所选择的颜色。

在“通用对话框”控件中和颜色相关的属性主要有“颜色”（Color）和“标志”（Flags）。

“颜色”（Color）属性用来设置“颜色”对话框的初始颜色，同时它也能返回用户在对话框中选择的颜色。

“标志”（Flags）属性用来决定“颜色”对话框的样式。

下面通过一个实例介绍如何使用“颜色”对话框。用户可以通过“颜色”对话框来选取标签的背景色，并且能显示出所选颜色的颜色值。

首先在窗体中放置两个标签控件、一个文本框控件（TexColor.）、一个按钮控件（ComColor）和一个通用对话框控件（DiaColor）。双击“设置颜色”按钮 ComColor，将下列代码添加到 ComColor Click 事件过程中。

```
Private Sub ComColor_Click()
   DiaColor.Acttion=3
   LabColor.BackColor=DiaColor.Color
   TexColor.Text=DiaColor.Color
End Sub
```

运行该程序，单击“设置颜色”按钮，在弹出的“颜色”对话框中选择一种颜色，单击“确定”按钮，标签的背景色就变成了用户在“颜色”对话框中所选取的颜色了。

（4）“字体”对话框

“字体”对话框用来指定字体名称、大小、颜色和样式。要使用“字体”对话框，通常先设置“通用对话框”控件中与字体对话相关的属性，然后使用 ShowFont 方法来显示对话框。

通用对话框用于字体操作时涉及的重要属性如下。

① Flags 属性。Flags 属性为下列常数或值中的一个：

cdlCFBoth 或 &H3：既可以是屏幕字体又可以是打印机字体；

cdlCFPrinterFonts 或 &H2：打印机字体；

cdlCFScreenFonts 或 &H1：屏幕字体；

0 或不置 Flags：将会显示一个信息框，提示“没有安装的字体”并产生运行错误。

② Font 属性集。包括 FontName（字体名）、FontSize（字号）、FontBold（粗体）、FontItalic（斜体）、FontStrikethru（删除线）和 FontUnderline（下划线）。

③ Color 属性：字体颜色。要使用该属性必须使 Flags 属性含有 cdlCFEffects 值。

下面通过一个实例来讲解字体对话框的使用。

在该程序中，用户可以调用“字体”对话框来设置文本的字体、字号以及各种效果。

在窗体上放置一个标签控件、一个文本框控件、一个按钮控件和一个通用对话框控件。

双击“设置字体”按钮，打开“代码”窗口，将下列代码添加到 ComFont_Click 事件过程中：

```
Private Sub ComFont_Click()
   DiaFont.Action=4
   TexFont.FontName=DiaFont.FontName
   TexFont.FontSize=DiaFont.FontSize
   TexFont.FontBold=DiaFont.FontBold
   TexFont.FontItalic=DiaFont.FontItalic
   TexFont.FontUnderline=DiaFont.FontUnderline
   TexFont.FontStrikethru=DiaFont.FontStrikethru
```

```
    TexFont.FontColor=DiaFont.Color
End Sub
```

在 ComFont_Click 事件过程中，第一行语句用来调用字体对话框，第二行语句是将用户在对话框中所选择的字体赋给文本框 TexFont 的 FontName 属性，其他语句的功能与此类似。

运行该程序，在文本框中输入一段文本，文本的字体、字号等特征由文本框的 Font 属性决定。单击“设置字体”按钮，则出现“字体”对话框，可见，对话框中各项属性的初始值就是在属性页（或“属性”窗口）中设置的值，如默认的字体为在 FileName 属性中设置的宋体。从中选择字体、字号以及各种效果后，单击“确定”按钮，则文本框中的文本就以新的设置显示。例如，选择字体为“幼圆”，字体样式为“斜体”，字号为“三号”，选中“下划线”效果，并且选择颜色为“红色”，单击“确定”按钮后，则文本框中显示的文本如上面所述。

（5）“打印”对话框

“打印”对话框可以指定打印输出方式，可以指定被打印页的范围、打印质量、打印的份数等。这个对话框还包含当前打印机的信息，并允许配置或重新安装缺省打印机。

“打印”对话框主要属性及其具体含义如下。

① 复制（Copies）：决定打印的份数。

② 标志（Flags）：如果把 Flags 设置为 0，设置“打印”对话框中的“打印范围”。

③ 起始页（FromPage）和终止页（ToPage）：用来设置从第几页打印到第几页。

④ 最小（Min）和最大（Max）：分别用于设置打印的最小和最大页码数。

⑤ 方向（Orientation）：用来设定打印的方向（1 表示纵向，2 表示横向）。

（6）“帮助”对话框

“帮助”对话框可以用来制作应用程序的联机帮助。“帮助”对话框主要属性如下。

① 帮助上下文（HelpContext）：返回或设置帮助文件中的主题的上下文 ID，指定要显示的帮助主题。

② 帮助命令（HelpCommand）：返回或设置联机帮助的类型。

③ 帮助键（HelpKey）：返回或设置帮助主题的关键字。

④ 帮助文件（HelpFile）：返回或设置帮助文件的路径及其文件名称。

9.3.3 自定义对话框

除了预定义对话框和通用对话框外，用户还可以根据实际需要自行定义对话框。自定义对话框实际上就是在一个窗体上放置一些控件，以构成一个用来接受用户输入的界面。

自定义对话框与使用函数或通过“通用对话框”控件创建的对话框相比，内容和功能都可以有更多的发挥余地。使用函数创建的对话框一般都很简单且功能单一，通常只是用来做简单的输入和提示。

通过“通用对话框”控件只能创建标准的对话框，而自定义对话框则相对灵活且功能强大，通常会满足用户为应用程序的继续运行而提供数据的需要。自定义对话框实际是一个用户自行设计的、用来完成用户和系统对话的窗体。

创建自定义对话框首先要创建一个窗体，然后在窗体上添加必要的控件，完成对话框的各种功能。对话框的 BorderStyle 属性通常设置为 3—FixedDialog。

显示对话框使用 Show 方法。对话框分成两种类型，即模式的和无模式的。

模式对话框是在继续操作应用程序的其他部分之前必须被关闭的，而无模式对话框允许在对话框与其他窗体之间转移焦点而不必关闭对话框。

Show 方法的两个可选参数分别是 style 和 ownerform。如果要显示的对话框是模式的，则 Style 取值为 1 或 vbModal；如果要显示的对话框是无模式的，则 Style 取值为 0 或 vbModaless。Ownerform 参数决定该对话框是作为哪一个窗体的子窗体的。

9.4　多重窗体程序设计与多文档程序设计

对于简单的应用程序，一个窗体就足够了。但对于较复杂的应用程序，往往需要通过多重窗体来实现。每一个窗体可以有不同的界面和程序代码，以完成不同的功能。

9.4.1　多窗体程序设计

1. 多重窗体的建立

建立步骤如下。

（1）单击“工程”菜单中的“添加窗体”命令，打开“添加窗体”对话框（工具栏也有“添加窗体”按钮）。

（2）单击“新建”选项卡，从列表框中选择一种新窗体的类型；或单击“现存”选项卡，将属于其他工程的窗体添加到当前过程中。

注意：多重窗体应用程序各个窗体之间是并列的关系，需要指定程序运行时的启动窗体，而其他窗体的装载与显示则由启动窗体控制（使用相应的语句来执行，如 load、show、hide 等）。

2. 与多重窗体程序设计有关的语句和方法

（1）Load 语句

格式：

```
Load <窗体名>
```

功能：将一个窗体装入内存。

【说明】

当执行 Load 语句后，可以引用窗体中的控件及各种属性，但是此刻窗体并未显示出来。

（2）UnLoad 语句

格式：

```
UnLoad <窗体名>
```

功能：从内存中卸载指定的窗体。

【说明】

如果卸载的窗体是程序的唯一的窗体，则将终止程序的执行。

（3）Show 方法

格式：

```
[窗体名].Show [模式]
```

功能：该方法用来显示一个指定窗体。

【说明】

若省略“窗体名”，则显示当前窗体；当指定窗体不在内存中时，则 Show 方法自动将窗体装入内存，然后再显示出来。在此不对[模式]进行说明。有兴趣的读者可参考有关书籍。

（4）Hide 方法

格式：

```
[窗体名]Hide
```

功能：将指定窗体隐藏，即不在屏幕上显示，但仍然在内存中。

在多窗体程序中，经常使用关键字 Me，它代表的是程序代码所在的窗体。例如，假定建立了一个 Form1，则可通过下列代码使该窗体隐藏。

```
Form1.Hide
```

与下列代码等价：

```
Me.Hide
```

注意：关键字 Me 必须出现在窗体或控件的事件过程的代码中。

3. 建立多重窗体应用程序

建立一个由 2 个窗体构成的简单的登录程序。

（1）添加窗体

在多重窗体程序中，要建立的界面由多个窗体组成。要添加窗体，可通过“工程”菜单中的“添加窗体”实现。创建的新窗体的名称默认为 Form1、Form2。如果创建了多余的窗体，可以把多余的窗体删除，其方法是在“工程资源管理器”窗口中选定需要删除的窗体，然后选择“工程”菜单中的“移除”命令即可。创建 2 个窗体，并按要求，设置相关属性，界面如图 9.28 和图 9.29 所示。

（2）保存窗体

首先在“工程资源管理器”窗口中选定需要保存的窗体，然后选择“文件”菜单中的“保存”或“另存为”命令即可。当然工程中的每一个窗体都要分别保存。

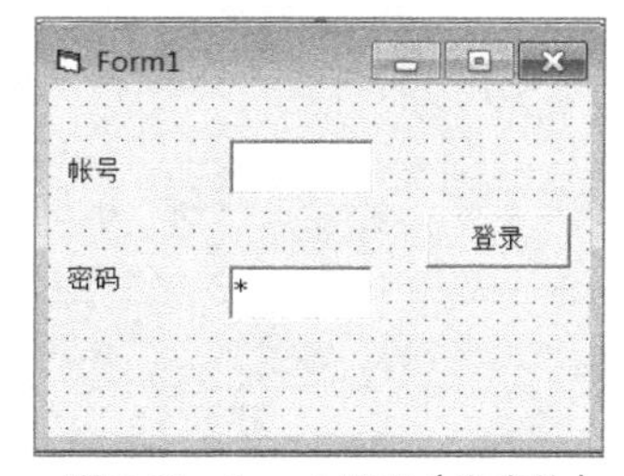

图 9.28　form1 界面（主窗体）

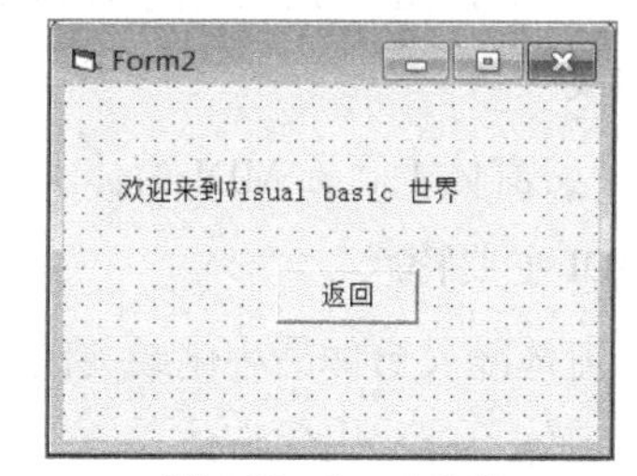

图 9.29　form2 窗体

（3）编写代码

窗体 1 的代码如下。

```
Dim k
Private Sub Command1_Click()
If Text1.Text = "xly" And Text2.Text = "123" Then
   Form1.Hide
   Form2.Show
Else
   Text1.Text = ""
   Text2.Text = ""
   k = k + 1
     If k = 3 Then
        MsgBox "密码输入错误三次,请下次再来"
        End
     End If
    MsgBox "账号或密码错,请重新输入"
```

```
End If
End Sub
```

窗体 2 的代码如下。

```
Private Sub Command1_Click()
Unload Me '也可以用 form2.hide
Form1.Show
Form1.Text1.Text = ""
Form1.Text2.Text = ""
End Sub
```

（4）设置启动窗体

在单个窗体应用中，程序的执行是从此窗体开始执行的。而对于多窗体，默认情况下会从在设计阶段所建立的第一个窗体开始执行，当需要改变这个顺序时，就需设置启动窗体。

首先从“工程”菜单中选择“工程属性”命令，打开“工程属性”对话框；然后选择“通用”选项卡，在“启动对象”列表框中选择需作为启动窗体的窗体 form1。

9.4.2 多文档程序设计

1. 用户界面样式

用户界面样式主要有两种。

（1）单文档界面（SDI）：只能打开一个文档，想要打开另一个文档，必须先关上已打开的文档，如 Windows 的记事本，本书中的大多数实例都是采用 SDI 界面。

（2）多文档界面（MDI）：这种界面允许同时打开多个文档，每一个文档都显示在自己的被称为子窗口的窗口中，如 Windows 的 Word、Excel 等。

2. 组成

由一个父窗体（简称 MDI 窗体）和一个或多个子窗体组成。

3. MDI 主要特点

① 子窗体随父窗体最小化或关闭而最小化或关闭。

② 子窗体不能移出父窗体。

③ 当子窗体最大化时，标题与父窗体的标题重叠。

④ 父窗体和子窗体可以有各自的菜单，加载子窗体后，父窗体的菜单将被子窗体的菜单取代。

值得注意的是，MDI 窗体与多重窗体的概念是不同的，多重窗体程序中的各个窗体是平行的，没有父与子的关系。

一个应用程序只能定义一个 MDI，MDI 窗体只能包含 Menu 控件、PictureBox 控件和具有 Align 属性的自定义控件或不可视控件。若需要放置这些控件，则通常是先在 MDI 窗体上放置一个 PictureBox，然后将这些控件放在 PictureBox 中。注意 MDI 窗体是不支持 Printer 方法的。

4. 与 MDI 有关的属性、事件和方法

MDI 窗体有着与普通窗体一样的事件和方法，但是增加了专门用于 MDI 的属性、事件和方法。

（1）属性

专门用于 MDI 窗体的常用属性如表 9.7 所示。

表9.7 MDI窗体的专用属性

属性名	属性值	说明
MdlChild	逻辑型数据	若为True，则该窗体作为MDI窗体的子窗体，默认为False
WindowState	vbNormal（0）	子窗体正常显示，可被其他窗体框住
	vbMinimiged（1）	将子窗体最小化为一个图标
	vbMaximiged（2）	将子窗体扩大到最大尺寸

（2）方法

MDI窗体的专用方法如下。

① Arrange方法：该方法用来以不同的方式排列MDI中的窗体或图标，其格式为：

```
<MDI窗体名称>.Arrange  <方式>
```

其中，<方式>的取值如表9.8所示。

表9.8 Arrange方法中的<方式>参数取值表

参数值	说明
vbCascade（0）	层叠所有非最小化MDI子窗体
vbTileHorizontal（1）	水平平铺所有非最小化MDI子窗体
vbTileVertical（2）	垂直平铺所有非最小化MDI子窗体
vbArrangeIcons	重排最小化MDI子窗体图标

② Dim语句：用此语句可以增加MDI子窗体。其调用格式为：

```
Dim  <对象名>[ <对象1  To> <对象2>] As  [ New] <对象名>|<对象类型>
```

其中，最后的<对象名>是指已经存在的窗体和控件，<对象类型>是以前未指定的新对象，若省略<New>，则可通过编写代码来改变新对象的属性设置。Dim 语句只能声明图形对象，只有再次执行Set或Load及Show指令之后才能真正建立。

例如：

```
Dim  NewOne  As  New  Form1
NewOne.Show
```

上述两条语句中，第一条语句将Form1声明为一个名为NewOne的子窗体，而只有执行了第二条语句之后才能显示这个子窗体。

（3）事件

MDI窗体常常触发的一个事件是QueryUnload事件。当关闭一个MDI窗体时，MDI窗体首先触发QueryUnload事件，然后所有的子窗体触发该事件。如果所有的窗体都没有取消QueryUnload事件，则Unload事件将首先在子窗体发生，然后在MDI窗体中发生。

该事件主要用于在关闭一个应用程序之前确保每个窗体中没有尚未完成的任务，如果有的话，则提出询问。

该事件的调用格式为：

```
Sub MDIForm_QueryUnload(Cancel As Integer,UnloadMode As Integer)。
```

5. 创建多文档界面的步骤

用户要建立一个MDI窗体，可以选择“工程”菜单中的“添加MDI窗体”命令，会弹出“添加MDI窗体”对话框，选择“新建MDI窗体”或“现存”的MDI窗体，再选择“打开”按钮。

① 添加一个 MDI 父窗体。方法：单击“工程”，选择“添加 MDI 窗体”，再选择“MDI 窗体”，在 MDIForm1 中创建一个菜单“文件（File）”及它的一个子菜单“新建（FileNew）”，如图 9.30（a）所示。

② 建立子窗体。方法如同建立普通窗体，如图 9.30（b）所示。设置其 MDIChild 属性为 True。

注意：一个应用程序只能有一个 MDI 窗体，可以有多个 MDI 子窗体。子窗体的设计与 MDI 窗体无关，但在运行时总是包含在 MDIForm 中。

③ 设置启动对象为 MDIForm 对象。

方法：单击“工程”的“工程属性”，选择“启动对象”为 MDIForm。

④ 编写代码。

```
Private Sub FileNew_Click()
   Dim newdoc As New Form1
    newdoc.Show
End Sub
```

要在 MDIForm 对象中显示各子窗体，可以使用 Show 方法。

⑤ 程序运行结果如图 9.30（c）所示。

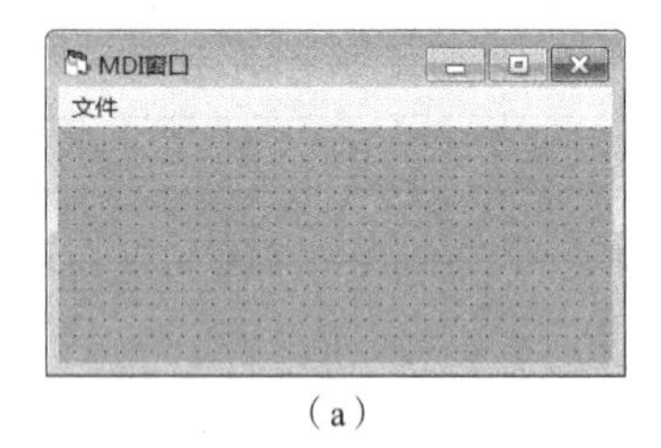

（a）

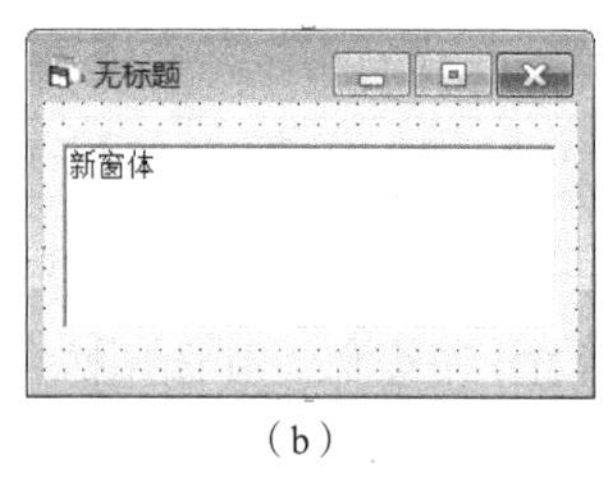

（b）

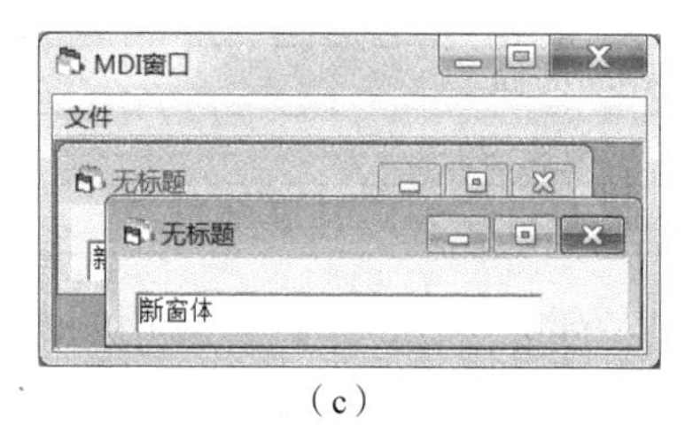

（c）

图 9.30　MDI 窗体应用

9.5　Sub Main 过程

在缺省情况下，应用程序中的第一个窗体被指定为启动窗体。应用程序开始运行时，此窗体就被显示出来（因而最先执行的代码是该窗体的 Form_Initialize 事件中的代码）。如果想在应用程序启动时显示别的窗体，那么就得改变启动窗体。

要改变启动窗体，可以从“工程”菜单中，选取“工程属性”。在“启动对象”中，选取要作为新启动窗体的窗体。

当应用程序启动时不加载任何窗体，来完成一些条件进行初始化，可以通过在标准模块中创建一个 Sub Main 的子过程（不能在窗体模块中创建 Sub Main 的子过程），然后在 Sub Main 的过程中编写启动时要执行的代码。每个工程只能有一个 Sub Main 的子过程。

设置 Sub Main 过程为启动对象的方法是从“工程”菜单中，选取“工程属性”命令，在“工程属性”属性页中选择“通用”选项卡，然后从“启动对象”框中选定“Sub Main”。

如果程序的数据文件比较多，启动时执行文件需要用户等待的时间较长，这时候可能希望在启动时给出一个快速显示。快速显示也是一种窗体，它通常显示程序的名称，例如进入 VB 界面时不是直接进入程序，而是显示一个 VB 程序的界面，其实这个时候就是后台在执行大量的数据文件，为防止用户以为系统太过卡慢而给用户一种程序装载很快的错觉，当所有数据文件加载完成时，显示主窗体同时卸载快速显示窗体。

这时也需要用 Sub Main 过程作为启动对象，并在 Sub Main 过程中用 Show 方法显示该窗体。

```
Private Sub Main ()
    frmSplash.show                '显示快速启动窗体
     ......
     ......                       '添加其他的启动过程
    frmMain.show                  '显示主窗体并卸载快速显示窗体
    Unload frmSplash
End Sub
```

9.6　鼠标与键盘事件

除了响应鼠标的单击（Click）或双击（DblClick）事件以外，Visual Basic 应用程序还能响应多种鼠标事件和键盘事件。例如，窗体、图片框与图像控件都能检测鼠标指针的位置，并可判定其左、右键是否已按下，还能响应鼠标按钮与 Shift、Ctrl 或 Alt 键的各种组合。利用键盘事件可以编程响应多种键盘操作，也可以解释、处理 ASCII 字符。

9.6.1　键盘事件

键盘事件是指能够响应各种按键操作的 KeyDown、KeyUp 及 KeyPress 事件，可以把编写响应击键事件的应用程序看作是编写键盘处理器。键盘处理器可在控件级和窗体级这两个层次上工作。有了控件级（低级）处理器就可对特定控件编程。例如，可能希望将 Textbox 这个控件中的输入文本都转换成大写字符。而有了窗体级处理器就可使窗体首先响应击键事件，于是就可将焦点转换成窗体的控件并重复或启动事件。

1. KeyPress 事件

KeyPress 事件当用户按下和松开一个 ASCII 字符键时发生。该事件被触发时，被按键的 ASCII 码将自动传递给事件过程的 KeyAscii 参数。在程序中，通过访问该参数，即可获知用户按下了哪一个键，并可识别字母的大小写。其语法格式为：

```
Private Sub 对象名_KeyPress(keyascii As Integer)
```

其中，参数 Keyascii 是被按下字符键的标准 ASCII 码。对它进行改变可给对象发送一个不同的字符。将 Keyascii 改变为 0 时可取消击键，这样一来对象便接收不到字符。

KeyPress 事件可以引用任何可打印的键盘字符、来自标准字母表的字符或少数几个特殊字符之一的字符与 Ctrl 键的组合、Enter 或 Backspace 键。

【例 9.2】在窗体上放一文本框，编写一事件过程，保证在该文本框内只能输入字母，且无论大小写，都要转换成大写字母显示。

```
Private Sub Text1_KeyPress(KeyAscii As Integer)
   Dim str$
   If KeyAscii < 65 Or KeyAscii > 122 Then
        Beep
        KeyAscii = 0
   ElseIf KeyAscii >= 65 And KeyAscii <= 90 Then
                Text1 = Text1 + Chr(KeyAscii)
          Else
                str = UCase(Chr(KeyAscii))
```

```
                KeyAscii = 0
                Text1 = Text1 + str
    End If
End Sub
```

2. KeyDown 和 KeyUp 事件

KeyDown 和 KeyUp 事件是当一个对象具有焦点时按下或松开一个键时发生的。当控制焦点位于某对象上时，按下键盘中的任意一键，则会在该对象上触发产生 KeyDown 事件，当释放该键时，将触发产生 KeyUp 事件，之后产生 KeyPress 事件。其语法格式为：

```
Private Sub 对象名_KeyDown(KeyCode As Integer, Shift As Integer)
Private Sub 对象名_KeyUp(KeyCode As Integer, Shift As Integer)
```

其中，KeyCode 的值是一个字符码，即所按下键在键盘上的位置编码。Shift 的值是一个整数，该值指示 Shift、Ctrl、Alt 3 个控制键是否按下。

【说明】

① KeyCode 是按键的实际的 ASCII 码，该码以"键"为准，而不是以"字符"为准，即大写字母与小写字母使用的是同一个键，它们的 KeyCode 相同。

② 在默认情况下，当用户对当前具有焦点的控件进行操作时，该控件 KeyPress、KeyDown、KeyUp 事件都可以被触发，但是窗体的 KeyPress、KeyDown、KeyUp 事件不会发生。为了启动窗体的这 3 个事件，必须将窗体 KeyPreview 属性设置为 True，而该属性的默认值为 False。如果窗体 KeyPreview 属性设置为 True，则首先触发窗体的这 3 个事件。

③ Shift 的值代表着 Shift、Ctrl、Alt 的状态，这 3 个键分别以二进制形式表示，每个键有 3 位，即 Shift 键为 001，Ctrl 键为 010，Alt 键为 100。因此 Shift 参数共有 8 种取值可能，如表 9.9 所示。

表 9.9 Shift 参数的值

十进制数	二进制数	含 义
0	000	没有按下 Shift、Ctrl、Alt 其中的任何一个键
1	001	按下一个 Shift 键
2	010	按下一个 Ctrl 键
3	011	按下 Ctrl+Shift 键
4	100	按下 Alt 键
5	101	按下 Alt+Shift 键
6	110	按下 Alt+Ctrl 键
7	111	按下 Alt+Ctrl+Shift 键

编写程序，演示 KeyDown 和 KeyUp 事件的功能。

```
Const key_F1 = &H70
Const key_F6 = &H75
Private Sub Text1_KeyDown(KeyCode As Integer, Shift As Integer)
    If KeyCode = key_F1 Then
        Print "压下功能键 F1"
    End If
    If KeyCode = KEY_F6 Then
        Print "压下功能键 F6"
    End If
End Sub
Private Sub Text1_KeyUp(KeyCode As Integer, Shift As Integer)
```

```
    If KeyCode = key_F1 Then
        Print "松开功能键 F1"
    End If
    If KeyCode = KEY_F6 Then
        Print "松开功能键 F6"
    End If
```

程序运行界面如图 9.31 所示。

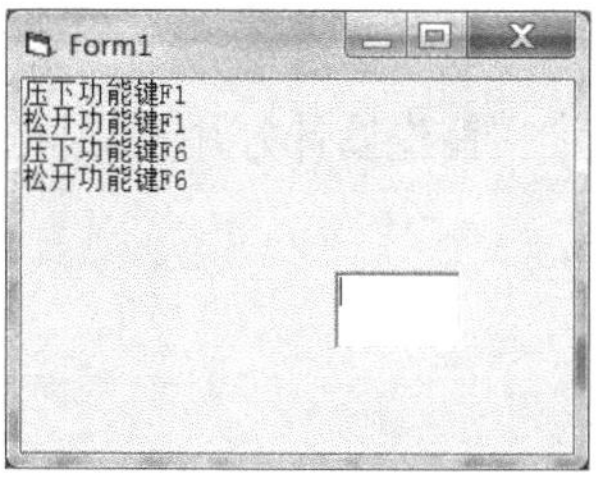

图 9.31　KeyDown 和 KeyUp 事件运行界面

9.6.2　鼠标事件

在前面的例子中曾多次使用鼠标事件，即单击（Click）事件和双击（DblClick）事件，这些事件是通过快速按下并松开鼠标键而产生的。除此之外，VB 还可以通过 MouseDown、MouseUp、MouseMove 事件使应用程序对鼠标位置及状态的变化作出响应（其中不包括拖放事件）。

其实，Click 事件是由 MouseDown 和 MouseUp 组成的，因此 MouseDown 和 MouseUp 是更基本的鼠标事件。除了单击（Click）和双击（DblClick）外，基本的鼠标事件还有 3 个。

① MouseDown：鼠标的任一键被按下时触发该事件。

② MouseUp：鼠标的任一键被释放时触发该事件。

③ MouseMove：鼠标被移动时触发该事件。

语法格式：

```
Private Sub Form_鼠标事件(Button As Integer, Shift As Integer, X As Single, Y As Single)
```

Button：被按下或释放的鼠标按钮。1，2，4 值分别表示鼠标的左、右、中键。

Shift：Shift、Ctrl、Alt 键的状态。

X，Y：鼠标指针的当前坐标位置。

【说明】

① 对于 MouseDown、MouseUp 来说，Button 表示被按下的鼠标键，可以取 3 个值，如表 9.10 所示。

表 9.10　（MouseDown、MouseUp 事件）鼠标键 Button 的取值

符号常量	值	含　义
LEFT_BUTTON 或 vbLeftButton	1	按下鼠标左键
RIGHT_BUTTON 或 vbRightButton	2	按下鼠标右键
MIDDLE_BUTTON 或 vbMiddleButton	4	按下鼠标中间键

② Shift 表示 Shift、Ctrl、Alt 键的状态，Shift 的值与键盘的 KeyDown 和 KeyUp 事件相同。

③ 对于 MouseMove 来说，可以通过 Button 参数判断按下或同时按下 2 个、3 个键，Button 可以取 8 个值，如表 9.11 所示。

表 9.11　（MouseMove 事件）鼠标键 Button 的取值

Button 参数值	含　义	Button 参数值	含　义
000（十进制 0）	未按任何键	100（十进制 4）	中间键被按下
001（十进制 1）	左键被按下（默认）	101（十进制 5）	同时按下中键和左键
010（十进制 2）	右键被按下	110（十进制 6）	同时按下中键和右键
011（十进制 3）	左、右键同时被按下	111（十进制 7）	同时按下 3 个键

最后通过一个示例来介绍使用鼠标事件设计的画图小程序。

首先设计好用户界面，如图 9.32 所示，菜单编辑器如图 9.33 所示。

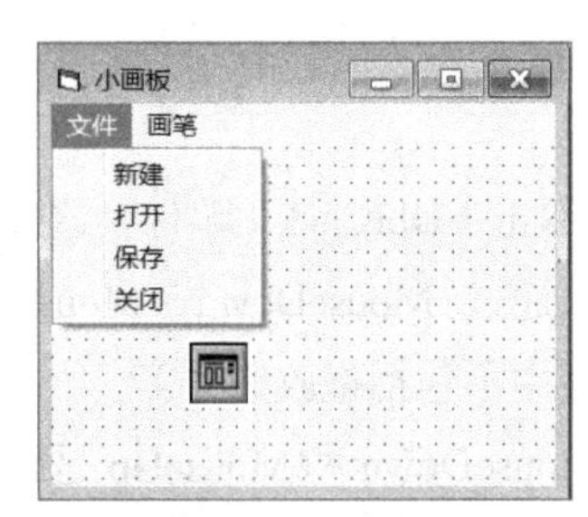

图 9.32 用户界面

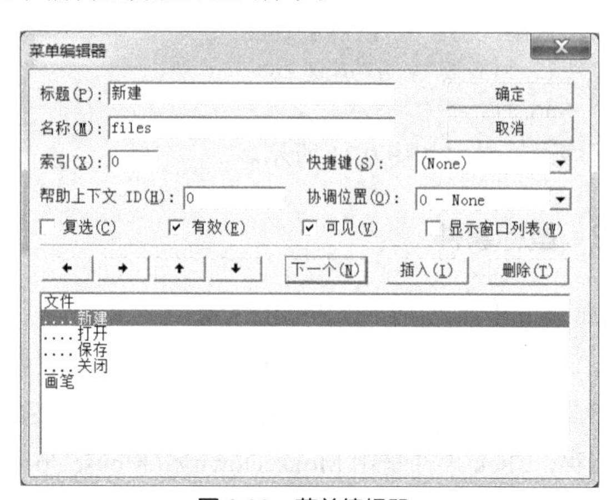

图 9.33 菜单编辑器

程序代码如下。

```
Private Sub Form_Load()
  Me.AutoRedraw = True
  Me.Caption = "小画板-" & "未命名"
End Sub
Private Sub Form_MouseDown(Button As Integer, Shift As Integer, X As Single, Y As Single)
    If Button = 1 Then
         CurrentX = X: CurrentY = Y
    End If
End Sub
Private Sub Form_MouseMove(Button As Integer, Shift As Integer, X As Single, Y As Single)
    If Button = 1 Then
         Me.Line (CurrentX, CurrentY)-(X, Y)
         CurrentX = X: CurrentY = Y
    End If
End Sub

Private Sub files_Click(Index As Integer)
    Select Case Index
    Case 0
         Me.Picture = LoadPicture("")
         Me.Caption = "小画板-" & "未命名"
    Case 1
         CommonDialog1.ShowOpen
         Me.Picture = LoadPicture(CommonDialog1.filename)
         Me.Caption = "小画板-" & CommonDialog1.filename
    Case 2
         CommonDialog1.filename = Mid(Me.Caption, 5)
         CommonDialog1.ShowSave
         SavePicture Me.Image, CommonDialog1.filename
    Case 3
         End
    End Select
End Sub
```

```
Private Sub pencil_Click()
  If pencil.Caption = "画笔" Then
     pencil.Caption = "擦除"
     Me.DrawMode = 16
     Me.DrawWidth = 8
     a = "E:\BOOK\17vb-vfp\VB-17\example\h_nw.cur"
 Else
     pencil.Caption = "画笔"
     Me.DrawMode = 1
     Me.DrawWidth = 1
a = "C:\Program Files (x86)\Microsoft Visual Studio\COMMON\Graphics\Cursors\Pencil.cur"
  End If
 Me.MouseIcon = LoadPicture(a)
End Sub
```

程序运行结果如图 9.34 所示。

图 9.34　程序运行结果

10 第10章 文件

10.1 文件的概念

10.1.1 数据文件的结构

在实际开发的应用系统中，输入输出数据可以从常规输入输出设备进行。如果在数据量大、数据访问频繁、数据处理结果需长期保存的情况下，每次都从键盘上输入，一方面造成大量的人力、物力浪费，另一方面又增大了输入出错的可能性。解决这种问题的常用方法是，把需输入的大量数据预先准确无误地以文件的形式存储到磁盘上，需要用到数据时，从文件中读出即可。文件是指存储在外部介质上数据的集合。按名存取磁盘文件是由数据记录组成的。文件结构涉及字符、字段、记录这几个概念。字符是数据文件中较小的信息单位，如单个的数字、英文字母、标点符号等。字段（或称数据项）是由几个字符构成的有意义的名称，如一个学生的学号、姓名、课程成绩等。记录是计算机处理数据的基本单位，它由一组具有共同属性相互关联的数据项组成。

10.1.2 文件类型

文件可根据考虑的角度不同有不同的分类方式。根据数据文件存储数据的性质，可分为程序文件、数据文件。程序文件即程序代码编制过程中生成的文件。数据文件一般是程序运行过程中所需用到的输入数据的文件或者用于保存运算处理结果的文件。如果从文件的存取方式和结构的角度分类，又可分为顺序文件、随机文件。顺序文件是指文件中的记录一个接一个地存放，记录长短可不同，访问时只能从第一条记录访问到最后一条记录，即只能顺序访问。随机文件是可以按任意次序读写的文件，其中每个记录的长度必须相同。在这种文件结构中，每个记录都有其唯一的一个记录号，所以在读取数据时，只要知道记录号，便可以直接读取记录。另外，根据文件数据的编码方式分类，还可以分为 ASCII 码文件和二进制文件。ASCII 码文件是指文件中的数据以字符形式存在，每个字符均以 ASCII 码表示。二进制文件是字节的集合，它直接把二进制码存放在文件中。除了没有数据类型或者记录长度的含义以外，它与随机访问很相似。二进制访问模式以字节数来定位数据，在程序中可以按任何方式组织和访问数据，对文件中各字节数据直接进行存取。

Visual Basic 中按文件的访问方式不同，将文件分为顺序文件、随即文件和二进制文件后续几节将主要介绍顺序文件和随机文件的访问操作方法。

10.1.3　文件处理的步骤

在 Visual Basic 中，对于顺序文件、随机文件、二进制文件的操作通常都有 3 个步骤。

1. 打开文件

文件操作的第一步是打开文件。在创建新文件或使用旧文件之前，必须先打开文件。打开文件的操作，会为这个文件在内存中准备一个读写时使用的缓冲区，并且声明文件在什么地方，叫什么名字以及文件的处理方式。

打开文件的命令是 Open，格式为：

```
Open "文件名" For 访问模式  As [#] 文件号 [Len=记录长度字节数]
```

（1）文件名可以是字符串常量，也可以是字符串变量。

（2）访问模式可以是下面之一。

① Output：打开一个文件，将对该文件进行写操作；

② Input：打开一个文件，将对该文件进行读操作；

③ Append：打开一个文件，将在该文件末尾追加记录。

④ 文件号：必填参数，是给打开的文件分配一个文件号，范围在 1～511 之间。一旦给文件指定了文件号，该号就代表了被打开的文件，直到此文件被关闭，此文件号才能被其他文件使用。

⑤ 记录长度字节数：可选填参数，是一个小于或等于 32767 字节的数。对于随机文件，该值即记录长度。对于顺序文件，该值是缓冲字符数，指定进行数据交换时数据缓冲区的大小。

例如：

```
Open "D:\sj\aaa" For Output As #1
```

意思是打开 D:\SJ 目录下 aaa 文件供写入数据，文件号为#1。

2. 访问文件

访问文件是文件操作的第二步。所谓访问文件，即对文件进行读/写操作。从磁盘将数据送到内存称为“读”，从内存将数据存到磁盘称为“写”。

（1）读操作

语法格式：

```
Input #文件号，变量列表
```

作用：将从文件中读出的数据分别赋给指定的变量。

注意：与 Write #配套才可以准确地读出。

```
Line  Input #文件号，字符串变量
```

用于从文件中读出一行数据，并将读出的数据赋给指定的字符串变量，读出的数据中不包含回车符和换行符，可与 Print #配套用。

```
Input$(读取的字符数，#文件号)
```

该函数可以读取指定数目的字符。与读文件有关的两个函数：

LOF()：返回某文件的字节数；

EOF()：检查指针是否到达文件尾。

例如，将一个文本文件读入文本框的 3 种方法。

（2）写操作

将数据写入磁盘文件所用的命令是：Write# 或 Print#。语法格式：

```
Print #文件号，[输出列表]
```

例如：
```
Open "D:\SJ\TEST.DAT" For  Output  As  #1
Print  #1,Text1.Text          '把文本框的内容一次性写入文件
Close #1
Write #文件号，[输出列表]
```

其中的输出列表一般指用逗号“,”分隔的数值或字符串表达式。Write #与 Print #的功能基本相同，区别是 Write #是以紧凑格式存放的，在数据间插入逗号，并给字符串加上双引号。

3. 关闭文件

打开的文件使用（读/写）完后，必须关闭，否则会造成数据丢失。关闭文件会把文件缓冲区中的数据全部写入磁盘，释放掉该文件缓冲区占用的内存。关闭文件的命令是 Close。

```
Close  [#]文件号[，[#]文件号]……
```

例如：

```
Close  #1，#2，#3
```

10.2 顺序文件

10.2.1 顺序文件的打开与关闭

由于顺序文件按行存储，通常它是一个文本文件，数字和字符均以 ASCII 码形式存储。下面讨论顺序文件的操作语句。

1. 打开文件

在对文件进行任何操作之前，必须打开文件，同时要通知操作系统对文件进行读操作还是写操作，将数据存到什么地方。打开文件用 Open 语句。其使用语法如下：

```
Open 文件名 [For 模式[Access 访问方式][Lock]As[#]文件号[Len=记录长度]
```

其中，文件名是指要打开的文件，可包含驱动器名及路径名。模式是说明文件打开方式，对顺序文件而言，有 3 种模式。

- Output（输出）：相当于写文件。
- Input（输入）：相当于读文件。
- Append（添加）：相当于将数据添加在文件尾部。

访问方式是说明打开文件所允许的操作，有 3 种方式。

- Read：只读。
- Write：只写。
- ReadWrite：读写皆可，只适用于顺序文件的 Append 模式。

Lock 参数是指明其他进程对打开文件所允许的操作，有 3 种方式。

- Shared：可对此文件读写。
- LockRead：不允许读此文件。
- LockWrite：不允许写此文件。

文件号是一个1～511的整数，用于表示这个文件。新的文件号可用FreeFile()函数获得。文件长度是小于32767的整数。对顺序文件来说，它是指缓冲区分配的字符个数；对随机文件来说，它是文件中记录的长度。

例如：

```
Open "d:\shu1.dat" For Input As #1
```

该语句以输入方式打开文件shu1.dat，并指定文件号为1。

```
Open "d:\shu2.dat" For Output As #5
```

该语句以输出方式打开文件shu2.dat，即向文件shu2.dat进行写操作，并指定文件号为5。

```
Open "d:\shu3.dat" For Append As #7
```

该语句以添加方式打开文件shu3.dat，即向文件shu3.dat添加数据，并指定文件号为7。

2. 关闭文件

对文件操作完之后，要关闭文件，其语法：

```
Close [#文件号1][,#文件号2]……
```

若Close语句后无文件号，则关闭所有打开的文件。

例如：

```
Close #1  '关闭文件号为1的文件。
Close #2,#7,#8  '关闭文件号为2，7，8的文件。
Close   '关闭所有已打开的文件。
```

10.2.2 顺序文件的写入操作

要建立一个顺序文件或打开一个顺序文件，向文件中写数据，应该用Output模式打开文件，然后用输出命令写入数据。

以Output模式打开文件，就是建立文件；若文件已存在，则删除旧文件，建立新文件。以Append模式打开文件与此很相似，二者的差别在于：以Append模式打开文件时，如果该文件已经存在，VB并不删除它，随后的输出命令把新行追加到该文件尾部。写文件的输出命令有如下两种。

1. Print语句

Print语句的一般格式：

```
Print #文件号 [,输出表列]
```

例如：

```
Open "d:\shu2.dat" For Output As #2
Print # 2, "zhang"; "wang"; "li"
Print # 2, 78; 99; 67
Close #2
```

执行上面的程序段后，写入文件中的数据如下：

```
zhangwangli
78 99 67
```

2. Write语句

用Write语句文件写入数据时，与Print语句不同的是，Write语句能自动在各数据项之间插入逗号，并给各字符串加上双引号。

Write 语句的一般格式：

```
Write  #文件号 [,输出表列]
```

注意：多个表达式之间可用空白、分号或逗号隔开，空白或分号等效。

例如：

```
Open  "d: \shua.dat"  For   Output   As  #6
Write  # 6,  "zhang";  "wang";  "li"
Write  # 6,  78; 99; 67
Close  #6
```

执行上面的程序段后，写入文件中的数据如下：

```
"zhang", "wang", "li"
78, 99, 67
```

使用 Print 语句时，必须显式地写分隔符逗号，以区分每个字段，而使用 Write 语句，不用显式地写出分隔符。用如下语句建立文件 try.txt，并把文本框 txtMyText 的内容写入该文件中。

```
FileNum=FreeFile()
Open "try.txt" For Output As FileNum
Print #FileNum,txtMyText.Text
Close FileNum
```

10.2.3 顺序文件的读出操作

顺序文件的读操作，就是从已存在的顺序文件中读取数据。在读一个顺序文件时，首先要用 Input 方式将准备读的文件打开。VB 提供了 Input、Line Input 语句和 Input 函数将顺序文件的内容读入。

1. Input 语句

Input 语句一般格式：

```
Input #文件号, 变量表列
```

例如：

```
Private Sub Form_Click()
  Dim x$, y$, z$, a%, b%, c%
  Open "c:\vb\shua.dat" For Input As #1
  Input #1, x, y, z
  Input #1, a, b, c
  Print x, y, z
   Print a, b, c
   Print a + b + c
   Close #1
End Sub
```

如果顺序文件 shua.dat 的内容如下：

```
"zhang",  "wang",  "li"
78, 99, 67
```

执行 Form_Click 过程，在窗体上显示的内容为：

```
zhang          wang          li
78             99            67
244
```

2. Input$（读取字符数, #文件号）

Input 函数返回它所读出的所有字符，包括逗号、回车符、空白列、换行符、引号和前导空格等。

例如：

```
Dim C
Open "myfile" For Input As #1   '打开文件
C = Input(1,#1)                 '读入一个字符并将其赋予变量 C
Close #1                        '关闭文件
```

3. Line Input 语句

Line Input 语句是从打开的顺序文件中读取一行。

Line Input 语句的一般格式：

```
Line Input  #文件号，字符串变量
```

例如，如果顺序文件 shua.dat 的内容如下：

```
"zhang",  "wang",  "li"
78, 99, 67
```

用 Line Input 语句将数据读出并且把它显示在文本框中。

```
Private Sub Command1_Click()
  Dim a$, b$
  Open "c:\vb\shua.dat" For Input As #2
  Line Input #2, a
  Line Input #2, b
  Text1.Text = a & b
End Sub
```

执行以上过程，文本框中显示的内容为：

```
"zhang",  "wang",  "li"  78, 99, 67
```

4. 与读文件操作有关的几个函数

（1）Lof 函数

Lof 函数将返回某文件的字节数。例如，LOF(1)返回#1 文件的长度，如果返回 0 值，则表示该文件是一个空文件。

（2）Loc 函数

Loc 函数将返回在一个打开文件中读写的记录号；对于二进制文件，它将返回最近读写的一个字节的位置。

（3）Eof 函数

Eof 函数将返回一个表示文件指针是否到达文件末尾的标志。如果到了文件末尾，Eof 函数返回 True(-1)，否则返回 False(0)。

（4）Input 函数

格式：

```
Input(字符数，#文件号)
```

功能：从打开的顺序文件读取指定数量的字符。Input 函数返回从文件中读出的所有字符，包括逗号、回车符、换行符、引号和空格等。

例如：

```
Text1.Text=Input(Lof(2), #2)
```

该语句是将 2 号文件的内容全部复制到文本框中。

例如，编程将文本文件的内容读到文本框。

假定文本框名称为 txtTest，文件名为 MYFILE.TXT。可以通过下面 3 种方法来实现。

方法 1：一行一行读。

```
txtTest.Text = ""
Open "MYFILE.TXT" For Input As #1
Do While Not Eof(1)
    Line Input #1, InputData
    txtTest.Text = txtTest.Text + InputData+vbCrLf
Loop
Close #1
```

方法 2：一次性读。

```
txtTest.Text = "
Open "MYFILE.TXT" For Input As #1
txtTest.Text = Input( Lof(1),1)
Close #1
```

方法 3：一个一个字符读。

```
Dim InputData As String*1
txtTest.Text = ""
Open "MYFILE.TXT" For Input As #1
Do While Not Eof(1)
  Input #1, InputData
  txtTest.Text = txtTest.Text + InputData
Loop
Close #1
```

【例 10.1】设计一个窗体说明顺序文件存储和显示的实现过程。

建立一个工程，添加一个窗体 Form1，在其中放置一个文本框 txt（其 MultiLine 属性设置为 True）和两个命令按钮（分别为 Command1 和 Command2），如图 10.1 所示。

在该窗体上设计如下事件过程。

```
Private Sub Command1_Click()
  '实现文件存储功能
  fno = FreeFile
  Open "File.dat" For Output As #fno
  Print #fno, txt.Text
  Close #fno
End Sub
Private Sub Command2_Click()
  '实现显示文件功能
  txt.Text = ""
  fno = FreeFile
  Open "File.dat" For Input As #fno
  Do Until Eof(fno)
    Line Input #fno, newline
    txt.Text = txt.Text & newline & Chr(13) + Chr(10)
  Loop
  Close #fno
End Sub
```

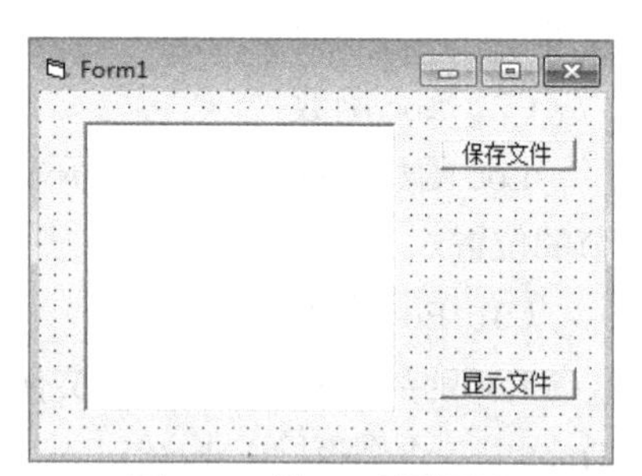

图 10.1　例 10.1 设计界面

启动本工程，出现 Form1 窗体，在文本框中输入一段文字，单击“文件存储”命令按钮，以名称 File.dat 保存该内容，如图 10.2 所示。重新启动本工程，在文本框为空白时单击“显示文件”命令按钮，则重显存储的内容。

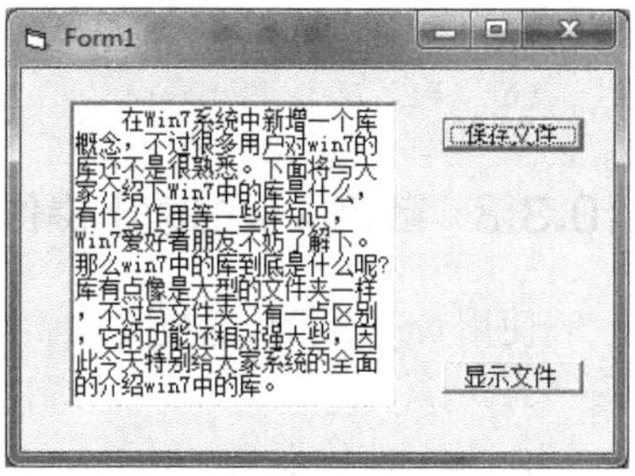

图 10.2 例 10.1 运行界面

10.3 随机文件

10.3.1 随机文件的打开与关闭

使用顺序文件有一个很大的缺点，就是它必须顺序访问，即使明知所要的数据是在文件的末端，也要把前面的数据全部读完才能取得该数据。而随机文件则可直接快速访问文件中的任意一条记录，它的缺点是占用空间较大。

随机文件由固定长度的记录组成，一条记录包含一个或多个字段。具有一个字段的记录对应于任一标准类型，比如整数或者定长字符串。具有多个字段的记录对应于用户定义类型。随机文件中每个记录都有一个记录号，只要指出记录号，就可以对该文件进行读写。

在对一个随机文件操作之前，也必须用 Open 语句打开文件，随机文件的打开方式必须是 Random 方式，同时要指明记录的长度。与顺序文件不同的是，随机文件打开后，可同时进行写入与读出操作。

Open 语句的一般格式：

```
Open 文件名 For Random As #文件号 Len=记录长度
```

【说明】

记录长度是一条记录所占的字节数，可以用 Len 函数获得。

例如，定义以下记录：

```
Type student
  Name As String*10
  Age As Integer
End Type
```

就可以用下面的语句打开：

```
Open "d:\Test.dat" For Random As #9 Len=Len(student)
```

随机文件的关闭同顺序文件一样，用 Close 语句。

10.3.2 随机文件的写入操作

向随机文件写数据用 Put 语句，其使用语法如下：

```
Put [#]文件号,[记录号],记录变量
```

其中，“#”“记录号”是可选的。该语句是将一个记录变量的内容写入所打开的磁盘文件中指定的记录位置处。记录号是大于 1 的整数，表示写入的是第几条记录；若不指定记录号，则表示将变量内容写在下一记录位置。

例如：

```
MySubject.Name ="Visual Basic 程序设计"     '课程名称="Visual Basic 程序设计"
MySubject.Term = 2                          '授课学期=2
MySubject.Number = 64                       '课程学时=64
```

```
Put  #1, Position, MySubject           '将记录写入文件，记录号为 Position
Put  #1, 5, MySubject                  '将记录写入文件的第五条记录位置
```

10.3.3 随机文件的读出操作

使用 Get 语句从随机文件读取数据，其使用语法如下：

```
Get [#]文件号,[记录号],记录变量
```

其中，记录变量的数据类型必须同文件中记录的数据类型一致。该语句是从磁盘文件将一条由记录号指定的记录内容读入记录变量中。记录号是大于 1 的整数，表示对第几条记录进行操作，如果忽略记录号，则表示读出当前记录后的那一条记录。

例如：

```
Dim Position As Integer
Open "c:\temp\subject.txt" For  Random  As #1 Len = Len (MySubject)
Position = 2
Get   #1,   Position,  MySubject   '读取第二条记录
Close
```

1. 添加记录

要向随机访问打开的文件的末端添加新记录，应使用上面的 Put 语句。把文件号变量的值设置为比文件中的记录数多 1。例如，要在一个包含 5 个记录的文件中添加一个记录，把 Position 设置为 6。

例如，下面语句把一个记录添加到文件的末尾：

```
LastRecord = LastRecord + 1
Put #FileNum, LastRecord, Employee
```

2. 删除记录

删除记录的方法是将被删除记录后面的记录位置向前移动，将被删记录覆盖掉，并将总记录数减 1。通过清除其字段可以删除一个记录，但是该记录仍在文件中存在。通常文件中不能有空记录，因为它们会浪费空间且会干扰顺序操作。最好把余下的记录复制到一个新文件，然后删除老文件。

例如，要删除记录号为 N 的某个记录，可用如下语句。

```
'recordnum 为文件中记录个数
i=N
DO While i<=recordnum
  Get #1,i+1,recvar
  Put #,i,recvar
  i=i+1
Loop
'将第 i 个记录即最后一个记录清空
recordnum=recordnum-1
```

3. 清除随机访问文件中删除的记录

创建一个新文件，把有用的所有记录从原文件复制到新文件，关闭原文件并用 Kill 语句删除它，使用 Name 语句以原文件的名字重新命名新文件。

【例 10.2】设计一个窗体说明随机文件的各种操作的实现方法。

在本章工程中添加一个窗体 Form2，在其中添加 4 个标签、4 个文本框（采用 Text1 控件数组）和 4 个命令按钮（“插入记录”“删除记录”和“显示记录”3 个命令按钮使用 Command1 控件数组，“退出”命令按钮为 Command2），设计界面如图 10.3 所示。

在该窗体上设计如下事件过程。

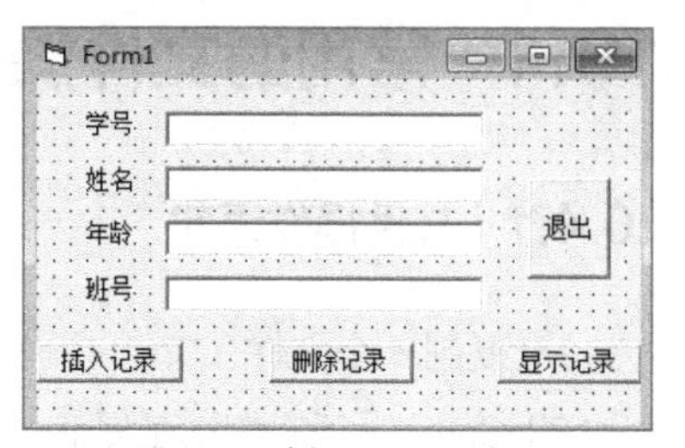

图 10.3 例 10.2 设计界面

```
'定义随机文件 stud.dat 的结构
Private Type StudType
  Name As String * 10
  Age As Integer
  Class As String * 5
End Type
Dim Stud As StudType
Dim Recnum As Integer
Private Sub Form_Load()
  No As String * 4
  For i = 0 To 3
    Text1(i).Text =""
  Next
End Sub
Private Sub Command1_Click(Index As Integer)
  On Error Resume Next
  Recnum = InputBox("输入记录号", "数据输入")
  If Recnum = 0 Then Exit Sub
  Open "stud.dat" For Random As #1 Len = Len(Stud)
  If Index = 0 Then
     totalrec = Lof(1) / Len(Stud)  '计算总记录数
     For i = totalrec To Recnum Step -1
       Get #1, i, Stud
       Put #1, i + 1, Stud
     Next
     Stud.No = Text1(0).Text
     Stud.Name = Text1(1).Text
     Stud.Age = Text1(2).Text
     Stud.Class = Text1(3).Text
     Put #1, Recnum, Stud
  End If
  If Index = 1 Then
     totalrec = Lof(1) / Len(Stud)  '计算总记录数
     For i = Recnum To totalrec - 1
       Get #1, i + 1, Stud
       Put #1, i, Stud
     Next
     Stud.No = ""
     Stud.Name =""
     Stud.Age = Empty
     Stud.Class =""
     Put #1, i, Stud
  End If
  If Index = 2 Then
    Get #1, Recnum, Stud
    Text1(0).Text = Stud.No
    Text1(1).Text = Stud.Name
    Text1(2).Text = Stud.Age
    Text1(3).Text = Stud.Class
  End If
  Close
End Sub
Private Sub Command2_Click(Index As Integer)
 End
End Sub
```

10.4 常用的文件操作语句和函数

10.4.1 文件操作语句

1. 复制一个文件

FileCopy 语句的作用是复制一个文件。语法格式：

```
FileCopy 源文件名 目标文件名
```

参数源文件名和目标文件是两个字符串型参数。源文件名用来表示被复制的文件的名称，可用盘符和路径指明被复制文件所在的磁盘和目录；目标文件名指明复制后的文件的名称，可用盘符和路径指明把文件复制到哪一磁盘哪一目录中。在参数源文件名和目标文件名中不指定盘符时使用当前盘，省略路径时使用当前目录。但不能复制一个已打开的文件。

2. 删除文件

Kill 语句的作用是删除文件。语法格式：

```
Kill 文件名
```

文件名中可以使用通配符 * 和 ?。

3. 重新命名一个文件或目录

Name 语句的作用是重新命名一个文件或目录。语法格式：

```
Name 旧文件名 新文件名
```

文件名不能使用通配符，具有移动文件功能，不能对已打开的文件进行重命名操作。

4. 改变当前驱动器

ChDrive 语句的作用是改变当前驱动器。语法格式：

```
ChDrive 驱动器
```

如果驱动器为空，则不变；如果驱动器中有多个字符，则只会使用首字母。

5. 创建一个新的目录

MkDir 语句的功能是创建一个新的目录。语法格式：

```
MkDir 文件夹名
```

6. 改变当前目录

ChDir 语句的功能是改变当前目录。语法格式：

```
ChDir 文件夹名
```

改变默认目录，但不改变默认驱动器。

7. 删除一个存在的目录

RmDir 语句的功能是删除一个存在的目录。语法格式：

```
RmDir 文件夹名
```

不能删除一个含有文件的目录。

10.4.2　文件操作函数

1. Lof 函数

格式：

```
Lof(文件号)
```

功能：返回一个已打开文件的大小，类型为 Long，单位是字节。

2. FileLen 函数

格式：

```
FileLen(文件名)
```

功能：返回一个未打开文件的大小，类型为 Long，单位是字节。文件名可以包含驱动器以及目录。

3. Eof 函数

格式：

```
Eof(文件号)
```

功能：用于判断读取的位置是否已到达文件尾。当读到文件尾时，返回 True，否则返回 False。对于顺序文件，用 Eof 函数测试是否到达文件尾；对于随机文件和二进制文件，如果读不到最后一个记录的全部数据，返回 True，否则返回 False。对于以 Output 方式打开的文件，Eof 函数总是返回 True。

4. Loc 函数

格式：

```
Loc(文件号)
```

功能：返回文件当前读/写的位置，类型为 Long。对于随机文件，返回最近读/写的记录号；对于二进制文件，返回最近读/写的字节的位置。对于顺序文件，返回文件中当前字节位置除以 128 的值。对于顺序文件而言，Loc 的返回值无实际意义。

5. Input 函数

格式：

```
Input(字符数,#文件号)
```

功能：从打开的顺序文件读取指定数量的字符。Input 函数返回从文件中读出的所有字符，包括逗号、回车符、换行符、引号和空格等。

例如：

```
Text1.Text=Input(Lof(2),#2)
```

该语句是将 2 号文件的内容全部复制到文本框中。

10.5　文件系统控件

Visual Basic 为用户进行文件操作提供了两种方式：一种是使用前面已经介绍过的 CommonDialog 控件所提供的标准对话框；另外一种就是使用下面要介绍的 3 个文件系统控件，即驱动器列表框（DriveListBox）、目录列表框（DirListBox）和文件列表框（FileListBox）。

10.5.1 驱动器列表框

在进行文件操作时，需要选择磁盘驱动器，以便从可用驱动器中选择一个有效的磁盘驱动器，Visual Basic 提供的驱动器列表框（DriveListBox）是一个下拉式列表框，该控件用来显示和选择用户系统中所有磁盘驱动器，如图 10.4 所示。

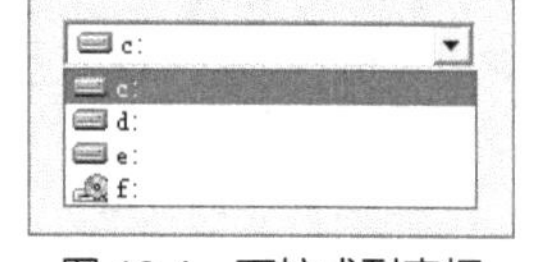

图 10.4 下拉式列表框

驱动器 Drive 属性是驱动器列表框控件最重要和常用的属性，该属性在设计时不可用。

格式：

```
object.Drive [= <字符串表达式>]
```

例如：

```
Drive1.drive="D: "
```

驱动器列表框的基本事件是 Change 事件在程序运行时，当选择一个新的驱动器或通过代码改变 Drive 属性的设置时都会触发驱动器列表框的 Change 事件发生。如果选择不存在的驱动器，则会产生错误。

10.5.2 目录列表框

在窗体中添加目录列表框（DirListBox）控件，以便当程序运行时显示当前驱动器上的目录列表。这个目录列表包括当前驱动器根目录及其子目录结构，如图 10.5 所示。

Path 属性是目录列表框控件的最常用的属性，用于返回或设置当前路径。该属性在设计时是不可用的。

格式：

```
Object.Path [= <字符串表达式>]
```

其中，Object 为对象表达式，其值是目录列表框的对象名；<字符串表达式>用来表示路径名的字符串表达式。

例如：

```
Dir1.Path=" C:\Mydir"。
```

缺省值是当前路径。

【说明】

Path 属性也可以直接设置限定的网络路径，例如，\\网络计算机名\共享目录名\path。

目录列表框中的当前目录的 ListIndex 值为−1。紧邻其上的目录具有 ListIndex 值，为−2，再上一个的 ListIndex 值为−3，如图 10.6 所示。

与驱动器列表框一样，在程序运行时，每当改变当前目录，即目录列表框的 Path 属性发生变化时，都要触发其 Change 事件发生。

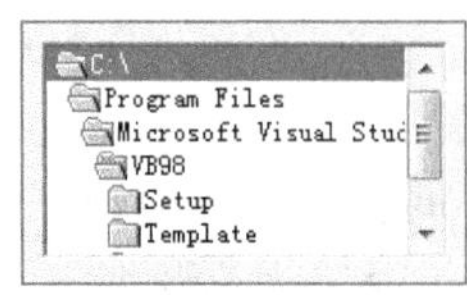

图 10.5 目录列表框

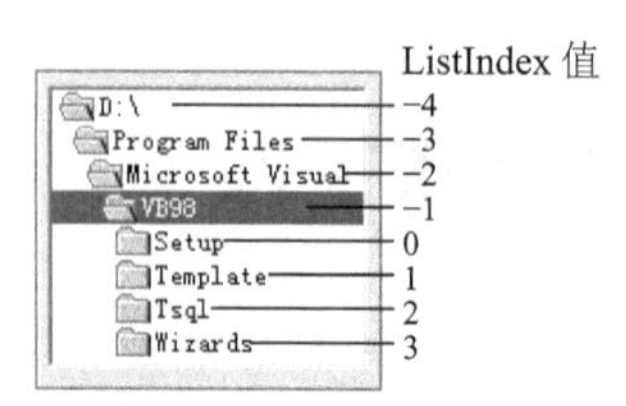

图 10.6 目录列表框

10.5.3　文件列表框

文件列表框（FileListBox）控件用来显示 Path 属性指定的目录中的文件定位并列举出来。该控件用来显示所选择文件类型的文件列表。

1. 文件列表框的基本属性

文件列表框的基本属性包括 Path、Filename、Pattern 等。

（1）Path 属性

功能：用于返回和设置文件列表框的当前目录，设计时不可用。

说明：当 Path 值改变时，会引发一个 PathChange 事件。

（2）Filename 属性

功能：用于返回或设置被选定文件的文件名，设计时不可用。

说明：Filename 属性不包括路径名。

例如：要从文件列表框（File1）中获得全路径的文件名 Fname$，用下面的程序代码。

```
If  Right(file1.Path,1) ="\"  Then
   Fname$=file1.Path & file1.Filename
Else
   Fname$=file1.Path & "\"& file1.Filename
End If
```

（3）Pattern 属性

功能：用于返回或设置文件列表框所显示的文件类型，可在设计状态设置或在程序运行时设置。缺省时表示所有文件。

设置形式为：

```
Object.Pattern [= value]
```

其中，value 是一个用来指定文件类型的字符串表达式，并可使用通配符（“*” 和 “?”）。

例如：

```
File1.Pattern= "*.txt "
File1.Pattern= "*.txt; *.Doc"
File1.Pattern= "???.txt"
```

注意：要指定显示多个文件类型，使用“;”为分隔符，重新设置 Pattern 属性引发“PatternChange”事件。

文件列表框中的 List、ListCount 和 ListIndex 属性与列表框（ListBox）控件的 List、ListCount 和 ListIndex 属性的含义和使用方法相同，在程序中对文件列表框中的所有文件进行操作，就用到这些属性。

例如：下段程序是将文件列表框（File1）中的所有文件名显示在窗体上。

```
For i = 0 To File1.ListCount - 1
  Print File1.List(i)
Next i
```

2. 文件列表框的主要事件

文件列表框的主要事件 PathChange 事件和 PatternChange 事件。

（1）PathChange 事件

当路径被代码中 FileName 或 Path 属性的设置所改变时，此事件发生。

【说明】

可使用 PathChange 事件过程来响应 FileListBox 控件中路径的改变。当将包含新路径的字符串给 FileName 属性赋值时，FileListBox 控件就调用 PathChange 事件过程。

（2）PatternChange 事件

当文件的列表样式，如“*.*”，被代码中对 FileName 或 Path 属性的设置所改变时，此事件发生。

【说明】

可使用 PatternChange 事件过程来响应在 FileListBox 控件中样式的改变。

10.5.4 文件系统控件的联动

根据程序需要，在窗体上可以单独使用文件系统控件，也可以同时设计驱动器列表框、目录列表框和文件列表框，通常将三者组合使用。这三个控件之间在设计之初是相互独立的，要使三者关联而发生联动，必须在程序中编写驱动器列表框 Change 事件和目录列表框 Change 事件代码。

要使驱动器、目录和文件列表框同步显示，那么就需要编写代码才能使它们之间彼此同步，如图 10.7 所示。

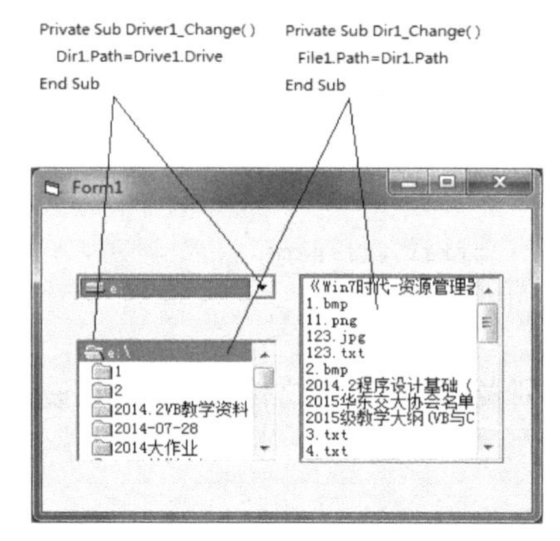

图 10.7 驱动器、目录和文件列表框同步显示

10.6 应用举例

【例 10.3】在这个例子中将演示使用随机文件进行数据录入和浏览、编辑、删除记录的一般方法。为使注意力集中在这些方法的实现上，用一个随机文件存储一份简单的成绩单，每个记录包含两个字段，一个字段是姓名，一个字段是某一门课程的成绩。课程字段使用长度为 6 的定长字符串，成绩字段使用字节类型。为了便于记录的删除和恢复，再为记录增加一个字节类型的删除标记字段，当其值为 1 时，表示该记录是要删除的记录。在程序中为用户提供追加记录以及浏览、编辑和删除已有记录的方法。下面是实现的步骤。

（1）新建一个标准工程，窗体名称使用缺省的“Form1”，把 Form1 的 Font 属性设置为“宋体五号”，把窗体的标题改为“成绩表”。

（2）在窗体的第一行从左向右添加 4 个控件：标签 1b1Name、文本框 txtName、标签 1b1RecNum1 和 1b1RecNum。清除文本框 txtName 的 Text 属性和标签 1b1RecNum 的 Caption 属性。使文本框的大小能够容纳输入的姓名，使标签 1b1RecNum 的大小能够显示记录总数。把标签 1b1Name 和 1b1RecNum1 的 Caption 属性分别改为“姓名”和“总记录数”。

（3）在窗体的第二行从左向右添加 4 个控件：标签 1b1Score、文本框 txtScore、标签 1b1CurRec1 和 1b1CurRec。清除文本框 txtScore 的 Text 属性和标签 1b1CurRec 的 Caption 属性，使文本框能够用于输入成绩；标签 1b1CurRec 能够用于显示当前记录号。把标签 1b1Score 和 1b1CurRec1 的 Caption

属性分别改为“成绩”和“当前记录”。

（4）在窗体的第三行从左向右添加两个控件：复选框 chkDel 和命令按钮 cmdPack，把它们的标题分别改为“删除当前记录”和“清理已删除记录”。

① 在窗体的第四行从左到右添加 3 个命令按钮 cmdAppd、cmdPrev 和 cmdNext，把它们的标题分别改为“追加”“向前”和“向后”。

② 调整控件的大小和位置。

③ 把文本框 txtName 和 txtScore 的 MaxLength 属性都改为 3，再把它们的 IMEMode 分别改为 1 和 2。

④ 在代码窗口中添加如下代码。

```
Option Explicit
Private Type typeScore
    sName As String * 6              '姓名
    Score As Byte                    '成绩
    Del As Byte                      '删除标记
End Type
Dim Score As typeScore
Dim RecLen As Integer                '用于存储记录的字节数
Dim RecNum As Long                   '用于存记录数
Dim CurRec As Long                   '用于存储当前记录号
Private Sub refreshForm()
   If CurRec > RecNum Then
     CurRec = RecNum + 1
     Score.sName = " "
     Score.Score = 0
     Score.Del = 0
   Else
       Get #1, CurRec, Score
   End If
   txtName.Text = RTrim(Score.sName)
   txtScore.Text = Score.Score
   chkDel.Value = Score.Del
   lblRecNum.Caption = RecNum
   lblCurRec.Caption = CurRec
   txtName.SetFocus
   cmdPrev.Enabled = CurRec > 1
   cmdNext.Enabled = CurRec < RecNum
   txtName.DataChanged = False
   txtScore.DataChanged = False
   chkDel.DataChanged = False
End Sub
Private Sub saveRec()
    If txtName.DataChanged Then
       Score.sName = txtName.Text
    End If
    If txtScore.DataChanged Then
       Score.Score = Val(txtScore.Text)
    End If
    If chkDel.DataChanged Then
       Score.Del = chkDel.Value
    End If
```

```
        If txtName.DataChanged Or txtScore.DataChanged Or chkDel.DataChanged Then
            If CurRec > RecNum Then
                RecNum = RecNum + 1
                CurRec = RecNum
            End If
            Put #1, CurRec, Score
        End If
    End Sub
    Private Sub txtName_KeyPress(KeyAscii As Integer)
      '在姓名字段中只接受全角字符
        If KeyAscii > 31 Then
            Beep
            KeyAscii = 0
        End If
    End Sub
    Private Sub txtName_Validate(Cancel As Boolean)
        If Trim(txtName.Text) = " " And txtName.DataChanged Then
            MsgBox "姓名不能为空!", vbExclamation
            Cancel = True
        End If
    End Sub
    Private Sub txtScore_KeyPress(KeyAscii As Integer)
        '在成绩字段中只接受数字字符
        If (KeyAscii < Asc("0") Or KeyAscii > Asc("9")) And KeyAscii > 31 Then
            KeyAscii = 0
            Beep
        End If
    End Sub
    Private Sub txtScore_Validate(Cancel As Boolean)
        If Val(txtScore.Text) > 100 Or Val(txtScore.Text) < 0 Then
            MsgBox "成绩必须在0~100之间! ", vbExclamation
            Cancel = True
        End If
    End Sub
    Private Sub cmdAppd_Click()
        saveRec
        CurRec = RecNum + 1
        refreshForm
    End Sub
    Private Sub cmdNext_Click()
        saveRec
        If CurRec < RecNum Then
            CurRec = CurRec + 1
        End If
        refreshForm
    End Sub
    Private Sub cmdPack_Click()
        saveRec
        Open "score.bak" For Random As #2 Len = RecLen
        Seek #1, 1
        Do While Seek(1)<= RecNum
            Get #1, , Score
            If Score.Del = 0 Then
                Put #2, , Score
            End If
```

```
    Loop
    Close
    Kill "score"
    Name "score.bak" As "score"
    Open "score" For Random As #1 Len = RecLen
    CurRec = 1
    refreshForm
End Sub
Private Sub cmdPrev_Click()
    saveRec
    If CurRec > 1 Then
      CurRec = CurRec - 1
    End If
    refreshForm
End Sub
Private Sub Form_Activate()
    refreshForm
End Sub
Private Sub Form_Load()
    ChDrive "C"
    ChDir "\Temp"
    Score.sName = " "
    RecLen = Len(Score)
    Open "score" For Random As 1 Len = RecLen
    RecNum = Lof(1)/ RecLen
    CurRec = 1
End Sub
Private Sub Form_Unload(Cancel As Integer)
     saveRec
     Close #1
End Sub
```

11

第11章　图形操作

随着计算机的迅速发展，应用程序越来越多地使用图形，通过图形使得软件更加精美，人机交互更加丰富多彩。

VB 提供了相当丰富的图形功能，既可通过图形控件进行图形操作，也可通过图形方法在窗体或图片框上输出文字或图形。灵活使用这些图形控件和图形方法，不仅可以完成许多特殊的功能，而且可以为 Windows 的程序界面增加活力。

11.1　图形操作基础

VB 不仅为用户提供了简洁有效的图形功能，可以通过图形控件进行图形和绘图操作，还提供了一系列基本的图形函数、语句和方法，支持直接在窗体上产生图形、图像和颜色，控制对象的位置和外观。

为了方便图形操作，VB 提供了系统标准坐标系和自定义坐标系两种坐标系。

11.1.1　引例

VB 提供了一个简单的二维图形处理功能，方便图形操作。在 VB 中绘制图形，其过程一般分为以下 4 个步骤。

（1）定义图形载体窗体对象或图形框对象的坐标系。

（2）设置线宽、线形、色彩等属性。

（3）指定画笔的起点和终点位置。

（4）调用绘图方法绘制图形。

【例 11.1】在窗体上绘制$-2\pi \sim 2\pi$之间的正弦曲线，如图 11.1 所示。

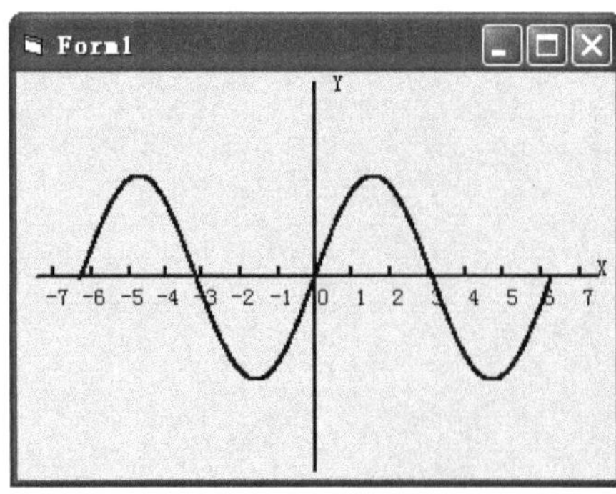

图 11.1　例 11.1 运行界面

在窗体上绘图，需要定义窗体的坐标系。要绘制的正弦曲线在$-2\pi \sim 2\pi$之间，考虑到四周的空隙，故 x 轴的范围可定义在（$-8,8$），y 轴的范围可定义在（$-2,2$）之间。用 Scale（−8,2），(8,−2)定义坐标系。绘制直线可以用 Line 方法。x 轴上坐标刻度线两端点的坐标满足（i,0），（i,y0）。其中，y0 为一定值。可用循环语句，变化 i 的值来标记 x 轴上的坐标刻度。类似地可处理 y 轴上标记的坐标刻度。

坐标轴上刻度线的数字标识可通过 CurrentX、CurrentY 属性设定当前位置，然后用 Print 输出对应的数字。正弦曲线可由若干点组成，用 PSet 方法按 Sin 的值画出点，为使曲线光滑，相邻两点的间距应适当减小。

程序代码如下。

```
Private Sub Form_Click()
  Form1.Scale (-8, 2)-(8, -2)                            '定义窗体坐标系
  DrawWidth = 2                                          '设置绘制的线宽
  Line (-7.5, 0)-(7.5, 0): Line (0, 1.9)-(0, -1.9)       '画 X 轴与 Y 轴
  CurrentX = 7.5:
  CurrentY = 0.2: Print "X"                              '在指定位置输出字符 X 与 Y
  CurrentX = 0.5: CurrentY = 2:
  Print "Y"
  For i = -7 To 7                                        '在 X 轴上标记坐标刻度，线长 0.1
  Line (i, 0)-(i, 0.1)
  CurrentX = i - 0.2: CurrentY = -0.1:
  Print i
  Next i
  For x = -6.283 To 6.283 Step 0.01
  y = Sin(x)                                             '计算 Sin(x)
  PSet (x, y)                                            '画一点
  Next x
End Sub
```

11.1.2 坐标系统

1. VB 坐标系

二维图形的绘制需要一个可绘图的对象，例如窗体、图形框。为了能在窗体或图形框内定位图形，需要一个二维坐标系。

在 VB 中，默认的坐标原点为对象的左上角，横向向右为 x 轴的正向，纵向向下为 y 轴的正向。图 11.2 说明了窗体和图形框的默认坐标系。窗体的 Height 属性值包括了标题栏和水平边框线的宽度，同样 Width 属性值包含了垂直边框线宽度。实际可用高度和宽度由 ScaleHeight 和 ScaleWidth 属性确定。而窗体的 Left、Top 属性指示窗体在屏幕内的位置。

2. 自定义坐标系

要使所画的图产生与数学坐标系相同的效果，需要重新定义对象的坐标系。Scale 方法是建立用户坐标系最方便的方法，其语法格式如下：

```
[对象.]Scale[(xLeft,yTop)-(xRight,yBotton)]
```

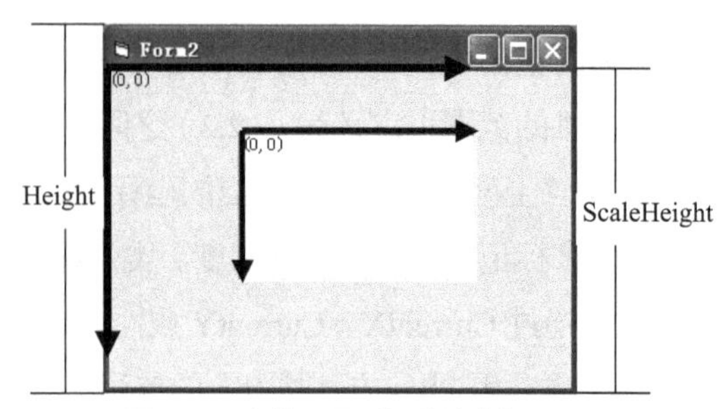

图 11.2　窗体、图形框默认坐标系

其中，对象可以是窗体、图形框或打印机。如果省略对象名，则为带有焦点的窗体对象。

(xLeft,yTop)表示对象的左上角的坐标值，(xRight,yBotton)为对象的右下角的坐标值。使用 Scale 方法将把对象在 *x* 轴方向上分为 xRight-xLeft 等分，在 *y* 轴方向上分为 yBotton-yTop 等分。

窗体或图形框的 ScaleMode 属性决定了坐标所采用的度量单位，默认值为 twip。表 11.1 列出了 ScaleMode 属性可能的取值。

表 11.1　ScaleMode 属性设置值

属性值	常　　数	说　　明
0	vbUser	自定义值
1	vbTwips	缇（twip），缺省值，1 厘米=567 缇
2	vbPoints	磅，1 磅=20 缇
3	vbPixels	像素点，监视器或打印机分辨率最小的单位
4	vbCharacters	字符，水平 1 个单位=120 缇，垂直 1 个单位=240 缇
5	vbInches	英寸
6	vbMilimeters	毫米
7	vbCentimeters	厘米

例如，下面的代码可使窗体的坐标单位改为毫米。

```
ScaleMode=6
```

【例 11.2】在 Form_Paint 事件中，通过 Scale 方法定义窗体 Form1 的坐标系，将坐标原点平移到窗体中央，*y* 轴的正向向上，使它与数学坐标系一致。

要使窗体坐标系与数学坐标系一致，坐标原点在窗体中央，显示 4 个象限，只需要指定窗体对象的左上角的坐标值（xLeft,yTop）和右下角的坐标值（xRight,yBotton），使 xLeft=-xRight，yTop=-yBotton。

程序代码如下。

```
Private Sub Form_Paint()
  Cls
  Form1.Scale (-300, 200)-(300, -200)
  Line (-300, 0)-(300, 0)
  Line (0, 200)-(0, -200)
  CurrentX = 0: CurrentY = 0: Print 0
  CurrentX = 260: CurrentY = 50: Print "X"
  CurrentX = 10: CurrentY = 180: Print "Y"
End Sub
```

程序运行结果如图 11.3 所示。

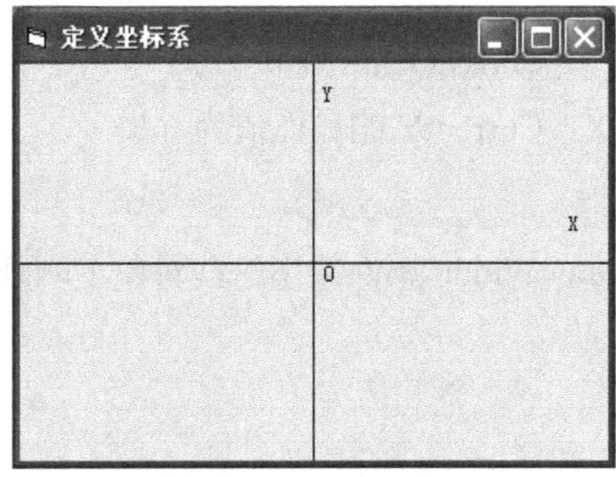

图 11.3　例 11.2 运行界面

任何时候在程序代码中使用 Scale 方法都能有效地改变坐标系统。当 Scale 方法不带参数时，则取消用户自定义的坐标系，而采用默认坐标系。

11.1.3　绘图属性

除了坐标系之外，与绘图相关的容器属性也要了解，这样才能输出所需的图形。

1. ScaleTop、ScaleLeft、ScaleWidth、ScaleHeight 属性

窗体的 Top、Left、Width 和 Height 属性单位永远是 twip，并且是相对屏幕坐标而言的。ScaleTop、ScaleLeft 等属性可以通过 ScaleMode 任意改变单位和自定义坐标系统。ScaleWidth、ScaleHeight 是指对象的内部尺寸，不包括边框厚度以及菜单或标题的高度。而窗体的尺寸则由 Width 和 Height 属性决定。

ScaleWidth 和 ScaleHeight 属性用于设置窗体或图片框等容器的净宽度和净高度，即右下角的坐标为(ScaleLeft+ScaleWidth,ScaleTop+ScaleHeight)。当改变 ScaleLeft、ScaleTop 的值后，坐标系的 *X* 轴或 *Y* 轴将平移后形成新的坐标原点，就形成了新的自定义坐标系统。例如：

```
Form1.ScaleLeft=-14
Form1.ScaleTop=14
Form1.ScaleWidth=28
Form1.ScaleHeight=-28
```

将坐标原点设置在窗体中心，左上角的坐标为（–14,14），右下角的坐标为（14, –14），*X* 轴的正方向向右，*Y* 轴的正方向向上。上面自定义坐标系统也可用 Form1.Scale（–14,14）-（14, –14）代替，两者有固定的对应关系，例如：Scale[(x1,1)-(x2,y2)]，其中，(x1,y1)为左上角坐标，(x2,y2)为右下角坐标，与 ScaleLeft、ScaleTop、ScaleWidth、ScaleHeight 属性的对应关系为：

```
x1=ScaleLeft
y1=ScaleTop
x2=x1+ScaleWidth
y2=y1+ScaleHeight
```

当 Scale 后面不带参数时，使用默认的坐标系统，对象的左上角为坐标原点。

2. CurrentX、CurrentY 属性

CurrentX、CurrentY 属性给出在容器内绘图时的当前横坐标、纵坐标，这两个属性只能在程序中设置。CurrentX、CurrentY 属性的设置格式：

```
[对象. ]CurrentX[= x]
[对象. ]CurrentY[= y]
```

功能：设置对象的 CurrentX 和 CurrentY 的值。

当使用 Cls 方法后，CurrentX、CurrentY 的属性值为 0。

3. DrawWidth（线宽）属性

窗体、图片框或打印机的 DrawWidth 属性给出这些对象上所画线的宽度或点的大小。

DrawWidth 属性格式：

```
[对象. ]DrawWidth [ = n]
```

功能：设置容器输出的线宽。

其中，n 为数值表达式，其范围为 1～32767，该值以像素为单位表示线宽。默认值为 1，即 1 个像素宽。

4. DrawStyle（线型）属性

窗体、图片框或打印机的 DrawStyle 属性给出这些对象上所画线的形状，见表 11.2。

表 11.2 DrawStyle 属性值的含义

DrawStyle 属性值	含义	DrawStyle 属性值	含义
0	实线（默认）	4	双点划线
1	长划线	5	透明线
2	点线	6	内收实线
3	点划线		

以上线型仅当 DrawWidth 属性值为 1 时才能产生。当 DrawWidth 属性值大于 1 且 DrawStyle 属性值为 1～4 时，都只能产生实线效果。当 DrawWidth 的值大于 1，而 DrawStyle 属性值为 6 时，所画的内收实线仅当是封闭线时起作用。

5. AutoRedraw 属性

AutoRedraw 属性用于设置和返回对象或控件是否能自动重绘。

若 AutoRedraw 属性值为 True，则使 Form 对象或 PictureBox 控件的自动重绘有效，否则会不接收重绘事件（Paint）。

6. FillStyle 和 FillColor 属性

封闭图形的填充方式由 FillStyle 和 FillColor 属性决定。

FillColor 属性指定填充图案的颜色，默认的颜色 ForeColor 相同。FillStyle 属性指定填充的图案，共有 8 种内部图案，具体含义见表 11.3。

表 11.3 FillStyle 属性说明

FillStyle 属性值	含义	FillStyle 属性值	含义
0（Solid）	实心	4（Upward Diagonal）	左上右下对角线
1（Transparent）	透明	5（Downward Diagonal）	左下右上对角线
2（Horizontal Line）	水平线	6（Cross）	十字交叉线
3（Vertical Line）	垂直线	7（Diagonal Cross）	对角交叉线

7. 色彩

VB 默认采用对象的前景色（ForeColor 属性）绘图，也可通过以下方式指定。

（1）RGB 函数。

RGB 函数通过红、绿、蓝三基色混合产生某种颜色，其函数格式为：

```
RGB(a,b,c)
```

其中，a、b、c 代表红、绿、蓝 3 色成分，取值范围为 0～255 的整数。例如 RGB（0,0,0）返回黑色，RGB（255,255,255）返回白色。

（2）QBColor 函数。

QBColor 函数 QuickBasic 所使用的颜色有 16 种，其函数格式为：

```
QBColor(x)
```

其中，x 称为颜色代码，取值范围为 0～15 的整数，每个颜色代码代表一种颜色，其对应关系如表 11.4 所示。

表 11.4　颜色码与颜色对应表

颜 色 码	颜　　色	颜 色 码	颜　　色
0	黑	8	灰
1	蓝	9	亮蓝
2	绿	10	亮绿
3	青	11	亮青
4	红	12	亮红
5	品红	13	亮品红
6	黄	14	亮黄
7	白	15	亮白

（3）用长整型代码。

RGB 函数与 QBColor 函数实际上都返回一个十六进制的长整数。这个数从左到右，每 2 位一组代表一种基色，它们的顺序是蓝绿红。因此也可直接使用 6 位的十六进制颜色代码。

在色彩的属性设置框中可以看到这些代码（例如，&H000000&表示黑色，&H0000FF&表示红色等）。

【例 11.3】演示颜色的渐变过程。

要定义渐变，可多次调用 RGB()函数，每次对 RGB()函数的参数稍做变化。下面的程序用线段填充矩形区，通过改变直线的起终点坐标和 RGB()函数中三基色的成分产生渐变效果，效果如图 11.4 所示。

程序代码如下。

```
Private Sub Form_Click()
  Dim k As Integer, x As Single, y As Single
  y = Form3.ScaleHeight
  x = Form3.ScaleWidth
  sp = 255 / y
  For k = 0 To y
  Line (0, k)-(x, k), RGB(k * sp, k * sp, k * sp)
  Next k
End Sub
```

图 11.4　例 11.3 运行界面

11.2 图形控件

为了在应用程序中创作图形效果，VB 提供了 4 个控件以简化与图形有关的操作，它们是 PictureBox 控件、Image 控件、Shape 控件、Line 控件，每一个控件都适用于一个特定的目的。

Image、Shape 和 Line 控件需要较少的系统资源，且包含 PictureBox 中可用的属性、方法和事件的子集，因此，比 PictureBox 控件显示得快。

图形控件的优点是，创建图形所用的代码比图形方法使用少。例如，Circle 方法要求在运行时用代码创建圆；而用形状控件，只需在设计时简单地将它拖到窗体上，并设置其属性即可。

VB 提供的图片框和图像框可以显示位图、图标、图元文件中的图形，也可处理 GIF 和 JPEG 格式的图形文件。

1. Line（直线）控件

在设计时可以用 Line 控件来画线，长度、宽度、颜色、虚实线等属性均可设置。画线操作的步骤如下。

（1）单击工具箱上的 Line 控件图标。

（2）移动鼠标到需要画线的起始位置。

（3）按下鼠标左键并拖曳鼠标到需要画线的结束位置，放开鼠标即可。

2. Shape（形状）控件

Shape 控件可用来画矩形、正方形、椭圆、圆、圆角矩形及圆角正方形。当 Shape 控件放置到窗体时显示为一个矩形，通过 Shape 属性可确定所需的几何形状，如表 11.5 所示。

表 11.5 Shape 控件 Shape 属性说明

属性值	形状说明	属性值	形状说明
0（缺省）	矩形	3	圆形
1	正方形	4	圆角矩形
2	椭圆形	5	圆角正方形

【例 11.4】产生 Shape 控件的 6 种形状，如图 11.5 所示。

在窗体上添加一个 Shape 控件，Index 属性设置为 0。

程序代码如下。

```
Private Sub Form_Activate()
    Dim i As Integer, r As Integer
    r = 50
    Print "     0       1       2       3      4       5"
    Shape1(0).Shape = 0: Shape1(0).FillStyle = 2
    Shape1(0).FillColor = vbRed
    For i = 1 To 5
      Load Shape1(i)
      Shape1(i).Left = Shape1(i - 1).Left + 800
      Shape1(i).Shape = i
      Shape1(i).FillStyle = i + 2
      Shape1(i).FillColor = RGB(r + i * 30, 0, 0)
      Shape1(i).Visible = True
    Next i
End Sub
```

运行结果如图 11.5 所示。

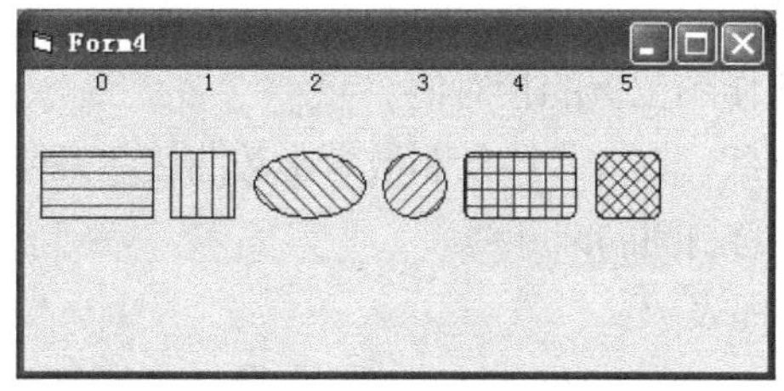

图 11.5　例 11.4 运行界面

3. PictureBox（图片框）控件

PictureBox 控件的主要作用是为用户显示图片，也可作为其他控件的容器。实际显示的图片由 Picture 属性决定。Picture 属性可设置被显示的图片文件名（包括可选的路径名）。在代码中可以使用 LoadPicture() 在图片框中装载图形文件，其格式如下：

```
< 图片框控件 >.Picture = LoadPicture("图形文件名")
```

为了在运行时从图片框中删除一个图片，可用以下方式实现：

```
< 图片框控件 >.Picture = LoadPicture("")
```

Picture 控件不提供滚动条，也不能伸展被装入的图片以适应控件的大小，但是可以用图片框 AutoSize 属性调整图片框的大小以适应图片的大小。当 AutoSize 设置为 True 时，图片框能够自动调整大小与显示的图片相匹配；但当 AutoSize 设置为 False 时，图片框不能自动调整大小来适应其中的图片，加载到图片框中的图片保持原始尺寸，这就意味着如果图片比图片框大，则超过的部分将被剪裁掉。

PictureBox 控件也可用作其他控件的容器，像 Form 控件一样，可在 PictureBox 控件上面加上其他控件。这些控件随 PictureBox 的移动而移动，其 Top 和 Left 属性是 PictureBox，而与窗体无关。当 PictureBox 大小改变时，这些控件在 PictureBox 控件中的相对位置保持不变。

4. Image（图像框）控件

在窗体上使用图像框的步骤与图片框相同，但是图像框比图片框占用更少的内存，描绘得更快，与图片框不同的是，图像框内不能放置其他控件。

图像框没有 AutoSize 属性，但有 Stretch 属性。Stretch 属性设置为 False 时，图像框可自动改变大小以适应其中的图片；Stretch 属性设置为 True 时，加载到图像框的图片可自动调整尺寸以适应图像框的大小。如果图像框内装入的图形较大，在 Form 比较小的情况下，图像框的边界会被窗体的边界截断。

11.3　图形方法和事件

VB 提供了一组绘图方法来绘制点、线、面等，利用这些方法可以更加灵活地绘制图形。

1. PSet 方法

PSet 方法用于在窗体、图形框或打印机指定位置（x,y），按指定的像素颜色画点，其语法格式如下：

```
[对象.] PSet [Step](x,y)[,颜色]
```

其中：

参数（x,y）为所画点的坐标。

关键字 Step 表示采用当前作图位置的相对值。

利用 PSet 方法可画任意曲线。在 VB 中绘制数学函数曲线多采用 PSet 方法。

【例 11.5】使用 PSet 方法绘制圆的渐开线。

圆的渐开线可以用参数方程表示：

$$\begin{cases} x = a(\cos t + t\sin t) \\ y = a(\sin t - t\cos t) \end{cases}$$

程序代码如下。

```
Private Sub Form_Click()
  ScaleMode = 6
  x = Form1.ScaleWidth / 2
  y = Form1.ScaleHeight / 2
  For t = 0 To 30 Step 0.01
  xt = Cos(t) + t * Sin(t)
  yt = -(Sin(t) - t * Cos(t))
  PSet (xt + x, yt + y), vbBlue
  Next
End Sub
```

程序运行结果如图 11.6 所示。

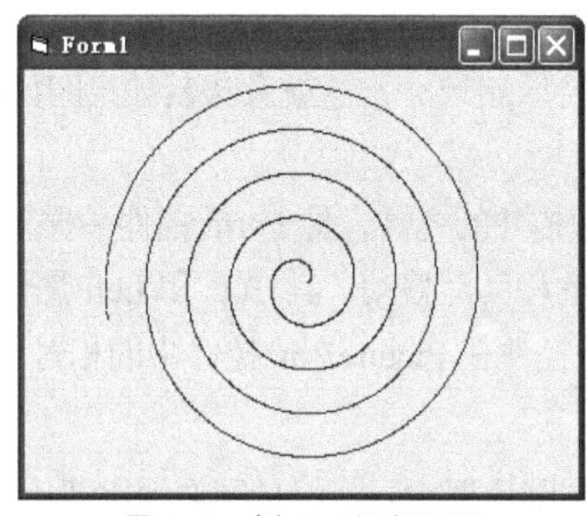

图 11.6　例 11.5 运行界面

【说明】

PSet 所画点的大小取决于当前窗体、图形框或打印机的 DrawWidth 属性值，像素点的颜色取决于 DrawMode 和 DrawStyle 的属性值。

执行 PSet 时，CurrentX 和 CurrentY 属性被设置为语句指定的坐标位置。

当采用背景颜色画点时起到清除点的作用。

其语法格式为：

```
PSet (x,y),BackColor
```

2. Line 方法

Line 方法用于画直线或矩形，其语法格式为：

```
[对象.]Line [[Step](x1,y1)]=[Step](x2,y2)][,颜色][,B[F]]
```

具体解释如下。

（1）对象指示 Line 在何处产生结果，它可以是窗体或图形框，默认时为当前窗体。

（2）（x1,y1）为线段的起点坐标或矩形的左上角坐标。

（3）（x2,y2）为线段的终点坐标或矩形的右下角坐标。

（4）关键字 Step 表示采用当前作图位置的相对值。

（5）关键字 B 表示画矩形。

（6）关键字 F 表示用画矩形的颜色来填充矩形，F 必须与关键字 B 一起使用。如果只用 B 不用 F，则矩形的填充由 FillColor 和 FillStyle 属性决定。

【例 11.6】用 Line 方法的不同参数画出图形。

程序代码如下。

```
Private Sub Form_Paint()
  Cls
  Scale (0, 0)-(23, 21)
  Line (4, 6)-(9, 11)
  Line (4, 6)-(4, 11)
  Line (4, 11)-(9, 11)
  Line (10, 6)-(15, 11), vbRed, B
  Line (16, 6)-(21, 11), vbBlue, BF
End Sub
```

程序运行结果如图 11.7 所示。

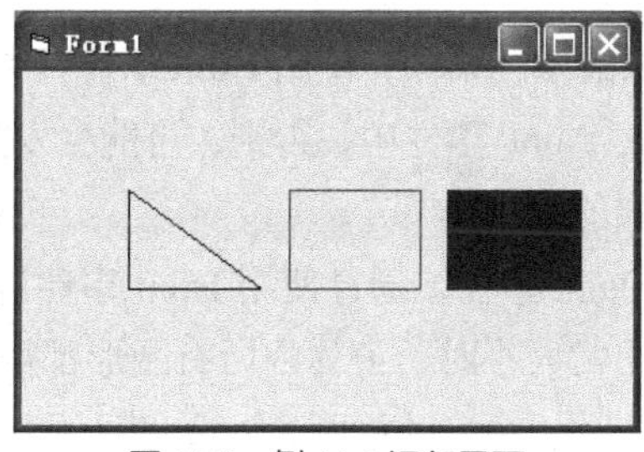

图 11.7　例 11.6 运行界面

【说明】

用 Line 方法在窗体上绘制图形时，如果将绘制过程放在 Form_Load 事件内，必须设置窗体的 AutoRedraw 属性为 True，当窗体的 Form_Load 事件完成后，窗体将产生重画过程，否则所绘制的图形无法在窗体上显示。AutoRedraw 属性设置为 True 时，将使用更多的内存。

3. Circle 方法

Circle 方法用于画圆、椭圆、圆弧或扇形，其语法格式为：

```
[对象. ]Circle[Step] (x,y) , 半径[,[颜色][, [起始点][, [终止点][,长短轴比率]]]]
```

具体解释如下。

（1）对象指示 Circle 在何处产生结果，可以是窗体、图形框或打印机，默认为当前窗体。

（2）（x,y）为圆心坐标，关键字 Step 表示采用当前作图位置的相对值。

（3）圆弧和扇形通过“起始点”“终止点”控制。当“起始点”“终止点”取值在 $0\sim2\pi$时为圆弧；当在“起始点”“终止点”取值前加一个负号时，画出扇形，负号表示画圆心到圆弧的径向线。

（4）椭圆通过长短轴的比率控制，比率为 1（默认值），则画圆；比率大于 1，则画沿水平方向拉长的椭圆；比率小于 1，则画沿垂直方向拉长的椭圆；比率应大于 0。

【例 11.7】Circle 方法的应用。

程序代码如下。

```
Private Sub Form_Paint()
  Const pi = 3.14159
  Circle (800, 800), 500, , -pi, -pi/2                        '画扇形
  Circle Step(1000, 500), 1000, vbRed, -pi/12, -pi/3          '画扇形
  Circle Step(2000, -500), 500, vbBlue                        '在圆弧缺口内画一个小圆
  Circle Step(0, 0), 500, , , , 1/5                           '在小圆中画椭圆
  Circle Step(1500, 0), 500, , 0, pi/2                        '画圆弧
End Sub
```

结果如图 11.8 所示。

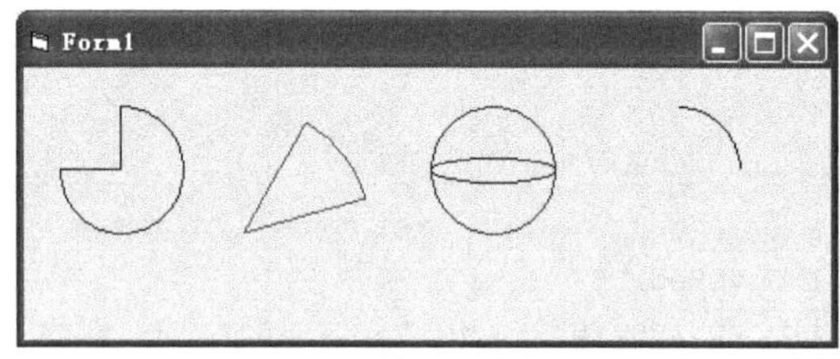

图 11.8　例 11.7 运行界面

4. Paint 事件

如果在程序代码中有图形方法的绘图语句，使用 Paint 事件将很有用，最有效的方法是将所有的绘图方法（Pset、Line 等）都放在 Paint 事件中，否则，可能会发生一些不希望发生的情况，例如，图形控件会被重叠、丢失或以错误的顺序排列。

窗体和 PictureBox 控件都有 Paint 事件，通过使用 Paint 事件过程，可以保证必要的图形都得以重现（如窗体最小化后，恢复到正常大小时，窗体内所有图形都得重画）。

当 AutoRedraw 属性为 True 时，将自动重画，Paint 事件不起作用。

在 Resize 事件过程中使用 Refresh 方法，可在每次调整窗体大小时强制对所有对象 Paint 事件进行重画。

【例 11.8】设计一应用程序，当程序运行时将画出一个与窗体各边的中点相交的菱形，当随意调整窗体的大小时，窗体中的菱形也随着自动调整。

程序代码如下。

```
Private Sub Form_Paint()
    Dim x, y
    x = ScaleLeft + ScaleWidth / 2
    y = ScaleTop + ScaleHeight / 2
    Line (ScaleLeft, y)-(x, ScaleTop)
    Line -(ScaleWidth + ScaleLeft, y)
    Line -(x, ScaleHeight + ScaleTop)
    Line -(ScaleLeft, y)
End Sub
Private Sub Form_Resize()
    Refresh
End Sub
```

程序运行结果如图 11.9 所示。

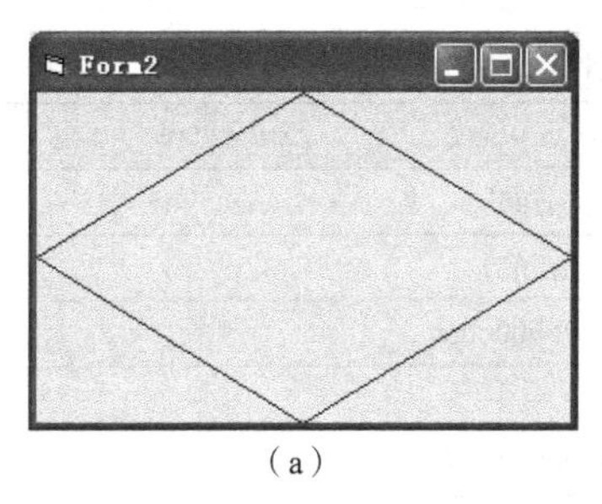

（a）

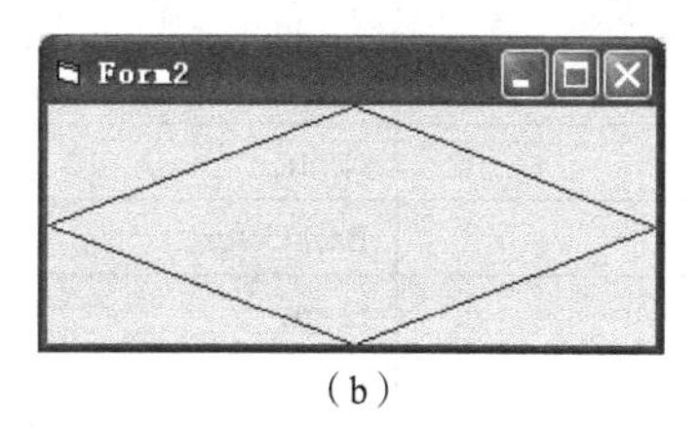

（b）

图 11.9　例 11.8 运行界面

11.4　图形的层次

VB 在构造图形时，在 3 个不同的屏幕层次上放置图形的可视组成部分。就视觉效果而言，最上层离用户最近，而最下一层离用户最远。表 11.6 列出了 3 个图形层所放置的对象类型。

表 11.6　图形层放置的对象

层　次	对象类型
最上层	工具箱中除标签、线条、形状外的控件对象
中间层	工具箱中标签、线条、形状等控件对象
最下层	由图形方法所绘制的图形

位于上层的对象会遮盖下层相对位置上的任何对象，即使下层的对象在上层对象后面绘制。位于同一层内的对象在发生层叠时，位于前面的对象会遮盖位于后面的对象。例如，在窗体内放置标签和文本框时，当这两类控件相叠时，不管怎样操作，标签总是出现在文本框的后面，当命令按钮和文本框相叠时，它们叠放的顺序和操作无关。同一图形层内控件对象的排列顺序称为 Z 序列。设计时可以通过选择“格式”/“顺序”命令调整 Z 序列，运行时可使用 Zorder 方法将特定的对象调整到同一图形层内的前面或后面。

Zorder 方法的语法格式为：

```
对象.Zorder [Position]
```

其中，“对象”可以是窗体和除了菜单、时钟之外的任何控件。Position 指出一个控件相对于另一个控件的位置的数值，其中，0 表示该控件被定位于 Z 序列的前面，1 表示该控件被定位于 Z 序列的后面。

【例 11.9】在窗体中放置两个 Shape 控件（一个显示为红色填充的圆，另一个显示为一个蓝色矩形）及两个命令按钮。单击“圆在前面”按钮，将出现图 11.10（a）所示的图形层次；单击“矩形在前”按钮，将出现图 11.10（b）所示的图形层次。

【步骤】

（1）建立界面

建立一个窗体、两个命令按钮、两个图形（Shape）控件。

（2）属性设置

属性设置如表 11.7 所示。

表 11.7　例 11.9 对象属性设置

对　　象	属　　性	属 性 值
Command1	Caption	“圆在前面”
Command2	Caption	“矩形在前”
Shape1	BackColor	&H00FF0000&
Shape1	Shape	0
Shape2	BackColor	&H000000FF&
Shape2	Shape	3

（3）编写代码

```
Private Sub Command1_Click()
   Shape1.ZOrder (0)
End Sub

Private Sub Command2_Click()
   Shape2.ZOrder (0)
End Sub
```

（4）运行程序

单击“圆在前面”按钮，出现图 11.10（a）所示的结果，单击“矩形在前”按钮，出现图 11.10（b）所示的结果。

（a）圆在前面

（b）矩形在前

图 11.10　例 11.9 运行界面

12

第12章　数据库应用

数据库技术是应数据管理任务的需要而产生的。数据管理是指如何对数据进行分类、组织、编码、检索和维护，它是数据处理的中心问题。随着计算机硬件和软件的发展，数据管理经历了人工管理、文件系统、数据库系统和分布式数据库系统四个发展阶段。数据库技术是信息社会的重要基础技术之一，是计算机科学领域中发展最为迅速的分支。数据库技术是一门综合性技术，它涉及操作系统、数据结构、程序设计等方面的知识。Visual Basic 提供了强大的数据库管理功能，可以非常灵活地创建和访问内外部数据库，完成对数据库应用中涉及的诸如创建数据库、查询以及更新等操作。学好数据库的基础知识，会为学习计算机的后续课程打下良好的基础。

12.1　数据库基础

12.1.1　数据库的基本概念

1. 数据库概念

（1）概念

什么是数据库？“数据库”（DataBase，DB）一词最早出现于美国，此后慢慢流行起来。从字面意思理解，数据库是“存放数据的仓库”。一般所说的数据库是指以一定的组织形式存放在计算机存储介质上的相互关联的数据的集合。

例如，把一个学校的学生的基本信息（编号、姓名、性别、出生日期、班级、所在省份、联系电话、备注等）有序地组织起来，以一定的形式（如表格）存放到计算机存储介质上，这些相互关联的信息就可以看作一个数据库。

（2）数据库的主要特点

数据库主要有如下特点。

① 数据可以共享。

数据资源为多个应用程序服务，实现了数据的共享。所有程序都存取同一份数据库，数据完全共享。

② 数据独立性。

数据和应用程序之间相互分离，相互独立，不存在相互依赖关系。应用程序不需要了解数据实际的存取方式，通过数据库系统的存取指令，就可得到需要的数据，当数据的存储结构变更时，仅需更改数据库系统的内部程序，外部应用程序不需更改。

③ 可控制冗余度。

在非数据库系统中，每个应用程序使用自己的数据来处理，经常会造成数据的重复建立，而且彼此之间的数据格式也不相同，无法交互应用。而在数据库系统中，仅建立共同的数据库，其他的应用程序都使用这个数据库，因此冗余度可大大减少。

数据共享的实现，使得重复数据大大减少，但有时为了提高查询效率，也可以适当保留少量重复数据，可控制冗余度。

④ 可避免不一致性。

当相同的数据存于不同的系统中时，若数据需要变更，两者的更改时间可能不同步，造成两者的不一致，若用数据库系统来管理，则仅需更改同一份数据，不一致性就可以消除。

⑤ 数据安全性。

可以对数据库系统实施不同的安全限制，从而保证数据的安全。

⑥ 数据完整性。

对网络环境下多用户系统数据进行完整性检查，从而保证了数据的完整性。

⑦ 标准化实施。

由于数据库的集中控制，保证遵循统一的标准，有助于数据或系统间的交流。

2. 数据库管理系统

（1）概念

假定要在计算机上建立由表组成的一个数据库，并将它们存放在计算机的存储器（如硬盘、U 盘等）上。若要在纸上绘制这张表，显然是轻而易举的，但若要把它们作为数据库的一部分存入计算机中，就显得比较困难了。

那么，该怎么样建立这样的一个数据库呢？建立这样的数据库要借助一种专门的软件来完成。这种软件就是“数据库管理系统”（DataBase Management System，DBMS）。Visual FoxPro 就是一种在个人计算机上很常用的数据库管理系统。

数据库管理系统是一系列软件的集合，这些软件以统一的方式管理、维护数据库中的数据，为用户访问数据库提供安全、有效、可靠的环境。数据库管理系统是数据库系统（DataBase System，DBS）的核心。

（2）主要功能

DBMS 主要职能包括数据库的定义、维护、运行控制、通信等。DBMS 在操作系统的支持和控制下运行，主要由以下功能组成。

① 数据库定义功能。

DBMS 向用户提供“数据定义语言”（Data Define Language，DDL），用于定义数据库的结构，包括模式、外模式和内模式的定义，“外模式/模式”和“模式/内模式”两级映像的定义，数据完整性的定义，安全性的定义。这些定义存储在系统的数据字典（Data Dictionary）中，是 DBMS 运行的基本依据。

② 数据库操纵语言。

DBMS 中的数据库操纵语言（Data Manipulation Language，DML）实现对数据库数据的查询、插入、删除和修改。其中，查询是 DML 的最主要的功能。

③ 数据库运行控制功能。

DBMS 对数据库的运行控制主要包括数据的安全性控制、数据的完整性控制、多用户环境下的并发控制以及数据库的恢复。

- 数据安全性控制，是指防止未被授权者非法访问数据库，采取的措施有鉴定身份、设置口令、控制用户存取权限、数据加密等。
- 数据完整性控制，是指数据的正确性和相容性。在定义数据库时，DBMS 把完整性定义（如数据类型、值域、主键、外键等）作为模式的组成部分存入数据字典。运行时根据完整性约束进行检查。
- 并发控制。当多个用户同时存取同一数据时，就有可能发生冲突，造成数据读写或存取不正确，破坏数据库的一致性。DBMS 必须提供并发控制机制，以保证多用户存取同一数据时数据的正确性，采取的措施有封锁技术等。
- 数据库恢复，也称故障恢复。数据库运行过程中有可能发生各种故障，包括事务故障、系统故障（如硬件故障、软件故障、电源故障）、介质故障（如磁盘损坏）等。DBMS 必须提供一定的数据库恢复机制，把数据库恢复到故障发生前某一已知的正确状态。数据库恢复主要通过记载事务日志和数据库定期转储来实现。

④ 数据库维护功能。

它包括数据库数据初始装入，数据库转储、恢复、重组织，系统性能监视、分析以及登记日志文件等功能。

3. 数据库应用系统

数据库应用系统（DataBase Application System，DBAS）是指基于数据库的应用系统，是利用数据库系统资源开发的面向某一类实际应用的应用软件系统。一个 DBAS 通常由数据库和应用程序两部分组成，它们都需要在 DBMS 的支持下开发。

（1）设计数据库

经过关系数据库理论创始人 Codd 等一批学者的努力，数据库设计已从第一代数据库系统的以经验为主的设计发展为以“关系规范化”理论为指导的规范设计方法，形成了包括概念结构设计→逻辑结构设计→物理结构设计等 3 个阶段在内的设计步骤。

（2）开发应用程序

开发 DBAS 中的应用程序，可采用功能设计→总体设计→模块设计→编码调试的开发步骤，也可以采用软件工程中的其他方法。

4. 数据库系统

数据库系统是指引进数据库技术后的计算机系统。实际上，数据库应用系统是一个比较复杂的系统，它是由硬件系统、数据库管理系统及相关软件、数据库应用系统和用户等组成的。

（1）计算机硬件

硬件资源需要有足够大的内、外存空间，用来运行操作系统、DBMS 核心模块、数据缓冲区和应用程序，以及存储数据库数据。此外，还要求系统具有较高的通道能力，以提高数据传送率。按目前的一些应用，还应包含与计算机网络相关的硬件。

（2）数据库管理系统及相关软件

数据库应用系统的核心软件起管理、操作控制等作用。其相关软件包括操作系统、编译系统及计算机网络软件等。

（3）数据库应用系统

其中的数据库是指数据库应用系统包含的若干个设计合理、满足应用需要的数据库。应用程序是指为适应用户操作、满足用户需求而编写的数据库应用程序。

（4）用户

用户是指使用数据库的人员，主要有 3 类：终端用户、应用程序员和数据库管理员。

终端用户是指通过数据库系统所提供的命令语言、表格语言以及菜单等交互式对话手段来使用数据库数据的用户。

应用程序员是指为终端用户编写应用程序的软件人员，设计的应用程序主要用途是更好更方便地使用和维护数据库。

数据库管理员（DataBase Administrator，DBA）是指全面负责数据库系统正常运转的专门人员。

12.1.2 关系数据库

1. 数据模型

数据模型是指反映客观事物及客观事物间联系的数据组织的结构和形式。客观事物是千变万化的，各种客观事物的数据模型也是千差万别的，但也有其共同性。常用的数据模型有层次模型、网状模型和关系模型三种。

层次模型（Hierarchical Model）是数据库中出现最早的数据模型，它用树形结构来表示数据间的从属关系结构，是一种以记录某一事物类型为根结点的有向树结构，如图 12.1 所示。

网状模型（Network Model）是层次模型的扩充，也称“网络模型”，它表示多个从属关系的层次结构，呈现一种交叉的网络结构。网状模型是以记录为结点的网络结构，如图 12.2 所示。

关系模型（Relational Model）是目前最重要的一种数据模型。1970 年 E.F.Cold 首次提出了数据库系统的关系模型，为关系模型数据库技术奠定了理论基础。由于他的杰出贡献，于 1981 年获得了 ACM 图灵奖。

关系模型不同于层次模型、网状模型，它是建立在严格的数学基础之上的，它用二维表格来表示实体之间的联系，其运算对象和结构都是集合（二维表），表格与表格之间通过相同的栏目建立联系。正是由于关系模型对于描述的一致性、模型概念的简单化、有完备的数学理论基础、说明性的查询语言和使用方便等优点，从而使它得到了广泛的应用。

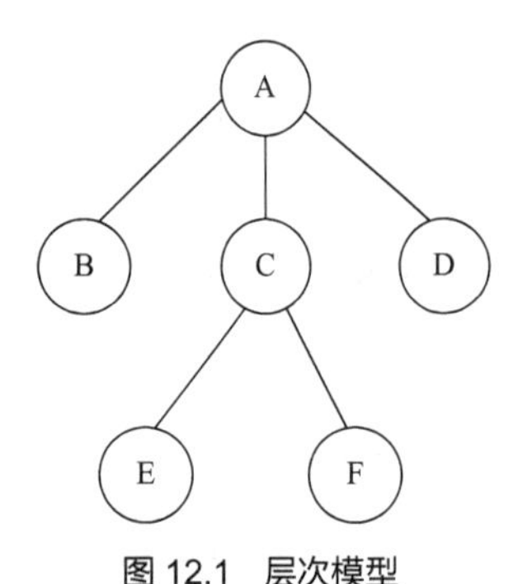

图 12.1 层次模型

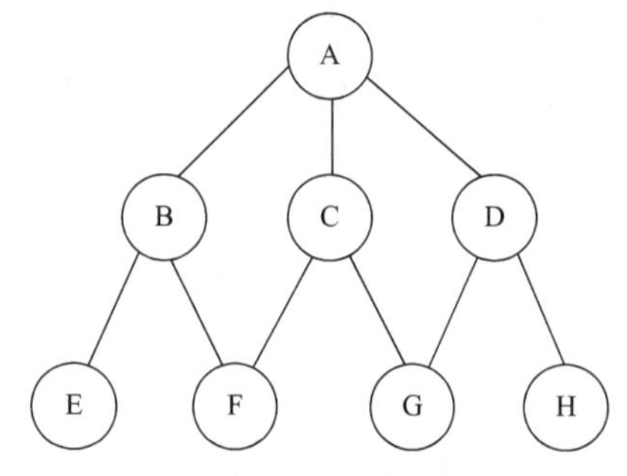

图 12.2 网状模型

所谓“关系”，是指那种虽具有相关性但非从属性的平行的数据之间按照某种序列排列的集合关系。可以说，一个二维表就是一个关系，如表 12.1 所示。

表 12.1　学生基本信息表

StuID	StuName	StuSex	StuBirthDate	StuClass	StuFrom	StuTel	StuMem
050001	科芸芸	女	1994-5-5 00:00	土木 1701	上海市	87046258	党员
050002	李研	女	1996-9-6 00:00	计算机 1702	湖南省	87046111	团员
050003	叶菲	女	1994-8-14 00:00	土木 1701	北京市	87046222	党员，体育委员
050004	丁枫	男	1996-5-22 00:00	土木 1702	天津市	87046333	团员
050005	徐敏	男	1996-2-16 00:00	英语 1701	湖北省	87046444	学习委员
050006	关关	女	1995-1-16 00:00	土木 1701	上海市	87046333	团员
050007	熊每	女	1994-6-1 00:00	土木 1701	北京市	87046222	团员

2. 关系数据库

关系数据库以关系模型为基础。自 20 世纪 80 年代以来，计算机厂商推出的数据库管理系统几乎都是基于关系模型的关系数据库。关系模型结构简单、功能强大、易于用户理解和使用，所以，关系模型提出后，关系数据库得到了迅速发展，并得到了广泛的应用。关系数据库的基本概念如下。

关系数据库是根据表、记录和字段之间的关系进行组织和访问的，以行和列组织的二维表的形式存储数据，并通过关系将这些表联系在一起。

① 数据表。

数据表简称表，它采用二维表格来存储数据，是一种按行与列排列的具有相关信息的逻辑组。一个数据库可以包含多个数据表，每个数据表均有一个表的名称。在关系数据库中，数据以关系的形式出现，可以把关系理解成一张二维表（Table）。

② 记录（行）。

每张二维表均由若干行和列构成，其中每一行称为一条记录（Record）。

③ 字段（列）。

二维表中的每一列称为一个字段（Field），每一列均有一个名字，称为字段名，各字段名互不相同。

④ 主键。

关系数据库中的某个字段或某些字段的组合定义为主键（Primary Key）。每条记录的主键值都是唯一的，这就保证了可以通过主键唯一标识一条记录。

⑤ 索引。

为了提高数据库的访问效率，表中的记录应该按照一定顺序排列，通常建立一个较小的表——索引表，该表中只含有索引字段和记录号。通过索引表可以快速确定要访问记录的位置。

⑥ 表间关系（Relations）。

实体（Entity）：客观存在并可相互区别的事物称为实体。实体可以是具体的人、事、物，也可以是抽象的概念或联系。如：一个职工、一个学生、一个部门、一门课、一次选课、订货、学生与系科的关系等都是实体。

两个实体型之间的联系可以分为以下三类。

一对一联系（1:1）：如果对于实体集 A 中的每一个实体，实体集 B 中至多有一个实体与之联系，反之亦然，则称实体集 A 与实体集 B 具有一对一联系，记为 1:1。

例如：学校里面，一个班级只有一个正班长，而一个班长只在一个班中任职，则班长与班级之间具有一对一联系。

一对多联系（1:n）：如果对于实体集 A 中的每一个实体，实体集 B 中有 n 个实体（n≥0）与之联系，反之，对于实体集 B 中的每一个实体，实体集 A 中至多只有一个实体与之联系，则称实体集 A 与实体集 B 具有一对多联系，记为 1:n。

例如：一个班级中有若干名学生，而每个学生只在一个班级中学习，则班级与学生之间具有一对多联系。

多对多联系（n:m）：如果对于实体集 A 中的每一个实体，实体集 B 中有 n 个实体（n≥0）与之联系，反之，对于实体集 B 中的每一个实体，实体集 A 中有 m 个实体（m≥0）与之联系，则称实体集 A 与实体集 B 具有多对多联系，记为 m:n。

例如：一门课程同时有若干个学生选修，而一个学生可以同时选修多门课程，则课程与学生之间具有多对多联系。

一个数据库可以由多个表组成，表与表之间可以用不同的方式相互关联。

若第一个表中的一条记录内容与第二个表中多条记录的数据相符，但第二个表中的一条记录只能与第一个表的一条记录的数据相符，这样的表间关系类型叫作一对多关系。第一个表的一条记录的数据内容可与第二个表的多条记录的数据相符，反之亦然，这样的表间关系类型叫作多对多关系。

12.1.3 Visual Basic 数据库应用系统

Visual Basic 6.0 处理的数据库大多为关系型数据库，支持 ADO 存取模式，即 ActiveX Data Object 数据对象存取模式；支持对象连接与嵌入数据库和组件对象模型；针对不同的数据库（如 SQL Server、Oracle 等），可以开发完善的客户机/服务器应用程序，管理数据源和创建服务器端控件；具有不需要经过复杂编程就可以管理和显示数据库数据的数据控件和数据绑定控件。数据控件用来与具体的数据库相连接，数据绑定控件用来显示和修改数据库中的数据。VB 提供了能够快速生成报表的 Data Report Designer 报表设计工具，并提供了使用和配置连接的工具与命令及进行 ODBC 开发的 API 函数，支持多层的数据库应用程序开发。

1. Visual Basic 6.0 数据库开发平台的优点

（1）简单性。Visual Basic 6.0 为每种数据访问模式提供了相应控件，通过这些控件只要编写少量的代码，甚至不编写任何代码就可以访问和操作数据库。

（2）灵活性。Visual Basic 6.0 不像一般的数据库（如 FoxPro、Access 等）那样局限于特定的应用程序结构，也不需要用某些指令对当前打开的数据库进行操作，因而比较灵活。

（3）可扩充性。Visual Basic 6.0 是一种可以扩充的语言，其中包括在数据库应用方面的扩充。在 Visual Basic 6.0 中，可以使用 ActiveX 控件，这些控件可以由 Microsoft 公司提供，也可以由第三方开发者根据 COM 标准开发。有了 ActiveX 控件，可以很容易地在 Visual Basic 6.0 中增加新功能，扩充 Visual Basic 6.0 数据存取控制的指令系统。

2. Visual Basic 6.0 数据库的数据类型

数据类型可以用来定义数据库中表的字段类型，数据库系统支持的数据类型取决于使用的数据库引擎和文件格式。Visual Basic 6.0 使用的数据库引擎是 Microsoft JET（Joint Engineering

Technology），该数据库引擎支持的字段数据类型如表 12.2 所示。

表 12.2　字段数据类型

数据类型	关 键 字	存储信息	存储空间/Byte
整型	Integer	整数数值数据	2
长整型	Long	整数数值数据	4
单精度型	Single	实数数据	4
双精度型	Double	实数数据	8
二进制型	Binary	二进制数据	不超过 1.2GB
字节型	Byte	整数数值数据	1
文本型	Text	字符串	不超过 255B
日期型	Date	日期数据	8
逻辑型或布尔型	Yes/No	逻辑值（布尔值）	2（True 或 False）
OLE 型	OLE	OLE 对象	不超过 1.2GB
备注型	Memo	长字符串	不超过 1.2GB
计数器	Counter	长整数，自动增值	

3. Visual Basic 6.0 数据库应用系统的组成

Visual Basic 数据库应用系统由用户界面和应用程序、Jet 数据库引擎和数据库 3 部分组成。

（1）用户界面和应用程序

用户界面是用户所看得见的用于交互的界面，它包括显示数据并允许用户查看或更新数据的窗体。

（2）Jet 数据库引擎

Visual Basic 6.0 使用的数据库引擎是 Jet 数据库引擎，它是应用程序和数据库存储之间的一种接口，它将与数据库相关的内存管理、游标管理和错误处理等具体而复杂的细节问题抽象为一个既高度一致又简化的编程接口，对所支持的不同类型的数据库提供统一的外部接口，将对记录集的操作转化成对数据库的物理操作。

（3）数据库

在数据库应用系统中，数据库是包含数据表的一个或多个文件。对于本地 Visual Basic 数据库或 Access 数据库来说，就是.mdb 文件；对于 ISMA 数据库，它可能是包含.dbf（dBASE 文件后缀）文件或其他扩展名的文件。

4. VB 数据库访问技术的发展

早期的 Visual Basic 数据访问工具是简单的 ASCII 文件访问工具。在 Visual Basic 3.0 时代，许多用户强调 ISAM（Indexed Sequential Access Method，索引顺序存取法）数据，为此 Microsoft 设计了 Microsoft JET 和 DAO（Data Access Object），使得 Visual Basic Access 开发人员很容易地同 Jet 接口，其操作针对记录和字段，主要用于开发单一的数据库应用程序。随着使用者需求的不断改变，Visual Basic 又包含了更快的访问远程数据和对 ODBC 数据源访问的优化，出现了新的数据库接口 RDO（Remote Data Object），它是访问关系型 ODBC 数据源的最佳界面接口，其操作针对行和列。ADO（ActiveX Data Objects）作为另一种可供选择的技术出现，正在逐渐代替其他数据访问接口。ADO 比 DAO 和 RDO 具有更好的灵活性，更易使用，实现的功能也更全面。

（1）数据存储对象（DAO）

数据访问对象是用来显示 Microsoft Jet 数据库引擎（最早是给 Microsoft Access 所使用，现在已经支持其他数据库）的，并允许开发者通过 ODBC 像直接连接到其他数据库一样，直接连接到 Access 表。DAO 最适用于单系统应用程序或在小范围本地分布使用。其内部已经对 Jet 数据库的访问进行了加速优化，而且使用起来也是很方便的。所以如果数据库是 Access 数据库且是本地使用的话，建议使用这种访问方式。

DAO 的体系结构包括三级：用户界面、DAO 数据库引擎、物理数据库。

用户界面是用 Visual Basic 6.0 开发的窗体，使用户能够与数据库进行交换；DAO 数据库引擎提供了与数据库交互的机制；物理数据库用来存放实际的数据，这些数据可以被数据库引擎操作。DAO 的体系结构如图 12.3 所示。

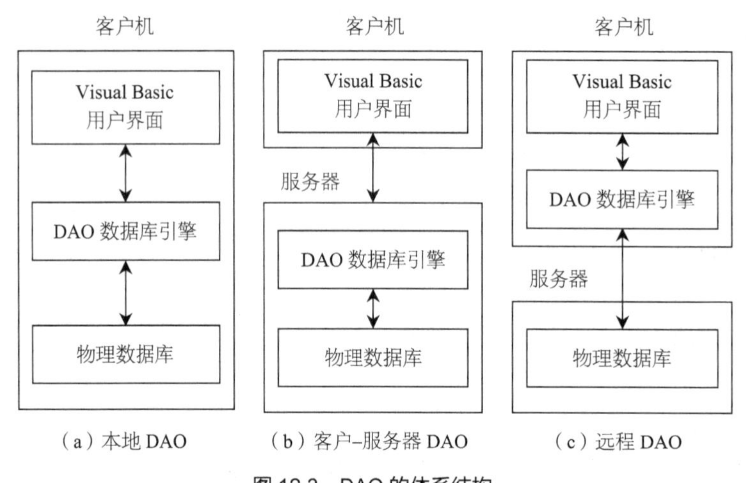

图 12.3 DAO 的体系结构

物理数据库可分为本地数据库和远程数据库两种。

本地数据库的所有 DAO 体系的组件都位于同一台计算机上，而远程物理数据库有两种不同的配置，即客户–服务器数据库和远程数据库。在客户–服务器配置中，数据库引擎和物理数据库位于同一台服务器上，用户接口位于客户机上，该方式的服务器可以同时管理多个应用程序的请求。

远程数据库方式的物理数据库位于远程服务器上，而用户接口和数据库引擎位于客户机上，服务器只是管理数据库仓库文件的访问。

（2）远程数据对象（RDO）

① RDO（Remote Data Objects）远程数据对象是一个到 ODBC 的、面向对象的数据访问接口，它同易于使用的 DAO style 组合在一起，提供了一个接口，形式上展示出所有 ODBC 的底层功能和灵活性。尽管 RDO 在很好地访问 Jet 或 ISAM 数据库方面受到限制，而且它只能通过现存的 ODBC 驱动程序来访问关系数据库，但是，RDO 已被证明是许多 SQL Server、Oracle 以及其他大型关系数据库开发者经常选用的最佳接口。RDO 提供了用来访问存储过程和复杂结果集的更多和更复杂的对象、属性，以及方法。

RDO 和 DAO 共同点：它们都具有连接到数据库、提交查询、创建结果记录集、创建游标及操作结果记录集等功能，还提供了对服务器端数据库的视图、存储过程和事务管理的存取方法。

RDO 和 DAO 也有其不同点，表现为以下几点。

- 对于网络应用程序，由于数据访问端与数据库之间有较远的距离，此时需要使用 RDO 来实现对远程数据库的访问，而使用 DAO 不能满足远程数据的访问。
- 对于数据存取方式，RDO 直接与 ODBC 进行交互访问数据库，而 DAO 必须通过 Jet 数据库引擎来对数据库进行访问。
- RDO 数据库模式不支持任何直接修改数据库结构的方法，它通过 SQL 语句来管理数据库结构，而 DAO 模式可以直接创建数据表和索引等。
- RDO 数据库模式是专门为存取数据库服务器（如：SQL Server、Oracle 等）数据源而设计的，所以不能用 RDO 数据库模式存取如 dBase、FoxPro 或 Paradox 的数据源。事实上，RDO 不是为 ISAM 数据库存取而设计的，因此导致了不能用 RDO 实现多种数据库的连接，而使用 DAO 就可以将一个表附加到 ISAM 数据源上，这两个数据源就可以像一个数据库那样工作。

② ODBC（Open Database Connectivity，开放的数据库互联）是一种访问数据库的统一界面标准，是由 Microsoft 公司首先确立和倡议的，已被数据库界广泛接受和采用，目前已成为事实上的工业标准。

ODBC 实际上是一组访问数据库的 API（Application Programming Interface，应用编程接口）函数库，应用程序可以通过 ODBC API 函数操作数据库中的数据。另外，ODBC 是基于 SQL 语言的，所以又是 SQI 和应用程序之间的标准接口。

（3）ActiveX 数据对象（ADO）

ADO（ActiveX Data Object, ActiveX 数据对象）是 DAO/RDO 的后继产物。ADO 2.0 在功能上与 RDO 更相似，而且一般来说，在这两种模型之间有一种相似的映射关系。ADO“扩展”了 DAO 和 RDO 所使用的对象模型，这意味着它包含较少的对象、更多的属性、方法（和参数），以及事件。作为最新的数据库访问模式，ADO 的使用也是简单易用，所以微软已经明确表示今后把重点放在 ADO 上，对 DAO/RDO 不再作升级，所以 ADO 已经成为当前数据库开发的主流。ADO 涉及的数据存储有 DSN（数据源名称）、ODBC（开放式数据连接）以及 OLE DB 三种方式。

ADO 数据访问对象是基于 OLE DB 之上的面向对象的数据访问模型。OLE DB（Object Link and Embedding Data Base，对象连接与嵌入）是微软开发的一种高性能的、基于 COM 的数据访问技术，其作用是向应用程序提供一个统一的数据访问方法，而不需要考虑数据源的具体格式和存储方式。

5. Visual Basic 6.0 **能够操作的数据库**

Visual Basic 6.0 能够操作的数据库基本上可以分成如下三类。

（1）Visual Basic 数据库。即本地数据库，与 Microsoft Access 的格式相同。

（2）外部数据库。它支持几种流行格式 ISAM（Index Sequence Access Method，索引顺序访问方法）数据库，该类数据库主要包括：Btrieve、dBaseIII、dBaseⅣ、dBaseV、Microsoft FoxPro 2.0、Microsoft FoxPro 2.5、Paradox 3.x 及 Paradox 4.0 等。另外它还可以访问文本文件、Microsoft Excel、Lotus1-2-3 电子表格。

（3）ODBC 数据库。Visual Basic 6.0 支持符合 ODBC 标准的客户机/服务器数据库，如：Microsoft SQL Server、Oracle 等。

12.2 数据管理器的使用

VB 中创建和访问数据库的途径主要有 3 个：一是可视化数据管理器，使用可视化数据管理器，不需要编程就可以创建 Jet 数据库；二是 DAO，使用 VB 的 DAO 部件通过编程的方法创建数据库；三是 ISAM 或 ODBC，VB 可通过 ISAM 或 ODBC 驱动程序来访问外部数据库。

Visual Basic 提供了一个非常实用的工具，即可视化数据管理器（Visual DataBase Manager），使用它可以非常方便地建立数据库、数据表和数据查询。可以说，凡是有关 Visual Basic 数据库的操作，都能使用它来完成，并且由于它提供了可视化的操作界面，一次很容易被使用者所掌握。

启动数据管理器有 2 种方法：一是在 Visual Basic 集成开发环境中启动数据管理器，通过单击“外接程序”菜单下的“可视化数据管理器”命令，即可打开可视化数据管理器“VisData”窗口；二是可以不进入 Visual Basic 环境，直接运行安装目录下的 VisData.exe 程序文件来启动可视化数据管理器。

12.2.1 创建数据库

1. 打开可视化数据管理器

在 Visual Basic 6.0 开发环境内打开可视化数据管理器的步骤如下。

① 选择菜单命令“外接程序”。

② 单击“可视化数据管理器”选项。

③ 屏幕显示图 12.4 所示的 Visual Basic 6.0 可视化数据管理器用户界面。

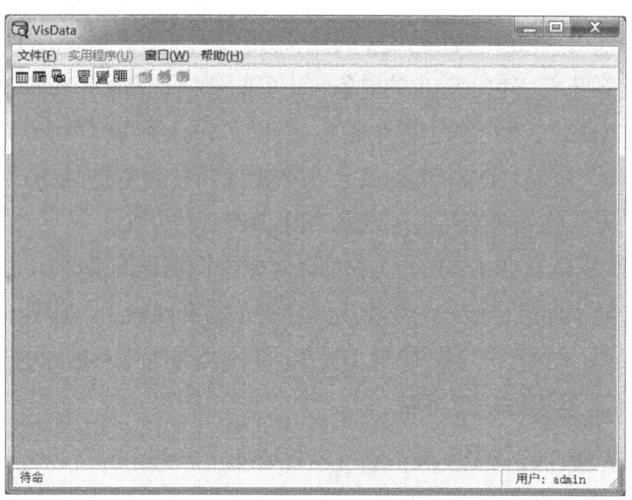

图 12.4 可视化数据管理器

可视化数据管理器菜单包括 4 个，其中“文件”菜单和“实用程序”菜单中各选项的功能分别如表 12.3 与表 12.4 所示。

表 12.3 文件菜单各选项功能的描述

选　项	功　能
打开数据库	打开指定的数据库
新建	根据所选类型建立新数据库

续表

选　　项	功　　能
导入/导出	从其他数据库导入数据表，或导出数据表及 SQL 查询结果
工作空间	显示注册对话框注册新工作空间
压缩 MDB	压缩指定的 Access 数据库
修复 MDB	修复指定的 Access 数据库

表 12.4　实用程序菜单各选项功能的描述

选　　项	功　　能
查询生成器	建立、查看、执行和存储 SQL 查询
数据窗体设计器	创建数据窗口并将其添加到 Visual Basic 工程
全局替换	创建 SQL 表达式并更新所选数据表中满足条件的记录
附加	显示当前 Access 数据库中所有附加数据表及连接条件
用户组/用户	查看和修改用户组、用户、权限等设置
System.mda	创建 System.mda 文件，以便为每个文件设置安全机制
首选项	设置超时值
查询生成器	建立、查看、执行和存储 SQL 查询

2. 用可视化数据管理器创建数据库

在 Visual Basic 6.0 窗口中选择“外接程序”菜单中的“可视化数据管理器”打开 VisData 窗口，创建一个名为“stu.mdb”的数据库。

创建步骤如下。

在图 12.4 所示的可视化数据管理器窗口中选择“文件”→“新建”→“Microsoft Access(M)”→“Version 6.0 MDB（7）”命令，屏幕显示图 12.5 所示对话框。

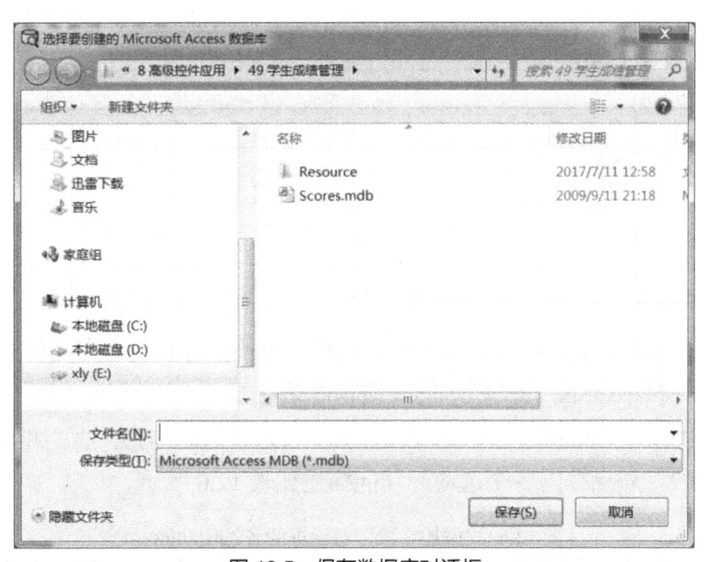

图 12.5　保存数据库对话框

在创建数据库对话框中选择盘符、路径，输入文件名 stu.mdb，单击“保存”按钮，屏幕显示如图 12.6 所示，stu.mdb 数据库创建完毕。

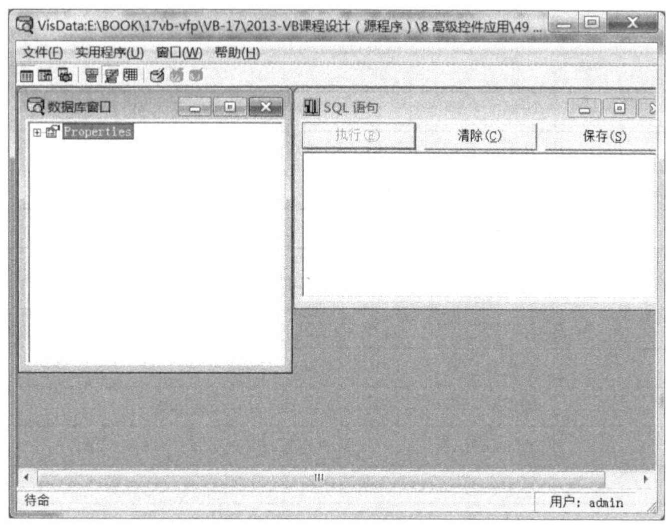

图 12.6　数据库窗口

12.2.2　添加数据表

在可视化数据管理器中创建数据表，首先要打开数据库，然后在可视化数据管理器的数据库窗口中创建表。

【例 12.1】要求在“stu.mdb”数据库中创建一个名为“stuinf”的数据表，表结构如表 12.5 所示。其创建步骤如下。

表 12.5　表结构

字段名	类　型	宽　度	索　引
stuid	Text	8	主索引
stuname	Text	10	
stusex	Text	2	
stubirthdate	Date	8	
stuclass	Text	16	
stufrom	Text	20	
stutel	Text	8	
stumem	Text	Text	

（1）在图 12.6 所示的“数据库窗口”中的任意位置单击鼠标右键，在随后出现的快捷菜单中选择“新建表”命令，屏幕显示图 12.7 所示的表结构对话框。

（2）在表名称中输入“stuinf”，然后单击“添加字段”按钮，打开“添加字段”对话框，如图 12.8 所示；“添加字段”对话框内各个选项的功能描述如表 12.6 所示。

表 12.6　“添加字段”对话框的各选项功能

选项名称	功能描述
名称	字段名称
类型	指定字段类型
大小	字段宽度

续表

选项名称	功能描述
固定字段	字段宽度固定不变
可变字段	字段宽度可变
允许零长度	表示空字符串可作为有效的字段值
必要的	表示该字段值不可缺少
顺序位置	字段在表中的顺序位置
验证文本	当向表中输入无效值时所显示的提示
验证规则	验证输入字段值的简单规则
缺省值	在输入时设置的字段初始值

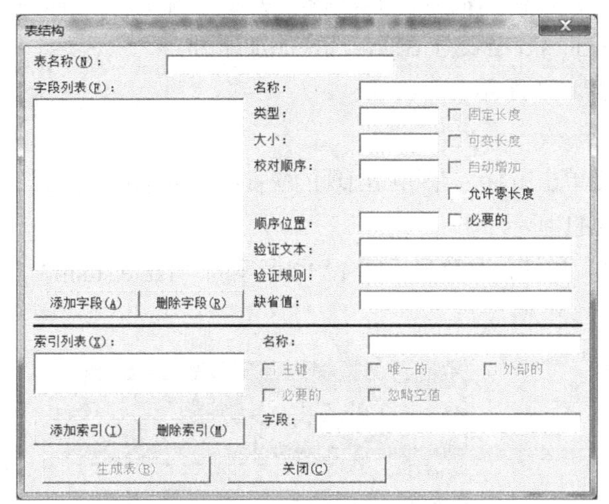

图 12.7　表结构对话框

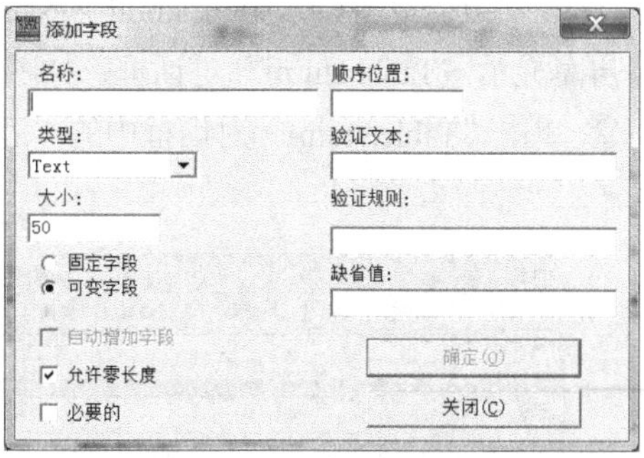

图 12.8　添加字段对话框

（3）在“添加字段”对话框中，按要求输入需添加的字段的名称、类型、大小等，每输完一个字段的结构单击一次“确定”按钮。

（4）重复操作步骤（3），当所有字段添加完毕后，单击“关闭”按钮，返回“表结构”对话框，如图 12.9 所示。

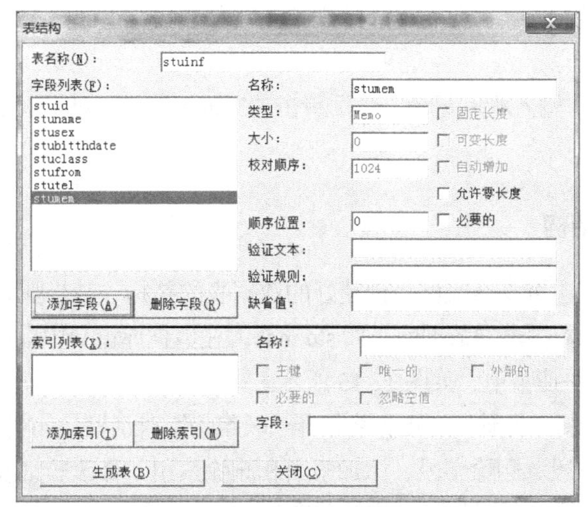

图 12.9　表结构对话框

（5）在“表结构”对话框中，单击“生成表”按钮，“stuinf”数据表生成，返回数据库窗口，如图 12.10 所示。

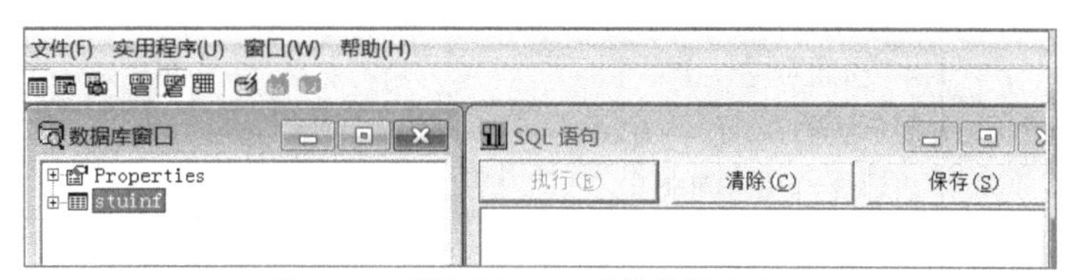

图 12.10 添加了 stuinf 表的数据库窗口

下面介绍用可视化数据管理器录入记录。

在可视化数据管理器中输入记录，只需选中数据库窗口中的数据表，然后右键单击鼠标，在随后出现的快捷菜单中选择“打开”命令，屏幕显示数据表对话框，选择添加即可。

在“stuinf”数据表中输入记录，记录如表 12.1 所示。

输入步骤如下。

① 在“数据库窗口”中的 stuinf 表处右键单击鼠标，在随后出现的快捷菜单中选择“打开”命令，屏幕显示“Table:stuinf”对话框，如图 12.11 所示。

② 单击“Table:stuinf”对话框中的“添加”按钮，屏幕显示图 12.12 所示的“Table:stuinf”对话框。

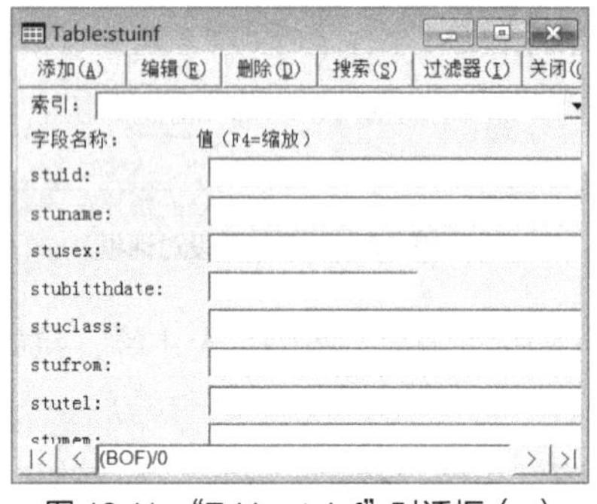

图 12.11 “Table:stuinf”对话框（a）

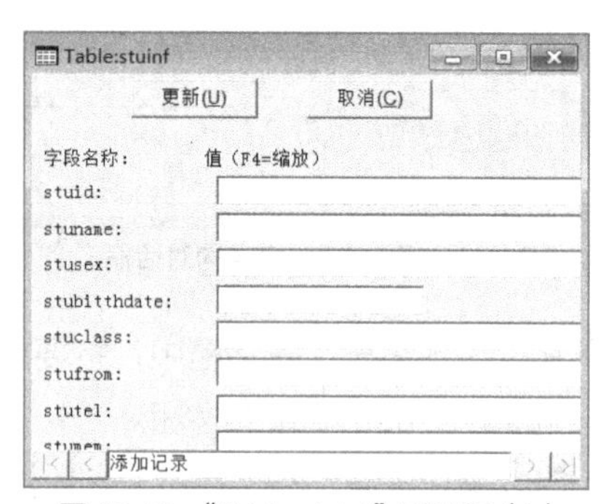

图 12.12 “Table:stuinf”对话框（b）

③ 输入表 12.11 中的第一条数据记录，单击“更新”按钮，返回图 12.11 所示的“Table:stuinf”对话框。

④ 重复步骤②和③，输入所有记录，然后单击“Table:stuinf”对话框中“关闭”按钮，回到数据库窗口。

12.2.3 修改数据表结构

在可视化数据管理器中可以修改已经创建好的数据表的结构，其步骤如下。

（1）打开需要修改的数据表的数据库，如 stu.mdb，在数据库窗口中鼠标右键单击需要修改的数据表的表名 stuinf，弹出快捷菜单，如图 12.13 所示。

（2）在快捷菜单中选择“设计”选项，将打开“表结构”对话框，如图 12.14 所示。此时的“表结构”对话框可以添加字段、删除字段、添加索引和删除索引、修改验证及缺省值等。单击“打印结构”可打印表结构，单击“关闭”按钮完成修改。

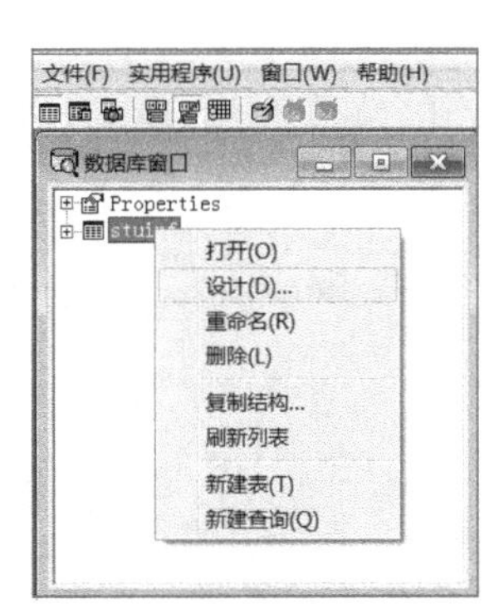

图 12.13　数据表的快捷菜单

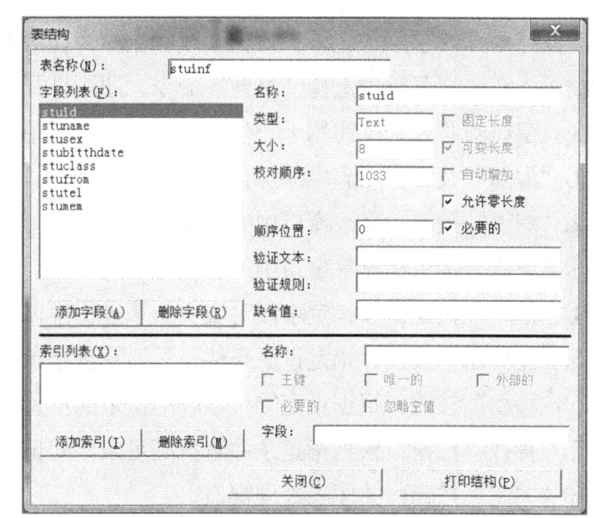

图 12.14　“修改表结构”对话框

12.2.4　用户数据的编辑

“外接程序”菜单下的“可视化数据管理器”项就可以启动数据管理器，打开“VisData”窗口。在这个 MDI 窗口内包含两个子窗口：数据库窗口和 SQL 语句窗口。数据库窗口显示了数据库的结构，包括表名、列名、索引；SQL 语句窗口可用于输入一些 SQL 命令，对数据库中的表进行查询操作。

1. 工具栏介绍

在窗口的工具栏中，还有多个工具用于设置记录集的访问方式，指定数据表中数据的显示方式和进行事务处理，具体解释如下。

：表类型记录集，以这种方式打开数据表中的数据时，所进行的增、删、改等操作都直接更新数据表中的数据。

：动态集类型记录集，以这种方式可以打开数据表或由查询返回的数据，所进行的增、删、改及查询等操作都先在内存中进行，速度快。

：快照类型记录集，以这种方式打开的数据表或由查询返回的数据仅供读取而不能更改，适用于进行查询工作。

：在窗体上使用 Data 控件，在显示数据表的窗口中使用 Data 控件来控制记录的滚动。

：在窗体上不使用 Data 控件，在显示数据表的窗口中不使用 Data 控件，而是使用水平滚动条来控制记录的滚动。

：在窗体上使用 DBGrid 控件，在显示数据表的窗口中使用 DBGrid 控件。

：开始事务，开始将数据写入内存数据表中。

：回滚当前事务，取消“开始事务”的写入操作。

：提交当前事务，确认数据写入的操作，将数据表数据更新，原有数据将不能回复。

2. 数据记录的编辑

数据表的结构建立好之后，就可以对该表进行添加、编辑、删除等操作。

前面已经介绍了添加记录，如何修改和删除？在数据库窗口中，双击或鼠标右键单击需要操作的数据表，在快捷菜单中选择“打开”命令，即可打开数据表记录处理窗口。

在该窗口中有 8 个按钮用于记录操作，它们的作用分别如下。

①“添加”按钮：向表中添加记录。

②“编辑”按钮：修改窗口中的当前记录。

③“删除”按钮：删除窗口中的当前记录。

④“排序”按钮：按指定字段对表中记录进行排序。

⑤“过滤器”按钮：指定过滤条件，只显示满足条件的记录。

⑥“移动”按钮：根据指定的行数移动记录的位置。

⑦“查找”按钮：根据指定条件查找满足条件的记录。

⑧“关闭”按钮：关闭表处理窗口。

单击其中按钮，可以在窗口中执行完成相应的操作。

12.2.5 数据窗体设计器

1. 数据窗体向导

Visual Basic 6.0 有一个“数据窗体向导”，可以用来自动创建数据库应用界面。也就是说，利用该向导，程序员只需选择数据库和它的数据表就会自动地创建数据窗体，即自动地创建数据库应用界面。

用“数据窗体向导”快速创建一个可以用来查看和编辑“stu.mdb”数据库中“stuinf”数据表记录的 VB 应用程序。

创建步骤如下。

（1）选择“外接程序”菜单，单击“外接程序管理器”选项，出现图 12.15 所示的对话框。

（2）单击“外接程序管理器”对话框的“VB 6 数据窗体向导”，选中“加载行为”框架中的“加载/卸载”选项，单击“确定”按钮后“外接程序”菜单将添加“数据窗体向导”选项。

（3）选择“外接程序”菜单，单击“数据窗体向导”选项，出现图 12.16 所示的“数据窗体向导-介绍”对话框。

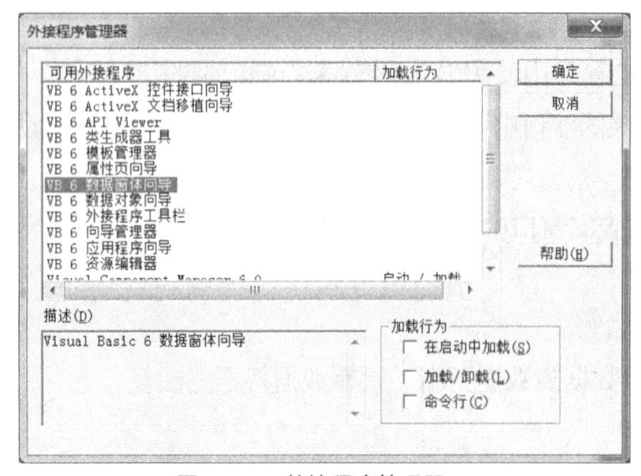

图 12.15 外接程序管理器

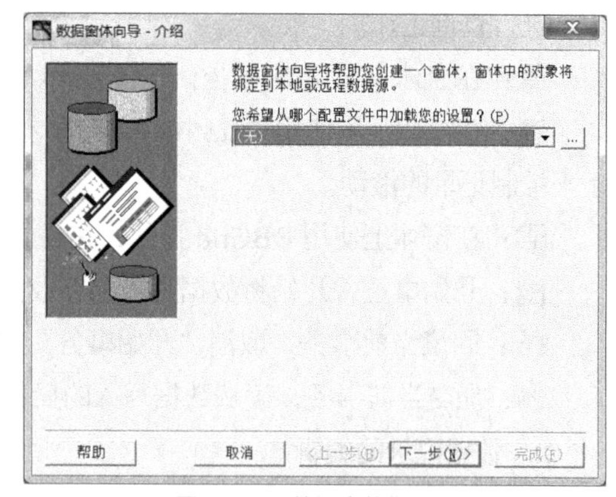

图 12.16 数据窗体向导

（4）单击“下一步”按钮，出现“数据窗体向导-数据类型”对话框，选中“Access”数据类型后单击“下一步”按钮，出现图 12.17 所示的“数据窗体向导–数据库”对话框。

（5）单击“浏览”按钮，找到所需要的“stu.mdb”数据库，单击“下一步”按钮后出现图 12.18 所示的“数据窗体向导–Form”对话框。

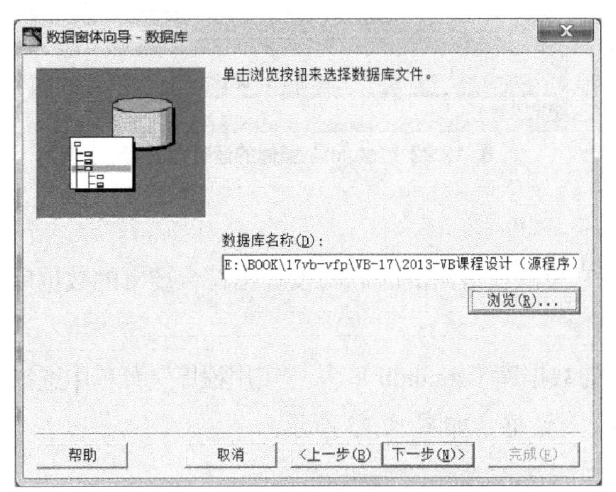

图 12.17 数据窗体向导–数据库对话框

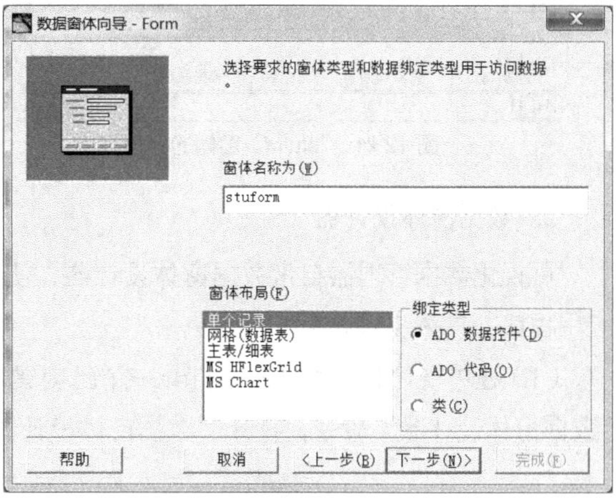

图 12.18 数据窗体向导–Form 对话框

（6）在“数据窗体向导–Form”对话框的窗体名称文本框中输入“Stuform”，选择窗体布局为“单个记录”，绑定类型为“ADO 数据控件”，单击“下一步”按钮，出现“数据窗体向导–记录源”对话框。在“记录源”下拉列表中选择“stuinf”数据表，在“可用字段”中双击要用的字段添加到“选定字段”列表中，如图 12.19 所示。

（7）字段选择完毕，单击“下一步”按钮，出现图 12.20 所示的“数据窗体向导–控件选择”对话框。

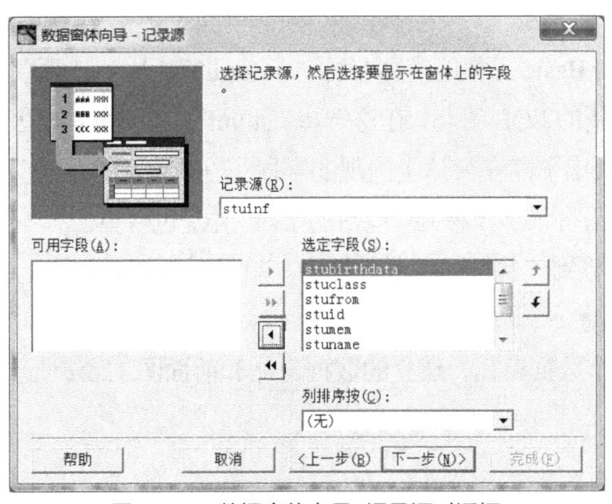

图 12.19 数据窗体向导–记录源对话框

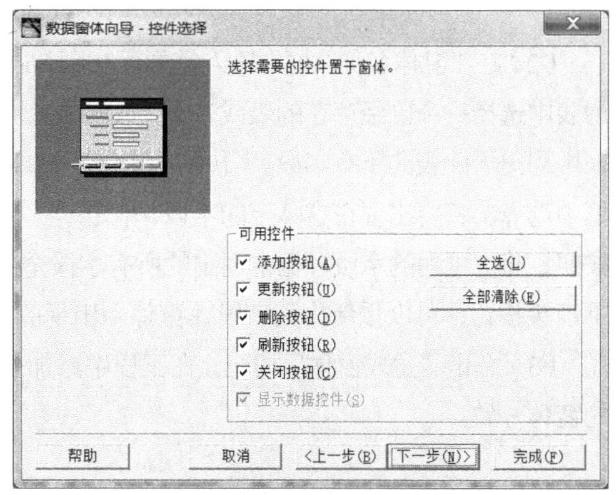

图 12.20 数据窗体向导–控件选择对话框

（8）在“可用控件”中选中需要的控件，单击“下一步”按钮，出现“数据窗体向导–已完成”对话框。单击“完成”按钮，将自动完成“stuform”的创建，如图 12.21 所示。

（9）运行工程 1 后可以查看和编辑“stu.mdb”数据库中“stuinf”数据表记录，如图 12.22 所示。

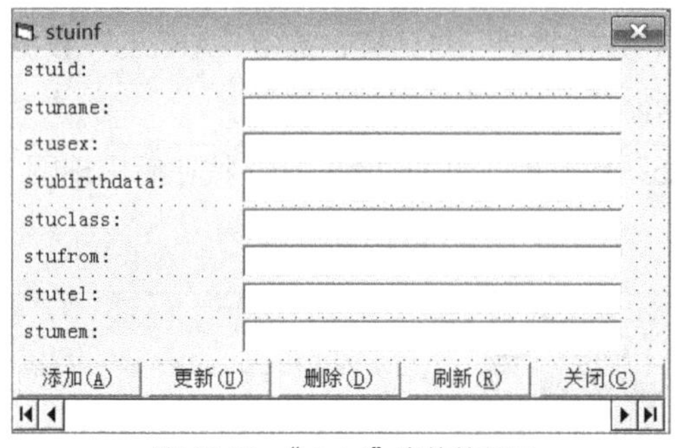

图 12.21 “stuinf”窗体的界面

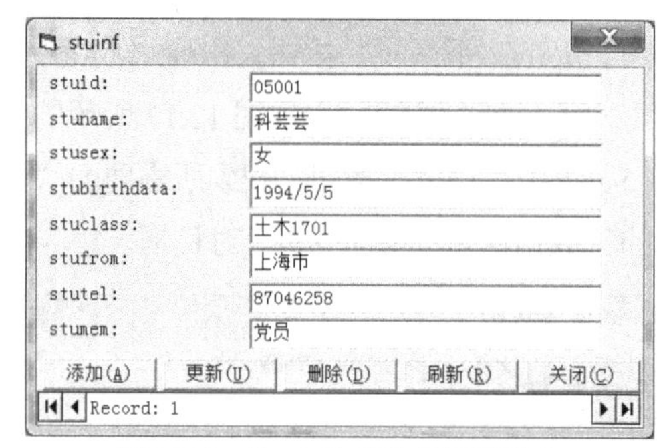

图 12.22 “stuinf”窗体的运行界面

2. 数据窗体设计器

可视化数据管理器自带数据窗体设计器，使用它可以在最短的时间内设计出符合要求的数据库应用程序。具体步骤如下。

（1）在可视化数据管理器中打开一个已创建好的数据库（stu.mdb），从“实用程序”菜单中选择“数据窗体设计器”命令，打开“数据窗体设计器”对话框，如图 12.23 所示。

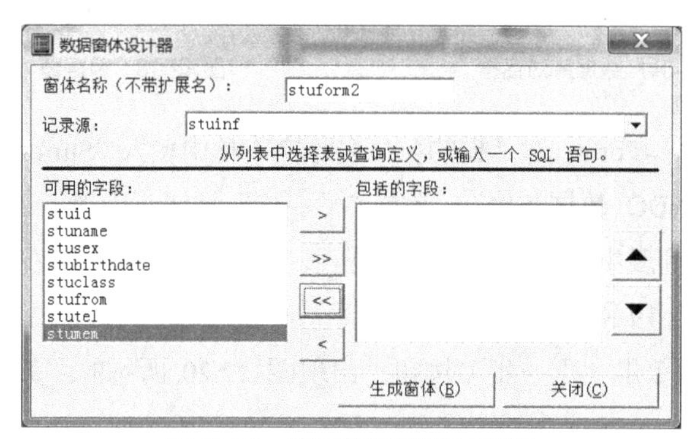

图 12.23 数据窗体设计器对话框

（2）在“窗体名称”框中输入需要添加到 Visual Basic 工程的窗体名称“stuform2”。从“记录源”列表中选择一个已经存在的表或查询，或输入一个新的 SQL 语句，在这选择“stuinf”。“可用的字段”框中列出了此表的所有字段。“包格的字段”框中列出了需在窗体上出现的字段。在“可用的字段”框中选择出将要出现在窗体上的字段，单击“>”按钮将该字段移到“包括的字段”中，也可单击“>>”按钮，将“可用的字段”框中列出的所有字段全部移到“包括的字段”框中。单击对话框右侧的上、下箭头按钮，可以重新排列字段在窗体中出现的顺序。

（3）单击“生成窗体”按钮，在工程中添加一个数据窗体，建立的数据窗体和前面图 12.22 所示的窗体一致。

12.3 数据库控件

在 VB 6.0 中主要提供了数据（Data）控件、数据访问对象（DAO）控件、远程数据对象（RDO）控件和 ActiveX 数据对象（ADO）控件作为数据库引擎的接口。

12.3.1　数据控件

数据控件提供有限的不需编程就能访问现存数据库的功能，允许将 Visual Basic 的窗体与数据库方便地进行连接。

1. 数据控件的常用属性

使用数据控件获取数据库中记录的集合，先在窗体上画出控件，再通过它的三个基本属性 Connect、DatabaseName 和 RecordSource 设置要访问的数据资源。

（1）Connect 属性

Connect 属性指定数据控件所要连接的数据库类型，Visual Basic 默认的数据库是 Access 的 MDB 文件，也可连接 ODBC 等类型的数据库。

Access 数据库的所有表都包含在一个 MDB 文件中。

（2）DatabaseName 属性

DatabaseName 属性指定具体使用的数据库文件名，包括文件所在的路径名。

数据库中的基本表名可由 RecordSource 属性指定。

例如，要连接一个 Microsoft Access 的数据库存放在 C:\Stu.mdb。

设置 DatabaseName="C:\Stu.mdb"，该方法可以通过属性栏设置，或在过程中指定。

在过程中可以使用相对路径来描述：

```
DatabaseName="..\Stu.mdb"
```

（3）RecordSource 属性

RecordSource 确定具体可访问的记录集对象 Recordset。该属性值可以是数据库中的单个表名或者是使用 SQL 查询语言的一个查询。

例如，指定 Stu.mdb 数据库中的基本情况表：

```
RecordSource="stuinf"
```

例如，访问基本情况表中所有来自学生的数据。

```
RecordSource="Select  From stuinf  Where stufrom='上海市' "
```

（4）RecordsetType 属性

RecordsetType 属性确定记录集类型。

Table：表记录集类型，一个记录集（单个表）。

Dynaset：动态集类型，一个动态记录集（多个表），默认值。

Snapshot：快照类型，一个记录集静态副本（不可改）。

（5）EofAction 和 BofAction 属性

当记录指针指向 Recordset 对象的开始（第一个记录前）或结束（最后一个记录后）时，BofAction 和 EofAction 属性的设置或返回值决定了数据控件要采取的操作。操作属性的取值如表 12.7 所示。

表 12.7　操作属性的取值

属　性	值	设　置	操　作
BofAction	0	vbBOFActionMoveFirst	控件重定位到第 1 个记录（缺省）
	1	vbBOFActionBOF	移过 Recordset 的开始位,定位到一个无效记录;将在第一个记录上触发 Data 控件的 Validate 事件，紧跟着是非法（BOF）记录上的 Reposition 事件。此刻禁止 Data 控件上的 Move Previous 按钮

续表

属　性	值	设　置	操　作
EofAction	0	vbEOFActionMoveLast	控件重定位到最后一个记录（缺省）
	1	vbEOFActionEOF	移过 Recordset 的结尾，定位到一个无效记录；在最后一个记录上触发 Data 控件的 Validate 事件，紧跟着是在非法（EOF）记录上的 Reposition。禁止 Data 控件上的 MoveNext 按钮
	2	vbEOFActionAddNew	移过最后一个记录，在当前记录上触发 Data 控件的 Validate 事件，紧跟着是自动的 AddNew，向记录集加入新的空记录，接下来是在新记录上的 Reposition 事件，移动记录指针，新记录写入数据库

2. 数据控件的常用方法

（1）Refresh 方法

在多用户环境中，由于其他用户可以对数据进行修改，所以常常使用 Refresh 方法重新显示数据，以保证用户看到的是最新的数据。

可以在数据控件上使用 Refresh 方法来打开或重新打开数据库（如果 DatabaseName、ReadOnly 或 Connect 属性的设置值发生改变）。

```
Private Sub Form_Load( )
   Dim Mpath As String
   Mpath=App.Path     '获取当前路径
   If Right(mpath,1)<>"/" Then mpath=mpath+"/" Data1.DatabaseName=mpath+"Stu.mdb"
                                                '连接数据库
     Data1.RecordSource= '基本情况'             '构成记录集对象
     Data1.Refresh                              '激活数据控件
End sub
```

App 对象是通过关键字 App 访问的全局对象。它指定如下信息：应用程序的标题、版本信息、可执行文件的路径及名称以及是否运行前一个应用程序的示例。

Path 返回或设置当前路径，在编程时无效，运行时有效。

（2）UpdateControls 方法

此方法用于从数据控件的 Recordset 对象中读取当前记录，并将数据显示在相关约束控件上。在多用户环境中，其他用户可以更新数据库的当前记录，但是相应空间中的值不会自动更新，可以调用此方法将当前记录的值在约束控件中显示出来。另外，当改变约束控件中的数据但是又想取消对数据的修改时，可以通过 UpdateControls 方法来实现。

（3）UpdateRecord 方法

当约束控件的内容改变时，若不移动记录指针，则数据库中的值不会改变，可以通过调用 UpdateRecord 方法来确认对记录的修改，将约束控件中的数据强制性地写入数据库中。

3. 数据控件的常用事件

（1）Reposition 事件

当数据控件中移动记录指针改变当前记录时触发该事件，Reposition 事件的作用是显示当前指针的位置。

```
Private Sub Data1_Reposition()
   Data1.Caption = Data1.Recordset.AbsolutePosition + 1
 End Sub
```

AbsolutePosition 属性指示当前指针值（从 0 开始）。当单击数据控件对象上的箭头按钮时，数据控件的标题区会显示记录的序号。

（2）Validate 事件

若移动数据控件中的记录指针，且约束控件中的内容已经被修改，此时数据库当前记录的内容将被自动更新，同时触发该事件。

在 Validate 事件过程中有 2 个参数：Action 参数和 Save 参数。

Action 参数是一个整型数据（具体设置如表 12.8 所示），用以判断是何种操作触发的该事件，也可以在 Validate 事件过程中重新给 Action 参数赋值，从而使得在事件结束后执行新的操作。

表 12.8 Action 参数说明

值	系统常量	作 用
0	vbDataActionCancel	取消对数据控件的操作
1	vbDataActionMoveFirst	MoveFirst 方法
2	vbDataActionMovePrevious	MovePrevious 方法
3	vbDataActionMoveNext	MoveNext 方法
4	vbDataActionMoveLast	MoveLast 方法
5	vbDataActionAddNew	AddNew 方法
6	vbDataActionUpdate	Update 方法
7	vbDataActionDelete	Delete 方法
8	vbDataActionFind	Find 方法
9	vbDataActionBookMask	设置 BookMask 属性
10	vbDataActionClose	Close 方法
11	vbDataActionUnload	卸载窗体

例如，不允许用户在数据浏览时清空性别数据，可使用下列代码。

```
Private Sub Data1_Validate(Action As Integer,_ Save As Integer)
  If Save And Len(Trim(Text3.Text)) = 0 Then
     Action = 0
     MsgBox "性别不能为空！"
  End If
End Sub
```

检查被数据控件绑定的控件 Text3 内的数据是否被清空。如果 Text3 内的数据发生变化，则 Save 参数返回 True，若性别对应的文本框 Text3 被置空，则通过 Action=0 取消对数据控件的操作。

12.3.2 数据绑定控件

数据控件本身不能直接显示记录集中的数据，必须通过能与它绑定的控件来实现。可与数据控件绑定的控件对象有文本框、标签、图像框、图形框、列表框、组合框、复选框、网格、DB 列表框、DB 组合框、DB 网格和 OLE 容器等控件。

要使绑定控件能被数据库约束，必须在设计或运行时对上述控件的两个属性进行设置。

① DataSource 属性，该属性通过指定一个有效的数据控件连接到一个数据库上。

② DataField 属性，该属性设置数据库有效的字段与绑定控件建立联系。

当上述控件与数据控件绑定后，Visual Basic 将当前记录的字段值赋给控件。数据控件在装入数据库时，它把记录集的第一个记录作为当前记录。当数据控件的 EofAction 属性值设置为 2 时，当记录指针移过记录集结束位，数据控件会自动向记录集加入新的空记录。

【例 12.2】设计一个窗体，用以显示建立的 stu.mdb 数据库中 stuinf 表的内容。

首先在窗体上添加 1 个 Data1 控件，数据控件 Data1 属性设置 Connect 属性指定为 Access 类型，DatabaseName 属性连接数据库 Stu.mdb，RecordSource 属性设置为“stuinf”表。

要显示表中的内容，创建 8 个标签用于显示提示信息。

要显示表中的 8 个字段，需要用 8 个绑定控件与之对应，在前面介绍过控件数组，因此在此例题中创建一个控件数组，它们的 DataSource 属性设置成 Data1。DataField 属性分别选择与其对应的 stuid、stuname、stusex 等，设计界面如图 12.24 所示。

运行该程序，程序运行结果如图 12.25 所示。

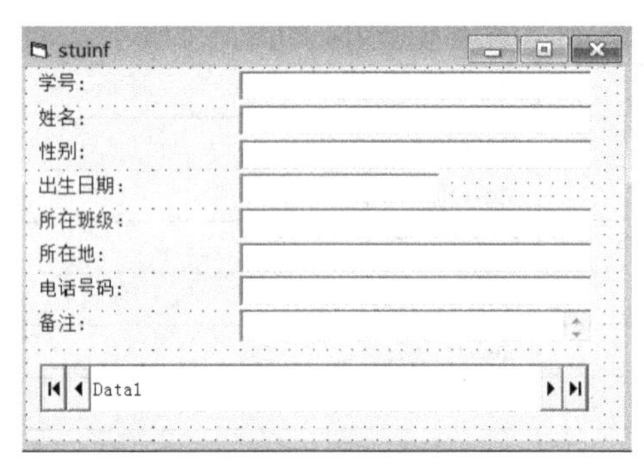

图 12.24　设计界面

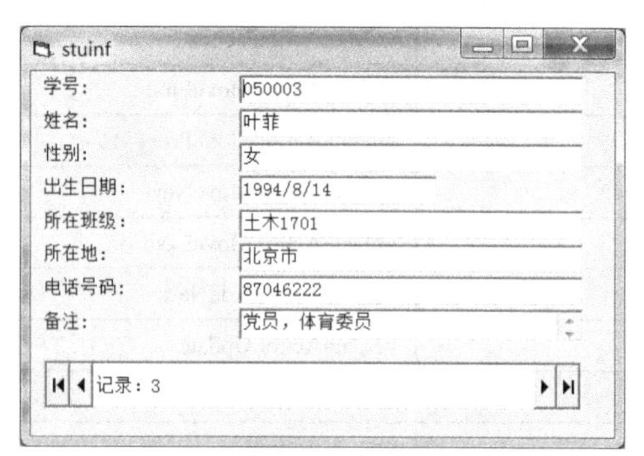

图 12.25　程序运行结果

12.3.3　记录集 Recordset 对象

Visual Basic 数据库中的表是不允许直接访问的，只能通过记录集对象（Recordset）对其进行浏览和操作。记录集对象表示一个和多个数据库表中字段对象的集合，是来自表或执行一次查询所得结果的记录的集合。一个记录集是由行和列所构成的，与数据库中的表类似，但是它可以包含多个表中的数据。

1. 记录集 Recordset 对象常用属性

（1）AbsolutePosition 属性

AbsolutePosition 返回当前指针值，如果是第 1 条记录，其值为 0，该属性为只读属性。

（2）Bof 和 Eof 的属性

Bof 判定记录指针是否在首记录之前，若 Bof 为 True，则当前位置位于记录集的第 1 条记录之前。

Eof 判定记录指针是否在末记录之后，若 Eof 为 True，则当前位置位于记录集的最后 1 条记录之后。

（3）Bookmark 属性

Bookmark 属性的值采用字符串类型，用于设置或返回当前指针的标签。在程序中可以使用 Bookmark 属性重定位记录集的指针。

（4）NoMatch 属性

在记录集中进行查找时，如果找到相匹配的记录，则 Recordset 的 NoMatch 属性为 False，否则为 True。该属性常与 Bookmark 属性一起使用。

（5）RecordCount 属性

RecordCount 属性对 Recordset 对象中的记录计数，使用 RecordCount 属性可确定 Recordset 对象中记录的数目。

2. 记录集 Recordset 对象常用方法

（1）AddNew 方法

AddNew 方法为可更新的 Recordset 对象创建一个新记录。AddNew 方法将添加一条新的空记录，并且定位在该记录上，用户可以在被绑定的数据感知控件中输入修改数据。新增加的记录的值为指定的默认值，如果没有指定值，则为 Null。

输入新记录后，要使用 Update 方法才能将数据保存到数据库中，在使用 Update 方法前，数据库中的数据不会发生改变，只有执行 Update 方法或通过 Data 控件移动当前记录时，记录才从缓冲区存储到数据库文件中。使用 Update 方法后，新记录仍保持为当前记录。例如：Data1.Recordset.AddNew。

（2）Delete 方法

Delete 方法可将当前记录从记录集中删除。

（3）Edit 方法

要编辑修改数据库的记录，首先使要编辑的记录成为当前记录，然后使用 Edit 方法修改记录内容，使用 Edit 方法后，移动记录或者使用 Update 方法把数据存入数据库中。

（4）Move 方法

可以使用各种 Move 方法移动记录，使不同的记录成为当前记录，有以下 5 种方法。

① MoveFirst：移动到记录集的第一条记录。

② MoveLast：移动到记录集的最后一条记录。

③ MoveNext：移动到记录集的下一条记录。

④ MovePrevious：移动到记录集的上一条记录。

⑤ Move：可以使用 Move 方法向前或向后移动若干条记录。语法为：

```
Recordset.Move NumRecords,Start
```

其中，NumRecords 设置向前或向后移动记录的行数，正数表示向后移动 NumRecords 行，负数表示向前移动 NumRecords 行。Start 参数为可选，表示基准位置，缺省时为当前记录的位置。可以把当前记录集的 Bookmark 作为基准位置。

（5）Find 方法

使用 Find 方法可在 Recordset 对象中查找与指定条件相符的一条记录，并使之成为当前记录。4 种 Find 方法如下。

① FindFirst 方法，从记录集的开始查找满足条件的第 1 条记录。

② FindLast 方法，从记录集的尾部向前查找满足条件的第 1 条记录。

③ FindNext 方法，从当前记录开始查找满足条件的下一条记录。

④ FindPrevious 方法，从当前记录开始查找满足条件的上一条记录。

Find 方法的 4 种格式语法相同：

```
数据集.Find方法　条件
```

搜索条件表达式是一个指定字段与常量关系的字符串表达式。在构造表达式时，除了用普通的关系运算外，还可以用 Like 运算符。

例如，查找专业=物理的记录。

```
Data1.Recordset.FindFirst  "专业='物理' "
```

查找下一条符合条件的记录，可继续使用语句：

```
Data1.Recordset.FindNext "专业='物理'"
```

例如，要在记录集内查找专业名称中带有“建”字的专业。

```
Data1.Recordset.FindFirst "专业 Like '*建*' "
```

如果 Find 方法找不到相匹配的记录，则记录保持在查找的始发处，Recordset 的 NoMatch 属性为 True。

如果 Find 方法找到相匹配的记录，则记录定位到该记录，Recordset 的 NoMatch 属性为 False。

（6）Seek 方法

Seek 方法是根据索引字段的值，查找与指定索引规则相符的第 1 条记录，并使之成为当前记录。其语法格式为：

```
数据表对象.seek comparison,key1,key2…
```

比较运算符 comparison，可用的比较运算符有 =、>=、>、<>、<、<=。

Seek 允许接受多个参数 keyl,key2,…；在使用 Seek 方法定位记录时，必须打开索引文件，通过 Index 属性设置索引文件。

例如，假设数据库 Student 内基本情况表的索引字段为学号，满足学号字段值大于等于 110001 的第 1 条记录可使用以下程序代码。

```
Data1.RecordsetType = 1              '设置记录集类型为 Table
Data1.RecordSource = "基本情况"       '打开基本情况表单
Data1.Refresh
Data1.Recordset.Index = "jbqk_no"    '打开名称为 jbqk_no 的索引
Data1.Recordset.Seek ">=", "110001"
```

（7）Update 和 CancelUpdate 方法

Update 方法保存对 Recordset 对象的当前记录所做的更改。使用 Update 方法可以保存自从调用 AddNew 方法，或自从现有记录的任何字段值发生更改（使用 Edit 方法）之后，对 Recordset 对象的当前记录所做的所有更改。调用 Update 方法后当前记录仍为当前状态。

如果希望取消对当前记录所做的所有更改或者放弃新添加的记录，则必须调用 CancelUpdate 方法。调用 CancelUpdate 时，更改缓存被重置为空，并使用原来的数据对被绑定的数据感知控件进行刷新。

（8）Close 方法

使用 Close 方法可以关闭 Recordset 对象，以便释放所有关联的系统资源。关闭对象并非是将它从内存中删除，可以更改它的属性设置并且在此之后再次打开。

在前面例题的基础上增加 4 个命令按钮，完成对记录指针的移动。界面设计如图 12.26 所示，运行界面如图 12.27 所示。代码如下。

```
Private Sub Command1_Click()
    If Data1.BOFAction = True Then Command1.Enabled = False
    Data1.Recordset.MoveFirst '移到第一条
    Data1.Caption = Data1.Recordset.AbsolutePosition
End Sub
```

```
Private Sub Command2_Click()
    Data1.Recordset.MoveLast                 '移到最后一条
End Sub
Private Sub Command3_Click()
    Data1.Recordset.MoveNext                 '移到下一条
    If Data1.Recordset.EOF Then              '用 EOF 属性判断是否到了记录集对象的最后
        Data1.Recordset.MoveLast             '是，则定位于最后一条记录
    End If
End Sub
Private Sub Command4_Click()
    Data1.Recordset.MovePrevious             '移到上一条记录
    If Data1.Recordset.BOF Then              '用 BOF 属性判断是否到了记录集对象的首部
        Data1.Recordset.MoveFirst            '是，则定位于第一条记录
    End If
End Sub
```

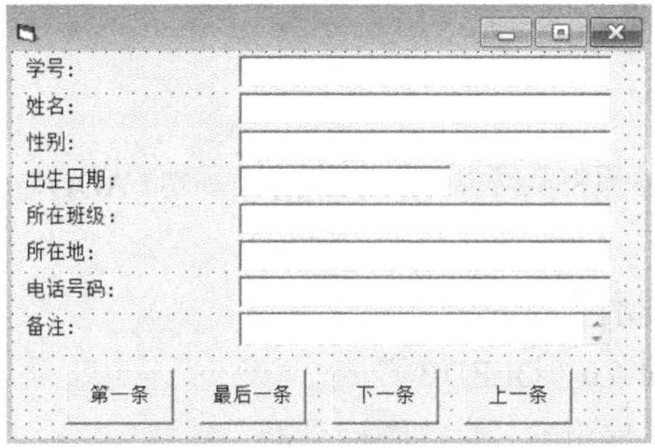

图 12.26　界面设计

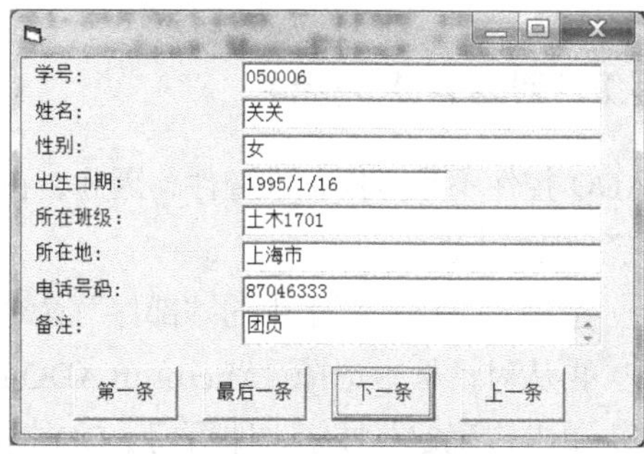

图 12.27　程序运行画面

12.4　ADO 数据访问对象

ADO（ActiveX Data Objects）称为 ActiveX 数据对象，是 Microsoft 公司开发数据库应用程序面向对象的接口。ADO 技术已成为 ASP 技术用来访问 Web 数据库应用程序的核心，采用 OLE DB 的数据访问模式，是数据访问对象 DAO、远程数据对象 RDO 和开放数据库互连 ODBC 三种方式的扩展。ADO 是 DAO/RDO 的后继产物，它扩展了 DAO 和 RDO 所使用的对象模型，具有更加简单、更加灵活的操作性能。ADO 在 Internet 方案中使用最少的网络流量，并在前端和数据源之间使用最少的层数，提供了轻量、高性能的数据访问接口，可通过 ADO Data 控件非编程和利用 ADO 对象编程来访问各种数据库。

12.4.1　ADO 控件使用基础

ADO 对象模型定义了一个可编程的分层对象集合，主要由三个对象成员 Connection、Command 和 Recordset 对象以及几个集合对象 Error、Parameter 和 Field 等组成，如表 12.9 所示。

表 12.9　ADO 对象描述

对 象 名	描　　述
Connection	指定连接数据来源
Command	发出命令信息从数据源获取所需数据

续表

对象名	描　述
Recordset	由一组记录组成的记录集
Error	访问数据源时所返回的错误信息
Parameter	与命令对象有关的参数
Field	记录集中某个字段的信息

ADO 控件常用的编程步骤如下。

① 添加 ADO 控件到工具箱。

② 在窗体上添加 ADO 控件，并设置 ADO 控件的 ConnectionString 属性。

③ 设置 ADO 控件的 RecordSource 属性。

④ 添加数据绑定控件，并将其与 ADO 控件的绑定关联。

⑤ 根据需要使用 ADO 控件的方法和事件。

12.4.2 创建 ADO 控件

ADO 控件不是 VB 标准控件，因此，在使用之前必须将其添加到工具箱中。添加 ADO 控件的方法与步骤如下。

① 选择“工程”菜单中的“部件”命令，弹出“部件”对话框。

② 再从对话框中选择“Microsoft ADO Data Control 6.0（OLEDB）”。

③ 单击“确定”按钮，即可将 ADO 控件添加到工具箱中，它的图标是。

使用 ADO 控件需要将其添加到窗体上，其在窗体上的外观与 Data 控件非常相似，默认名称为 Adodc1，它的图标是Adodc1。

ADO 数据控件与 Visual Basic 的内部数据控件很相似，它允许使用 ADO 数据控件的基本属性快速地创建与数据库的连接。

12.4.3 ADO 控件的常用属性、方法与事件

1. ADO 数据控件的基本属性

（1）ConnectionString 属性

ADO 控件没有 DatabaseName 属性，它使用 ConnectionString 属性与数据库建立连接。该属性包含了用于与数据源建立连接的相关信息。该属性是一个字符串，用来设置 ADO 控件与数据源连接的链接信息，可为 OLEDB 文件（.udl）、ODBC 数据源（.dsn）或 OLEDB 连接字符串。该属性有 4 个参数，如表 12.10 所示。

表 12.10　ConnectionString 属性参数

参　数	说　明
Provider	指定数据源的名称
FileName	指定数据源所对应的文件名
RemoteProvider	指定打开客户端连接时使用的提供者名称，仅限于 Remote Data Service
RemoteServer	指定打开客户端连接时使用的服务器路径名称，仅限于 Remote Data Service

（2）RecordSource 属性

该属性确定可访问的数据，这些数据构成记录集对象 Recordset。该属性值可以是数据库中单个表名、一个存储查询或者是使用 SQL 查询语言的查询字符串。

（3）CommandType 属性

该属性用于指定 RecordSource 属性的取值类型，其值可为 4 种，如表 12.11 所示。

表 12.11　CommandType 属性

Command 类型	说　明
AdCmdText	将 CommandText 作为命令或存储过程调用的文本化定义进行计算
AdCmdTable	将 CommandText 作为其列，全部由内部生成的 SQL 查询返回的表格的名称进行计算
AdCmdStoredProc	将 CommandText 作为存储过程名进行计算
adCmdUnknown	默认值。CommandText 属性中的命令类型未知

（4）ConnectionTimeout 属性

该属性用于数据连接的超时设置，若在指定时间内连接不成功则显示超时信息。

（5）MaxRecords 属性

该属性定义从一个查询中最多能返回的记录数。

（6）BOF 属性与 EOF 属性

BOF 属性表明当前记录指针是否已经超出第一条记录，EOF 属性表明当前记录指针是否已经超出最后一条记录。若超出，则返回 True，否则返回 False。

（7）Model 属性

该属性用于设定对数据操作的权限，如表 12.12 所示。

表 12.12　Model 属性说明

常　量	说　明
AdModeUnknown	默认值。表明权限尚未设置或无法确定
AdModeRead	表明权限为只读
AdModeWrite	表明权限为只写
AdModeReadWrite	表明权限为读/写
AdModeShareDenyRead	防止其他用户使用读权限打开连接
AdModeShareDenyWrite	防止其他用户使用写权限打开连接
AdModeShareExclusive	防止其他用户打开连接
AdModeShareDenyNone	防止其他用户使用任何权限打开连接

（8）Caption 属性

该属性设置显示在 ADO 控件上的内容。

（9）Align 属性

该属性用于设置 ADO 控件的显示位置和大小，如表 12.13 所示。

表 12.13　Align 属性值

常　量	值	描　述
VbAlignNone	0	缺省值，设计时设置或用代码设置
VbAlignTrop	1	ADO 控件出现在窗体的顶部，且宽度等于窗体的 ScaleWidth 属性的设定值

续表

常 量	值	描 述
VbAlignBottom	2	ADO 控件出现在窗体的底部，且宽度等于窗体的 ScaleWidth 属性的设定值
VbAlignLeft	3	ADO 控件出现在窗体的左边，且宽度等于窗体的 ScaleHight 属性的设定值
VbAlignRight	4	ADO 控件出现在窗体的右边，且宽度等于窗体的 ScaleHight 属性的设定值

2. ADO 数据控件的方法和事件

ADO 数据控件的方法和事件与 Data 控件的方法和事件完全一样。

3. ADO 数据控件属性设置

ADO 控件的大部分属性可以通过“属性页”对话框设置。下面通过使用 ADO 数据控件连接 Stu.mdb 数据库来说明 ADO 数据控件属性的设置。

（1）在窗体上放置 ADO 数据控件，控件名采用默认名“Adodc1”，如图 12.28 所示。

（2）在 ADO 控件按鼠标右键，选择 ADO 属性时，弹出“属性页”对话框，如图 12.29 所示。控件允许通过以下三种不同的方式连接数据源。

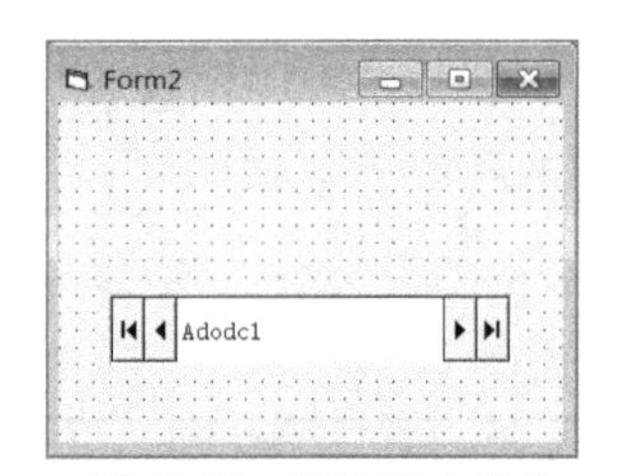

图 12.28 添加 ADO 控件

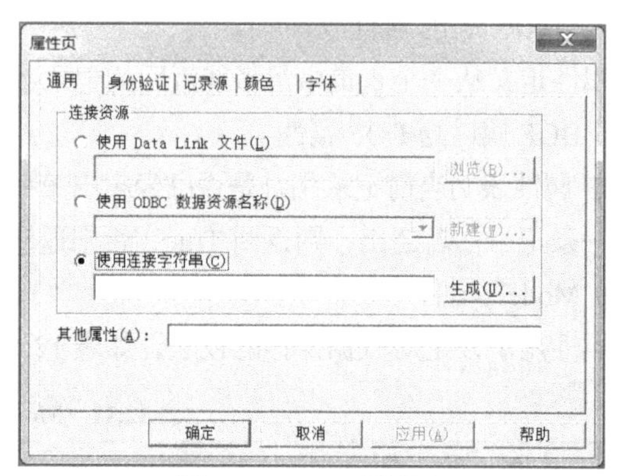

图 12.29 ADO 属性页

① 使用 Data Link 文件：表示通过一个连接文件来完成。

② 使用 ODBC 数据资源名称：可以通过下拉式列表框，选择某个创建好的数据源名称（DSN），作为数据来源对远程数据库进行控制。

③ 使用连接字符串：通过选项设置自动产生连接字符串。

采用“使用连接字符串”方式连接数据源，单击“生成”按钮，打开“数据链接属性”对话框，如图 12.30 所示。

（3）在“提供程序”选项内选择一个合适的 OLE DB 数据源，Stu.mdb 是 Access 数据库，选择“Microsoft Jet 3.51 OLE DB Provider”选项，单击“下一步”按钮，出现图 12.31 所示的画面。

在“连接”选项内，指定数据库文件“Stu.mdb”，为保证连接有效，可单击“连接”选项卡右下方的“测试连接”按钮，如图 12.32 所示，如果测试成功，单击“确定”按钮。关闭数据链接属性页。

（4）在记录源属性页对话框，在“命令类型”下拉列表框中选择“2-adCmdTable”选项，在“表或存储过程名称”下拉式列表框中选择 Stu.mdb 数据库中的“stuinf”表，如图 12.33 所示，完成 ADO 数据控件的连接工作。

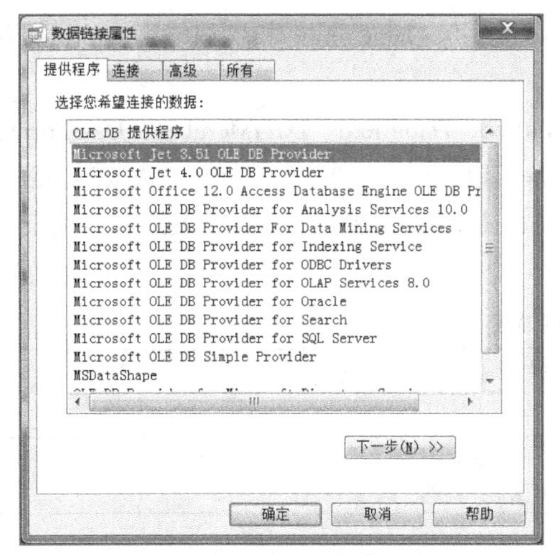

图 12.30　“数据链接属性”对话框

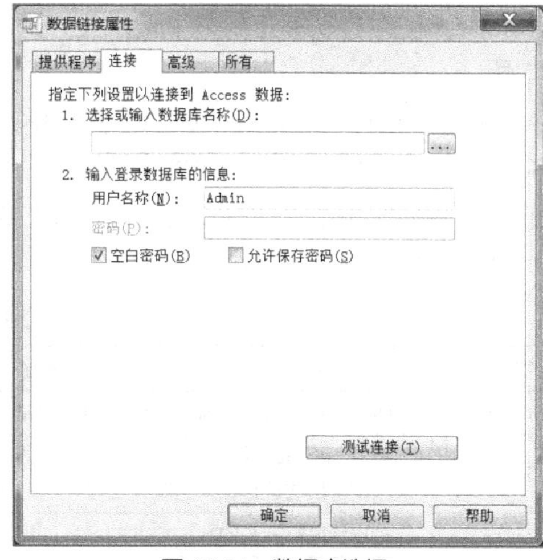

图 12.31　数据库选择

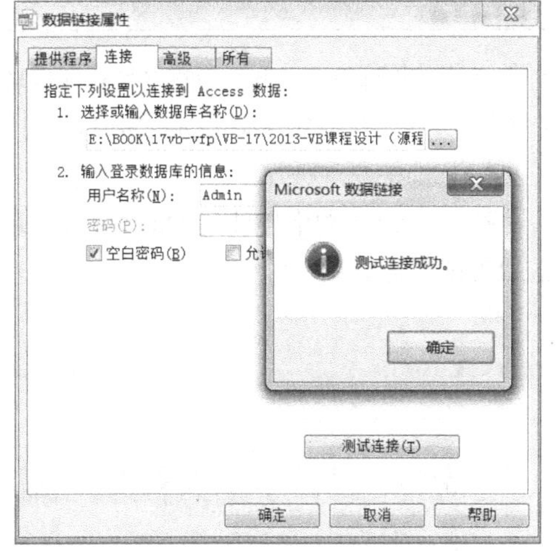

图 12.32　记录源属性页对话框

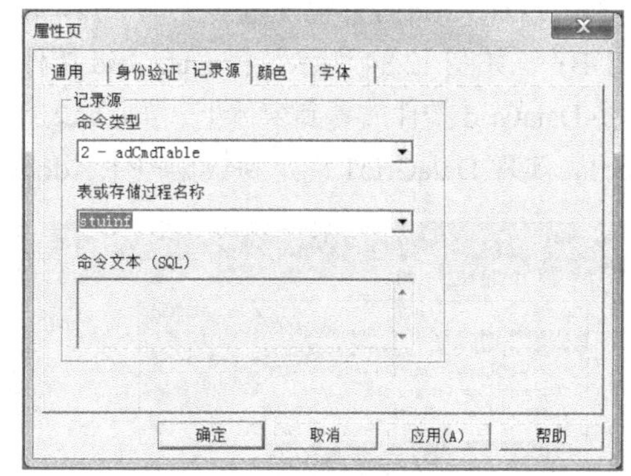

图 12.33　记录源设置

12.4.4　ADO 数据绑定控件

与 Data 控件一样，也可以利用 ADO 控件来连接数据源，而使用数据绑定控件来显示数据。ADO 数据绑定控件可以是标签、文本框、列表框等标准控件，也可以是专门与 ADO 控件绑定的 ActiveX 控件，如数据网络控件（DataGrid）、数据组合框控件（DataCombo）等。

1. DataGrid 控件

DataGrid 控件是一种类似于电子数据表的绑定控件，可以显示一系列行和列来表示 Recordset 对象的记录和字段。可以使用 DataGrid 来创建一个允许最终用户阅读和写入绝大多数数据库的应用程序。DataGrid 控件可以在设计时快速进行配置，只需少量代码或无需代码。当在设计时设置了 DataGrid 控件的 DataSource 属性后，就会用数据源的记录集来自动填充该控件，以及自动设置该控件的列标头。然后就可以编辑该网格的列，删除、重新安排、添加列标头或者调整任意一列的宽度。

DataGrid 控件是一种类似于表格的数据绑定控件，主要用于浏览和编辑完整的数据表或查询。DataList 控件和 DataCombo 控件分别与列表框（ListBox）和组合框（ComboBox）相似，所不同的是，这两个控件不是用 AddItem 方法来填充列表项的，而是由这两个控件所绑定的字段自动填充的。

DataGrid 控件可以绑定到整个记录集，而 DataList 控件与 DataCombo 控件只能绑定到记录集的某个字段。

ADO 数据控件的绑定控件属性主要包括：DataSource、DataField、DataMember、DataFormat。DataSource 和 DataField 的连接功能增强了；DataMember 属性允许处理多个数据集，从数据供应程序提供的几个数据成员中返回或设置一个特定的数据成员；DataFormat 属性用于指定数据内容的显示格式。其常用属性如表 12.14 所示。

表 12.14　属性描述

属　性	描　述
DataSource	DataList、DataCombo 所绑定数据控件的名称
DataList	由 DataSource 属性所指定的记录集中的一个字段名称。这个字段将用于决定在列表中高亮显示哪一个元素。如果做出了新的选择，则它就是当移动到一个新记录时所需更新的字段
RowSource	将用于填充列表的数据控件的名称
BoundColumn	由 RowSource 属性所指定的记录集中的一个字段名称。这个字段必须和将用于更新该列表的 DataField 的类型相同
ListField	由将用于填充该列表的 RowSource 所指定的记录集中的一个字段名称

【例 12.3】使用 ADO 数据控件和 DataGrid 数据网格控件浏览数据库 Stu.mdb，并使之具有编辑功能。

分析：DataGrid 控件需通过“工程”→“部件”菜单命令，选择“Microsoft DataGrid Control 6.0 (OLEDB)”，如图 12.34 所示，将 DataGrid 控件添加到工具箱。

将 DataGrid 控件放置到窗体上，如图 12.35 所示，设置 DataGrid 网格控件的 DataSource 属性为 Adodc1，实现 DataGrid1 绑定到数据控件 Adodc1，如图 12.36 所示。

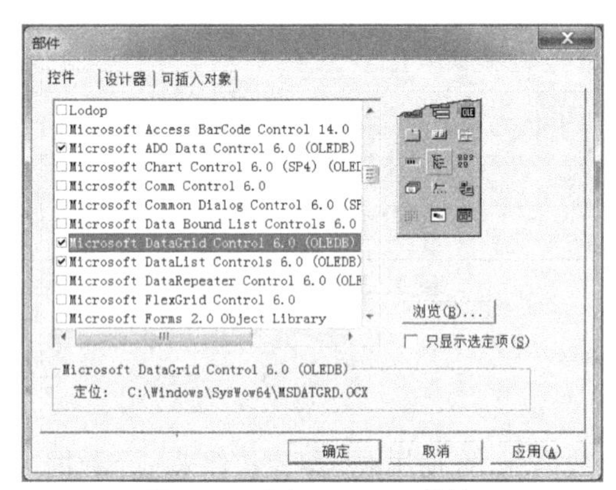

图 12.34　添加 DataGrid 控件

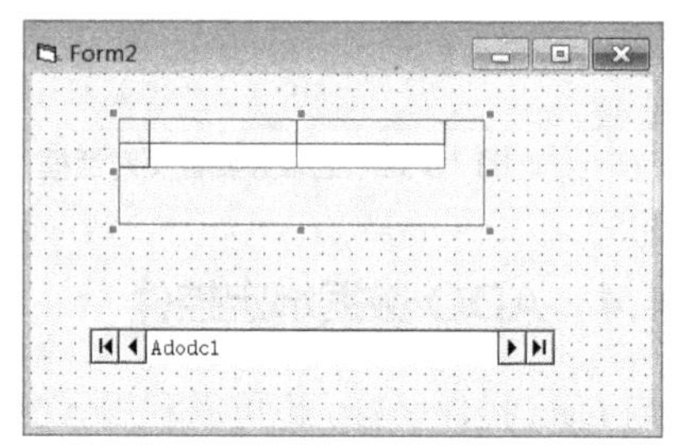

图 12.35　添加 DataGrid1

DataGrid 控件允许用户同时浏览或修改多个记录的数据。修改、增加、删除功能通过 DataGrid 属性设置实现，在此设置 AllowAddNew（增加）、AllowDelete（删除）、AllowUpdate（修改）三个属性值为“True”，如图 12.37 所示。

图 12.36　添加 DataGrid 控件

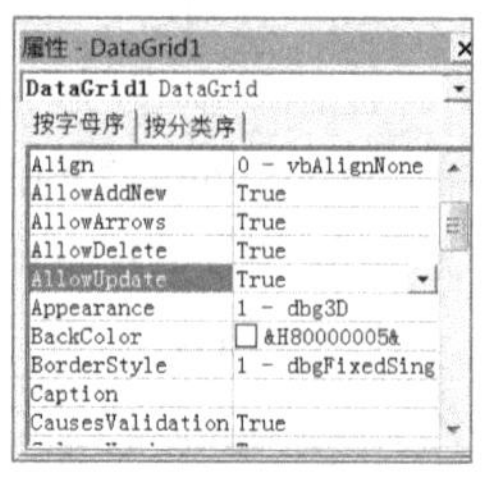

图 12.37　添加 DataGrid1

运行程序，可以看到图 12.38 所示的画面，在窗体可以修改、增加、删除记录，标有“*”的记录行表示允许增加新记录。

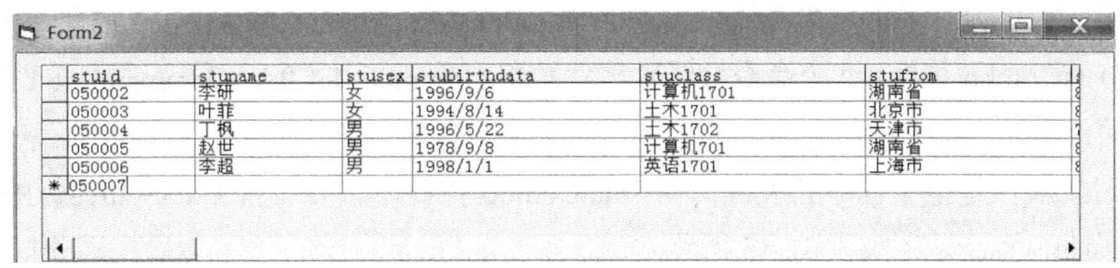

图 12.38　运行界面

要在 DataGrid 网格上显示表中的字段，可用鼠标右键单击 DataGrid 控件，在弹出的快捷菜单中选择“检索字段”选项。Visual Basic 提示是否替换现有的网格布局，如图 12.39 所示，单击“是”按钮，就可将表中的字段装载到 DataGrid 控件中，如图 12.40 所示。

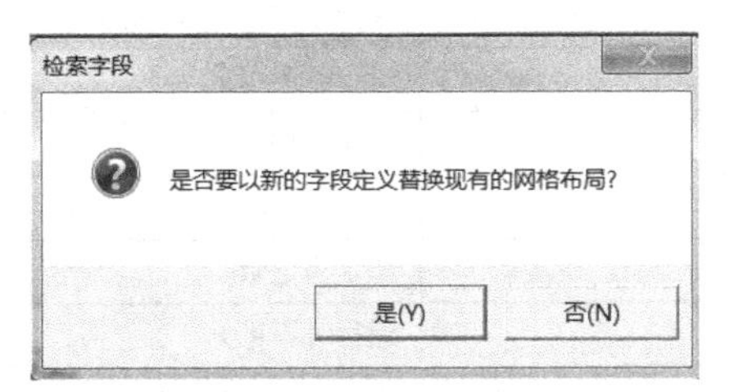

图 12.39　检索字段

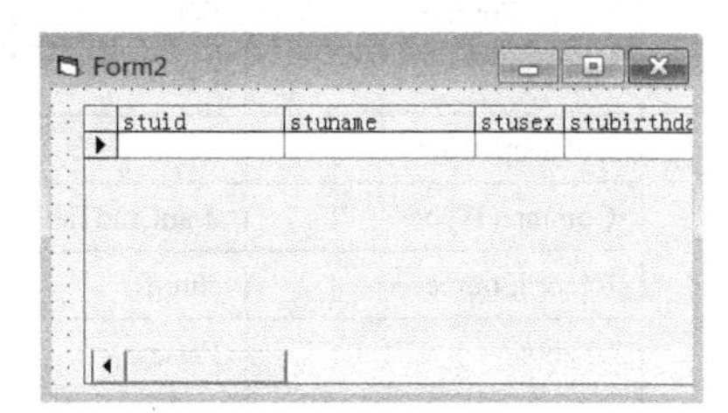

图 12.40　网格上显示的字段

用鼠标右键单击 DataGrid 控件，在弹出的快捷菜单中选择“编辑”选项，进入数据网格字段布局的编辑状态，此时，当鼠标指在字段名上时，鼠标指针变成黑色向下箭头。在该窗体单击鼠标右键，选择属性选项，在“通用”选项卡输入标题“学生基本情况表”，如图 12.41 所示。再选择“列”选项卡，选择相应列，输入相应的列标题，如图 12.42 所示。

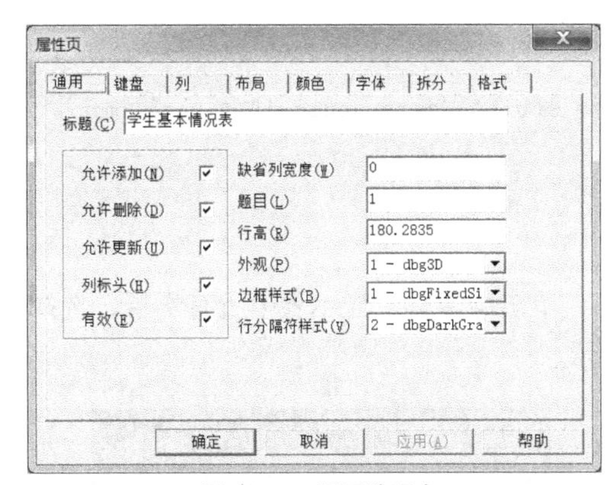

图 12.41　通用选项卡

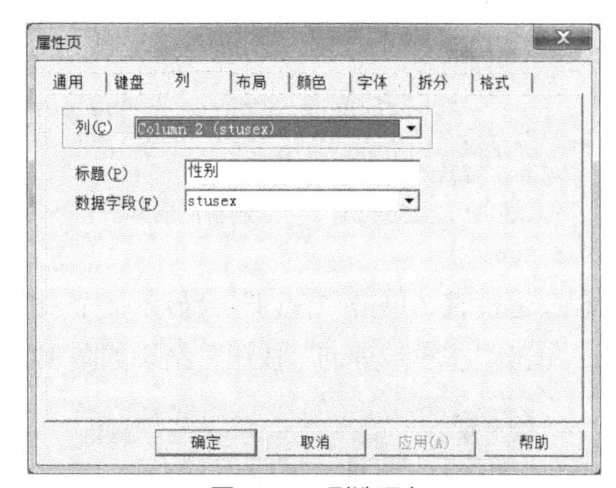

图 12.42　列选项卡

运行程序，可以看到图 12.43 所示的结果。

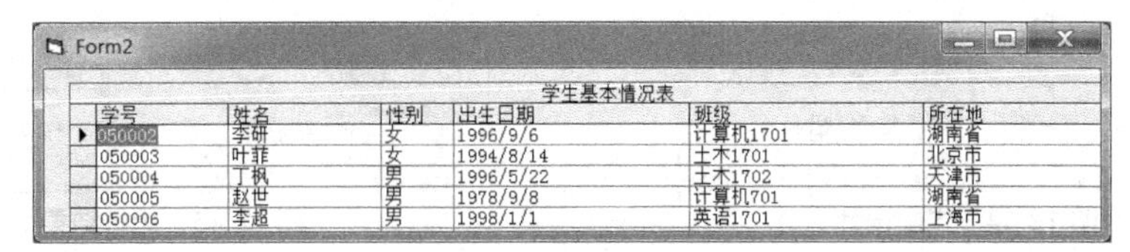

图 12.43　程序运行结果

2. DataCombo 控件

【例 12.4】利用 DataGrid 及 DataCombo 控件，设计“学生基本信息查询”程序。

根据题意，首先设计界面，在窗体上添加 2 个 ADO 控件 Adodc1 和 Adodc2 控件、1 个 DataGrid 控件、1 个 DataCombo 控件、2 个命令按钮（控件数组 Command1（0）、Command1（1））、1 个标签 Label1，界面如图 12.44 所示。

设置好对象属性是整个程序的关键，在 DataCombo 控件中，要设置 DataSource、RowSource 和 ListField 等属性的值，具体如表 12.15 所示。

表 12.15　属性设置

控　件	属 性 名	属 性 值	说　明
Adodc1	ConnectionString	…\stu.mdb	连接数据库
	CommandType	1-adCmdText	指定数据源
	RecordSource	Select * From stuinf	指定表记录
	Visible	False	运行时不可见
Adodc2	ConnectionString	…\stu.mdb	连接数据库
	CommandType	2-adCmdTable	设定记录源
	RecordSource	stuinf	指定表记录
	Visible	False	运行时不可见
DataGrid1	DataSource	Adodc1	绑定的数据控件
DataCombo1	RowSource	Adodc2	数据源
	ListField	学号	显示数据的字段
	Text	无	输入学号或显示学号

```
Private Sub Command1_Click(Index As Integer)
   Select Case Index
     Case 0
        Adodc1.RecordSource = "select * from stuinf"
     Case 1
        Adodc1.RecordSource = "Select * From stuinf Where stuid='" & DataCombo1.Text
& "'"
   End Select
   Adodc1.Refresh       '刷新记录集
End Sub
```

程序运行时，单击“查询”会显示整个表的信息，单击组合框，显示表中所有学号，选择其中一个，单击“按学号查询”按钮，结果如图 12.45 所示。

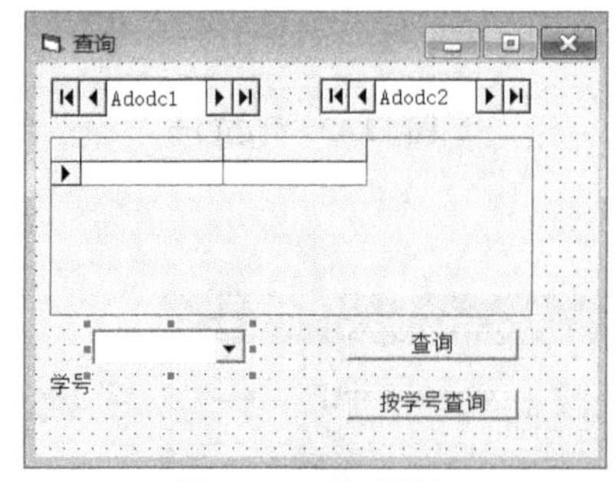

图 12.44　界面设计

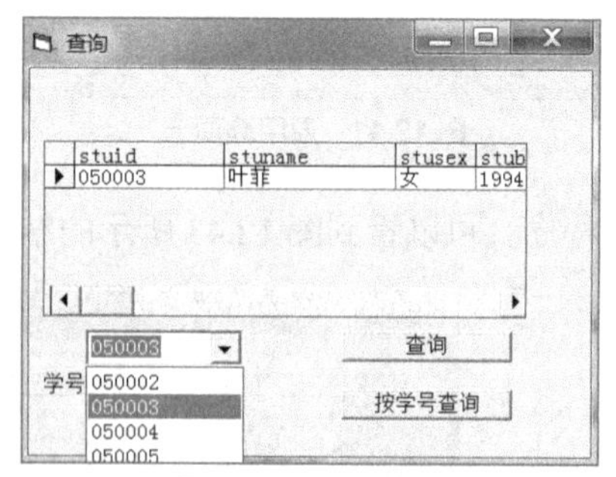

图 12.45　运行结果

3. DataReport 的应用

VB 做完一个程序，报表输出是程序设计的最重要的展示部分，下面介绍控件的使用。

在使用这个控件之前，首先要设置数据环境，在“工程”菜单上，单击“添加 Data Environment”向工程中添加设计器。如果设计器没有在“工程”菜单上列出，则单击“部件”→“设计器”选项卡，并单击“Data Environment”把设计器添加到菜单上，如图 12.46 所示。

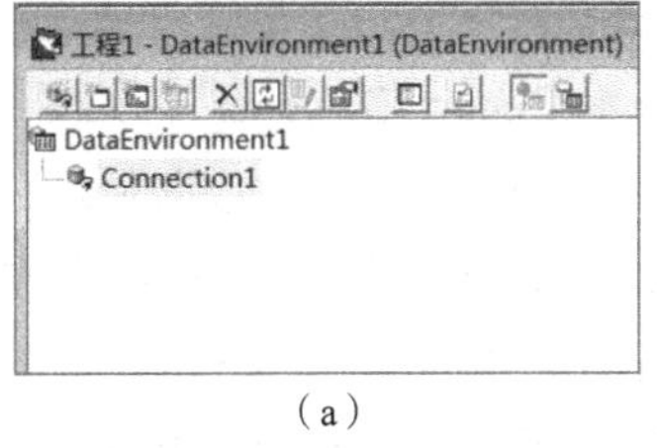

(a)

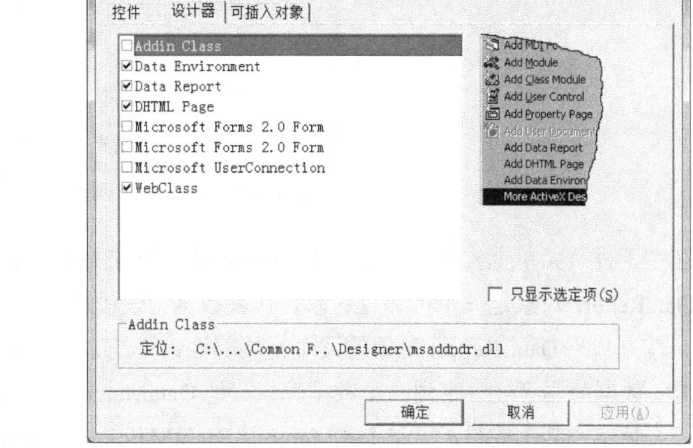

(b)

图 12.46 添加数据环境

单击鼠标右键，在快捷菜单中选择属性，弹出“数据链接属性”对话框，选择“Microsoft Jet 3.51 OLE DB Provider”，这是为访问 Jet 数据库选择正确的 OLE DB 提供商，如图 12.47 所示。

单击“下一步”按钮，在数据链接属性窗口，选择“连接”选项卡，指定想要的数据库，并测试是否连接成功，如图 12.48 所示。连接成功后，返回数据环境界面。

图 12.47 选择 OLE DB 提供商

图 12.48 数据库连接

单击鼠标右键，出现菜单，选择“添加子命令”，出现 Command 属性页，如图 12.49 所示。在此设置数据库对象“表”，并选择表的对象名称“bookinf”，单击“确定”按钮。可以看到表中各字段显示在 command1 下，如图 12.50 所示。

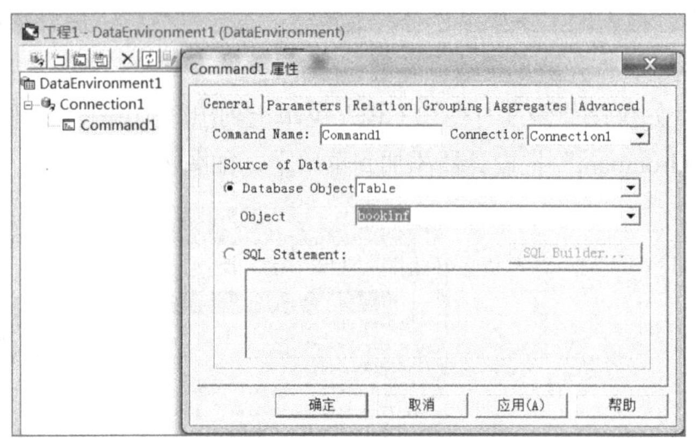

图 12.49　Command 属性页

在“工程”菜单上，单击“添加 DataReport”，添加 DataReport。

DataReport 对象是一个可编程对象，代表数据报表设计器（Data Report Designer），如图 12.51 所示。首先介绍 Data Report 对象的几个常用属性：一是 DataSource，用于设置一个数据源，通过该数据源，数据使用者被绑定到一个数据库；二是 DataMember，从 DataSource 提供的几个数据成员中设置一个特定的数据成员；三是 LeftMargin、RightMargin、TopMargin、BottomMargin 等，用于指定报表的左右上下的页边距；四是 Sections，即 DataReport 的报表标头、页标头、细节、页脚注、报表脚注 5 个区域，如果加上分组（可以有多层分组），则增加一对区域，即分组标头、分组脚注。其中，DataSource 一般是一个数据环境或是 Adodb.Connection 类型的变量，而 DataMember 则对应数据环境中的 Command 或是 Adodb.Recordset 类型的变量，推荐使用数据环境及 Command，页边界大家肯定都很清楚，下面主要介绍 Sections，这也是 DataReport 的精髓所在。

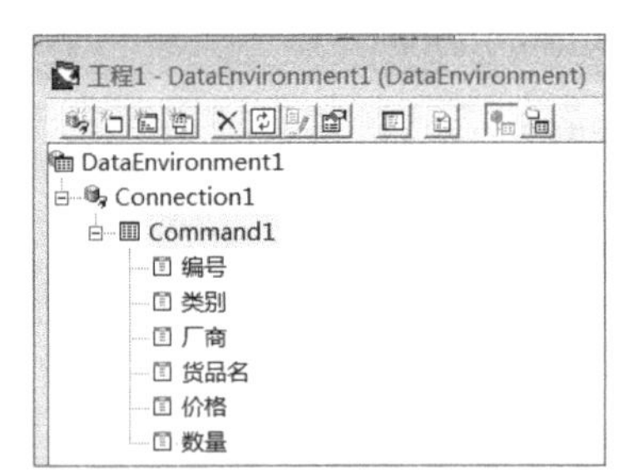

图 12.50　字段显示

图 12.51　报表设计器

Sections 是一个集合，可以为每一个 Section 指定名称，也可以用其缺省的索引，从上到下依次为 1、2……每个 Section 均有 Height 和 Visible 属性，可以在一定条件下使一个 Section 不可见。在 Section 中可以放置各种报表控件，其中，RptLabel、RptImage、RptShape 和 RptLine 可以放在任意的 Section 中，用于输出各种文字、图形及表格线；RpttextBox 只能放在细节中，一般用于绑定输出 DataMemeber 提供的数据字段；RptFunction 只能被放置在分组注脚中，用于输出使用各种内置函数计算出的合计、最大值、最小值、平均值、记数等。上述报表控件中常用公共属性有用于控制位置及高度宽度的 Top、Left、Height、Width 和控制可见性的 Visible；其中，RptTextBox 还有 DataField、DataMember、DataFormat 及 Font 属性；其他属性不再详述。

DataSource 属性的设置如图 12.52 所示。

接下来，在报表标头处单击鼠标右键，选择插入标签，标签 Caption 设置为“货品信息表”。在页标头处单击鼠标右键，选择插入标签，设置其属性为“编号”，依次插入表头所有数据。在细节处单击鼠标右键，选择插入文本框，文本框两个属性绑定设置，设置 DataMember 和 DataField 两个属性，如图 12.53 所示，依次设置完成所有对象属性。

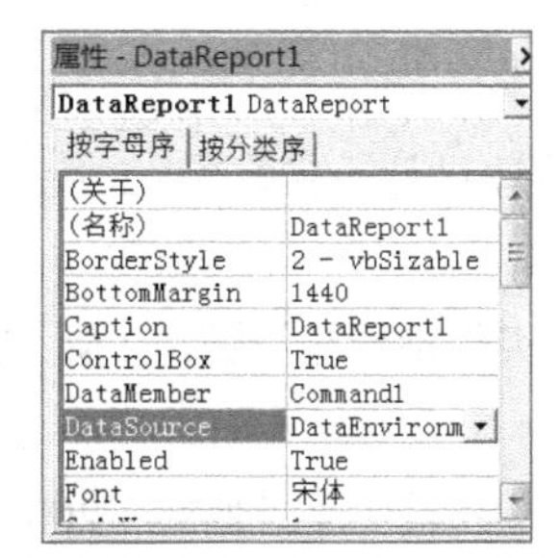

图 12.52　设置 DataSource 属性

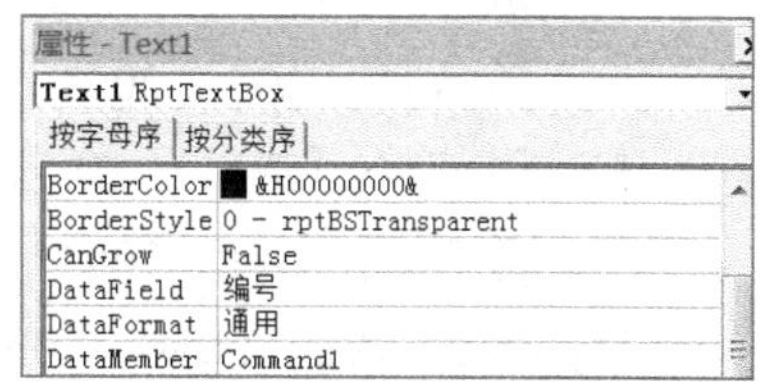

图 12.53　设置属性

全部设计完后，界面如图 12.54 所示。

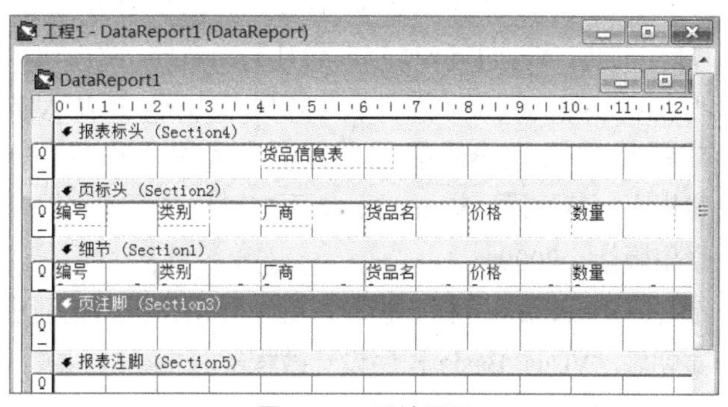

图 12.54　设计界面

在窗体中添加一个 Command 控件，并填写如下代码。

```
Private Sub Command1_Click()
    DataReport1.Show
End Sub
```

单击 Command 控件则可显示报表，如图 12.55 所示。

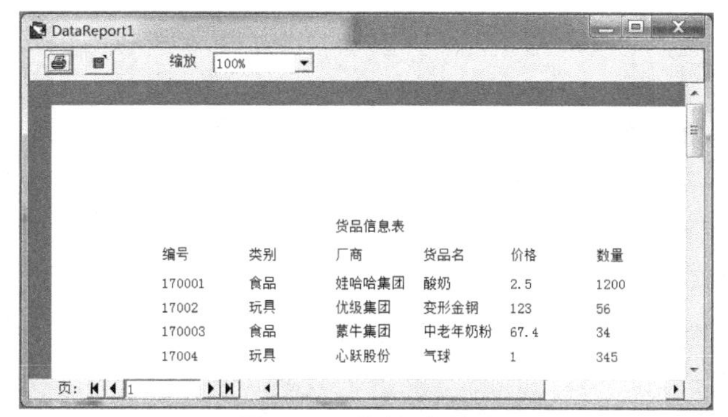

图 12.55　程序运行结果

参考文献

[1] 龚沛曾，陆慰民，杨志强．Visual Basic 程序设计简明教程．2 版．北京：高等教育出版社，2003.
[2] 龚沛曾，陆慰民，杨志强．Visual Basic 实验指导与测试．2 版．北京：高等教育出版社，2003.
[3] 吴昊．Visual Basic 程序设计教程．北京：中国铁道出版社，2007.
[4] 吴昊．Visual Basic 程序设计实验教程．北京：中国铁道出版社，2007.
[5] 李振亭．Visual Basic 程序设计教程．北京：北方交通大学出版社，2002.
[6] 刘光萍，张邦明．Visual Basic 程序设计教程．南昌：江西高校出版社，2003.
[7] 吴昊，赵勇．Visual Basic 程序设计实验教程．南昌：江西高校出版社，2001.
[8] 刘炳文．Visual Basic 程序设计教程．北京：清华大学出版社，2009.
[9] 刘瑞新．Visual Basic 程序设计教程．4 版．北京：电子工业出版社，2015.
[10] 廖彬山，黄维通．Visual Basic 面向对象与可视化程序设计．北京：清华大学出版社，2000.
[11] 邹晓．Visual Basic 程序设计教程．北京：机械工业出版社，2009.
[12] 罗朝盛．Visual Basic 程序设计教程实验指导与习题．北京：清华大学出版社，2004.
[13] 林卓然．Visual Basic 程序设计教程．北京：电子工业出版社，2005.
[14] 刘广萍．Visual Basic 程序设计教程．南昌：江西高校出版社，2000.